LES
HOMMES FOSSILES

ÉLÉMENTS DE PALÉONTOLOGIE HUMAINE

PAR

Marcellin BOULE

MASSON ET CIE
PARIS

LES

HOMMES FOSSILES

PRINCIPALES PUBLICATIONS DU MÊME AUTEUR

Puits préhistoriques d'extraction du silex, 1884 et 1887.
Matériaux pour l'histoire des temps quaternaires (en collaboration avec ALBERT GAUDRY), 1888-1892.
Essai de Paléontologie stratigraphique de l'Homme, 1888.
La grotte de Reilhac (en collaboration avec EMILE CARTAILHAC).
Notes sur le remplissage des cavernes, 1892.
Description géologique du Velay, 1892.
La station quaternaire du Schweizersbild, 1893.
Le plateau de Lannemezan, 1895.
Le Massif Central de la France, 1895.
Géologie et Paléontologie de Madagascar (nombreux mémoires depuis 1895).
Le Cantal miocène, 1896.
La topographie glaciaire en Auvergne, 1896.
Observations sur quelques Équidés fossiles, 1899.
Géologie des environs d'Aurillac et observations nouvelles sur le Cantal, 1900.
Les volcans de la France centrale, 1900.
Etude sur la station paléolithique du lac Kârar (Algérie), 1900.
Revision des espèces européennes de *Machairodus*, 1901.
La caverne à ossements de Montmaurin, 1902.
Le *Pachyœna* de Vaugirard, 1903.
Notions de Géologie, 1904.
Conférences de Géologie, 1904 ; 6ᵉ édition, 1919.
Conférences de Paléontologie, 1905 ; 2ᵉ édition, 1910.
L'origine des éolithes, 1905.
Les grands Chats quaternaires, 1906.
L'âge des derniers volcans de la France, 1906.
Les Grottes de Grimaldi. Géologie et Paléontologie, 1906-1919.
L'Homme fossile de La Chapelle-aux-Saints, 1911-1913.
La Science française. Paléontologie, 1915.
Les Mammifères fossiles de Tarija (en collaboration avec A. THEVENIN), 1920.

Guides du touriste, du naturaliste et de l'archéologue. Collection publiée sous la direction de M. BOULE. 7 vol. 1898-1911.
L'Anthropologie, revue illustrée paraissant tous les deux mois depuis 1890 sous la direction de M. BOULE et R. VERNEAU.
Annales de Paléontologie, publiées depuis 1906, sous la direction de M. BOULE.

MARCELLIN BOULE

PROFESSEUR AU MUSÉUM NATIONAL D'HISTOIRE NATURELLE,
DIRECTEUR DE L'INSTITUT DE PALÉONTOLOGIE HUMAINE

LES
HOMMES FOSSILES

ÉLÉMENTS
DE PALÉONTOLOGIE HUMAINE

AVEC 239 FIGURES DANS LE TEXTE ET HORS TEXTE

MASSON ET Cie, ÉDITEURS

LIBRAIRES DE L'ACADÉMIE DE MÉDECINE
120, BOULEVARD SAINT-GERMAIN, PARIS (VIe)
1921

AU FONDATEUR

DU PREMIER INSTITUT DE PALÉONTOLOGIE HUMAINE

S. A. S. LE PRINCE ALBERT Ier DE MONACO

PRÉFACE

L E problème capital des origines de l'Homme a quitté, depuis un
siècle et demi à peine, les domaines du rêve et de la fiction
pour pénétrer dans le domaine de la Science. La Zoologie et
l'Anatomie comparée ont d'abord cherché à le résoudre par des
moyens qui n'ont pas tardé à paraître insuffisants. Dès que la
Paléontologie s'est affirmée comme science indépendante, avec
le but de retrouver l'histoire des êtres d'autrefois, on a fondé sur
elle les plus grands espoirs pour la reconstitution de notre propre
histoire.

Au cours de la seconde moitié du XIXe siècle, après les découvertes
à jamais mémorables de Boucher de Perthes, dans les alluvions
anciennes de la Somme, et d'Édouard Lartet dans les cavernes du
Périgord, les recherches de Paléontologie humaine se sont régulièrement poursuivies. Les progrès accomplis depuis une vingtaine
d'années sont si impressionnants que la « question de l'Homme
fossile » est partout à l'ordre du jour, dans le grand public plus
encore peut-être que dans les milieux scientifiques officiels. Dès
qu'elle est annoncée, chaque découverte nouvelle, ayant trait à nos
lointains ancêtres, est l'objet, dans la presse quotidienne ou dans les
revues de vulgarisation, de nombreux articles dont on pourrait trop
souvent critiquer le fond, mais qui témoignent bien de l'ardente et
légitime curiosité du public. De tous côtés, celui-ci réclame un livre
offrant un exposé, à la fois détaillé et synthétique, de nos connaissances actuelles sur les Hommes fossiles.

En France, il existe bien déjà des productions de ce genre et de
grande valeur : le *Précis de Paléontologie humaine* de Hamy ; *Le*

Préhistorique de G. de Mortillet; *La France préhistorique* de
E. Cartailhac; les Catalogues du Musée de Saint-Germain, de
S. Reinach; le *Manuel d'Archéologie préhistorique* de Déchelette, etc.
Mais, ou bien ces ouvrages sont trop anciens, ou bien ils n'envi-
sagent guère la Paléontologie humaine que sous son aspect
archéologique.

A l'étranger, où le goût pour tout ce qui touche aux études
préhistoriques n'est pas moins vif qu'en France, il a paru, dans ces
dernières années, de nombreux ouvrages de vulgarisation dont les
éléments, texte et illustrations, sont en grande partie tirés des
publications françaises. Certains de ces volumes ont pour auteurs
de purs géologues; d'autres sont dus à des archéologues visiblement étrangers aux problèmes biologiques; quelques-uns, écrits
par des médecins ou des anthropologistes, sont trop exclusivement anatomiques. Chacun a ses mérites, mais aucun ne traite
le sujet dans toute son ampleur, je veux dire sous ses multiples
aspects.

En écrivant à mon tour ces *Éléments*, je n'ai pas eu la prétention
de faire mieux, mais j'ai eu le désir de faire autrement. Depuis près
de quarante ans, époque où je débutai dans la science sous
l'affectueuse égide de mon ami très cher Émile Cartailhac, je n'ai
pas cessé de m'intéresser à l'Histoire naturelle de l'Homme. La
diversité de mes travaux de recherches, la direction, pendant
vingt-cinq ans, de la revue *L'Anthropologie* m'ont peut-être moins
mal préparé que des auteurs plus étroitement spécialisés à faire
concourir à un même but les données actuellement acquises par
diverses branches de la science.

Il y a quelques années, après avoir décrit longuement le squelette
aujourd'hui célèbre de La Chapelle-aux-Saints, j'avais déjà cherché à
mettre au point l'état actuel de nos connaissances en Paléontologie
humaine. Le mémoire renfermant cet essai, tiré à un trop petit
nombre d'exemplaires, a été rapidement épuisé. Il comporte
d'ailleurs un appareil de démonstration technique d'accès difficile
pour les lecteurs insuffisamment initiés.

J'ai aussi traité plusieurs fois des Hommes fossiles dans mon cours du Muséum. Comme un tel moyen de diffusion est bien limité, mes auditeurs et amis m'ont engagé à publier ces leçons sous une forme accessible à tous les naturalistes et même à tous les esprits cultivés et curieux des mystères du passé. De là ce livre, qui s'efforce de résumer les principales acquisitions d'une science jeune encore, mais à la constitution et au développement de laquelle la France a pris une part prépondérante.

* *
*

L'HOMME fossile se révèle à nous par deux ordres de documents, par deux sortes de témoignages. Les premiers consistent dans la présence, au sein de couches géologiques, d'ossements contemporains de ces couches, et plus ou moins fossilisés comme les ossements d'animaux disparus auxquels ils sont souvent mêlés. Les seconds comprennent des objets variés portant la trace d'un travail intentionnel, c'est-à-dire les produits de l'industrie humaine.

Ces derniers témoignages sont de beaucoup les plus nombreux, parce que les plus résistants aux diverses causes de destruction. Ils se rencontrent dans une multitude de localités, un peu partout. Après avoir fourni les premières preuves de la haute antiquité géologique de l'Homme, ils ont servi de base pour l'établissement d'une classification des temps préhistoriques. Ils reflètent surtout les aspects intellectuel et moral des plus vieilles collectivités humaines.

Les documents ostéologiques, plus friables, de conservation plus difficile, sont beaucoup plus rares. Leur étude scientifique, en nous faisant connaître les principaux caractères anatomiques de nos plus lointains ancêtres, est seule capable de projeter quelque lumière sur leur origine, leurs parentés zoologiques, leur évolution physique, c'est-à-dire sur l'histoire généalogique des Hominiens, groupe suprême des Primates.

Bien que ces deux ordres de renseignements relèvent également de la Paléontologie humaine, qu'ils doivent concourir à l'établissement d'une Histoire des Hommes fossiles, et donc qu'ils soient inséparables, ils se rattachent à deux disciplines assez différentes : l'un est d'ordre plus zoologique, l'autre d'ordre plus archéologique

Je serai beaucoup plus bref sur le second que sur le premier de ces deux points de vue.

*
* *

JE me suis efforcé d'écrire cet ouvrage en toute indépendance d'esprit, en me tenant exclusivement sur le terrain scientifique. Ne voulant attribuer de valeur démonstrative qu'aux faits positifs, je n'ai pas hésité à distribuer dans mon texte plus de points d'interrogation que d'affirmation. C'est ainsi que j'ai cru être le plus utile à la science et le plus respectueux envers mes lecteurs.

Malgré cela, j'ai parfaitement conscience de ma témérité. Il est probable — et il faut l'espérer — qu'à peine publié, mon livre sera en retard. Les recherches paléontologiques se multiplient de tous côtés; de nouveaux documents ne tarderont pas à voir le jour et il faut s'attendre à ce qu'ils soient de nature, sinon à renverser, du moins à modifier nos théories du moment, à nous montrer sous des aspects imprévus les problèmes qui nous sollicitent.

Il ne saurait en être autrement, étant donnée l'extrême pénurie de notre documentation. Nos recherches n'ont encore porté que sur de minimes portions de la surface terrestre habitable et la région européenne, la seule que nous commencions à connaître, ne peut être envisagée comme un centre d'apparition et d'irradiation. Elle n'est qu'un appendice du continent eurasiatique, lequel fut, de tout temps, un grand laboratoire de vie. Dans cet appendice, ce cul-de-sac, l'histoire des premières humanités ne saurait avoir l'aspect d'une évolution continue et régulière : elle est plutôt faite des apports intermittents de vagues successives de provenance lointaine, des immenses territoires asiatiques et africains sur lesquels nous n'avons encore que de très rares et très vagues renseignements.

L'essai que je présente n'est donc qu'une mise au point tout à fait provisoire. Je suis loin de le considérer comme une véritable *Histoire* des Hommes fossiles : écrire cette histoire ne sera possible que dans un lointain avenir. Ce livre, que j'ai cherché à rendre très objectif par une illustration fidèle et abondante, n'en aura pas moins son utilité. Tout en satisfaisant, dans la mesure du possible, la légitime curiosité du public sur l'état actuel du problème de nos origines, il rendra, je l'espère, des services aux étudiants et aux professionnels. C'est à l'intention de cette seconde catégorie de lecteurs que j'ai donné un grand choix de références bibliographiques, de nature à faciliter des études plus approfondies et à permettre de remonter aux sources. On m'excusera de recommander tout particulièrement la collection des 30 volumes de *L'Anthropologie*, si souvent désignée, dans les notes infrapaginales, par l'abréviation *L'A*.

C'est pour moi une grande satisfaction de voir paraître cet ouvrage au moment où se fera l'inauguration officielle d'un établissement qui constitue le plus bel instrument de recherches mis jusqu'à ce jour à la disposition des Préhistoriens, l'Institut de Paléontologie humaine fondé à Paris par un grand ami de la science, S. A. S. le Prince Albert Ier de Monaco.

Marcellin BOULE.

LES HOMMES FOSSILES

CHAPITRE PREMIER

HISTORIQUE

En vertu d'une loi biologique souveraine, l'Humanité, dans son évolution intellectuelle aussi bien que dans son évolution physique, a dû traverser les mêmes phases qui marquent aujourd'hui le développement des individus dont cette Humanité se compose. Or l'enfant est d'abord bercé par des récits ou des chants merveilleux : la poésie est sa première éducatrice. Plus tard, ses facultés d'observation et de raisonnement s'éveillent : il s'éprend de vérité et la science succède à la poésie.

De même, sur la « question suprême » de nos origines, l'enfance de l'Humanité n'a eu d'abord d'autres sources d'information que des contes bleus, des légendes, des histoires merveilleuses. Puis l'intelligence humaine s'est développée. Quelques esprits, de qualité supérieure, ont émis des vues de génie. L'observation froide, dégagée de tous préjugés, a ensuite joué son rôle. Enfin, c'est seulement dans ces derniers siècles, au début du règne de la Science, que s'est fait jour un peu de vérité.

La notion de l'existence de l'Homme sur la terre, avant les temps historiques, est une conquête de la science moderne.

1re PHASE. DE L'ANTIQUITÉ A LA RENAISSANCE. SIMPLES VUES DE L'ESPRIT. — L'antiquité et le moyen âge ne paraissent avoir exprimé, sur les débuts de l'Humanité, que des conceptions de l'esprit. Il y a, dans les philosophes et les poètes grecs antérieurs à l'ère chrétienne, de vagues indications ayant trait aux états inférieurs des premiers Hommes. On les retrouve dans les poètes latins et tout le monde connaît, par exemple, les vers si souvent cités de Lucrèce :

Arma antiqua manus, ungues dentesque fuerunt
Et lapides, et item sylvarum fragmina rami,
Et flammæ atque ignis postquam sunt cognita primum,
Posterius ferri vis est, ærisque reperta.
Sed prior æris erat, quam ferri, cognitus usus.

Des vues analogues ont été présentées par Horace, Pline, Strabon, Diodore, etc. Il est probable que toutes étaient purement intuitives, mais peut-être faut-il faire une part à la persistance de très vieilles traditions. Il ne paraît pas, en tous cas, que ces vues fussent basées

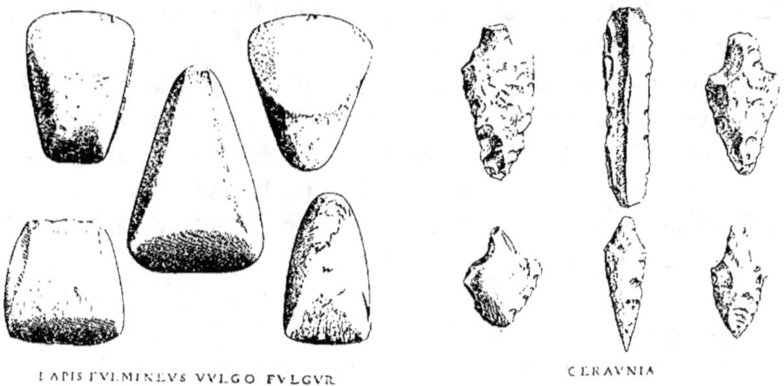

Fig. 1. — Pierres de foudre, figurées par MERCATI dans sa *Metallotheca*.

sur des interprétations correctes d'objets ou de monuments antiques, car si l'on connaissait déjà des haches ou des armes de pierre, qu'on appelait des *céraunies* (du grec γεραυνές, γεραύνιον, tonnerre), on ignorait leur origine ou leur signification réelles. On les regardait comme produites ou lancées par la foudre et on leur attribuait des vertus extraordinaires (fig. 1).

Ces idées primitives se sont répandues partout ; elles ont persisté jusqu'à nos jours, avec de légères variantes, dans les superstitions populaires de presque tous les pays (1).

C'est pourtant à l'étude raisonnée de ces antiques objets, c'est à

____

(1) CARTAILHAC (É.), L'âge de pierre dans les souvenirs et superstitions populaires. Paris, 1878.

l'archéologie que nous devons les premières données positives, concrètes, sur la haute antiquité de l'Homme (1).

2ᵉ PHASE.
DU XVIᵉ AU XVIIIᵉ
SIÈCLES.

A la Renaissance, la curiosité scientifique se réveille en reprenant avec la
nature un contact perdu depuis les Grecs.

Deux grands artistes, Léonard de Vinci
et Bernard Palissy, énoncent sur les fossiles des idées justes. Cependant divers auteurs, Agricola (1558), Gessner (1565), etc., décrivent
ou figurent des haches polies et des pointes de flèches en pierre,
mais simplement au titre de curiosités. Ils considèrent encore
ces objets, avec tant d'autres « fossiles », comme des jeux de la
nature. Ils en donnent des explications plus ou moins bizarres.

MERCATI DÉCOUVRE LA
VRAIE NATURE DES
CÉRAUNIES.

A la fin du XVIᵉ siècle, Michel Mercati, dont les écrits ne furent publiés
qu'en 1717, plus d'un siècle après sa mort
(1593), découvre la véritable nature des
céraunies : « La plupart des hommes,
dit-il, croient que les céraunies sont
produites par la foudre. Ceux qui
étudient l'histoire estiment qu'elles ont
été détachées par un choc violent de
silex très durs, et avant que le fer
soit en usage, pour les folies de la
guerre. Car les plus anciens hommes
n'ont eu pour couteaux que des éclats
de silex ». Et il cite, à ce propos, les
vers de Lucrèce (2).

Boetius de Boot, de son côté, en
1636, avait repoussé les opinions vulgaires, quitte « à passer pour un fou ».
Mais il pensait qu'il s'agissait d'instruments de fer transformés en pierre
par le temps.

Fig. 2. — Portrait de MER-
CATI. Réduction d'une gravure
de la *Metallotheca*.

---

(1) Voir, pour toute la première partie de cet historique : HAMY (E.-T.), Précis de
Paléontologie humaine. Paris, 1870. — ID., Matériaux pour servir à l'Histoire de
l'archéologie préhistorique (*Revue archéologique*, 1906). — EVANS (Sir John), The
ancient stone implements. 2ᵉ éd., Londres, 1897. — CARTAILHAC (É.). La France préhistorique. Paris, 1889. — REINACH (S.), Description raisonnée du Musée de Saint-
Germain-en-Laye, I. Paris, 1889.
(2) MERCATI (M.), *Metallotheca*, opus posthumum. Rome, 1717, p. 243.

Aldrovande en 1648, Hassus en 1714, A. de Jussieu en 1723, le Jésuite Lafitau en 1724, Mahudel en 1730, comparant les vieilles armes de pierre de nos pays aux armes de pierre des sauvages modernes, notamment des Américains, inaugurèrent une excellente méthode de travail basée sur l'ethnographie comparée en même temps qu'ils donnaient le « coup de grâce au préjugé des céraunies ».

SUCCESSION D'AGES PRÉHISTORIQUES.

En 1750, Eccard, après avoir fouillé de vieilles sépultures allemandes, établit une succession de divers âges préhistoriques et, en 1758, un magistrat érudit, Goguet, publia sur « l'Origine des lois », un ouvrage remarquable où il proclamait qu'à un âge de la pierre avaient succédé un âge du cuivre et du bronze, puis un âge du fer.

Cette classification fut plus tard solidement établie et développée par les archéologues danois, Thomsen, Worsaae.

Ainsi, la science balbutiante du XVIIIᵉ siècle arrivait aux mêmes conceptions que les poètes ou les philosophes de l'antiquité ; mais ces conceptions s'appuyaient maintenant sur l'observation de faits matériels. Pourtant, si l'on savait que les civilisations historiques ont été précédées par des périodes incultes ou de grossière sauvagerie, on n'avait aucun soupçon de la haute antiquité de ces temps primitifs. Il fallait d'abord accommoder les théories aux exigences de la chronologie biblique. L'idée nouvelle, d'une Humanité commençant dans le dénuement, paraissait incompatible avec la notion de perfection physique et morale du paradis terrestre. De là des discussions passionnées, de véritables luttes qui nous paraissent aujourd'hui naïves ou ridicules, surtout quand on songe, comme l'a dit M. Cartailhac, que les opinions les plus extrêmes sur la date de la création de l'Homme ne variaient pas de plus de 1 500 ans.

Buffon, qui a eu le premier le sentiment de l'immense durée des temps géologiques, tout en cherchant à interpréter « sainement » les Ecritures, connaissait bien les pierres « que l'on a crues tombées des nues et formées par le tonnerre et qui, néanmoins, ne sont que les premiers monuments de l'art de l'Homme dans l'état de pure nature ». Mais, pour lui, l'époque de l'Homme n'est que la septième et dernière de ses « Epoques de la Nature », bien postérieure à la cinquième époque caractérisée par les Éléphants, les

Rhinocéros, les Hippopotames dont on trouve les restes dans le sol superficiel **(1)**.

3e PHASE. L'HOMME REMONTE A UNE ÉPOQUE GÉOLOGIQUE ANTÉRIEURE A L'ÉPOQUE ACTUELLE.

Avec le XIXᵉ siècle, l'histoire naturelle prend un vif essor. Il appartient à des sciences nouvelles, la géologie et la paléontologie, de faire la lumière sur la haute antiquité de l'Homme. Jusqu'à présent, en effet, il n'avait été question que d'objets ne remontant pas au delà des temps géologiques actuels, d'objets que nous appelons aujourd'hui *néolithiques*. Les observations vont porter maintenant sur des instruments de pierre beaucoup plus anciens, trouvés dans le sein même de terrains datant d'une époque géologique antérieure à l'époque *moderne* et marquée par la présence de restes d'animaux qui ne vivent plus aujourd'hui.

Dès 1715, Conyers, pharmacien et antiquaire de Londres, avait trouvé près de cette ville, dans les graviers d'une ancienne rivière, et au voisinage d'un squelette d'éléphant, un silex travaillé dans la forme dite aujourd'hui de Saint-Acheul. Bagford, ami de Conyers, émit l'hypothèse que le silex était une arme ayant servi à un Breton pour tuer l'éléphant amené par les Romains sous le règne de l'empereur Claude.

JOHN FRERE.

En 1797, un autre Anglais, John Frere, fit une découverte analogue à Hoxne, dans le Suffolk. Il recueillit des silex taillés, à quatre mètres de profondeur, dans un terrain renfermant des ossements de grands animaux éteints (fig. 3). Il sut donner de sa trouvaille une interprétation bien plus exacte que celle de Bagford en déclarant qu'elle devait se rapporter « à une période certainement très reculée, bien plus lointaine que le monde actuel ». Cette observation si judicieuse, presque géniale, passa inaperçue. Elle ne fut remise en lumière par John Evans qu'après les mémorables luttes de Boucher de Perthes dont John Frere doit être considéré comme le précurseur **(2)**.

---

(1) BUFFON, Époques de la Nature. Paris, 1778.
(2) EVANS (Sir John), *loc. cit.*, p. 573. La relation de John FRERE se trouve dans *Archæologia*, XIII, 1800, p. 204.

En 1823, un géologue français, Ami Boué, présenta à Cuvier un squelette humain exhumé, près de Lahr, aux bords du Rhin, d'un limon ancien, ou *lœss*, renfermant aussi des restes d'animaux disparus. L'illustre paléontologiste rejeta cette découverte. « Tout porte à croire, dit-il (1), que l'espèce humaine n'existait point dans les pays où se découvrent les ossements fossiles, à l'époque des révolutions qui ont enfoui ces os. »

On a souvent reproché cette phrase à notre grand naturaliste. Il est pourtant facile de l'excuser (2) Cuvier avait examiné, en effet, tous les documents présentés de divers côtés comme des restes d' « hommes antédiluviens. » Certains étaient vraiment des os humains, ceux de Canstadt, de diverses cavernes allemandes, de Lahr, de la Guadeloupe, mais aucune observation précise, aucun argument géologique décisif ne permettaient d'affirmer leur haute antiquité. Quant aux autres, Cuvier avait reconnu

Fig. 3. — Une des armes en silex trouvées par Frère à Hoxne. 1/2 de la grandeur naturelle. Fac-similé d'une figure publiée par Sir John Lubbock.

qu'en Belgique il s'agissait d'os d'Éléphants ; à Cerigo, des débris d'un Cétacé ; à Aix, des restes d'une Tortue ; à Œningen, du squelette d'une Salamandre (le fameux *Homo diluvii testis* de Scheuchzer) (fig. 4), etc. De telles constatations étaient bien faites pour rendre sceptique, d'autant plus qu'à cette époque on n'avait

---

(1) Discours sur les révolutions de la surface du globe, *in* Recherches sur les ossements fossiles, 4e édit., t. 1, p. 217.

(2) CARTAILHAC (E.), Georges Cuvier et l'ancienneté de l'Homme (*Matériaux pour l'Hist. nat. et primitive de l'Homme*, 1884, p. 27).

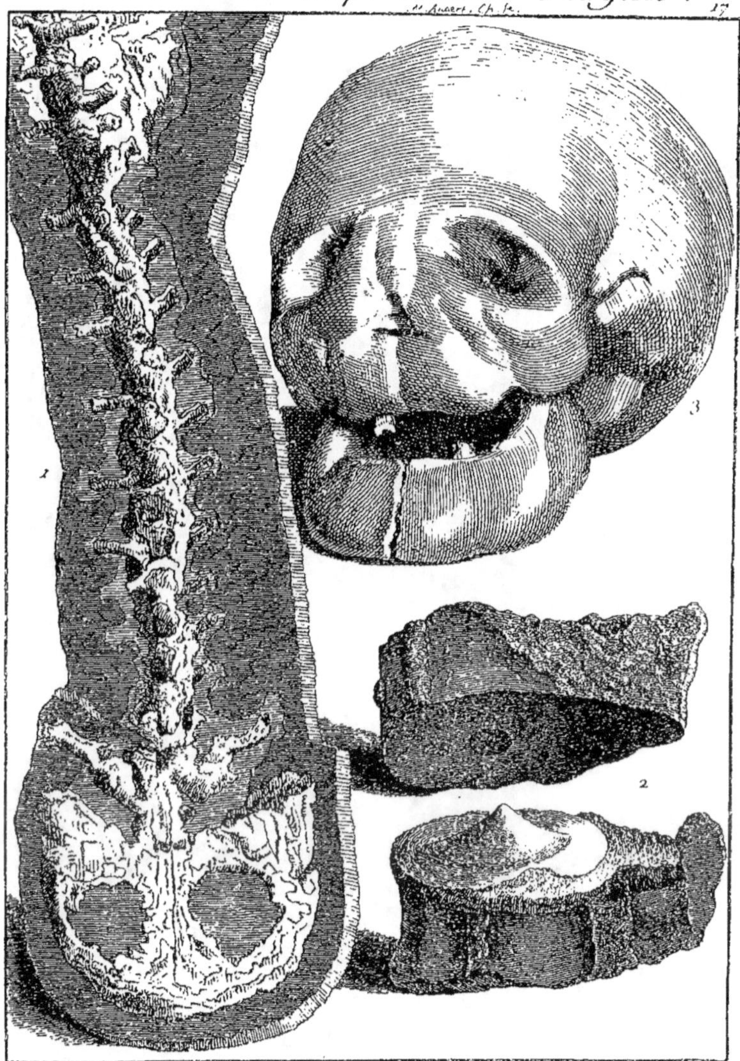

Fig. 4. — Ce qu'on prenait encore au XVIII° siècle pour des Hommes fossiles. Fac-similé d'une gravure de l'*Oryctologie* de d'ARGENVILLE (1755).

1. Squelette de Salamandre trouvé dans un terrain miocène des environs de Constance et décrit par Scheuchzer comme celui d'un « Homme témoin du déluge » (*Homo diluvii testis*).

2. « Vertèbres pétrifiées du dos d'un Homme » et qui sont, en réalité, des vertèbres d'un Reptile fossile, l'Ichthyosaure.

3. Tête moderne de nature pathologique (hyperostose) qu'on peut encore voir dans la galerie d'Anthropologie du Muséum.

pas encore trouvé le moindre débris de Singe fossile. Cuvier ajoutait d'ailleurs prudemment : « Mais je n'en veux pas conclure que l'Homme n'existait point du tout avant cette époque » [celle des « dernières révolutions du globe »]. Il pouvait habiter quelques contrées peu étendues, d'où il a repeuplé la terre après ces événements terribles ; peut-être aussi les lieux où il se tenait ont-ils été entièrement abîmés et ses os ensevelis au fond des mers actuelles, à l'exception d'un petit nombre d'individus qui ont continué son espèce ».

Cuvier mourut en 1832, au moment où les découvertes allaient se précipiter. Peut-être, s'il avait vécu, a écrit de Quatrefages, aurait-il répété les paroles qu'il adressait un jour à Duméril, son collaborateur : « Mon cher ami, nous nous sommes trompés ».

TOURNAL, SCHMERLING.

Déjà, en effet, vers 1830, plusieurs naturalistes du Midi de la France, Tournal dans l'Aude, Emilien Dumas, de Christol, Marcel de Serres dans le Gard et l'Hérault, continuant en France des recherches inaugurées dès 1820 en Angleterre par Buckland, fouillèrent les dépôts de remplissage des grottes et des cavernes de leurs pays. Ils y trouvèrent des ossements humains, associés à de nombreux restes d'animaux d'espèces disparues ou émigrées : des Ours, des Hyènes, le Renne, etc., dont les os montraient parfois les traces d'instruments tranchants. Tournal comprend si bien l'importance de ces observations qu'en 1829 il n'hésite pas à écrire : « ...La géologie donnant un supplément à nos courtes Annales viendra réveiller l'orgueil humain, en lui montrant l'antiquité de sa race ; car la géologie seule peut désormais nous donner quelques notions sur l'époque de la première apparition de l'Homme sur le globe terrestre » (1). Ces paroles marquent vraiment un très grand progrès.

De son côté, le belge Schmerling publia, en 1833, un important

Fig. 5. — Portrait de Tournal, d'après une photographie obligeamment communiquée par M. Cartailhac.

_____

(1) *Annales des sciences naturelles*, XVIII, 1829, p.253.

ouvrage intitulé : « Recherches sur les ossements fossiles des cavernes de la province de Liége ». Non seulement il y démontrait la contemporanéité de l'Homme, des Rhinocéros, des Ours, des Hyènes, etc., mais encore il intitulait son dernier chapitre : « Des débris travaillés par la main de l'Homme ». Ces débris étaient des os façonnés, notamment une pointe de trait et des silex. « Toute réflexion faite, dit-il, il faut admettre que ces silex ont été taillés par la main de l'Homme et qu'ils ont pu servir pour faire des flèches ou des couteaux... Si même nous n'avions pas trouvé des ossements humains, dans des conditions tout à fait favorables pour les considérer comme appartenant à l'époque antédiluvienne, ces preuves nous auraient été fournies par les os taillés et les silex façonnés. »

Quelques années plus tard, en 1840, Godwin-Austen, reprenant les études de Mac Enery sur la caverne de Kent's Hole, en Angleterre, arrivait aux mêmes conclusions.

La preuve de l'antiquité géologique de l'homme était donc réellement établie par ces précurseurs, mais cela ne veut pas dire qu'elle fût acceptée des savants officiels, sauf peut-être de Constant Prévost (1). C'est à Boucher de Perthes que revient le mérite de l'avoir imposée au monde savant et de l'avoir fait pénétrer dans le domaine public.

BOUCHER DE PERTHES.   Boucher de Perthes (1788-1868) était directeur des douanes à Abbeville (2). Très érudit, écrivain fécond et en divers genres, grand amateur d'antiquités, « accoutumé dès l'enfance à entendre parler de fossiles », il s'appliquait à collectionner toutes sortes d'anciens vestiges humains lorsque, vers la fin de 1838, il eut la joie d'extraire des « assises du diluvium » les « premières haches diluviennes » qu'il soumit à ses confrères de la *Société d'émulation d'Abbeville*. En 1846, il fit paraître le premier volume de ses *Antiquités celtiques et antédiluviennes* intitulé : *De l'industrie primitive ou des arts à leur origine*. Dans cet ouvrage, Boucher de Perthes proclamait que les alluvions anciennes, *diluviennes*, des faubourgs d'Abbeville renferment de nombreuses pierres façonnées par l'Homme « antédiluvien » et enfouies à des profondeurs

---

(1) Gosselet (J.), Constant Prévost. Lille, 1896, p. 165.
(2) Voir Ledieu (A.), Boucher de Perthes, sa vie, ses œuvres... Abbeville, 1885.

variables avec des ossements de grands animaux d'espèces disparues. « Dans leur imperfection, ces pierres grossières n'en prouvent pas moins, dit-il l'existence de l'homme aussi sûrement que l'eût fait tout un Louvre ».

Cette affirmation, appuyée pourtant sur des observations minutieuses et sur des preuves excellentes, fut d'abord aussi mal accueillie que possible. « Dénégations, railleries, dédains, rien ne fut épargné à l'auteur, a écrit M. de Saulcy. Il passa pour un rêveur, pour une espèce d'illuminé, et la science crut faire merveille en le laissant dire, sans s'occuper autrement des faits qu'il prétendait faire entrer de vive force dans le domaine des sciences positives » (1).

Loin de se décourager, Boucher de Perthes ne cessa de lutter, avec une persévérance et une douceur admirables, contre l'opposition systématique et souvent ironique. Deux camps se formèrent bientôt dans le monde savant. Dans le premier, quelques naturalistes de caractère indépendant, avec Al. Brongniart et Constant Prévost. tout en se montrant réservés, encouragèrent Boucher de Perthes. Dans le second camp, celui

Fig. 6. — Portrait de Boucher de Perthes, d'après une lithographie.

des irréductibles, de beaucoup le plus nombreux, se trouvaient, avec Elie de Beaumont à leur tête, les savants les plus officiels, disciples et continuateurs de Cuvier, dont ils exagéraient les scrupules et qui niaient de parti pris. « Et tant que par l'intervention des géologues et des archéologues anglais, la haute question soulevée et résolue par un Français n'eut pas cessé d'être toute française, l'Académie des Sciences, entière, marcha derrière son secrétaire perpétuel comme un troupeau de brebis sur les pas du berger » (2).

---

(1) *In* MEUNIER (Victor), Les ancêtres d'Adam, éd. Thieullen. Paris, 1900.
Cet insuccès tient probablement en partie à ce que Boucher de Perthes présentait, avec de véritables instruments primitifs et comme ayant la même signification, d'autres pierres *figures*, pierres *symboliques*, qui n'étaient que des « jeux de la nature » et dont on ne parle plus aujourd'hui. Mais comment, à cette époque, séparer l'ivraie du bon grain ?
(2) MEUNIER (V.), *loc. cit.*, p. IX.

Le Dr Rigollot, d'Amiens, ayant trouvé, en 1854, dans les sablières de Saint-Acheul, des « haches » pareilles à celles des graviers d'Abbeville, fut le premier à se rallier loyalement aux idées de Boucher de Perthes qu'il avait combattues jusque-là avec ardeur. D'autre part, un très distingué naturaliste du Midi, le Dr Noulet, apportait un témoignage favorable en signalant l'existence à Clermont, près de Toulouse, d'un « dépôt alluvien renfermant des restes d'animaux éteints, mêlés à des cailloux façonnés de main d'homme ».

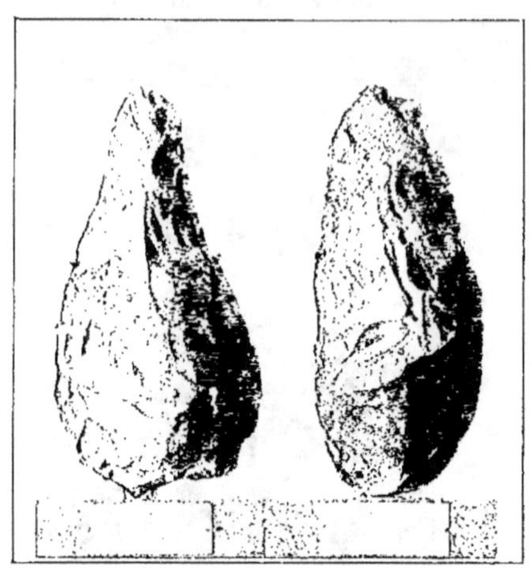

Fig. 7. — Deux des silex extraits par A. Gaudry des graviers de Saint-Acheul. 1/3 environ de la grandeur naturelle. — Galerie de Paléontologie du Muséum.

Puis vint, en 1859, l'adhésion, formulée nettement et clairement, après étude réitérée des faits sur place, de quelques savants renommés de l'Angleterre, le paléontologiste Falconer, le stratigraphe Prestwich, l'archéologue John Evans, l'anatomiste Flower, le grand géologue Lyell, qui publia bientôt après son livre célèbre : *L'ancienneté de l'Homme prouvée par la Géologie* (1).

La même année, un paléontologiste, alors au début de sa brillante carrière, Albert Gaudry, s'était rendu à Amiens pour étudier le terrain et y faire des fouilles. S'astreignant à ne jamais quitter ses ouvriers, il réussit à extraire lui-même « neuf haches » engagées dans le « diluvium », à 4 m. 50 au-dessous du sol, avec des dents d'un grand Bœuf et à un niveau qui avait livré un peu plus loin des ossements de Rhinocéros, d'Éléphant et d'Hippopotame (fig. 7) (2). Le témoignage de Gaudry produisit grand effet sur

(1) Voir l'histoire de cette intervention dans : FALCONER (H.), *Palæontological memoirs*, t. II, p. 596. — PRESTWICH, On the occurence of flint-implements, associated with the remains of extinct Mammalia... (*Proceedings of the Royal Society*, 1859).

(2) GAUDRY (A.), Contemporanéité de l'espèce humaine et de diverses espèces animales aujourd'hui éteintes (*Comptes rendus de l'Acad. des Sciences*, 3 octobre 1859).

l'esprit de quelques savants indépendants, mais l'opposition persista à l'Institut, qui tenait à la vieille conception du déluge et qui avait une confiance absolue en la chronologie biblique, d'après laquelle la création du monde ne remontait qu'à 4000 ans avant J.-C. Elle persista à tel point que, le 18 mai 1863, le plus officiel des géologues, l'Académicien et Secrétaire perpétuel Elie de Beaumont allait jusqu'à dire : « Je ne crois pas que l'espèce humaine ait été contemporaine de l'*Elephas primigenius*. L'opinion de M. Cuvier est une création du génie; elle n'est pas détruite » (1). Il se demandait même si les silex taillés n'étaient pas d'origine romaine!... (2).

L'immortalité académique n'est qu'une sénile illusion. Les Secrétaires perpétuels passent et leurs noms s'obscurcissent. Le nom de Boucher de Perthes brillera éternellement au firmament de la Science.

Celle-ci vient d'accomplir un très grand progrès, en découvrant, au delà de l'Histoire, une immense Préhistoire se perdant dans la nuit des temps géologiques. Désormais les origines humaines deviennent un problème paléontologique, tout comme le problème des origines animales. L'essor est donné : de toutes parts on va se livrer à de fructueuses recherches. Une science nouvelle, la Paléontologie humaine, va être définitivement constituée.

EDOUARD LARTET. Edouard Lartet, né et mort dans le Gers (1801-1871), en est le principal fondateur. D'abord avocat, sa véritable vocation fut éveillée à la vue d'une molaire de Mastodonte trouvée par un paysan de son village. Très intrigué, il lut les ouvrages de Cuvier, apprit l'ostéologie et se livra à l'étude des ossements fossiles si nombreux dans le sol autour de sa propriété familiale. Dès 1836, il explora et rendit célèbre le riche gisement de Sansan qui date du

---

(1) *Comptes rendus de l'Académie des Sciences,* 18 mai 1863.

(2) Voici, pour montrer la persistance de cette influence néfaste, qui dure encore aujourd'hui, sous une forme plus ou moins atténuée et plus ou moins consciente :
A la mort de Boucher de Perthes, ses ouvrages furent retirés du commerce par décision de famille et vendus au *pilon*. Quelques années après, Victor Meunier composa son livre : *Les Ancêtres d'Adam, Histoire de l'Homme fossile.* Ce livre fut imprimé en 1875, mais il ne vit jamais le jour. Il racontait le « martyrologe » de Boucher de Perthes. L'éditeur, effrayé « d'encourir la défaveur académique », supprima le tirage tout entier. Une nouvelle édition a été faite en 1900, à la librairie Fischbacher, par les soins de A. Thieullen, grand admirateur de Boucher de Perthes. Sa lecture est des plus édifiante.

milieu des temps tertiaires. Il y découvrit, entre autres formes curieuses et tout à fait nouvelles pour la science, quelques débris d'un Singe anthropomorphe, ancêtre des Gibbons actuels, et qu'il nomma *Pliopithèque*.

P. Fischer, un des meilleurs biographes d'E. Lartet, a bien montré l'importance de cette découverte au point de vue de la question de l'Homme fossile : « Cuvier, en soumettant à une critique lumineuse et nécessaire les prétendus ossements d'Hommes et de Singes contemporains des espèces perdues, avait démontré leur manque d'authenticité. Il avait donc conclu à l'apparition tardive du Singe et de l'Homme. « Ce « qui étonne, dit-il, c'est que, par-« mi tous ces Mammifères, dont « la plupart ont aujourd'hui « leurs congénères dans les pays « chauds, il n'y ait pas un seul « Quadrumane ; que l'on n'ait « pas recueilli un seul os, une « seule dent de Singe, ne fût-ce « que des os ou des dents de « Singes d'espèces perdues. Il « n'y a non plus aucun Homme : « tous les os de notre espèce, « que l'on a recueillis avec « ceux dont nous venons de parler, s'y trouvaient accidentelle-« ment ».

Fig. 8. — Edouard Lartet, d'après le seul portrait qui ait été fait de son vivant et qui est dû à son fils, Louis Lartet.

« En associant ainsi la date de l'apparition de l'Homme à celle du Singe, poursuit Fischer, Cuvier préparait un grand retentissement à la trouvaille du Singe de Sansan, et l'on pouvait prévoir que la découverte du Singe fossile serait suivie de celle de l'Homme fossile » (1).

La clairvoyance d'Etienne Geoffroy Saint-Hilaire ne s'y trompa pas. L'illustre adversaire de Cuvier fit ressortir « la haute portée en philosophie naturelle » de la découverte de Lartet, appelée « à commencer une ère nouvelle de savoir humanitaire ». Mais, ajou-

___

(1) Fischer (P.), Note sur les travaux scientifiques d'Edouard Lartet (*Bull. de la Soc. géolog. de France*, 2° série, XXIX, p. 246).

tait-il, « l'heure des recherches philosophiques n'est pas encore sonnée. »

Dès 1845, Lartet ne craint pas d'admettre la possibilité d'un Homme tertiaire : « Ce coin de terre, dit-il en parlant de Sansan, a donc nourri une population de Mammifères bien supérieure à l'actuelle... Divers degrés de l'échelle animale y sont représentés jusqu'au Singe inclusivement. Un type supérieur, celui du genre humain, ne s'y est pas rencontré ; mais de ce que sa place manque dans ces formations anciennes, il ne faudrait pas se hâter de conclure qu'il n'existait pas... » Paroles prophétiques ! Il semble que Lartet ait eu « la prescience du rôle important qu'il devait jouer plus tard dans la discussion scientifique de la contemporanéité de l'Homme et des grands Mammifères quaternaires. »

Vers 1850, E. Lartet vint continuer ses recherches à Paris. Il se fixa près du Muséum, dont les richesses scientifiques l'attiraient et où il n'avait que des amis. En 1856, il décrivit la mâchoire d'un nouveau Singe anthropomorphe, le *Dryopithèque*. Trois ans après, il publiait une étude d'ensemble sur les Proboscidiens fossiles. Mais ses travaux sur les animaux du passé le ramenaient sans cesse vers le grand problème de l'Homme fossile. Il suivait avec intérêt et grande sympathie les efforts de Boucher de Perthes.

En 1860, le 19 mars, E. Lartet adressa à l'Académie des Sciences une note intitulée : « Sur l'ancienneté géologique de l'espèce humaine dans l'Europe occidentale ». On a accusé l'Académie d'avoir refusé l'insertion de ce mémoire. Ce qui est certain, c'est que le titre seul figure à la page 599 du tome L des *Comptes rendus*. Pour en lire le texte, il faut le chercher dans les *Archives des Sciences de la Bibliothèque universelle de Genève* ou dans le *Quarterly Journal* de la Société géologique de Londres, qui l'accueillirent avec empressement (1).

Ce mémoire était cependant capital. Avec une description de la célèbre grotte d'Aurignac, que l'auteur venait de fouiller, il renfermait quelques propositions de la plus haute importance, qui furent

---

(1) « Il était trop tôt pour dire ces vérités devant l'Académie des Sciences ; elle ne comprit pas qu'elle se mettait en marge du progrès des sciences géologique et anthropologique en refusant de publier les prévisions d'Edouard Lartet ; qu'on serait un jour profondément attristé de trouver dans une publication étrangère sept pages dédaignées par l'Institut de France et si honorables pour la science française. » (E. CARTAILHAC, *in litt.*).

reprises et développées l'année suivante (1861) dans les *Annales des Sciences naturelles* sous le titre : « Nouvelles recherches sur la coexistence de l'Homme et des grands Mammifères fossiles réputés caractéristiques de la dernière époque géologique ».

Il semble que, dès ses premiers écrits purement géologiques, E. Lartet ait été l'adversaire des révolutions du globe. Il fallait beaucoup d'indépendance et un courage réel pour s'attaquer à cette conception de la science la plus officielle. Il eut ce courage et cela suffit à expliquer l'hostilité d'Elie de Beaumont.

En 1858, dans sa note « Sur les migrations anciennes des Mammifères de l'époque actuelle », il s'élève déjà contre les déluges ou autres catastrophes : « Le jour n'est peut-être pas éloigné, disait-il, où l'on proposera de rayer le mot *cataclysme* du vocabulaire de la géologie positive. Cette fois il s'exprime ainsi : « ... Ces grands mots de *révolutions du globe, cataclysmes, perturbations universelles, catastrophes générales*, etc. , ont été abusivement introduits dans le langage technique de la science, car ils impriment dès l'abord une signification exagérée à des phénomènes géographiquement très limités... La grande harmonie des évolutions physiques et organiques à la surface du globe n'en a, dans aucun cas, été affectée. Aristote avait parfaitement compris ces alternatives des mouvements du sol qui ont, à divers intervalles, changé les relations des continents et des mers ; il avait également su réduire à ses proportions régionales le déluge de Deucalion, que les fictions de la poésie ont embelli après l'avoir exagéré. Il paraît que ce grand naturaliste avait aussi eu à combattre les conceptions fantastiques des philosophes *révolutionnistes* de son temps et la dure apostrophe qu'il leur adressa : « *Ridiculum enim est, propter parvas et momentaneas permuta-* « *tiones, movere ipsum totum* » (γελοῖον γὰρ, etc. ARISTOTE, *Météorol.*, l. I, c. 2), pourrait aussi bien, après deux mille ans, s'appliquer à quelques-uns d'entre nous, géologues ou paléontologistes de l'époque actuelle. »

Le mémoire renferme une autre idée nouvelle et féconde. L'histoire de l'Homme, comme celle des animaux, comme l'histoire géologique, est donc une histoire continue, à laquelle il importe de fournir une méthode chronologique. « S'il était possible d'établir que la disparition des espèces animales, considérées comme caractéristiques de la dernière période géologique, a été successive et non simultanée, on trouverait un moyen d'établir à la fois et la chronologie relative des dépôts fossilifères non stratifiés et leurs rapports de synchronisme avec les bancs diluviens dont les relations géognostiques sont nettement définies. » Lartet présente donc un essai de « chronologie paléontologique », de nature à permettre, pour la première fois, de classer les gisements dans lesquels on a rencontré jusqu'ici des traces de l'Homme fossile : « Nous aurons ainsi, pour la période de l'Humanité primitive, l'âge du *Grand Ours des cavernes*, l'âge de l'*Éléphant* et du *Rhinocéros*, l'âge du *Renne* et l'âge de l'*Aurochs*, à peu près comme les archéologues

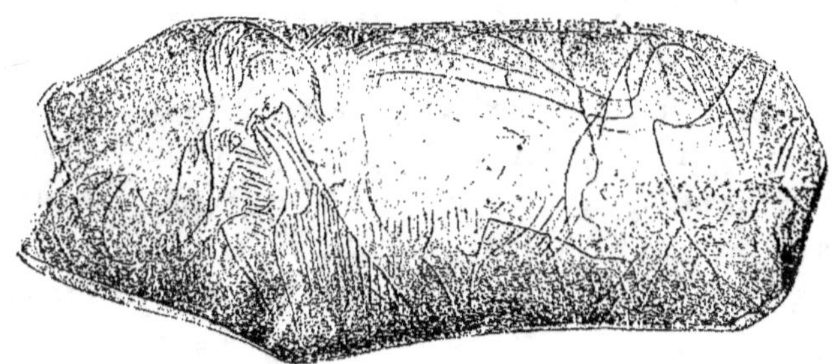

Fig. 9. — Lame d'ivoire de La Madelaine portant une gravure de Mammouth.
1/3 de la grandeur naturelle. D'après la planche d'Edouard Lartet.
L'original appartient au Muséum.

ont récemment adopté les divisions de l'âge de la *pierre*, de l'âge du *bronze*, de l'âge du *fer*. »

Cette classification ne pouvait être parfaite; mais elle avait le grand mérite d'exister et d'affirmer ainsi la nature géologique du problème humain, de montrer combien il faut reculer dans le passé l'histoire de nos ancêtres, de fixer quelques pierres millénaires de ce long passé. C'est la voie largement ouverte aux chercheurs. Hamy a dit très justement, dans son éloge de Lartet : « Aurignac, qui conquiert à la doctrine de l'ancienneté du groupe humain des adhésions d'autant plus précieuses qu'elles vont se transformer en activités fécondes. »

Bientôt après, en 1864, E. Lartet découvre le célèbre Mammouth gravé de La Madelaine, où l'un de nos lointains ancêtres a inscrit lui-même d'une façon charmante, la preuve décisive de son antiquité géologique (fig. 9). Il entreprend, avec l'anglais Christy, de fouiller les gisements de la vallée de la Vézère, dont la célébrité est aujourd'hui mondiale. Il achève ainsi de nous révéler l'étonnante culture artistique des Hommes de l'âge du Renne. L'ouvrage, où tant de belles découvertes devaient être décrites et commentées, est malheureusement resté inachevé (1).

En 1869, Lartet fut choisi pour succéder à d'Archiac dans la chaire de paléontologie du Muséum. Il avait alors soixante-huit ans ! Aussi mourut-il quelques mois après, sans avoir eu le temps de faire sa première leçon.

Si j'ai longuement parlé d'Edouard Lartet, c'est d'abord par admiration pour une si belle figure de savant indépendant et désintéressé ; c'est ensuite pour faire ressortir la part prépondérante qui revient, en sa personne, à la France dans la création de la Paléontologie humaine ; c'est enfin parce que l'œuvre de notre illustre compatriote n'est pas toujours bien comprise. Le grand public l'a ignorée et la science officielle ne l'a pas appréciée à sa valeur réelle. Sa gloire ne fera pourtant que croître avec le recul des années.

SUCCESSEURS
D'ÉDOUARD LARTET.

Son exemple fut suivi en France par de nombreux savants ou chercheurs : P. Gervais, de Vibraye, A. Milne-Edwards, Louis Lartet, Piette, etc., tandis qu'en Belgique, Dupont reprenait et perfectionnait l'œuvre de Schmerling et qu'en Angleterre, où l'on avait aussi mené le bon combat, Lubbock, John Evans, Boyd Dawkins publiaient sur la Préhistoire des ouvrages de grand mérite (2).

Gabriel de Mortillet fonde, en 1864, pour enregistrer les progrès journaliers de la science, une revue spéciale, les *Matériaux pour l'histoire naturelle et primitive de l'Homme*, bientôt placée sous l'habile et généreuse direction d'Emile Cartailhac. G. de Mortillet reprend les classifications de Lartet en considérant surtout le point de vue archéologique ; il groupe d'une façon systématique, claire, à la portée de tous les chercheurs, les faits innombrables d'une science

---

(1) Lartet (E.) et Christy (H.), *Reliquiæ aquitanicæ*, being contributions to the archæology and palæontology of Périgord. Paris, 1866-1875, 1 vol. in-4° avec 102 pl.

(2) Lubbock (John), Prehistoric Times. Londres, 1867. Trad. française de Barbier sous le titre : L'Homme avant l'Histoire. Paris, 1867, 2ᵉ éd. en 1871. 7ᵉ éd. anglaise en 1913. — Evans (John), The ancient stone implements. Londres, 1872. 2ᵉ éd. en 1897. — Dawkins (W. Boyd), Cave Hunting. Londres, 1874. Early Man in Britain. Londres, 1880.

qu'il a vue naître et au développement de laquelle il a largement contribué.

Les préhistoriens ne tardent pas à avoir leurs Congrès internationaux, où s'établissent les comparaisons de pays à pays, où se discutent les questions générales, où se préparent les travaux de synthèse, car les découvertes s'étendent maintenant à tous les continents. Et nous arrivons peu à peu au moment actuel, où les recherches d'archéologie préhistorique sont à la mode, où tout le monde pratique des fouilles dans les plus vénérables de nos archives, trop souvent, hélas! avec une préparation scientifique plus qu'insuffisante...

* * *

Ainsi s'est constituée la Préhistoire, ou Archéologie préhistorique, dont les éléments d'information sont fournis par toutes sortes d'objets purement matériels, et qui éclairent pourtant d'une assez vive lumière les caractères intellectuels et moraux des Hommes sur lesquels l'Histoire est muette.

LES OSSEMENTS DES HOMMES FOSSILES. — Que devenaient, pendant ce temps, les recherches relatives à ces Hommes eux-mêmes, c'est à dire à leurs caractères physiques, zoologiques? Comment se sont réalisés les progrès de la Paléontologie humaine, dans le sens strict du mot, dans le sens principal de cet ouvrage?

Après la découverte que fit Ami Boué, en 1823, d'un squelette humain dans le lœss de la vallée du Rhin et que Cuvier, nous l'avons vu, repoussa de toutes ses forces, vint une période stérile. Toute trouvaille d'ossements humains était alors suspectée *a priori*. Lorsque la démonstration de la haute antiquité de l'Homme fut faite au moyen des silex taillés et prouvée par la géologie, les découvertes d'ossements humains semblèrent plus naturelles; elles se multiplièrent (1).

On n'en compte pas moins de quatre-vingts depuis le début du XIXe siècle jusqu'à nos jours. Il semblerait que la Paléontologie

---

(1) Voy. QUATREFAGES (A. de) et HAMY (E. T.), *Crania ethnica*. Les crânes des races humaines. Paris, 1882. Première partie. Races humaines fossiles.

humaine dût être ainsi dotée de matériaux suffisants pour lui permettre d'arriver à de grands résultats, de formuler d'importantes conclusions.

CRITIQUE DES DÉCOUVERTES. — Malheureusement toutes ces découvertes sont loin d'avoir la même valeur, à cause de l'incertitude qui règne sur l'âge ou même sur l'authenticité de beaucoup d'entre elles. Il est si facile de se tromper en pareille matière ! En maints endroits, notre sol n'est qu'une poussière humaine. Rien n'est plus commun, hélas ! dans les terrains superficiels, que les squelettes de nos semblables. Certes, les caractères physiques de ces ossements varient avec la date de leur enfouissement, et les sépultures des temps historiques présentent des caractères qui ne trompent guère un œil exercé. Quand il s'agit de sépultures préhistoriques ou d'ossements quaternaires, un caractère important intervient, celui de la fossilisation, c'est-à-dire de la transformation physique et chimique de l'os, qui a perdu sa matière organique, s'est enrichi de matières minérales et a pris une densité plus grande. Mais ce caractère n'est pas suffisant : le degré de fossilisation peut varier avec des conditions de milieu indépendantes de la durée. Il faut alors faire appel aux circonstances de gisement, aux critériums géologique et paléontologique. Or, quand une découverte se produit, il est rare qu'un observateur compétent se trouve sur place, prêt à faire l'enquête nécessaire. Aujourd'hui, comme le public éclairé a son attention attirée sur les événements de ce genre, et qu'il en comprend toute l'importance, l'intervention des savants de profession est ordinairement provoquée et plusieurs découvertes récentes ont été faites à la suite de fouilles systématiques, conduites par des chercheurs expérimentés. Mais il n'en était pas de même autrefois, lorsque la géologie et la paléontologie des terrains quaternaires étaient à peine ébauchées. Beaucoup de crânes et de squelettes humains ont été exhumés sans précaution, sans enquête scientifique et déposés dans les musées où les anthropologistes vont les étudier, sans s'inquiéter suffisamment de l'état civil de pièces osseuses dont l'origine et le gisement exacts ne peuvent plus aujourd'hui être précisés.

Et comme la question d'âge est une notion capitale en Paléontologie, si l'on veut travailler scientifiquement, en toute sécurité, il faut avoir le courage de reléguer aux oubliettes tous les documents ostéologiques dont la haute antiquité n'est pas certaine. Après revision sévère de toutes les découvertes signalées jusqu'à ce jour, je ne conserve, pour en faire état dans ce livre, que celles dont l'authenticité et l'âge sont à l'abri de toute discussion. Mieux vaut ici se tromper par excès que par défaut de prudence.

L'histoire de ces découvertes, fondements de la Paléontologie humaine, sera faite aux chapitres suivants, dans l'ordre d'ancienneté des documents qu'elles ont fournis, c'est-à-dire à leur place chronologique respective. Pour le moment, je désire seulement indiquer, d'une façon sommaire, les principales étapes des progrès accomplis jusqu'à nos jours.

DÉCOUVERTE DE NEANDERTHAL.

La première, et l'une des plus importantes, se rattache à la découverte, en 1856, de la fameuse calotte cranienne de Néanderthal (Prusse rhénane). Ce document fut étudié, les années suivantes, par divers naturalistes. Avec ses dimensions considérables, son front fuyant, ses arcades orbitaires énormes, sa boîte cérébrale aplatie, ce crâne parut tout à fait extraordinaire (fig. 10). Schaafhausen en Allemagne, Huxley en Angleterre, le déclarèrent « le plus bestial de tous les crânes humains connus » et firent ressortir ses caractères simiens ou pithécoïdes.

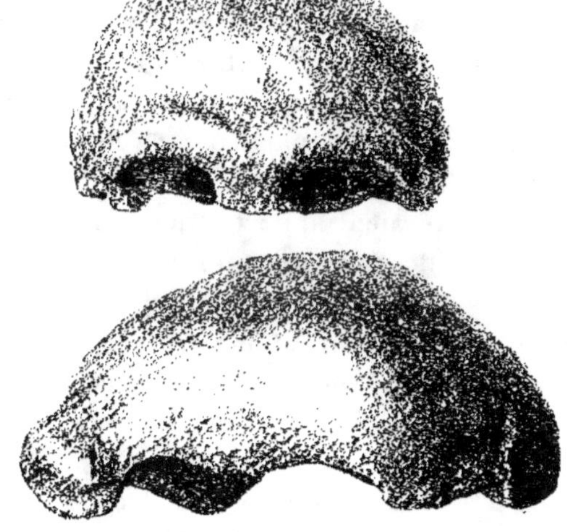

Fig. 10. — Calotte cranienne de Neanderthal, vue de face et de profil. 1/3 de la grandeur naturelle. Photographies d'un moulage.

Cet événement se produisit à un moment où le monde scientifique était dans une véritable effervescence. Les idées évolutionnistes commençaient en effet à se répandre. Lamarck, qui, longtemps avant Darwin, n'avait pas hésité à aborder le redoutable problème de l'origine de l'Homme et à comprendre cette origine par modification d'un Quadrumane, était oublié, avant même d'avoir été compris et apprécié. Mais Darwin publiait *L'Origine des espèces*, Boucher de Perthes commençait à triompher, et Albert Gaudry faisait connaître les résultats de ses premiers travaux sur les transformations des Mammifères fossiles ; Broca fondait la Société d'Anthropologie de Paris et Huxley composait son célèbre mémoire sur « La Place de l'Homme dans la nature » (1863), bientôt suivi des excellentes « Leçons sur l'Homme » de Carl Vogt (1865).

Le crâne de Néanderthal, avec ses caractères évidents d'infériorité, avec une conformation qui le rapproche de certains crânes de grands Singes, venait à l'appui des idées évolutionnistes ; il représentait, aux yeux des naturalistes philosophes, comme une forme primitive diminuant la profondeur du fossé qui sépare actuellement les Singes des Hommes.

Mais cette interprétation ne fut pas du goût des anti-évolutionnistes aux idées retardataires. La valeur scientifique du crâne fut discutée et méconnue. Comme il avait été trouvé par des ouvriers, géologues et paléontologistes lui reprochaient l'obscurité de ses origines. D'éminents anthropologistes, avec Virchow, le considéraient comme une pièce de nature pathologique ou comme un crâne d'idiot. Je ne parle pas de l'intervention ardente et souvent maladroite des défenseurs des religions dans un débat où ces religions ne sauraient apporter que des raisons de sentiment, des traditions ou des préjugés. C'est une intervention de ce genre qui provoqua la célèbre apostrophe d'Huxley : « Mieux vaut être un singe perfectionné qu'un Adam dégénéré. »

Sur ces entrefaites, se produisit le fameux épisode de la mâchoire de Moulin-Quignon. En 1863, Boucher de Perthes, voulant à tout prix découvrir des restes osseux de l'Homme qui avait taillé les silex d'Amiens et d'Abbeville, trouva une mâchoire humaine dans des conditions qui soulevèrent de longues polémiques et firent verser des flots d'encre. Il semble bien que l'illustre et honnête archéologue fut, cette fois, victime d'une supercherie. Les savants anglais, qui l'avaient si énergiquement défendu à propos des silex taillés, refusèrent de croire à l'authenticité de la mâchoire. Et l'un deux, John Evans, prononça sur elle un *Requiescat in pace* dont les échos se prolongent encore. Cela n'était pas fait, évidemment, pour augmenter le crédit des idées nouvelles.

LA NAULETTE
____

Mais, en 1865, Ed. Dupont, au cours de fouilles scientifiques, organisées par le gouvernement de la Belgique dans les cavernes de ce pays, trouva une mandibule humaine dans une des excavations situées sur la rive gauche de la Lesse, le *trou de La Naulette* (fig. 11). Ses conditions de gisement ne laissaient aucune prise à la critique. Or, cette mâchoire, retirée d'une couche profonde où elle gisait avec des ossements de Mammouth, de Rhinocéros, de

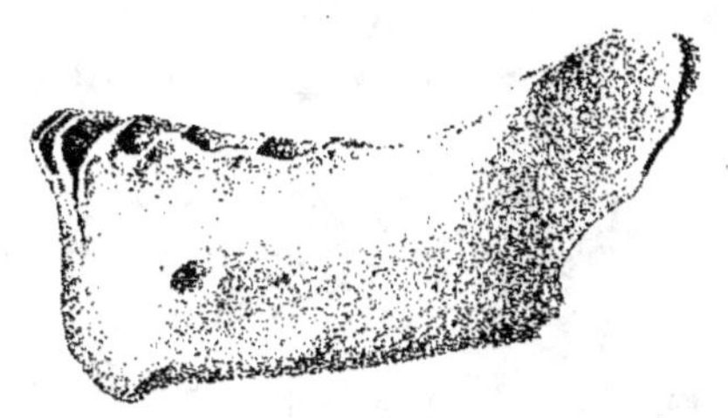

Fig. 11. — Mâchoire de La Naulette. 3/4 de la grandeur naturelle. D'après DE QUATREFAGES et HAMY.

Renne, etc., différait de toutes les mâchoires d'Hommes actuels par un caractère important, qui frappait au premier coup d'œil : l'absence de menton. C'était encore un trait simien, associé d'ailleurs à d'autres caractères purement humains. On fut tenté de rapprocher la mâchoire de La Naulette du crâne de Néanderthal comme ayant appartenu à un même type inférieur.

CRO-MAGNON.
____

En 1868, Louis Lartet, marchant brillamment sur les traces de son père, décrivit l'abri sous roche de Cro-Magnon, aux bords de la Vézère (Dordogne). Ce gisement avait livré plusieurs squelettes humains. Il s'agissait cette fois d'Hommes offrant tous les traits des Hommes actuels, de sorte que leur haute antiquité fut méconnue par la plupart des anthropologistes qui ne pouvaient se résigner à abandonner leurs idées préconçues et à faire remonter si loin dans le passé le type physique de l'*Homo sapiens*. Il en fut de même du squelette trouvé, en 1872, par M. Rivière dans une des grottes de Grimaldi (fig. 12). L' « Homme de Menton », très semblable au type de Cro-Magnon, fut considéré comme néolithique. Le gisement était pourtant fort clair.

Par contre, on attribua beaucoup trop d'importance à des squelettes retirés, vers la même époque, des alluvions plus ou moins anciennes et surtout plus ou moins remaniées de la Seine, à Clichy, Grenelle, etc.

En 1870, Hamy (1) présenta le tableau de l'état de la science à cette époque dans un livre qu'on peut, aujourd'hui encore, consulter avec profit. L'année suivante, Darwin (2), s'attaquant au grand problème de la descendance de l'Homme, publiait un ouvrage où les faits paléontologiques ne jouent et ne pouvaient encore jouer qu'un rôle secondaire, mais où l'illustre naturaliste exposait, dans toute son ampleur, la théorie de l'origine animale de l'Homme, jadis nettement affirmée par notre grand Lamarck (3), et à laquelle l'Allemand Hæckel venait d'apporter une retentissante adhésion dans sa « Morphologie générale des organismes » (4).

Vers la même époque, Broca (5) publiait d'excellentes études sur la morphologie comparée des Singes et de l'Homme et mettait ses vastes connaissances craniologiques au service de la Paléontologie humaine. De 1873 à 1882, de Quatrefages et Hamy dotaient la science d'un grand ouvrage (6) où la description des principaux types craniens des Hommes actuels était précédée de longues et systématiques dissertations sur tous les documents fossiles ou prétendus fossiles alors connus.

LES HOMMES DE SPY. — L'année 1887 fut marquée par la belle découverte de deux squelettes

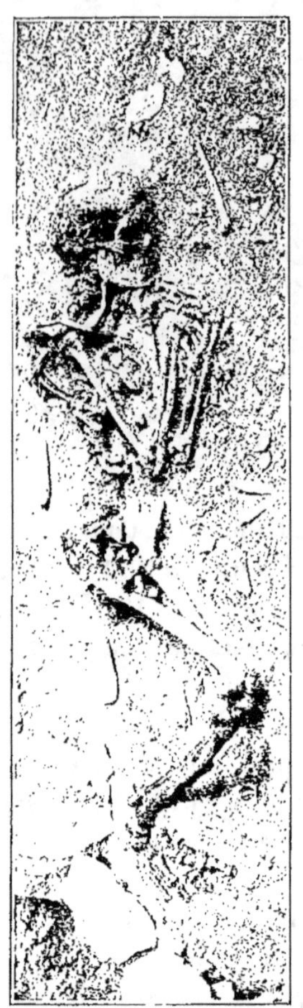

Fig. 12. — « L'Homme de Menton », trouvé par M. Rivière. — Galerie d'Anthropologie du Muséum.

(1) Hamy (E. T.), Précis de Paléontologie humaine. Paris, 1870.

(2) Darwin (C.), La descendance de l'Homme et la sélection sexuelle, trad. fr. 2 vol. Paris, 1872.

(3) Lamarck, Philosophie zoologique, 1809, I, p. 337.

(4) Voir aussi : Hæckel (E.), Histoire de la Création, trad. franç. Paris, 1874. — Anthropogénie ou histoire de l'évolution humaine. trad. franç. Paris, 1877. — État actuel de nos connaissances sur l'origine de l'Homme. Paris, 1900.

(5) Broca (P.), L'ordre des Primates (*Bull. de la Soc. d'Anthrop. de Paris*, 2e série, t. IV, 1869).

(6) Quatrefages (A. de) et Hamy (E. T.), *Crania ethnica*.

humains dans la grotte de Spy (province de Namur). Ce fut un événement scientifique considérable et doublement heureux : d'abord parce que l'âge quaternaire du gisement, exploré par des géologues, ne pouvait être l'objet d'un doute ; ensuite et surtout parce que les crânes de Spy ressemblent tout à fait à celui de Néanderthal. Le beau rapport de Fraipont et Lohest ruinait définitivement l'hypothèse de la nature pathologique du crâne de Néander-

Fig. 13. — E.-T. Hamy, d'après une photographie.

thal et venait confirmer l'opinion de ceux qui croyaient à l'existence réelle d'un ancien type humain bien différent des types actuels et d'une nature inférieure.

PITHÉCANTHROPE. — Cette opinion fut singulièrement fortifiée, quelques années après, en 1894, par le travail de Dubois sur les restes du Pithécanthrope découverts à Java en 1891. Nous parlerons longuement de ce fossile célèbre. Il suffira d'affirmer dès à présent le fait incontestable : la calotte cranienne du Pithécanthrope réalise vraiment un intermédiaire morphologique idéal entre des crânes de Singes anthropomorphes, tels que le Chimpanzé ou le Gibbon, et un crâne d'Homme.

Ces belles découvertes en suscitent d'autres. Une véritable fièvre s'empare des chercheurs. Les fouilles effectuées un peu partout livrent de nombreux documents, de valeur très inégale.

LES DERNIÈRES DÉCOUVERTES. — Parmi les plus importantes, il faut signaler d'abord, par ordre de date, celle de Krapina (Croatie), qui a fait revoir la lumière du jour à de nombreux restes d'hommes du type de Néanderthal.

Ce sont ensuite les résultats des importantes fouilles entreprises par le Prince de Monaco, Albert Ier, dans les grottes de Grimaldi. Plusieurs squelettes humains furent exhumés de la grotte des Enfants. Les uns appartiennent au type de Cro-Magnon, dont l'âge paléolithique a pu être ici définitivement établi. Un autre, le plus ancien, a révélé au professeur Verneau l'existence d'un type différent, aux caractères négroïdes, le « type de Grimaldi ».

MACHOIRE
DE MAUER.

En 1907 se produisit un fait nouveau, de premier ordre. Jusqu'à cette date, on ne connaissait l'Homme des plus vieux silex taillés que par les produits de son industrie ; on ne possédait aucun débris authentique de son squelette. Schœtensack décrivit alors une mâchoire trouvée dans les graviers anciens de Mauer, près d'Heidelberg. Et cette mâchoire, bien plus ancienne que celles de La Naulette, de Spy, de Krapina, était aussi d'un aspect encore plus primitif.

LA CHAPELLE-AUX-
SAINTS.

Les fouilles systématiques opérées en France ont permis à MM. les abbés Bouyssonie et Bardon, Capitan et Peyrony, Henri Martin d'extraire, des foyers profonds des grottes ou abris de La Chapelle-aux-Saints (Lot), de La Ferrassie et de La Quina (Dordogne), plusieurs squelettes et portions de squelettes d'Hommes du type de Néanderthal. La Paléontologie humaine a été ainsi dotée de documents d'une valeur exceptionnelle, qui nous ont permis d'arriver à une connaissance de ce type archaïque supérieure à celle que nous avons de beaucoup de sauvages actuels (1). La description de cet *Homo Neanderthalensis* fera l'objet d'un des plus longs chapitres de ce volume.

PILTDOWN.

Après une assez longue période d'inactivité relative dans le domaine de la Paléontologie humaine, l'Angleterre, qui peut revendiquer une part glorieuse dans la fondation et le développement de cette science, s'est reprise pour elle d'un nouvel enthousiasme. A côté de découvertes récentes, sur la valeur desquelles on s'est mépris, telles que celle du squelette d'Ipswich, considéré comme remontant au delà des temps quaternaires et qui est à peine préhistorique, il y a eu la trouvaille de Piltdown, étudiée au point de vue anatomique par le paléontologiste Smith Woodward. Bien qu'on discute encore sur sa signification exacte ou totale, elle n'en est pas moins, à coup sûr, des plus importante, comme on le verra plus loin.

---

(1) BOULE (M.), L'Homme fossile de La Chapelle-aux-Saints (*Annales de Paléontologie*, 1911-1913).

<table>
<tr><td>

L'HOMME FOSSILE
─────────────
HORS DE L'EUROPE.
─────────────
</td><td>

Je n'ai parlé jusqu'à présent que de l'Europe, et seulement de l'Europe occidentale ; c'est une bien faible partie du
</td></tr>
</table>

domaine terrestre, dont le reste est encore à peu près inconnu au point de vue qui nous intéresse ici. Les recherches effectuées dans les deux Amériques, notamment celles si méritoires d'Ameghino dans l'Amérique du Sud, n'ont pas encore fourni de résultats probants. L'Asie, dont l'importance nous apparaîtra un jour comme tout à fait capitale, n'a pour ainsi dire rien donné, en dehors du côté archéologique. Les trouvailles tout à fait récentes de Boskop, dans l'Afrique du Sud, et de Talgaï, en Australie (voir le dernier chapitre de ce livre) nous prouvent que le jour où des recherches seront entreprises avec des moyens suffisants sur ces divers points du globe, elles produiront de grands résultats.

Il faut maintenant s'appliquer à faire de nouvelles fouilles, avec le soin, les précautions, la méthode qui s'imposent aujourd'hui à tous les paléontologistes et anthropologistes ayant vraiment l'intelligence des problèmes à résoudre, plutôt que de chercher à donner un regain d'importance à tout un bric à brac de vieux os recueillis jadis, sans garanties scientifiques suffisantes, et sur lesquels beaucoup d'auteurs s'étendent encore aujourd'hui avec trop de complaisance.

Les résultats obtenus depuis quelques années dans la voie que je préconise, à Grimaldi, à Mauer, à La Ferrassie, à La Quina, à Piltdown, sont des plus encourageants.

CHAPITRE II

LA CHRONOLOGIE

1. CHRONOLOGIE RELATIVE

NOTIONS DE GÉOLOGIE. La chronologie étant le fondement de toute généalogie, il importe, avant d'aborder l'histoire des Hommes fossiles, de voir comment on peut disposer les documents relatifs à nos lointains ancêtres suivant leur ordre d'ancienneté relative. Quelques notions de géologie sont, pour cela, indispensables (1).

L'histoire de la terre se divise en plusieurs ères :

1. L'ère archéenne.
2. L'ère primaire.
3. L'ère secondaire.
4. L'ère tertiaire.
5. L'ère quaternaire.

L'ère *archéenne*, de beaucoup la plus longue de toutes, correspond aux terrains déposés dans les mers primitives du globe. Les innombrables transformations que ces terrains ont subies, sous l'influence des masses centrales incandescentes et des phénomènes mécaniques résultant de leur contraction, ont fait disparaître à peu près complètement les fossiles qu'ils ont dû renfermer.

Les ères suivantes sont caractérisées par le développement de tels ou tels groupes d'êtres organisés et séparées entre elles par de grands changements survenus dans le monde physique : soulèvement des

---

(1) BOULE (M.), Géologie, 6ᵉ édition, Paris, 1919. — Conférences de Paléontologie, 2ᵉ éd. Paris, 1910. Ces deux ouvrages sont très élémentaires. — Pour plus de détails, voir l'Abrégé et surtout le Traité de Géologie d'Albert de LAPPARENT. — On lira aussi, avec autant de plaisir que de profit, les ouvrages admirablement écrits d'ALBERT GAUDRY : Enchaînements du Monde animal et Essais de Paléontologie philosophique.

chaînes de montagnes, distribution différente des terres et des mers, etc.

L'ère *primaire*, ou *paléozoïque*, commence avec la formation des premiers terrains dont les fossiles soient bien conservés. Les êtres vivants appartenaient alors aux groupes ou types inférieurs du monde organique. Les animaux ne comprenaient que des Invertébrés et, vers la fin seulement, des Poissons avec quelques Quadrupèdes primitifs.

L'ère *secondaire*, ou *mésozoïque*, marque un progrès du monde animé. C'est l'ère des Reptiles, alors beaucoup plus nombreux, plus variéset plus puissants qu'aujourd'hui.

L'ère *tertiaire*, ou *caïnozoïque*, accuse de nouveaux progrès. Les grands Reptiles ont disparu et, à leur place, dominent des animaux plus élevés en organisation, les Oiseaux et surtout les Mammifères.

Enfin, l'ère *quaternaire*, qui dure encore, est caractérisée par le règne du plus perfectionné des Mammifères, l'Homme.

L'apparition et le développement des grands groupes zoologiques ont donc suivi un ordre hiérarchique. Les Invertébrés ont apparu avant les Vertébrés et, parmi ceux-ci, les plus inférieurs, les Poissons, sont venus les premiers ; puis les Batraciens, puis les Reptiles, puis les Oiseaux et les Mammifères.

C'est ce que montrent les graphiques ci-joints (fig. 14 et 15), où l'importance attribuée à chaque ère est à peu près en rapport avec l'épaisseur des terrains qui lui correspondent et, par suite, à peu près en rapport avec sa durée (1). On sera frappé de la disproportion qui existe entre ces ères. Les chiffres suivants, bien que très approximatifs, en donneront cependant une idée. Si l'on représente par 1 l'épaisseur des terrains quaternaires ou la durée de l'ère correspondante, il faut représenter par 20 la durée de l'ère tertiaire, par 30 celle de l'ère secondaire, par 150 celle de l'ère primaire. Et il est probable que l'ère archéenne correspond à un laps de temps égal ou supérieur à celui qui nous sépare du début de l'ère primaire !

---

(1) Les chiffres placés dans la troisième colonne (Durée en années) sont purement hypothétiques. Il n'y a lieu d'envisager que leurs valeurs *relatives*. Au point de vue *absolu*, il ne faut retenir que leur *ordre de grandeur*. D'ailleurs, c'est probablement par centaines plutôt que par dizaines de millions d'années qu'il faut compter.

L'ÈRE TERTIAIRE ET LES MAMMIFÈRES. — L'Homme, étant un Mammifère, n'a pu apparaître avant l'ère tertiaire, car les Mammifères secondaires étaient des animaux tout petits et très primitifs. Quant aux types des Mammi-

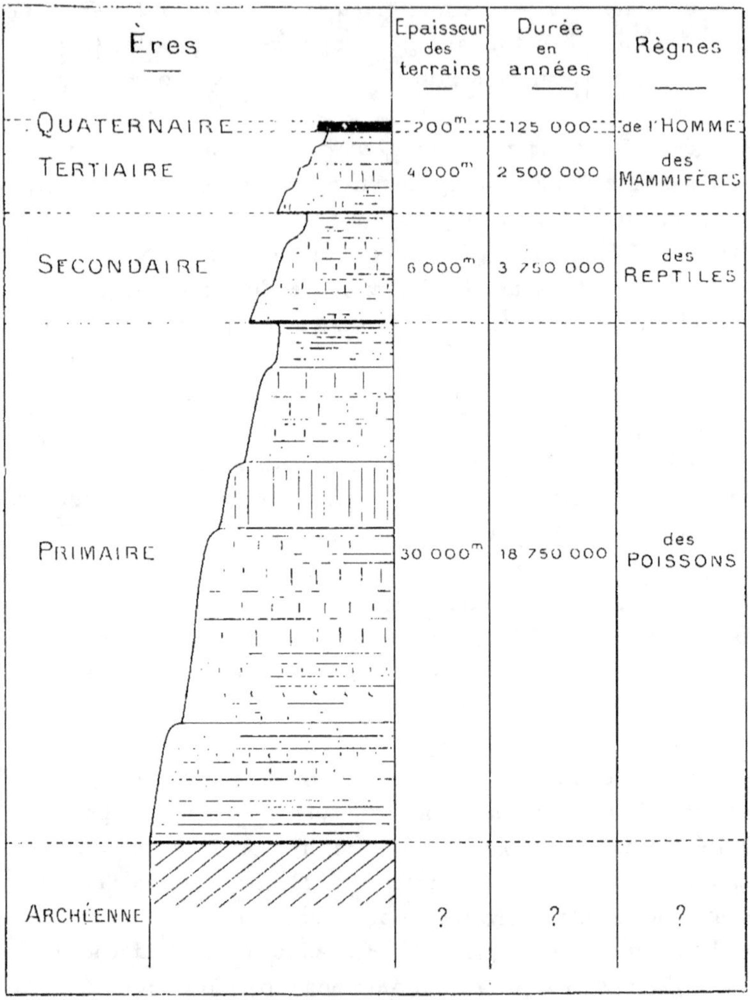

Ères	Épaisseur des terrains	Durée en années	Règnes
Quaternaire	200^m	125 000	de l'HOMME
Tertiaire	4 000^m	2 500 000	des MAMMIFÈRES
Secondaire	6 000^m	3 750 000	des REPTILES
Primaire	30 000^m	18 750 000	des POISSONS
Archéenne	?	?	?

Fig. 14. — Schéma de la succession générale des ères géologiques, de leurs durées relatives (établies d'après l'épaisseur des terrains correspondants) et de leurs grandes caractéristiques paléontologiques.

fères plus évolués de l'ère tertiaire, ils n'ont pas tous la même antiquité. Il nous faut donc examiner les divisions de l'ère tertiaire ainsi que le développement corrélatif des Mammifères en général, et plus particulièrement du groupe le plus élevé en organisation, les Primates, dont l'Homme est le type le plus perfectionné.

Les géologues divisent l'ère tertiaire en quatre grandes *périodes* :

1. La période *éocène*, la plus ancienne, n'a eu, en fait de Mammifères, que des Marsupiaux ou Didelphes, ou bien des Placentaires

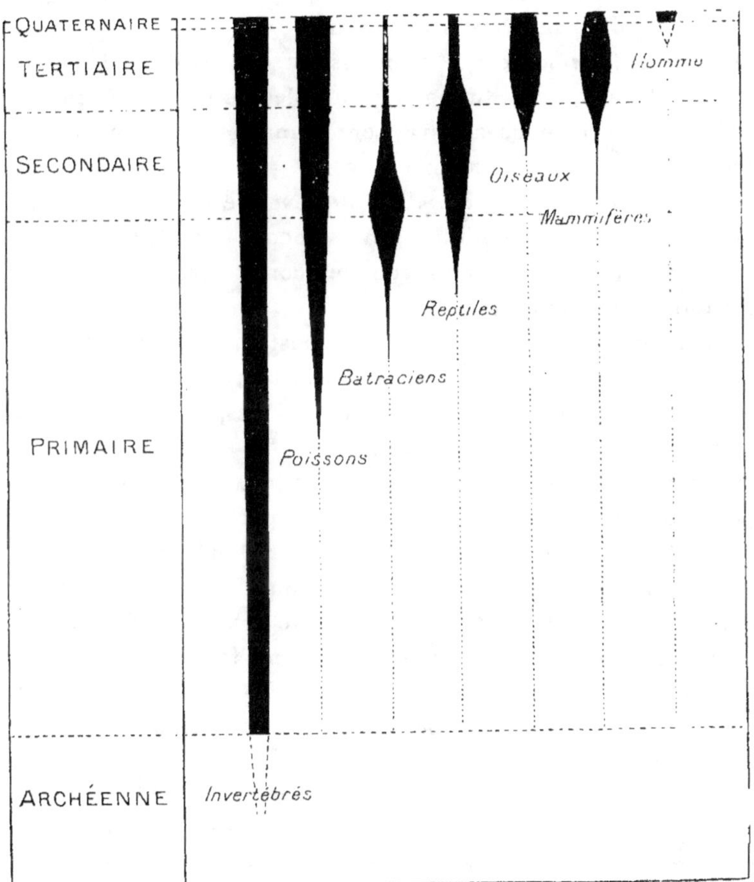

Fig. 15. — Graphique représentant le développement et la distribution dans le temps de l'ensemble des Invertébrés, des classes de Vertébrés et de l'Homme.

primitifs, sortes de types synthétiques présentant un tel mélange de caractères qu'il est souvent impossible de les ranger dans aucun des ordres actuels. Certains Pachydermes, étranges et d'assez grande taille, se sont éteints de bonne heure, sans laisser de postérité. D'autres groupes ont évolué en se perfectionnant. Tous avaient de petits cerveaux.

2. Pendant la période suivante, ou *oligocène*, un grand travail de différenciation oriente les Mammifères vers les types actuels. Il n'y a pas encore de vrais Chevaux, de vrais Ruminants, de vrais Proboscidiens, mais des formes qui accusent des tendances très nettes vers ces divers animaux. Aucun genre de Mammifères oligocènes n'a cependant survécu jusqu'à nous.

3. A la période *miocène*, qui vient ensuite, le travail de différenciation aboutit à la constitution des familles actuelles. Et même beaucoup de genres nous apparaissent manifestement comme les ancêtres directs de ceux d'aujourd'hui.

4. Avec la dernière période, dite *pliocène*, se montrent, à côté de genres anciens, de nombreux genres encore vivants et dont les espèces peuvent souvent être reconnues comme les ancêtres des espèces qui nous entourent.

Enfin, pendant l'ère quaternaire, nous constatons l'existence, avec quelques espèces éteintes, qui ne sont pas arrivées jusqu'à nous, d'un grand nombre de formes identiques aux espèces actuelles ou qui n'en sont que des variétés ancestrales.

Si nous considérons spécialement les Primates, c'est-à-dire le groupe zoologique dont l'Homme fait partie, nous voyons qu'ils débutent à l'Éocène par le type le plus inférieur, celui des Lémuriens. L'Oligocène nous montre les plus anciens des Singes à queue ; au Miocène et au Pliocène, il y a de nombreux Singes anthropomorphes (1). Jusqu'à présent l'Homme fossile n'est connu que de l'ère quaternaire. Il y a donc, encore ici, progression constante : l'Homme, le plus perfectionné des Primates, est aussi le dernier venu.

LES TERRAINS QUATERNAIRES. On ne saurait éprouver de bien grandes difficultés pour repérer chronologiquement les découvertes qui pourraient être faites dans les terrains tertiaires, dont la succession est bien établie. La tâche est plus difficile, plus délicate surtout, pour les terrains quaternaires, si riches en documents humains. Elle exige plus de

---

(1) Voir, pour plus de détails, le chapitre III.

précision et je dois entrer dans quelques détails à ce sujet.

La classification des temps quaternaires peut se baser :

1º sur l'étude des terrains et de leurs rapports de position (Stratigraphie) ;

2º sur l'étude des fossiles (Paléontologie) ;

3º sur l'étude des monuments humains (Archéologie préhistorique).

Les terrains quaternaires sont nombreux et de natures diverses. Leur connaissance parfaite est indispensable pour les études de Paléontologie humaine (1). On peut les classer de la manière suivante :

    I. Terrains d'origine marine.

    II. Terrains d'origine continentale, sédimentaires.
                                   { Formations glaciaires.
                                   { Formations alluviales des plaines et des vallées.
                                 { Dépôts de remplissage des cavernes.

    III. Terrains d'origine volcanique.

TERRAINS MARINS. — Les *terrains marins* sont relativement peu importants à notre point de vue. Déjà les mers de la fin de l'ère tertiaire, ou mers plio-

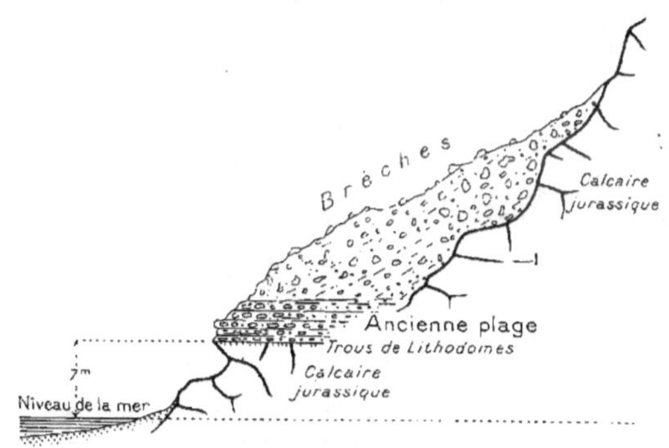

Fig. 16. — Coupe géologique du rivage de la Méditerranée, à la pointe de Grimaldi, près de Menton.

Une ancienne plage marine, renfermant des coquilles de mer chaude, domine de 7 m. environ le niveau de la mer actuelle. Elle supporte des brèches, ou éboulis, également pléistocènes, mais plus récentes.

cènes, avaient des configurations voisines de celle des mers

___

(1) Voir un exposé de nos connaissances actuelles sur les terrains quaternaires dans HAUG (E.), Traité de Géologie, t. II. Paris, 1911.

actuelles. Au Quaternaire, les différences sont relativement insigni-
fiantes. Pourtant, le long de certaines côtes, on voit, à des altitudes
qui ne dépassent généra-
lement pas quelques mè-
tres, d'anciens cordons
littoraux ou d'anciennes
plages qui dénotent de
légères oscillations du domaine maritime (fig. 16).
Les coquilles qu'on trouve
dans ces plages émergées
ressemblent tout à fait aux
coquilles des mers actuelles ; à peine peut-on noter
quelques légères différences
de distribution géographi-
que correspondant à des différences de climat (fig. 17).

Fig. 17. — Coquilles de nos dépôts marins
quaternaires.

A gauche, un Strombe de mer chaude (*Strom-
bus bubonius*) ; à droite, une espèce des mers
froides (*Mya truncata*). 1/3 de la grandeur
naturelle.

Il est bien difficile, sinon impossible, d'établir une chronologie de
l'ère quaternaire avec ces seuls terrains marins ; les efforts tentés
jusqu'ici dans cette direction sont loin d'être satisfaisants, du moins
au point de vue de nos études.

TERRAINS
D'ORIGINE GLACIAIRE.

L'étude des coquilles fossiles indique
un refroidissement graduel des mers pliocènes. Au Pliocène supérieur, des co-
quilles arctiques ont gagné la Méditerranée. Il n'est donc pas

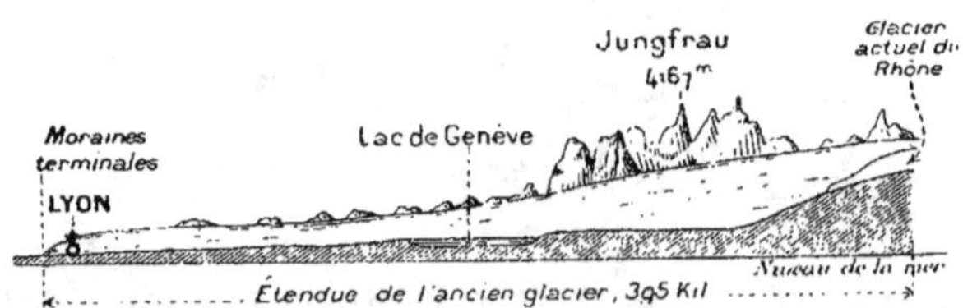

Fig. 18. — Croquis montrant l'extension du glacier quaternaire de la vallée du
Rhône par rapport au glacier actuel.

étonnant d'observer que dès la fin de l'ère tertiaire, c'est-à-dire à
un moment où les Pyrénées étaient encore jeunes, où les Alpes
venaient d'effectuer leur plus grande poussée, et où les grands volcans de la France centrale finissaient de s'édifier, il y avait, sur

toutes ces montagnes, des glaciers de dimensions supérieures à celles des plus grands glaciers actuels des Alpes.

Sous l'influence de causes encore assez mal connues, ces glaciers ont pris, au début des temps quaternaires, un développement extraordinaire (1). Des sommets ils ont gagné les plaines, où ils se sont étendus jusqu'à des distances énormes de leurs points de départ, dispersant ou accumulant sur tout leur trajet d'énormes blocs erratiques, de puissants dépôts morainiques (fig. 18).

Fig. 19. — Carte de l'Europe pendant la plus grande période glaciaire.

Dans les contrées septentrionales de l'Europe, le phénomène fut bien plus intense. Des hauteurs de la Scandinavie partaient des

---

(1) Ce développement n'est pas particulier aux dernières époques géologiques ; il a suivi toutes les grandes surrections des chaines de montagnes, à toutes les epoques et en tous pays. On sait aujourd'hui qu'il y a eu de vastes extensions glaciaires pendant l'Éocène, le Permien, le Silurien et même l'Archéen.

fleuves de glace, qui s'écoulaient dans toutes les directions et se réunissaient en une nappe continue, analogue à l'*Inlandsis* du Groenland actuel, mais encore beaucoup plus vaste. D'un côté, ces masses de glace, comblant la mer du Nord, allaient buter contre les glaciers qui recouvraient une partie des Iles Britanniques. D'un autre côté, ils s'étalaient sur le Danemark, la Hollande, l'Allemagne et la Russie, dont le sol est encore tout recouvert de moraines et de blocs erratiques d'origine scandinave (fig. 19).

Les géologues ont été amenés à reconnaître plusieurs phases d'avancement des glaciers, ou *phases glaciaires*, séparées par des phases de recul des glaciers, ou phases *interglaciaires*. Le nombre de ces périodes varie suivant les auteurs ou suivant les pays. J. Geikie (1) en admet six pour les Iles Britanniques. Penck et Bruckner (2) en ont décrit quatre dans les Alpes. En France on a distingué, depuis longtemps et dans la plupart des régions montagneuses, les traces de trois phases glaciaires principales, la plus ancienne remontant au Pliocène, les deux autres étant quaternaires.

Naturellement, les formations morainiques sont dépourvues de fossiles et encore plus de traces humaines ; elles ne sauraient donc intéresser directement la Paléontologie, mais elles lui apportent de précieuses données sur la climatologie des temps quaternaires et lui permettent parfois d'établir d'utiles rapports stratigraphiques (3).

ALLUVIONS ANCIENNES.   Lorsqu'on quitte le lit d'une rivière ou d'un fleuve, pour s'élever sur les flancs de la vallée, on trouve, au-dessus de la plaine où s'étalent les inondations, des espaces plus ou moins vastes, disposés en terrasses et recouverts de graviers ou de cailloux roulés (fig. 20). Ces alluvions ont été déposées pendant les temps quaternaires par des crues résultant soit d'un accroissement extraordinaire des précipitations atmosphériques, soit de la fusion rapide des glaciers.

---

(1) GEIKIE (James), The great Ice Age, 3ᵉ édit. Londres, 1894. — The antiquity of Man in Europe. Edimbourg, 1914.

(2) PENCK (A.) et BRUCKNER (E.), Die Alpen im Eiszeitalter. Leipzig, 1909.

(3) Une école allemande, trop suivie en France, veut faire jouer un rôle prépondérant aux formations glaciaires pour la classification des temps quaternaires. Mais les spécialistes de divers pays n'arrivent pas à s'entendre ; leurs opinions forment une gamme nuancée, depuis celle qui consiste à n'admettre qu'une seule phase glaciaire jusqu'à celle qui en réclame une demi-douzaine au moins. En dehors d'autres considérations, cette diversité de vues doit nous rendre prudents et nous faire douter de la valeur d'un système de chronologie uniquement basé sur les phénomènes glaciaires.

Comme chaque vallée montre des terrains s'échelonnant à plusieurs niveaux, on peut en conclure que son creusement ne s'est pas fait

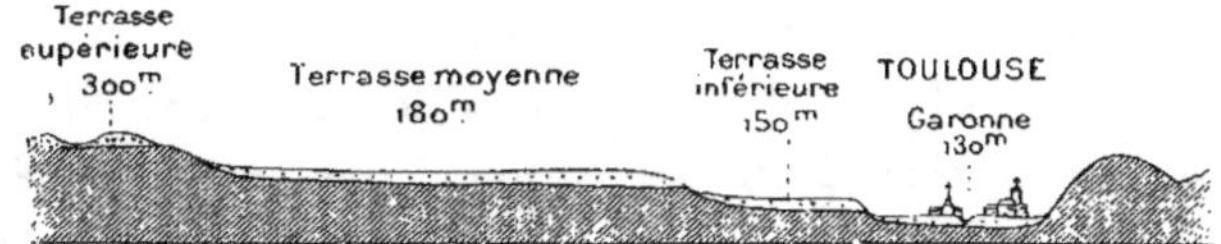

Fig. 20. — Profil transversal de la vallée de la Garonne à Toulouse.

d'une manière continue, qu'il y a eu des temps d'arrêt suivis de nouvelles recrudescences ; nous retrouvons ici un phénomène de

Fig. 21. — Vue d'une ancienne ballastière de Chelles (Seine-et-Marne).

On distingue nettement deux couches alluviales occupant le fond de la vallée de la Marne et se superposant en stratification discordante (suivant la ligne x x). Le système inférieur est d'âge chelléen. Le système supérieur, ravinant le premier, est d'âge plus récent, acheuléen ou moustiérien. — Phot. D'ACY.

périodicité parallèle à celui des phases glaciaires et souvent en rapport avec celles-ci (1).

En principe, *ces alluvions sont donc d'autant plus anciennes qu'elles occupent un niveau plus élevé.* Celles qui recouvrent les

---

(1) Ces phénomènes peuvent aussi et doivent souvent s'expliquer par des changements survenus dans la pente générale des cours d'eau, à la suite de mouvements de la croûte terrestre ou de déplacements de la ligne du rivage maritime.

hauts plateaux remontent généralement en France au Pliocène.
Leurs éléments, exposés depuis très longtemps à l'action des
agents atmosphériques, sont très altérés et en partie décomposés.
Les terrasses moyennes de nos fleuves et de nos grandes rivières appartiennent au début des temps quaternaires et les terrasses inférieures
à des phases plus récentes. Cette disposition altimétrique permet donc
d'établir l'âge relatif des documents que peuvent nous livrer ces
alluvions : ossements d'animaux, ossements de l'Homme ou produits
de son industrie (1). Toutefois une grave cause d'erreur tient aux
remaniements subis par ces graviers, constamment affouillés,
déplacés, entraînés par le cours d'eau lui-même. On constate souvent, en effet, à un niveau déterminé d'alluvions anciennes, la présence d'éléments empruntés à tous les niveaux plus anciens. Il faut
savoir distinguer un fossile remanié d'un fossile contemporain de la
couche où on le trouve. Il ne faut pas perdre de vue que *l'âge vrai
d'un dépôt alluvial est l'âge des fossiles les plus récents de ce dépôt.*

LIMONS. TOURBIÈRES.

TUFS CALCAIRES.

Dans beaucoup de pays, notamment
le Nord de la France, la Belgique,
l'Allemagne, les alluvions anciennes sont
recouvertes par des *limons* (ou *lœss*), dont la formation doit être
attribuée tantôt à un transport de poussières terreuses par le vent,
tantôt à un ruissellement intense des eaux pluviales sur les pentes
et, le plus souvent, à ces deux
causes réunies. Ces limons renferment des coquilles de Mollusques terrestres (fig. 22). Ils
sont de la plus haute importance pour nos études à cause

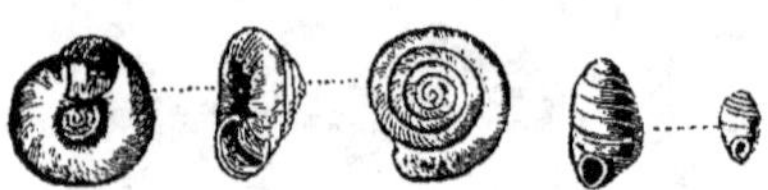

Fig. 22. — Coquilles de Mollusques terrestres du lœss : A gauche, *Helix hispi-
da* ; à droite, *Papa muscorum*.

de leur richesse en fossiles humains de toutes sortes. On ne saurait
leur appliquer la règle énoncée plus haut sur les alluvions et se
baser sur leur altitude relative pour établir l'âge relatif des gisements. Les limons forment une sorte de manteau jeté sur les flancs
des vallées et sur leurs formations alluviales (fig. 23) ; il en est ce

---

(1) Il importe d'observer que la règle n'est pas absolue. Certaines vallées ont pu,
comme celle de la Marne à Chelles (fig. 21), être creusées complètement et même
jusqu'au-dessous de leur thalweg actuel, dès le Pléistocène inférieur. De nouvelles
alluvions, dues à un changement de pente générale des cours d'eau, sont venues
ensuite remblayer le fond de la vallée, se superposer aux alluvions plus anciennes
et occuper un niveau *altimétrique* plus élevé que celles-ci.

diverses époques, mais leur continuité fait qu'*ils peuvent être du même âge sur les plateaux et dans le fond des vallées.* C'est pour n'avoir pas su tenir compte de ce fait que beaucoup de préhistoriens ont commis parfois de regrettables confusions.

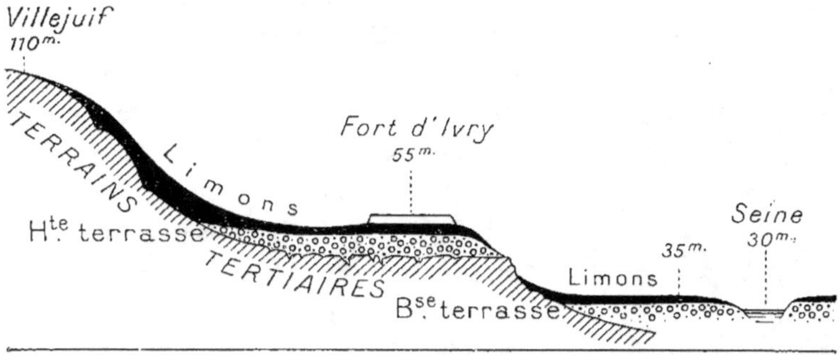

Fig. 23. — Coupe géologique prise aux environs de Paris pour mon'rer la disposition des limons pléistocènes s'étendant du sommet des plateaux au fond de la vallée, tandis que les alluvions anciennes sont nettement disposées en terrasses.

Je ne ferai que signaler les *tourbières*, qui sont généralement, du moins dans notre pays, d'un âge relativement récent (néolithique) et qui, par suite, ne présentent pas pour nous le même intérêt.

Les *tufs calcaires*, déposés par des sources chargées de carbonate de chaux, ou sources incrustantes, renferment souvent des empreintes de plantes, des restes d'Invertébrés, des ossements de

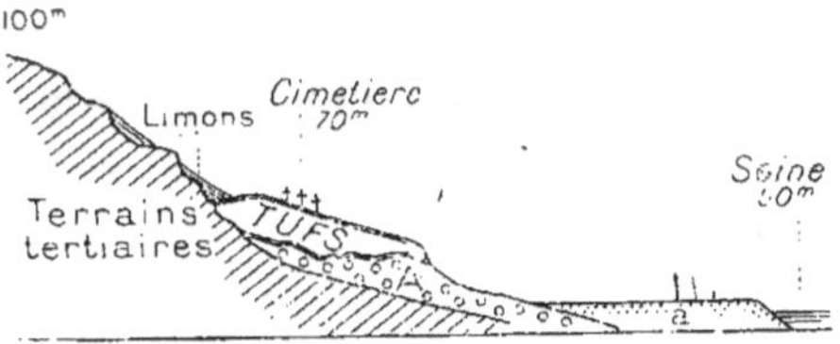

Fig. 24. — Coupe géologique des tufs pléistocènes de La Celle-sous-Moret (Seine-et-Marne).

Les tufs, à flore chaude, reposent sur des alluvions pléistocènes et supportent, sur un point, des limons à faune froide. A, alluvions pléistocènes. a. alluvions modernes.

Mammifères qui nous donnent des renseignements climatologiques précieux. Certains de ces tufs ont même fourni des documents humains. Tels sont ceux de La Celle-sous-Moret, près de Paris (fig. 24), de Cannstadt, en Allemagne, etc...

ÉBOULIS ET BRÈCHES.   Les *éboulis sur les pentes* sont dus au travail de désagrégation des roches constituant le sous-sol d'une région. Ils peuvent être de tous les âges, car l'influence des agents atmosphériques auxquels ils sont dus s'est exercée de tout temps, mais les plus anciens ont été détruits, la plupart ne remontent guère au delà des temps quaternaires. Ils

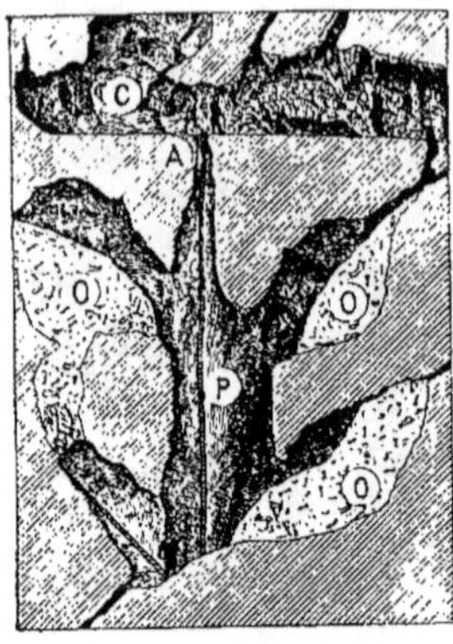

Fig. 25. — Coupe d'un puits à ossements dans la caverne de Gargas (Hautes-Pyrénées).

C, fond de la caverne. — A, entrée du puits P. — O, argile ayant livré des squelettes d'Ours, d'Hyène et de Loup actuellement dans la galerie de Paléontologie du Muséum.

sont surtout nombreux et développés dans les territoires situés en dehors des actions glaciaires, où ils remplacent, en quelque sorte, les dépôts morainiques (fig. 16, p. 33). Les amas de détritus qui les constituent peuvent renfermer toutes sortes de fossiles et des traces d'anciennes stations humaines.

Quand ces formations détritiques, au lieu de former des talus sur des pentes extérieures, remplissent des fissures ou des cavités creusées par les agents naturels dans la roche solide en place, on a des agglomérats formés d'éléments anguleux, que les géologues appellent des *brèches* et qui sont souvent pétris d'ossements d'animaux ; de là leur nom de *brèches à ossements.* Si les fissures ou les cavités ainsi remplies se poursuivent sur des étendues ou des profondeurs plus ou moins considérables, on passe par toutes sortes de transitions aux grottes et *cavernes à ossements.*

GROTTES
ET CAVERNES
A OSSEMENTS.   Dans les régions formées de roches calcaires et creusées de cavités souterraines, le jeu des érosions atmosphériques et le creusement progressif des vallées établirent la communication de ces cavernes avec l'extérieur. Par les ouvertures ainsi produites, le ruissellement des eaux sauvages fit pénétrer de la terre, des cailloux, des ossements d'animaux, etc. De plus, les cavernes furent des repaires de Lions, d'Ours, d'Hyènes ; ces fauves y apportaient leurs proies et y laissaient eux-mêmes leurs cadavres (fig. 25). Enfin, elles servirent

maintes fois d'habitation aux Hommes contemporains de ces phénomènes.

On peut donc, à notre point de vue, distinguer deux sortes d'excavations souterraines : les cavernes repaires, dont les dépôts renferment surtout des ossements d'animaux, et les habitations troglo-
dytiques. Celles-ci ne s'enfoncent pas aussi loin dans l'intérieur de
l'écorce terrestre ou bien elles n'oc-
cupent que l'entrée des cavernes
profondes. Souvent même, ce ne
sont que de simples abris sous des
roches surplombantes (fig. 26). Les
remblais sont ici formés principalement par des apports humains,
cendres de foyers, débris de cuisine où l'on trouve mêlés une foule
de produits industriels et parfois
même les ossements des anciens
occupants.

Toutes ces reliques des temps
quaternaires ont été ensevelies progressivement sous les dépôts de
remplissage, de sorte qu'aujour-
d'hui les terrains de l'intérieur des
grottes ou des cavernes consti-

Fig. 26. — Abris sous roches de Bruniquel (Tarn-et-Garonne), habités pendant l'âge du Renne.

tuent, pour les naturalistes, des archives aussi précieuses que vénérables ; elles nous renseignent d'autant plus exactement sur les
anciens âges de l'Humanité de notre pays qu'elles se prêtent à des
analyses stratigraphiques minutieuses et précises. On peut citer, à
cet égard, la caverne du Mas d'Azil, dans les Pyrénées, et les grottes
de Grimaldi, près de Menton (fig. 27).

TERRAINS
VOLCANIQUES.

Les contrées volcaniques sont très
souvent riches en fossiles. Naturellement, les coulées de lave compacte,
émises à une température brûlante, n'en renferment pas, mais
ces coulées se sont généralement épanchées dans des fonds de
vallées en recouvrant les alluvions contemporaines. Ces alluvions et tout leur contenu paléontologique ont donc été mis en
quelque sorte sous scellés et soustraits à tout remaniement ulté-

rieur, ce qui est très précieux pour les études de chronologie.

Les projections volcaniques, cendres, lapillis, ont pu ensevelir des cadavres d'animaux ; souvent ces projections entraînées, remaniées par les eaux, ont roulé avec elles des débris de toute sorte, épars à la surface du sol, et les ont déposés plus loin, dans des couches stratifiées de tufs volcaniques. Le Pithécanthrope, le crâne

Fig. 27. — Les grottes de Grimaldi.
Photographie prise par Davanne vers 1870, avant la construction du chemin de fer.

de Denise, près du Puy, ont été trouvés dans des gisements de cette nature.

CLASSIFICATION DES TEMPS QUATERNAIRES. MÉTHODE STRATIGRAPHIQUE.

L'étude, même approfondie, de ces diverses formations géologiques ne saurait suffire à elle seule pour permettre d'établir une bonne chronologie, une classification des temps quaternaires. La *méthode stratigraphique*, qui est, d'une manière générale, la plus sûre et la plus précise, est ici plus difficilement applicable que pour les ères géologiques antérieures. Les dépôts quaternaires, en effet, si variés qu'ils soient, sont plutôt isolés ou juxtaposés que superposés. Les formations marines, si importantes à considérer aux ères précédentes, ne s'étendent plus sur de très grandes surfaces ; il est difficile de les paralléliser avec les formations continentales. Nous n'avons en somme que des superpositions locales, limitées, ne correspondant, dans chaque cas, qu'à une fraction de la durée des temps quaternaires.

LES FOSSILES
QUATERNAIRES
ET LA MÉTHODE
PALÉONTOLOGIQUE.

La *méthode paléontologique* a aussi ses défaillances. Nous n'avons plus de fossiles marins à grande diffusion, comme les Graptolites des temps primaires, les Ammonites des temps secondaires, les Nummulites des temps tertiaires. Et, d'ailleurs, les Invertébrés marins des vieilles plages quaternaires émergées ne sauraient être d'un grand secours, parce que tous les Invertébrés quaternaires se présentent dans un état d'évolution trop semblable à leur état actuel.

Les plantes quaternaires étaient identiques aux plantes d'aujourd'hui ; elles subissaient beaucoup trop l'influence des conditions topographiques pour qu'on puisse les faire intervenir avec succès dans les problèmes de chronologie. Mais elles fournissent de précieuses données climatériques. C'est ainsi que, dans une même région, certains gisements renferment des espèces de climat chaud, tandis que d'autres présentent des espèces de climat froid. Il est permis de supposer que ces dernières datent d'une phase glaciaire, tandis que les plantes chaudes correspondent à une phase interglaciaire.

MAMMIFÈRES ÉTEINTS
OU ÉMIGRÉS.

L'étude des Vertébrés fossiles, particulièrement des Mammifères, nous est d'un plus grand secours. Les espèces quaternaires sont ordinairement si voisines des espèces actuelles qu'il est souvent difficile de les en distinguer. Mais il y a encore quelques espèces *éteintes* : l'Eléphant antique (*Elephas antiquus*), le Mammouth (*Elephas primigenius*), le Rhinocéros de Merck (*Rhinoceros Mercki*), le Rhinocéros à narines cloisonnées (*Rhinoceros tichorhinus*), le *Machairodus*, l'Ours des Cavernes (*Ursus spelœus*), etc. Ces animaux sont susceptibles de fournir d'excellentes données chronologiques, car leur extinction n'a pas été simultanée. C'est ainsi que des trois espèces d'Eléphants fossiles de nos pays, faciles à distinguer d'après leurs molaires (fig. 28), l'Eléphant méridional s'est éteint avant l'Eléphant antique, et celui-ci avant le Mammouth. De même le Rhinocéros à narines cloisonnées a persisté plus longtemps dans nos pays que le Rhinocéros de Merck (fig. 29).

A côté de ces formes aujourd'hui disparues, il y a un assez grand nombre d'espèces qui vivent encore, mais qui n'habitent plus nos régions ; ce sont les espèces *émigrées*, également très utiles à considérer. De nos jours, la température moyenne dans nos régions est moins élevée qu'elle ne l'a été pendant la phase la plus chaude de l'ère qua-

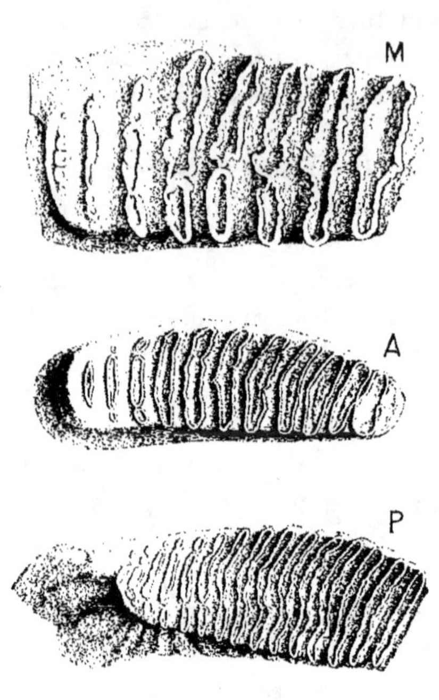

Fig. 28. — Arrière-molaires des trois principales espèces d'Eléphants fossiles de nos pays.

M, Eléphant méridional (*Elephas meridionalis*) ; la dent est très large, les lames d'émail sont épaisses et très écartées. A, Eléphant antique (*E. antiquus*) ; la dent est étroite, les lames d'émail sont moins épaisses, mais encore écartées. P, Mammouth (*E. primigenius*) ; la dent est large ; les lames d'émail sont beaucoup plus nombreuses, plus serrées et plus fines.

ternaire ; elle est aussi moins basse que celle de la phase la plus froide. De sorte qu'on peut diviser, à l'exemple de Lartet, les Mammifères de cette deuxième catégorie en deux groupes : un *groupe de climat chaud*, qui a émigré vers le Sud ; un *groupe de climat froid*, qui a émigré vers le Nord. Les principaux animaux du groupe méridional sont : l'Hippopotame, qui ne peut vivre que dans un pays dont les cours d'eau ne gèlent pas ; le Lion des Cavernes, qui ne différait du Lion actuel que par sa taille un peu plus considérable ; l'Hyène des Cavernes, qui ressemblait tout à fait à l'Hyène tachetée de l'Afrique centrale, tout en étant aussi plus robuste ; le Porc-Epic, le Magot...

Parmi les animaux du groupe septentrional, qui n'existent plus que dans les contrées polaires, il faut citer : le Renard bleu, le Glouton, certains Rongeurs, tels que les Lemmings, le Bœuf musqué.

Le Renne mérite une mention particulière. Ce Ruminant, qui ne saurait vivre aujourd'hui en liberté au-dessous du 60e degré de latitude, était extrêmement répandu dans toute la France à une certaine époque des temps quaternaires, dite, pour cette raison, *Age du Renne*. Le Bouquetin et le Chamois, actuellement confinés sur les hautes cimes des Alpes et des Pyrénées, fréquentaient au même moment les plaines les plus basses de notre pays.

Les restes de tous ces animaux fournissent donc de bons fossiles, mais ceux-ci doivent être utilisés avec discernement. La géographie

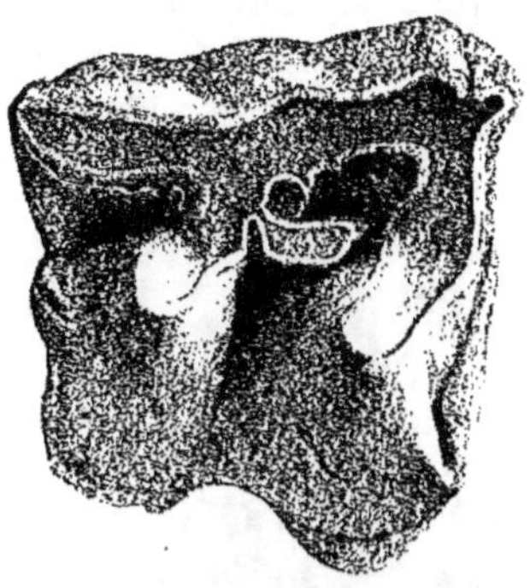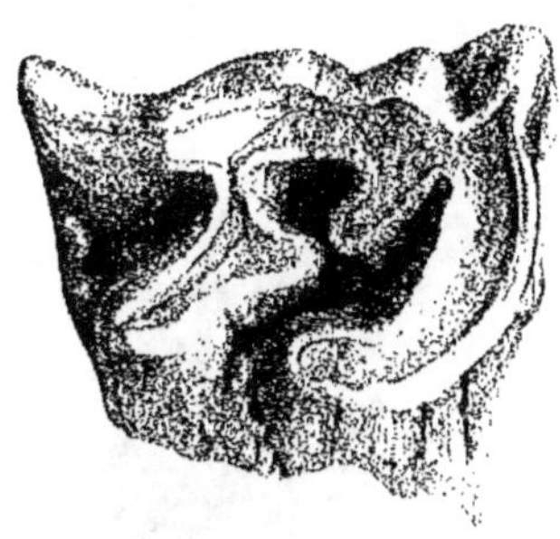

Fig. 29. — Molaires supérieures de *Rhinoceros Mercki* (à gauche) et de *R. tichorhinus* (à droite). 3/4 de la grandeur naturelle.

zoologique était déjà si complexe pendant les temps quaternaires que chaque région pouvait avoir, et avait en effet, sa faune particulière, ce qui rend très délicat l'établissement de synchronismes à de grandes distances. Enfin, nous savons que des changements de climat ont amené des migrations de faunes, de sorte qu'une même espèce peut ne pas être du même âge dans deux localités différentes.

D'autres espèces : Cheval, Cochon, Bovidés, etc. se trouvent un peu partout, à tous les niveaux ; on peut les qualifier d'indifférentes.

MÉTHODE ARCHÉOLOGIQUE. Pour établir la chronologie des temps quaternaires, il y a une troisième méthode, la plus ancienne en date, la *méthode archéologique*, basée sur l'étude de l'industrie humaine. Celle-ci a évolué, s'est transformée, s'est perfectionnée peu à peu ; ses produits lithiques, les moins destructibles, sont très répandus partout.

Nous avons vu que grâce à eux, on put reconnaître, de très bonne heure, qu'un âge de la pierre a précédé l'âge des métaux. Et, dans l'âge de la pierre, on put distinguer une phase plus ancienne ou *paléolithique*, pendant laquelle l'Homme ne savait travailler ou façonner les pierres qu'en les taillant par éclats successifs, d'une phase plus récente, ou *néolithique*, pendant laquelle l'Homme a su travailler les pierres par un autre procédé, en les usant par le frottement et en les polissant (fig. 30). Puis, dans chacune de ces phases, on a pu établir une succession d'époques caractérisées par des formes diverses d'objets ou d'instruments. Les archéologues sont arrivés ainsi à des résultats d'une grande utilité pour les collectionneurs et, en même temps, d'un grand intérêt pour la science (1). Mais les classifications de ce genre ne sauraient avoir qu'un caractère local,

Fig. 30. — Hache *taillée*, pa'éolithique et hache *polie*, néolithique. 1/3 de la grandeur naturelle.

des industries très différentes pouvant être, aujourd'hui encore, contemporaines sur des territoires différents.

Chaque méthode a donc ses qualités et ses défauts, et chacune d'elles, prise à part, est insuffisante. Certaines classifications, établies par de purs géologues, comme James Geikie, Penck, encourent le grave reproche de ne pas tenir suffisamment compte des faits paléontologiques ou archéologiques et de tout ramener à un seul phénomène physique, le phénomène glaciaire. Les classifications basées uniquement sur les fossiles, comme celles de Lartet, de Boyd Dawkins, ne peuvent servir que pour les grandes divisions. En invoquant exclusivement les faits archéologiques, les préhistoriens

---

(1) MORTILLET (G. de), Le Préhistorique, 1re édit., Paris, 1883. — MORTILLET (G. et A.), Musée préhistorique, Paris, 1881.

arrivent à pratiquer un plus grand nombre de coupures dans la série
des temps préhistoriques, à établir une chronologie plus détaillée.
Malheureusement, les classifications de ce genre, instituées ou perfec-
tionnées par Lartet, Gabriel de Mortillet, Piette, Cartailhac, Breuil,
etc., ne peuvent *a priori* s'appliquer qu'à des surfaces restreintes
de notre seul continent. L'archéologie ne saurait permettre d'établir
sûrement des synchronismes à grandes distances, car le facteur
humain est essentiellement mobile, changeant, varié dans ses manifestations. Il y a plutôt des aspects archéologiques locaux que des successions uniformes, générales et contemporaines de faits ethnographiques. La notion de *facies* doit jouer en préhistoire un rôle aussi
important qu'en géologie.

ESSAI DE CLASSIFICATION GÉNÉRALE DES TEMPS QUATERNAIRES.

En 1883, j'ai proposé une classification des temps quaternaires basée sur
l'utilisation et la coordination des trois
ordres de renseignements (1).

Les découvertes effectuées depuis un
peu partout ne me paraissent pas devoir faire changer les grandes
lignes de ce premier essai que je reproduis ci-contre, en le simpli-
fiant et en le modifiant sur quelques points d'importance secondaire.

J'ai d'abord fait appel aux faits d'ordre géologique et paléontologique. Ils ont une signification et une portée plus générales que les
faits ethnographiques, parce qu'ils sont indépendants de l'action
humaine et qu'ils la dominent. C'est donc aux géologues et aux paléontologistes qu'il appartient d'établir les grandes divisions des
temps quaternaires, qui sont des temps géologiques. Et c'est dans
les cadres fixés par eux que les préhistoriens peuvent, à leur tour,
faire des subdivisions archéologiques et d'un caractère plus régional.

Une première question est la délimitation du Tertiaire et du Quaternaire. Elle est d'autant plus difficile à résoudre qu'aucun grand
fait physique ou biologique ne peut être invoqué pour établir une
séparation. En réalité, et à tous égards, nous sommes encore dans
l'ère tertiaire. Le mieux serait certainement de supprimer le terme
Quaternaire de nos classifications et de l'inscrire dans le Tertiaire
sous un autre nom, celui de Pléistocène, au titre de période analogue

---

(1) BOULE (M.), Essai de Paléontologie stratigraphique de l'Homme (*Revue d'Anthropologie*, 1888 et 1889).

TABLEAU DES

DIVISIONS GÉOLOGIQUES.			PHÉNOMÈNES ET FORMATIONS GÉOLOGIQUES.
	HOLOCÈNE ou ACTUEL.		Alluvions récentes. Tourbières. Climat voisin de l'actuel.
QUATERNAIRE.	PLÉISTOCÈNE.	supérieur.	Dépôts supérieurs des grottes. Partie supérieure du lœss. Climat froid, sec, régime de steppes ou de toundras. **Phase post-glaciaire.**
		moyen.	Grands dépôts de remplissage des cavernes. Lœss. Alluvions des bas niveaux seulement. Moraines de la dernière **grande phase glaciaire.** Climat froid, humide.
		inférieur.	Vieilles alluvions des cavernes. Alluvions des terrasses moyennes et inférieures. Tufs calcaires. **Grande phase interglaciaire.** Climat doux. Moraines de l'avant-dernière **grande phase glaciaire.**
TERTIAIRE.	PLIOCÈNE.	supérieur.	Alluvions des plateaux. **Grande phase interglaciaire.** **Grande phase glaciaire.**

MPS QUATERNAIRES.

CARACTÈRES PALÉONTOLOGIQUES.	DIVISIONS ARCHÉOLOGIQUES.		HOMMES FOSSILES.
Espèces actuelles du pays même. Animaux domestiques.	MÉTAUX. { FER. BRONZE. CUIVRE. NÉOLITHIQUE.		HOMO SAPIENS.
	Époque de transition : AZILIEN.		
Faune de steppes.	supᵉ { MAGDALÉNIEN.		Race de CHANCELADE.
Époque du RENNE. —		SOLUTRÉEN.	HOMO SAPIENS fossilis. — Race de CRO-MAGNON.
Faune de toundras.		AURIGNACIEN.	
Époque du MAMMOUTH. —		MOUSTIÉRIEN.	Race de GRIMALDI.
Elephas primigenius. Rhinoceros tichorhinus, etc.			HOMO NEANDERTHALENSIS
	infᵉ ACHEULÉEN.		HOMO DAWSONI.
Époque de L'HIPPOPOTAME. —			
Hippopotamus amphibius. Elephas antiquus. Rhinoceros Mercki.		CHELLÉEN.	HOMO HEIDELBERGENSIS.
Époque de L'ÉLÉPHANT MÉRIDIONAL —	?		?
Elephas meridionalis. Rhinoceros etruscus. Equus Stenonis.			

(colonne centrale : PALÉOLITHIQUE.)

aux périodes pliocène, miocène, etc. qui l'ont précédé. En dehors
de cette manière de voir, qui est la plus rationnelle mais qui ne
paraît pas devoir être adoptée de sitôt, on peut, soit faire débuter le
Quaternaire avec l'époque de l'*Elephas meridionalis*, comme je
l'avais pensé autrefois, soit immédiatement après cette époque qui
resterait dans le Pliocène, comme je le fais aujourd'hui. Peu importe
d'ailleurs, au point de vue qui nous occupe ici. Les questions d'acco-
lades sont assez arbitraires puisqu'elles ne représentent guère que
des opérations de notre esprit ; ce qu'il faut établir c'est la succession
des événements et le synchronisme des phénomènes (1).

Je laisse donc dans le Pliocène la faune à *Elephas meridionalis*,
qu'on rencontre dans des formations géologiques dénotant une topographie et, parfois même, une géographie assez différentes de la topographie et de la géographie quaternaires. Il semble démontré aujour-
d'hui que cette époque a été marquée par une grande extension glaciaire
(*Gunzien* ou *Mindélien* du système de Penck), dont les moraines,
d'ailleurs rares et mal conservées, paraissent se relier aux alluvions
qui couvrent aujourd'hui les plateaux séparant les vallées actuelles.
Les principaux fossiles caractéristiques de ces alluvions des plateaux
et d'autres formations contemporaines sont : l'*Elephas meridionalis*,
le *Rhinoceros etruscus*, l'*Equus Stenonis*, l'*Hippopotamus ma-
jor*, etc.

Les dépôts de Saint-Prest (Eure-et-Loir), de Solilhac (Haute-
Loire), ceux du *Forest-bed* en Angleterre, ceux de Süssenborn en
Thuringe, etc. peuvent être considérés comme placés à la limite du
Pliocène et du Pléistocène, c'est-à-dire comme faisant la transition
de l'ère tertiaire à l'ère quaternaire. Ils paraissent représenter une
grande période interglaciaire (*Norfolkien* de Geikie).

L'ère quaternaire comprend la période *pléistocène* et la période
holocène ou *actuelle* (2). Le Pléistocène des géologues corres-

------

(1) M. HAUG, dans son *Traité de Géologie*, a voulu agrandir le domaine de l'ère
quaternaire en la faisant commencer beaucoup plus tôt et en lui attribuant la moitié du Pliocène. Cette innovation, mal justifiée au point de vue scientifique, a de plus
le grave inconvénient de créer une inextricable confusion dans l'esprit des nombreux
naturalistes qui s'intéressent, à divers égards, aux temps quaternaires, car elle
détourne de leur sens des expressions employées couramment par tous ces naturalistes. Elle aboutit à une véritable logomachie.

(2) Le terme *Quaternaire* est souvent employé comme synonyme de *Pléistocène*.
C'est à tort, puisqu'on prend ainsi le tout pour la partie, mais l'usage est passé dans
le langage courant.

pond exactement au *Paléolithique* des archéologues ; l'Holocène au *Néolithique* et aux âges des *métaux* :

<table>
<tr><td colspan="2">DIVISIONS GÉOLOGIQUES.</td><td colspan="2">DIVISIONS ARCHÉOLOGIQUES.</td></tr>
<tr><td rowspan="3">Ère
quaternaire</td><td>Période HOLOCÈNE..</td><td>Période des MÉTAUX</td><td>Age du *Fer*.
Age du *Bronze*.
Age du *Cuivre*.</td></tr>
<tr><td></td><td colspan="2">Période NÉOLITHIQUE.</td></tr>
<tr><td>Période PLÉISTOCÈNE.</td><td colspan="2">Période PALÉOLITHIQUE.</td></tr>
</table>

DIVISIONS DE LA
PÉRIODE PLÉISTOCÈNE.

PLEISTOCENE
INFÉRIEUR.

La période pléistocène peut être divisée en trois époques correspondant à autant d'étages. Voici leurs principales caractéristiques, sur lesquelles je reviendrai plus longuement, à propos des Hommes fossiles de chacune de ces époques.

Au *Pléistocène inférieur* correspond d'abord une nouvelle extension glaciaire, celle qui paraît avoir été la plus importante et dont les moraines se sont étendues le plus loin des centres montagneux (phase *Rissienne* de Penck).

A cette phase glaciaire a succédé une grande phase interglaciaire, marquée par une faune composée d'éléments indiquant un climat chaud : *Elephas antiquus, Rhinoceros Mercki, Hiopopotamus* (fig. 31), *Machairodus,* Singes, etc. Les débris de ces

Fig. 31. — Tête d'Hippopotame fossile. 1 10ᵉ environ de la grandeur naturelle. Galerie de Paléontologie du Muséum.

animaux se rencontrent, soit dans les alluvions les plus anciennes du système hydrographique actuel, soit dans les dépôts les plus profonds ou les plus inférieurs des cavernes.

C'est aussi dans les terrains de cette époque qu'on recueille les plus anciens instruments en pierre unanimement reconnus comme authentiques, les silex amygdaloïdes. Au point de vue archéologique, c'est le *Chelléen*, dénomination tirée de la localité de Chelles en Seine-et-Marne, et que je considère comme excellente, au moins dans l'état actuel de la science.

Jusqu'à ces dernières années, on ne connaissait aucun débris osseux de l'Homme chelléen. Nous aurons à étudier deux trouvailles récemment effectuées dans des terrains que tout porte à considérer comme datant du Pléistocène inférieur. Il s'agit de quelques morceaux de crâne et de mâchoires auxquels on a donné les noms d'*Homo Heidelbergensis* et d'*Eoanthropus Dawsoni*.

PLÉISTOCÈNE MOYEN.   Le *Pléistocène moyen* est caractérisé, au point de vue géologique, par un retour des grands phénomènes glaciaires qui ont laissé les moraines les plus fraîches, ordinairement situées à l'intérieur de la limite des moraines de l'extension glaciaire précédente (phase *Wurmienne* de Penck), et par la formation de nouvelles nappes d'alluvions, parfois superposées à celles du Pléistocène inférieur, le plus souvent situées en contre-bas de celles-ci et formant des terrasses *inférieures* par rapport aux terrasses *moyennes*. C'est l'époque du principal remplissage des cavernes et de la formation des grandes masses de limons ou *lœss* de notre pays, les origines de ces deux sortes de terrains étant tout à fait analogues. C'est

Fig. 32. — Squelette de Mammouth de la Beresowka (N.-E. de la Sibérie), au Musée de Pétrograd. (Hauteur : 3 m. 25).

aussi l'époque du creusement ou du remblaiement finals des vallées, de l'avant-dernier modelé de la topographie actuelle.

La faune est très différente de celle du Pléistocène inférieur. Il n'y a plus d'Hippopotame dans nos pays. L'Éléphant antique est remplacé par le Mammouth (fig. 32). Le Rhinocéros de Merck persiste un peu plus longtemps ; le Rhinocéros à narines cloisonnées lui succède, et l'on sait que cette dernière espèce, comme le Mammouth, était adaptée aux rigueurs d'un climat glaciaire. Le Pléistocène moyen a vu, dans nos pays, le règne des grands Carnassiers : Ours, Hyène, Lion des Cavernes (fig. 33). Il correspond assez exactement à l'époque archéologique dite du *Moustiérien* (du nom de la grotte du Moustier, dans la Dordogne) (1), l'époque dite *acheuléenne* (de Saint-Acheul, près d'Amiens) étant intermédiaire entre le Chelléen et le Moustiérien.

Dans les dépôts de remplissage des grottes de cette époque, on a trouvé de nombreux ossements humains, parfois même des squelettes à peu près complets, qui nous ont révélé un type d'Homme fossile très différent des Hommes actuels, l'*Homo Nean-*

Fig. 33. — La vitrine des Carnassiers quaternaires à la galerie de Paléontologie du Muséum.

De gauche à droite : squelette d'Hyène des Cavernes; trois squelettes d'Ours des Cavernes ; deux squelettes de Lions des Cavernes. Au premier plan, à droite, Loup des Cavernes.

derthalensis, que nous étudierons longuement sur des matériaux français d'une exceptionnelle valeur.

PLÉISTOCÈNE SUPÉRIEUR. — Le Pléistocène supérieur est mal caractérisé aux points de vue géologique et stratigraphique. Les dépôts qui lui correspondent accusent une topographie et une hydrographie très voisines de la topographie et de l'hydrographie actuelles, en même temps qu'un climat plus sec, surtout vers la fin. Dans les grottes, les

(1) On écrit généralement : *Moustérien*. Il me paraît plus correct d'écrire : *Moustiérien*.

dépôts sont principalement constitués par des apports humains, cendres de foyers et débris de cuisine.

Malgré quelques retours offensifs, d'importance de moins en moins grande et considérés par certains auteurs comme des phases glaciaires, cette période marque le recul général des grands glaciers de la période précédente ; aussi la qualifie-t-on souvent de *post-glaciaire*.

La faune est encore essentiellement celle du Pléistocène moyen : les grandes espèces sont les mêmes (Mammouth, Rhinocéros à narines cloisonnées...) ; et, à cet égard, Pléistocène moyen et Pléistocène supérieur pourraient être considérés comme formant un seul bloc géologique au regard du Pléistocène inférieur. Mais la stratigraphie des cavernes permet généralement de distinguer plusieurs niveaux successifs renfermant des faunes un peu différentes, sans qu'on puisse toujours affirmer que ces différences ne sont pas dues à l'intervention humaine. Cette intervention a dû, en effet, introduire dans les foyers, à l'exclusion de beaucoup d'autres, des ossements de certains animaux qui n'y seraient peut-être pas arrivés par le simple jeu des phénomènes physiques. Le Renne est d'abord accompagné d'une faune très froide, dite des *toundras*, parce qu'elle renferme les principaux éléments de la faune des contrées glacées et désolées qui portent aujourd'hui ce nom (Bœuf musqué, Glouton, Renard bleu, Lemmings, Hibou des Neiges, etc.) et dont on trouve les débris associés, dans certains gisements, à des Mousses arctiques. Puis vient une faune moins froide, indiquant un climat et un habitat analogues à ceux des steppes russes et sibériennes (Antilope Saïga, Spermophiles, Gerboise, etc.) (1), tandis que nos plaines basses sont envahies par des espèces de hautes montagnes : le Chamois, le Bouquetin, la Marmotte, et que partout abondent les grands Ruminants, Bison et Bœuf primitif. Mais le Renne (fig. 34) est toujours l'espèce dominante pendant toute la période, depuis longtemps désignée sous le nom d'*Age du Renne*.

C'est surtout l'archéologie qui conduit à une séparation très nette des deux grandes époques du Pléistocène moyen et du Pléistocène supérieur. La distinction, faite d'abord par Lartet, d'un âge du Mammouth et d'un âge du Renne, est justifiée par l'archéologie

---

(1) Voir divers travaux de NEHRING (A.), notamment : Ueber Tundren und Steppen der Jetzt-und Vorzeit. Berlin, 1890.

bien plus que par la paléontologie. Elle se retrouve dans les expressions à peu près correspondantes de Moustiérien et Magdalénien créées par G. de Mortillet. Aujourd'hui les préhistoriens divisent volontiers le Paléolithique en *Paléolithique inférieur* comprenant le Chelléen et le Moustiérien et *Paléolithique supérieur*, ou Age du Renne, affirmant ainsi l'indépendance archéologique et anthropologique de deux époques difficiles à distinguer par les seules ressources de la géologie et de la paléontologie (1).

L'ethnographie permet même d'introduire dans l'Age du Renne,

Fig. 34. — Le Renne actuel.

ou Paléolithique supérieur, plusieurs divisions d'une importance réelle, au moins pour l'Europe occidentale, et auxquelles on a donné les noms de : *Aurignacien* (d'Aurignac, dans la Haute-Garonne, où se trouve une grotte fouillée par Lartet), de *Solutréen* (de Solutré, Saône-et-Loire), de *Magdalénien* (de La Madelaine, Dordogne) (2).

Les Hommes fossiles de ces époques sont assez nombreux et très différents de l'*Homo Neanderthalensis*. Ils ont déjà tous les carac-

---

(1) Les expressions *géologiques* : Pléistocène supérieur, moyen, inférieur ne devraient pas être absolument confondues avec les expressions *archéologiques :* Chelléen, Moustiérien... Celles-ci ne peuvent avoir qu'une signification locale ou régionale ; les premières devraient être, en principe du moins, universelles. Il sera utile d'employer, suivant les cas, l'une ou l'autre des deux nomenclatures, afin d'éviter des confusions que commettent souvent les préhistoriens.

(2) BREUIL (H.), Les subdivisions du Paléolithique supérieur et leur signification (*Congrès international d'Anthropologie*. Session de Genève, 1912).

tères des *Homo sapiens* actuels, dont on ne saurait les distinguer qu'à titre de races ou de variétés ancestrales.

Quelques gisements, dont le type a été fourni par la grotte du Mas d'Azil, correspondent à une époque dite *Azilienne* et qui présente, nous le verrons plus tard, tous caractères de transition du Pléistocène à l'Holocène.

2. CHRONOLOGIE ABSOLUE

CHRONOLOGIE
RELATIVE
ET CHRONOLOGIE
ABSOLUE.

La chronologie *relative*, dont nous venons de nous occuper, n'est pas la chronologie *absolue*. Celle-ci doit fournir des dates en unités de temps, années, siècles ou millénaires. L'Histoire a sa chronologie absolue, d'ailleurs plus ou moins fixée ou précise suivant qu'il s'agit d'événements plus ou moins voisins de nous. De tous côtés, on réclame une chronologie absolue pour la Préhistoire. La première question posée dans le grand public, à propos d'un fait préhistorique, a trait à sa date.

Or, il faut l'avouer loyalement, la réponse est le plus souvent à peu près impossible dans l'état actuel de la science (1). La témérité avec laquelle certains écrivains présentent, sans réserves suffisantes, des chiffres d'autant plus fallacieux qu'ils paraissent plus précis par l'emploi des petites unités, cause, sur l'esprit des savants conscients de notre ignorance, une impression pénible. Loin de moi la pensée que le problème soit ou doive demeurer insoluble, car nul ne saurait fixer une limite aux progrès de l'esprit humain (2). Mais j'estime que le premier devoir des hommes de science est de respecter la bonne foi de ceux qui viennent à eux en toute confiance et de ne leur présenter que des faits ayant un degré suffisant de certitude.

------

(1) Grâce à certaines dates historiques, fournies par la Chaldée et l'Egypte, et aux comparaisons archéologiques établies de proche en proche, on peut arriver à des résultats satisfaisants pour les âges des métaux dans notre Occident (Voir au chap. IX). Mais ces âges ne représentent que la fin de notre Préhistoire. Ce que j'expose ici a trait à des passés infiniment plus reculés.

(2) « Lorsque la science a entrepris, il y a à peu près un demi-siècle, de mesurer la masse et les dimensions des atomes, ses premières évaluations variaient dans le rapport de 1 à 20, à tel point que le problème abordé paraissait, à certains esprits, insoluble et même inexistant ; il est pourtant résolu aujourd'hui » (HOULLEVIGNE, Causerie scientifique du *Temps*, 16 décembre 1911).

Pour satisfaire, dans la limite du possible, la curiosité, d'ailleurs très légitime, de mes lecteurs, je vais résumer brièvement les résultats des principales tentatives faites dans cet ordre d'idées et tirer de ces résultats la conclusion qui me paraît la plus raisonnable.

Il n'y a pas lieu de s'arrêter aux évaluations empruntées aux auteurs anciens, pas plus qu'aux légendes bibliques, aux traditions et chroniques chaldéennes, égyptiennes, chinoises, etc. qui ne méritent sur ce point aucune créance.

LES DIVERS "CHRONOMÈTRES". Dès que la haute antiquité de l'Homme fut scientifiquement établie, les savants cherchèrent à l'évaluer numériquement. Ils imaginèrent toutes sortes de méthodes chronométriques basées sur l'astronomie, la géologie et même la biologie.

En principe, les méthodes astronomiques doivent être les meilleures, puisque c'est de l'astronomie que nous viennent les unités de temps. La difficulté est de découvrir un phénomène géologique qui soit en rapport à la fois avec l'antiquité de l'Homme et avec un phénomène astronomique mesurable. On a cru le trouver dans le développement des glaciers, qu'on a attribué soit aux variations d'excentricité de l'orbite terrestre (c'est-à-dire à des différences dans l'éloignement de la Terre et du Soleil), soit aux variations de l'obliquité de l'axe de la Terre (précession des équinoxes). Comme l'astronomie sait calculer les dates de ces variations périodiques, il devrait suffire de choisir, parmi ces dates, celles qui correspondent aux variations les plus favorables à l'établissement d'un régime glaciaire pour avoir l'âge absolu de l'époque glaciaire et, par suite, l'âge des Hommes contemporains de cette époque.

C'est ainsi que, d'après l'astronome anglais Croll, l'époque glaciaire aurait commencé avec le dernier grand cycle de l'excentricité de l'orbite terrestre (correspondant à un maximum d'éloignement de la Terre au Soleil, c'est-à-dire à un maximum de refroidissement), il y a 240.000 ans, qu'elle aurait duré 160.000 ans et qu'elle aurait pris fin il y a 80.000 ans. Pour Lyell, la grande époque glaciaire aurait coïncidé avec une période plus ancienne de grande excentricité, ce qui la ferait remonter à 800.000 ans (1).

---

(1) LYELL (Ch.), Principes de Géologie, éd. française. Paris, 1873, t. I, chap. XIII, p. 351.

Cette théorie a été attaquée à la fois par des astronomes, des physiciens et des géologues. Il n'est pas démontré que la période ou les périodes glaciaires soient liées aux phénomènes astronomiques en question et nous allons voir qu'on a aujourd'hui d'excellentes raisons de croire que la fin de l'époque glaciaire ne remonte pas à une date aussi reculée que le pensaient Croll et Lyell.

Il me suffira de signaler de rares essais chronométriques basés sur la Paléontologie et les phénomènes d'évolution biologique. On a cru pouvoir ainsi apprécier numériquement le temps correspondant aux changements survenus dans la faune d'un pays par voies d'extinction, de transformation ou d'apparition des espèces. Les indications auxquelles on peut ainsi arriver sont tout à fait vagues et incertaines ; elles ont cependant l'avantage d'imposer à notre esprit la notion de l'immense durée des temps géologiques, même des plus récents, quand on constate, par exemple, que les changements survenus dans le monde animé depuis la fin du Paléolithique sont imperceptibles ou insignifiants.

Les « chronomètres géologiques », beaucoup plus nombreux, partent presque tous du même principe : Choisir un phénomène géologique dont on puisse mesurer les effets pendant une unité de temps — c'est-à-dire sa vitesse de marche à l'époque actuelle — ou pendant un laps de temps déterminé par des données historiques, et calculer, par une simple règle de trois, le temps employé pour produire les effets correspondant à la période préhistorique dont on veut trouver la date. Si l'on connaît, par exemple, en valeur absolue, le temps nécessité par le dépôt d'une certaine épaisseur d'alluvions, il sera facile d'évaluer le temps exigé pour le dépôt d'une masse plus considérable d'alluvions dont la formation correspond à telle ou telle époque géologique ou archéologique.

Malheureusement les choses sont loin d'être aussi simples. Une première difficulté consiste à savoir vraiment ce qu'on veut mesurer, surtout quand il s'agit de phénomènes dont il est impossible d'établir exactement l'origine et la fin. Les expressions que nous sommes obligés d'employer, telles que : commencement ou fin de la période glaciaire, date d'apparition de l'Homme ; celles qui servent à désigner les coupures que nous faisons dans la succession des âges et des phénomènes correspondants sont forcément très vagues ; elles ne correspondent pas à la réalité des choses, car les séparations brusques ne sont que dans notre esprit.

De plus la durée d'un même phénomène a pu varier avec les pays. Il est clair, par exemple, que le régime glaciaire a pris fin beaucoup plus tôt en France qu'en Scandinavie. Une autre objection, plus grave encore, est que les chronomètres géologiques s'appuient sur un principe de permanence et de continuité régulière des phénomènes qui est infiniment peu probable. Dans la plupart des cas, tout au moins, il est impossible de tenir compte de l'antagonisme de causes destructrices, qui ont pu travailler en sens inverse des causes édificatrices, atténuer, diminuer et parfois annihiler les effets de ces dernières.

Quoi qu'il en soit de ces critiques, dont la valeur est évidente, les investigations ont porté sur toutes sortes de phénomènes ; on a interrogé tour à tour : les tourbières, les alluvions, les moraines glaciaires, les cônes de déjections torrentielles, les dépôts lacustres, les deltas, les vases marines, les concrétions calcaires, l'altération des roches par les phénomènes atmosphériques, le creusement des gorges, le recul des cascades, la vitesse de progression ou de recul des glaciers, les oscillations du niveau de la mer, etc. J'ai relevé plus de quarante essais de ce genre et il m'en est certainement échappé.

LEURS RESULTATS.

DISCUSSION

DE CES RÉSULTATS.

Voici (à la page suivante) le tableau d'un certain nombre d'évaluations relatives à la durée : 1° de l'ère quaternaire ; 2° de l'époque glaciaire ; 3° des temps post-glaciaires. Les chiffres représentent les nombres d'années.

Les nombres des deux premières colonnes varient, en chiffres ronds, dans la proportion de 10.000 à 1.000.000, c'est-à-dire de 1 à 100. L'écart est donc énorme ! Plusieurs de ces évaluations sont purement sentimentales ; les plus modérées ont été influencées certainement par les idées philosophiques ou religieuses de leurs auteurs. Mais un tel écart témoigne principalement de l'incorrection ou de l'insuffisance des méthodes employées. Et il est bien difficile de faire un choix.

L'écart des chiffres de la troisième colonne, relatifs à la durée des temps post-glaciaires, est beaucoup moins considérable. Si nous ne tenons pas compte de quelques évaluations manifestement erronées, les 80.000 ans de l'astronome Croll, les 100.000 ans du géophysicien Forel, nous constatons que cet écart n'est plus que dans la proportion de 4.000 à 30.000, soit d'environ 1 à 7. C'est

	ÈRE QUATERNAIRE	ÉPOQUE GLACIAIRE	TEMPS POST-GLACIAIRES
Arcelin et Ferry, géologues français..	10 000		4 à 5.000
Holst, géologue suédois............	30.000	17.000	5 à 6.900
Prestwich, géologue anglais.........		25.000	8 à 10.000
Warren Upham, géologue américain..	100à 150.000	20 à 30.000	6 à 10.000
Becker, — ..		50.000	
Heim, géologue suisse.............		100.000	16.000
G. de Mortillet, préhistorien français.	230à 240.000	100.000	16.000
Rutot, géologue et préhistorien belge.		140.000	7 à 8.000
Croll, astronome anglais	240.000	160.000	80.000
A. M. Hansen, géologue norvégien...		130à 190.000	7 à 9.000
J. Lubbock, préhistorien anglais.....		200.000	
Walcott, géologue américain........	400.000		
Sollas, géologue anglais............		400.000	17.000
Osborn, paléontologiste américain..	500.000	500.000	25.000
J. Geikie, géologue écossais.........	620.000 au moins.		
Dana, géologue américain		720.000	
Lyell, géologue anglais.............		800.000	
Penck, géographe allemand	500.000 à 1 000.000	500.000 à 1.000.000	20.000
L. Pilgrim, —	1.620.000	1.290.000	
R. S. Woodward, Gilbert, Russel, Winchell, E. Andrews, Emerson, géologues américains.............			7 à 10.000
Hicks, géologue américain..........			15.000
Sarauw, préhistorien danois.......			10 à 25.000
De Geer, géologue suédois..........			12.000
Gosse, préhistorien suisse..........			18.280
Nuesch, —			24 à 29.000
Forel —			100.000

encore beaucoup trop, mais il y a progrès. L'analyse, dans laquelle je ne saurais entrer ici, des procédés de calcul ayant fourni les évaluations les plus faibles, montre que ces procédés, celui d'Arcelin et Ferry par exemple, sont entachés d'erreur. Si nous ne prenons, comme limites extrêmes, que les chiffres 8.000 et 24.000, l'écart n'est plus que de 1 à 3. Nous nous rapprochons d'une concordance qui doit nous inspirer confiance. Et si nous remarquons que la plupart des évaluations, basées pourtant sur l'étude de phénomènes très divers, oscillent entre 8.000 et 15.000, c'est-à-dire dans le rapport de 1 à 2, nous sommes portés à accorder une certaine créance à des dates qui sont maintenant tout à fait du même ordre de grandeur.

Ces chiffres seraient certainement plus voisins encore les uns des autres s'ils s'appliquaient vraiment à la même durée, ce qui n'est pas, car le sens de l'expression *temps post-glaciaires* varie notablement suivant les auteurs qui l'emploient et suivant les pays.

Si l'accord est ici beaucoup moins imparfait que pour la durée de l'époque glaciaire ou de la totalité des temps quaternaires, c'est d'abord qu'il s'agit d'un laps de temps beaucoup plus court ; ensuite que les phénomènes que nous avons à étudier sont plus près de nous, que leurs effets sont mieux conservés, plus exactement appréciables; enfin que ces phénomènes sont plus semblables aux phénomènes actuels, qui ont servi de termes de comparaison.

DURÉE DES TEMPS POST-GLACIAIRES. — Une des méthodes les plus ingénieuses et les plus satisfaisantes, qu'il serait trop long d'exposer ici, est celle qui a permis au Suédois De Geer (1) de mesurer la vitesse de retrait du dernier grand glacier scandinave. Si l'on rapproche les données publiées par ce géologue des résultats obtenus, d'un côté par Sarauw, Kjellmark et autres savants européens et, d'un autre côté, par divers géologues américains, on arrive à un accord fort satisfaisant. J'estime qu'on peut évaluer à 10.000 ans l'extrême fin du régime glaciaire dans nos pays, le départ du Renne, le début de la formation des tourbières superficielles et les premiers apports des civilisations néolithiques.

La rondeur même du chiffre que je propose montre qu'il ne représente à mes yeux qu'une approximation. Je le crois d'ailleurs plutôt modéré qu'excessif. Il est le seul que je puisse présenter.

---

(1) GEER (G. de), A Geochronology of the last 12 000 years (*Congrès géolog. intern. de Stockholm*, 1910, p. 241).

IMMENSE DUREE DE
L'ÈRE QUATERNAIRE.

Je n'aurai pas la hardiesse, en effet, de supputer la durée des époques archéologiques ou géologiques plus anciennes, étant malheureusement convaincu que les évaluations proposées ne reposent jusqu'à présent sur aucune base solide, mais j'ai hâte d'ajouter que tout concourt à nous donner l'impression qu'un immense laps de temps sépare notre époque de celle de nos origines.

Laissons de côté l'aspect archéologique de la question pour n'envisager que les faits physiques et biologiques. Depuis la fin des temps pléistocènes des géologues, ou de l'âge du Renne des préhistoriens, c'est-à-dire depuis 10.000 ans environ, le travail géologique effectué dans notre pays est inappréciable. Ceci peut nous servir de point de départ.

Les dépôts correspondant à l'époque immédiatement antérieure, c'est-à-dire à l'âge du Renne, offrent déjà une épaisseur notable. Il ne s'agit pas seulement des apports humains qui ont pu s'effectuer avec une grande rapidité ; j'ai surtout en vue les couches stériles dues à l'activité des agents atmosphériques ; elles alternent souvent avec les foyers et correspondent à de longues périodes d'inoccupation des grottes ou abris. Je crois qu'on peut, sans craindre de se tromper, attribuer à cette période une durée égale sinon supérieure à celle qui nous en sépare.

Or, ces dépôts de l'âge du Renne, malgré leur importance relative, qui nous frappe dans un chantier de fouilles, ne jouent, en réalité, qu'un rôle insignifiant dans le modelé topographique de nos contrées. Les ossements qu'ils renferment sont à peine fossilisés ; ils n'appartiennent guère qu'à des animaux ou à des Hommes tout à fait semblables à leurs représentants actuels. En remontant au Moustiérien, nous constatons des changements autrement importants. Tout témoigne d'une topographie différente, modelée par des agents physiques dont les traces imposantes se voient partout : démolition des régions montagneuses, accumulation de dépôts morainiques sur des milliers de kilomètres carrés, dernières phases du creusement des vallées et formation des terrasses inférieures d'alluvions ; puissants dépôts de limons sur les surfaces continentales et d'argiles à ossements dans les excavations souterraines ; variations des lignes du rivage maritime, manifestations volcaniques multipliées, etc.

Ces phénomènes physiques s'accompagnent de changements appréciables dans la faune, notamment de la disparition de plusieurs espèces de grands Mammifères, dont les ossements sont plus fossilisés que ceux de l'âge du Renne. L'Homme, au moins dans nos régions, appartient à une espèce différente de l'*Homo sapiens*. Qui peut se flatter de se faire une idée précise de la durée correspondant à cette époque? Mais comment se refuser à lui accorder un nombre imposant de millénaires?

Nous sommes pourtant encore très éloignés du moment où la présence de l'Homme dans nos pays est constatée d'une façon indiscutable.

Cet Homme, du très vieux Paléolithique, a vécu dans un milieu physique et biologique tout autre que son successeur. La topographie et même la géographie des époques acheuléenne et chelléenne témoignent de changements ultérieurs d'une ampleur et d'une durée formidables. Les mers et les continents n'ont pas encore exactement leur configuration actuelle ; les Iles Britanniques tiennent au continent, l'Europe et l'Afrique sont reliées par des ponts terrestres. Le creusement des vallées actuelles, qui est surtout l'œuvre de la fin des temps pliocènes, n'est pourtant pas terminé. C'est l'époque des terrasses moyennes de la Seine, de la Somme, de la Garonne, etc. Des centaines de cratères, aujourd'hui démantelés, illuminent encore notre Massif central. Les formations géologiques de cette époque constituent des terrains dont la vieillesse est encore rendue manifeste par l'altération de leurs éléments.

La nature organisée nous offre des spectacles non moins différents. L'Europe est peuplée de Mammifères asiatiques ou africains. Beaucoup de ces animaux sont éteints depuis longtemps. D'autres se sont transformés et leur évolution n'a pu s'effectuer qu'avec une très grande lenteur. Les industries humaines de ces temps reculés offrent partout sensiblement les mêmes caractères. Les rares débris ostéologiques des fabricants de ce primitif outillage nous révèlent des types très différents des types actuels. Tout se perd maintenant dans la brume des lointains. La seule notion chronologique que nous puissions tirer de ces spectacles est celle d'une durée immense ; le vertige de l'incommensurable commence à nous gagner !

Dès lors, si aucun des chiffres proposés pour la durée des temps quaternaires et pour l'antiquité de l'Homme chelléen ne saurait satisfaire notre besoin de précision, aucun ne saurait nous surprendre et encore moins nous effrayer.

Et nous ne sommes qu'à l'aurore des temps quaternaires. Si, poursuivant notre course vertigineuse, nous pénétrions dans l'ère tertiaire, à la recherche des véritables origines de l'Humanité, ce ne serait plus par centaines mais par milliers de millénaires que nous devrions compter !

CHAPITRE III

LES PRIMATES ACTUELS ET LES SINGES FOSSILES

Avant d'entrer dans le vif de notre sujet, une nouvelle étude préalable s'impose. Nous ne pourrons bien comprendre et apprécier les caractères morphologiques de nos plus lointains ancêtres qu'après avoir acquis quelques notions zoologiques sur l'ensemble des Primates et après avoir passé en revue les découvertes relatives aux Singes fossiles.

LES PRIMATES ACTUELS

Le terme *Primates*, « les premiers », les premiers des Mammifères, a été créé par Linné qui disait aussi : *Anthropomorphes.*

Les Primates comprennent des animaux d'aspects assez divers mais se distinguant tous des autres Mammifères par la réunion des caractères suivants : une grande boîte cérébrale, contenant un cerveau très développé ; des membres antérieurs adaptés à la préhension et terminés par des mains à ongles plats ; une dentition omnivore ; deux mamelles pectorales.

CLASSIFICATION DES PRIMATES. — Cette définition s'appliquant à l'Homme comme à tous les autres Primates, la classification du groupe a été particulièrement discutée. Quelques naturalistes, Isidore Geoffroy Saint-Hilaire, de Quatrefages (1) ont voulu établir pour notre espèce un règne à part, à cause de la supériorité de son intelligence, et de sa « religiosité ». Mais pour classer les animaux, on ne se

---

(1) QUATREFAGES (A. de), L'espèce humaine, Paris, 1876. — Introduction à l'étude des races humaines, 1887.

base pas sur leurs caractères intellectuels. Pourquoi changer de méthode en arrivant à l'Homme ? Linné, Lamarck l'avaient parfaitement compris. Darwin, après avoir fait observer qu'on trouverait sous ce rapport, dans la classe des Insectes (entre une Fourmi et un Insecte parasite par exemple), des différences bien plus grandes qu'entre l'Homme et les Singes, a eu raison d'ajouter : « Si l'Homme n'avait pas été son propre classificateur, il n'eût jamais songé à fonder un ordre séparé pour s'y placer » (1).

Buffon désignait les Hommes sous le nom de *Bimanes* et les Singes sous le nom de *Quadrumanes*. Cuvier a repris ces expressions (2). Linné faisait entrer, dans le genre *Homo*, l'Homme et les grands Singes sans queue, les Anthropoïdes : Il y avait l'*Homo sapiens*, avec ses variétés *ferus, europœus, asiaticus*, etc., mais il y avait aussi l'*Homo sylvestris*, ou Orang, l'*Homo troglodytes*, ou Chimpanzé.

Cuvier sépara complètement l'Homme (Bimane) des Singes (Quadrumanes) et, parmi ces derniers, il distingua un groupe inférieur sous le nom de *Lémuriens*. Nous pouvons admettre aujourd'hui encore la classification générale suivante (3) :

PRIMATES.	Bimanes.	Bras plus courts que les jambes. Très grand cerveau.	HOMINIENS. Primates très perfectionnés.
	Quadrumanes.	Orbites complètement fermées ; bras plus longs que les jambes.	SINGES ou SIMIENS. Primates confirmés et diversifiés.
		Orbites incomplètement fermées ; bras plus courts que les jambes.	LÉMURIENS. Primates encore peu caractérisés (primitifs).

LÉMURIENS.

Les LÉMURIENS, qu'on appelle aussi Prosimiens, ou Faux-Singes, ou Singes à museau de Renard, n'ont en effet ni la vivacité ni l'intelligence des vrais Singes.

(1). DARWIN (Ch.), La descendance de l'Homme, I, p. 205.

(2) Elles ont été critiquées et non sans raison, car, *anatomiquement*, les extrémités inférieures des Singes sont des *pieds*, tout comme les extrémités inférieures des Hommes. Mais Cuvier le savait aussi bien qu'Huxley ou Broca. C'est donc plutôt un sens physiologique qu'il attribuait aux termes *bimane* et *quadrumane*. Cette réserve faite, on peut, je crois, continuer à les employer sans inconvénient, surtout dans un ouvrage comme celui-ci.

(3). Voir pour l'histoire de la classification des Primates : TOPINARD (P.), L'Homm dans la Nature, Paris, 1891. — GREGORY (W. K.), The orders of Mammals, New York, 1910.

Fig. 35. — Un représentant des Lémuriens et de chaque grand groupe des Singes.

En haut, à gauche, un Lémurien, le Maki Vari (*Lemur varius*), d'après A. Grandidier.

En haut, à droite, un Ouistiti (*Hapale jacchus*).

En bas, à gauche, un Platyrrhinien ou Cébien de l'Amérique du Sud (*Cebus capucinus*), d'après Elliot.

En bas, à droite, un Catarrhinien d'Afrique, le Cercopithèque de Brazza (*Cercopithecus Brazzai*), d'après un échantillon du Muséum.

Au centre, un Anthropomorphe, le Chimpanzé (*Troglodytes niger*), d'après un individu des collections du Muséum.

Leur figure est poilue au lieu d'être glabre. Leur crâne se distingue facilement de celui des Singes : le trou occipital est placé en arrière comme chez les autres Mammifères; les orbites sont écartées, obliques, dirigées latéralement ; elles communiquent avec la fosse temporale; le trou lacrymal s'ouvre en avant des orbites. Le cerveau des Lémuriens ne recouvre pas le cervelet ; sa structure est relativement simple. Leurs incisives inférieures sont couchées en avant, proclives. Ils ont de grandes jambes et de petits bras ; ils sont encore peu quadrumanes; ils mènent une existence surtout arboricole.

Autrefois répandus en Amérique et en Europe, on ne les trouve plus aujourd'hui qu'en Afrique, en Indo-Malaisie et principalement à Madagascar, qui compte les neuf dixièmes des espèces et où le groupe était représenté naguère par de curieuses formes géantes, telles que *Megaladapis*.

SIMIENS.

Les SINGES, ou SIMIENS, constituent une série très graduée, depuis les formes humbles et inférieures comme les Ouistitis, jusqu'aux formes puissantes et les plus voisines de nous, les Anthropomorphes. Mais ils ont un certain nombre de caractères anatomiques communs. Leur boîte cérébrale est très développée par rapport à leur face qui s'est raccourcie. Le cerveau, débordant sur le cervelet et le recouvrant, est divisé en lobes par des scissures; il présente de belles circonvolutions. Le trou occipital s'ouvre *sous* le crâne. Les orbites, dirigées en avant, en façade, sont closes par un os *planum* et ne communiquent plus avec la fosse temporale; le canal lacrymal s'ouvre dans ces orbites. Les dents sont disposées en série continue; les incisives inférieures sont dressées comme leurs voisines, non proclives. Les membres antérieurs sont plus longs que les membres postérieurs. L'avant-bras, doué de mouvements de pronation et de supination, est devenu un appareil parfait de préhension.

Les Singes ont des physionomies expressives; leur intelligence est supérieure à celle des autres Mammifères. Ils ont des passions vives; on a dit, avec raison, qu'ils reflètent l'Humanité dans ce qu'elle a d'inférieur. Ils habitent les climats chauds ou tempérés ; ils vivent sur les arbres ou dans les rochers, se nourrissant de fruits, de bourgeons, d'œufs, d'insectes.

On peut classer les Singes de la manière suivante (1) :

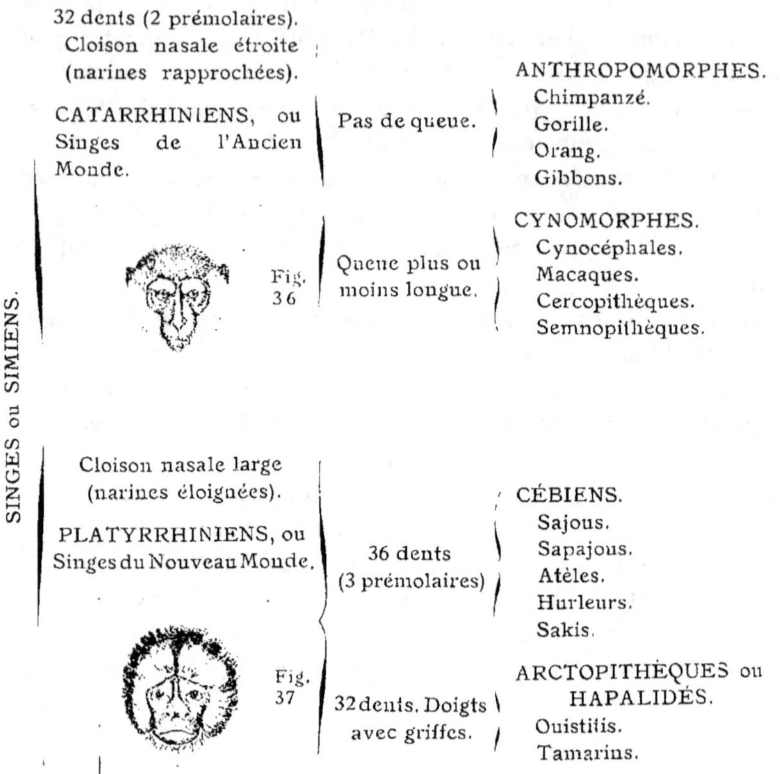

SINGES ou SIMIENS.

32 dents (2 prémolaires).
  Cloison nasale étroite
(narines rapprochées).

CATARRHINIENS, ou Singes de l'Ancien Monde.

Pas de queue. — **ANTHROPOMORPHES.**
Chimpanzé.
Gorille.
Orang.
Gibbons.

Fig. 36 — Queue plus ou moins longue. — **CYNOMORPHES.**
Cynocéphales.
Macaques.
Cercopithèques.
Semnopithèques.

Cloison nasale large
(narines éloignées).

PLATYRRHINIENS, ou Singes du Nouveau Monde.

36 dents (3 prémolaires) — **CÉBIENS.**
Sajous.
Sapajous.
Atèles.
Hurleurs.
Sakis.

Fig. 37 — 32 dents. Doigts avec griffes. — **ARCTOPITHÈQUES** ou **HAPALIDÉS.**
Ouistitis.
Tamarins.

Les *Arctopithèques*, ou Ouistitis (genres *Hapale*, *Midas*), sont les plus petits des Singes. Ils se relient par certains caractères aux Lémuriens, car leurs doigts sont encore armés de griffes et le pouce

____

(1) Cette classification et cette nomenclature sont essentiellement françaises. A l'étranger, les groupements et surtout les termes employés sont assez différents. Et ces derniers se prêtent à des confusions qu'il est utile d'indiquer. C'est ainsi que le groupe d'ensemble des Singes, ou Simiens, est parfois appelé *Anthropoïdea*, terme employé depuis longtemps chez nous, concurremment avec celui d'Anthropomorphes, pour désigner les Singes supérieurs, les plus voisins de nous. Nos singes Cynomorphes constituent les *Cercopithecidæ* des auteurs anglais, tandis que nos Anthropomorphes se nomment *Simiidæ*, mot qui rappelle trop celui de *Simiens* employé par les auteurs français pour désigner l'ensemble des Singes.

Ouvrages généraux sur les Singes à lire ou à consulter : GERVAIS (P.), Histoire naturelle des Mammifères. Paris, 1854 (ancien, mais encore bon). — FLOWER (W. H.) et LYDEKKER (R.), An introduction to the study of Mammals., Londres, 1891. — ELLIOT (D. G.), A review of Primates. New-York, 1912 (grande et superbe monographie).

n'est pas opposable. Ils n'ont que 32 dents comme les grands Singes et l'Homme, mais ici il y a 3 prémolaires et 2 molaires (au lieu de 2 prémolaires et 3 molaires).

Les *Cébiens*, cantonnés dans l'Amérique du Sud, comme les précédents, sont inférieurs en organisation et intelligence aux Singes de l'Ancien Monde. Ils ont les narines écartées; leur longue queue est généralement préhensile. Le pouce est peu opposable. Ils ont 36 dents (3 prémolaires et 3 molaires, de chaque côté, en haut et en bas).

Les *Catarrhiniens* de l'Ancien Monde, à narines rapprochées, ont la même formule dentaire que l'Homme (2 prémolaires et 3 molaires). Les *Cynomorphes*, ou Singes proprement dits, dont les nombreuses espèces sont répandues en Asie et en Afrique, sont les Primates les plus communs de nos ménageries. Leur queue, parfois rudimentaire (Magot), n'est jamais préhensile.

ANTHROPOMORPHES. Les *Anthropomorphes*, ou *Anthropoïdes*, nous intéressent encore davantage, comme étant les Singes supérieurs, les plus voisins de nous par toute leur organisation (1).

Les Gibbons (genre *Hylobates*), du Sud-Est de l'Asie et de l'archipel malais (Sumatra), sont les plus petits des Anthropoïdes; la plus grande espèce, le Siamang, atteint à peine un mètre. Ils présentent quelques traits d'infériorité rappelant encore les Singes à queue. Leurs membres antérieurs sont très longs, mais ils marchent ordinairement debout. Il se rapprochent des Hommes par ce caractère et aussi par certains traits de leur morphologie cranienne.

L'Orang-Outang, ou Pongo (*Simia satyrus*), de Sumatra et Bornéo, est beaucoup plus grand et plus fort. Il a les jambes très courtes. Sa boîte cranienne, ronde (brachycéphale), haute, présente des crêtes sagittales et occipitale. Les mâles sont armés de fortes canines.

Les Gorilles (genre *Gorilla*) habitent l'Afrique équatoriale occidentale (Gabon). Les plus grands des Singes, ils sont plus forts et plus robustes que l'Homme. Leur crâne est allongé (dolichocéphale); il offre, chez les vieux mâles, d'énormes crêtes osseuses avec de fortes arcades sus-orbitaires et de puissantes canines. Les oreilles sont petites.

(1) Voir HARTMANN (R.), Les Singes anthropoïdes. Paris, 1886. — Divers mémoires d'OWEN, DENIKER, SELENKA, etc.

Les Chimpanzés (genre *Troglodytes*, ou *Anthropopithecus*, ou *Pan*), représentés peut-être par plusieurs espèces, sont également africains (forêts équatoriales de l'Ouest). A divers égards, le Chimpanzé se rapproche plus de l'Homme que les autres Anthropomorphes. Le dimorphisme sexuel est moins accusé chez lui que chez le Gorille ; cependant le mâle a encore des canines plus fortes que la femelle. Le crâne est aussi de forme allongée, mais il est dépourvu de crêtes pariétales et occipitale. Les arcades sus-orbitaires sont saillantes. Ces caractères morphologiques, joints à la gentillesse et à l'intelligence des Chimpanzés, rendent ces animaux particulièrement intéressants.

HOMINIENS. — Les *Hominiens* ne forment qu'une famille, réduite de nos jours au seul genre *Homo*. Dans la classe des Mammifères, ce genre est celui sur les divisions duquel les naturalistes s'entendent le moins.

Les divergences présentées par les classifications des Hommes actuels sont vraiment extraordinaires, depuis les systèmes monogénistes de Linné, de Blumenbach, de Cuvier, avec leurs quatre ou cinq variétés ou races d'*Homo sapiens*, en passant par celui d'Isidore Geoffroy-Saint-Hilaire, qui distinguait quatre types principaux et douze races secondaires, jusqu'aux systèmes modernes, tels que celui de Quatrefages, avec ses cinq troncs et ses dix-huit branches, se divisant elles-mêmes en de nombreux rameaux, ou celui de Deniker, qui admet vingt-neuf races et sous-races, ou le système polygéniste de Sergi, qui comprend trois genres, onze espèces et quarante et une variétés ou sous-variétés, sans parler du système mixte de Giuffrida-Ruggeri, etc. (1).

Les discussions entre « monogénistes » et « polygénistes » ont fait couler des flots d'encre sans parvenir à résoudre une question qu'on a qualifiée avec raison d' « indifférente ».

Les anthropologistes reviennent aujourd'hui aux idées des anciens naturalistes, qui divisaient les Hommes actuels en trois groupes principaux : les *Blancs*, les *Jaunes* (y compris les Peaux-Rouges), les *Noirs*.

---

(1) QUATREFAGES (A. de), L'espèce humaine — Introduction à l'étude des races humaines. — DENIKER, Races et peuples de la Terre. Paris, 1900. — SERGI (G.), Le Origini umane. Turin, 1912. — GIUFFRIDA-RUGGERI, L'Uomo attuale. Milan, Rome, Naples, 1913.

Pour les monogénistes, ces trois divisions ne représentent que des races de l'espèce unique *Homo sapiens*. Pour les polygénistes, ce sont autant d'espèces : 1. *Homo albus*, ou *Homo Caucasicus* (vieille expression tout à fait impropre), ou *Homo Indo-Europœus* ; 2. *Homo flavus*, ou *H. Mongolicus* ; 3. *Homo niger*, ou *H. Æthiopicus*.

Les subdivisions de ces trois grands groupes sont ordinairement basées bien plus sur la communauté de langage, de religion, de mœurs, etc. que sur des caractères somatiques. Ce sont le plus souvent des subdivisions purement ethniques. Cela tient au grand rôle joué par les migrations. Même en se plaçant dans l'hypothèse de l'existence de plusieurs types, zoologiquement bien distincts à l'origine, il est clair que les innombrables mélanges et croisements, repétés depuis tant de millénaires dans de multiples directions, ont dû singulièrement atténuer les différences physiques primitives et les voiler sous un revêtement de caractères plus uniformes.

DIFFÉRENCES ANATOMIQUES ENTRE L'HOMME ET LES SINGES. — Les différences anatomiques, séparant l'Homme, ou les Hommes, des Singes les plus élevés, les Anthropomorphes, sont nombreuses et d'inégale valeur. Nous aurons souvent l'occasion de les invoquer ; il faut signaler d'ores et déjà les plus importantes (1).

La première a trait au grand développement du crâne cérébral, ou boîte cérébrale logeant le cerveau, et à la réduction concomitante de la partie faciale de la tête osseuse (fig. 38). Ce développement relatif de la partie faciale, c'est-à-dire de la partie mandibulaire, dévolue aux fonctions animales, et de la partie cérébrale, dévolue aux fonctions nobles, intellectuelles, est un caractère zoologique de premier ordre, ainsi que Cuvier l'a établi depuis longtemps : « L'Homme est celui de tous les animaux qui a le crâne le plus grand et la face la plus petite ; les animaux s'éloignent d'autant plus de ces proportions qu'ils deviennent plus stupides ou plus féroces. »

Une seconde différence, liée à la première, est la possession, par

---

(1) Voir, pour plus de détails : Huxley, De la place de l'Homme dans la Nature. — Vogt (Carl), Leçons sur l'Homme. Trad. franç. Paris, 1865 ; 2ᵉ édit. 1878. — Broca (P.), L'ordre des Primates. Paris, 1869. — Topinard (P.), L'Homme dans la nature. Paris, 1891. — Bon résumé dans Vianna de Lima (A.), L'Homme selon le transformisme. Paris, 1888.

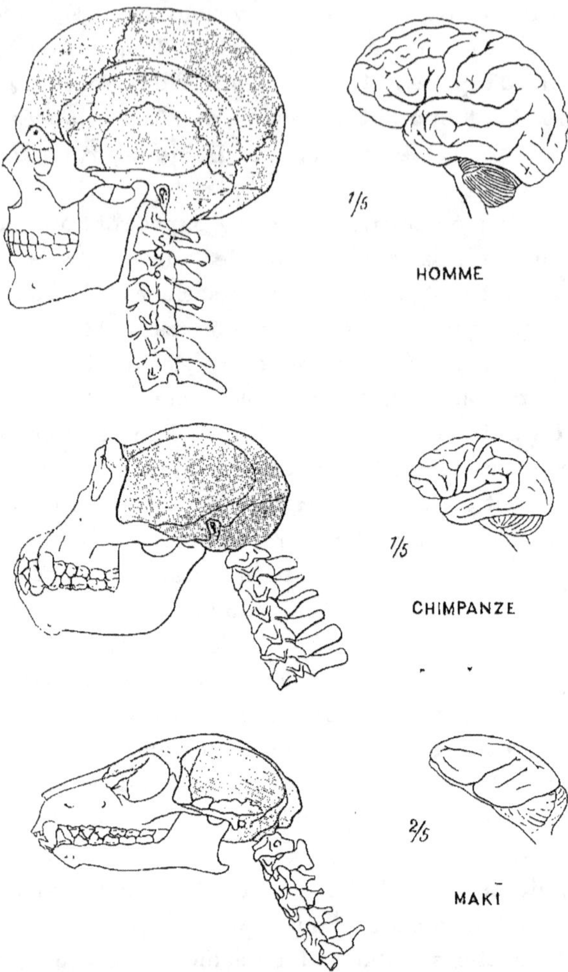

Fig. 38. — Morphologie comparée de la tête osseuse, de l'encéphale et des vertèbres cervicales chez un Lémurien, un Singe et un Homme actuel.

Chez le *Lémurien* (Maki), la portion cérébrale du crâne (représentée par un grisé) est petite par rapport à la portion faciale. L'encéphale est peu volumineux ; le cerveau prolonge encore le cervelet. Le trou occipital est situé à la partie postérieure du crâne ; la direction de la colonne vertébrale se confond sensiblement avec l'axe de l'encéphale.

Chez le *Singe* (Chimpanzé), le crâne cérébral augmente et le crâne facial se réduit. L'encéphale grossit ; le cerveau se complique et recouvre le cervelet. Le trou occipital émigre vers la base du crâne. La colonne vertébrale est plus oblique par rapport à l'axe de l'encéphale ; les vertèbres cervicales ont des apophyses épineuses longues et perpendiculaires aux corps vertébraux.

Chez l'*Homme* actuel, le crâne cérébral l'emporte de beaucoup sur le crâne facial, réduit ici au minimum. Le cerveau, très volumineux, riche en circonvolutions, dépasse et surplombe le cervelet. Le trou occipital occupe une position encore plus avancée. La colonne vertébrale forme un angle droit avec la base du crâne ; les apophyses épineuses des vertèbres cervicales s'insèrent obliquement sur les corps vertébraux en se dirigeant vers le bas.

l'Homme, du langage articulé. Cette fonction implique non seulement un cerveau supérieurement organisé, mais encore certaines conditions anatomiques de la langue et de ses abords qui en favorisent le mécanisme.

Les Hommes et les Singes ont la même formule dentaire, mais il y a des différences dans la grandeur et la forme des diverses sortes de dents. La principale de ces différences a trait aux dimensions des canines qui, très développées chez les Singes, surtout chez les mâles, sont tellement diminuées chez les Hommes qu'elles ne dépassent pas ou dépassent à peine le niveau général des autres dents (fig. 39). Cette diminution d'organes ayant d'abord servi, comme chez les Singes, d'armes offensives ou défensives, a dû s'effectuer graduellement, au fur et à mesure de l'acquisition de l'attitude verticale, de la libération des membres antérieurs et du développement corrélatif du cerveau.

L'attitude parfaitement droite est en effet caractéristique de l'Homme. Les Anthropoïdes, même le Gibbon, ne la possèdent

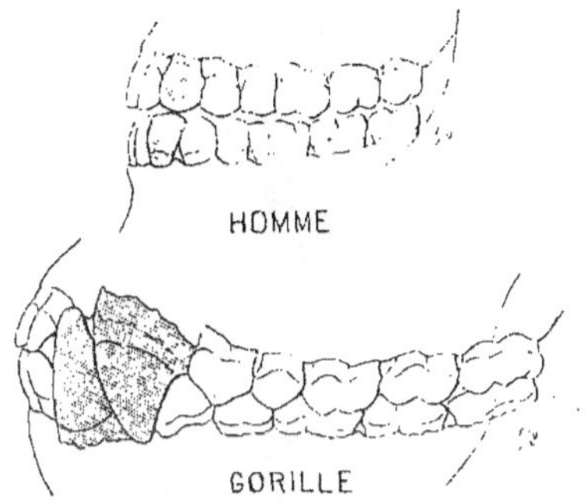

Fig. 39. — Dentitions, vues de profil, d'un Homme et d'un Singe (Gorille). 1·2 de la grandeur naturelle. Les canines sont marquées par un grisé.

qu'imparfaitement. Et cette insuffisance se traduit par des différences anatomiques. Chez l'Homme, la colonne vertébrale s'insère à la base du crâne, afin qu'en attitude verticale normale, ce crâne soit à peu près en équilibre naturel sur les premières vertèbres. De sorte que le trou occipital, situé dans un plan horizontal, est situé sous le crâne. Chez les Lémuriens, comme chez presque tous les Mammifères à attitude quadrupède, axe du crâne et colonne vertébrale sont placés dans le prolongement l'un de l'autre ; le trou occipital, situé dans un plan voisin de la verticale, occupe la partie postérieure du crâne. Chez les vrais Singes, le trou occipital commence à émigrer vers la base du crâne. Chez les Anthropoïdes, il se rapproche de la position humaine, mais sans l'atteindre (fig. 38).

L'attitude plus ou moins verticale entraîne aussi des différences dans la colonne vertébrale (fig. 40). Chez les Singes, dont le corps est

toujours penché en avant, le rachis ne présente que deux courbures
une courbure dorsale et une courbure sacrée, toutes deux concaves
en avant. Sur le fœtus ou le nouveau-né humains, on n'observe également que ces deux courbures. Plus tard, l'éducation, en vue de la
station et de la marche debout, entraîne une profonde modification
dans la forme du rachis, qui ne tarde pas à présenter quatre cour-

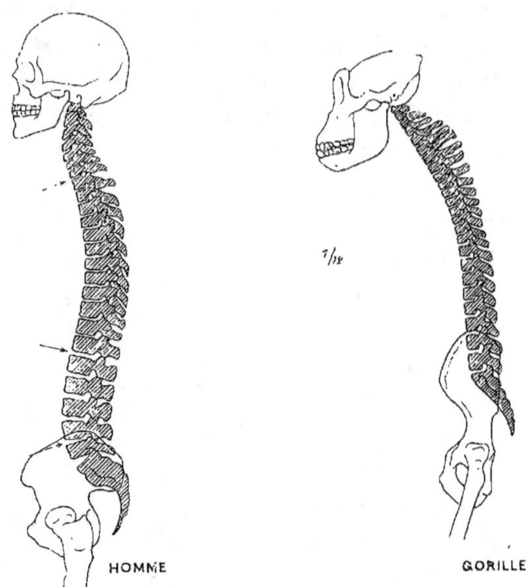

Fig. 40 — Tête osseuse, colonne vertébrale et bassin d'un Homme et d'un Gorille.

Chez le *Gorille*, la colonne vertébrale ne présente, sur presque toute sa longueur,
qu'une seule courbure concave en avant ; sa direction générale n'est pas verticale.
La tête osseuse, à la face lourde, penche en avant et doit être retenue par les puissants muscles et ligaments de la nuque. Le bassin est étroit.

Chez l'*Homme*, la colonne vertébrale présente plusieurs courbures, alternativement
convexes et concaves en avant (les flèches indiquent les points de changement de
ces courbures), de manière que l'ensemble forme un système statique, vertical, sur
lequel la tête repose naturellement en équilibre et qui se prolonge, au delà d'un
large bassin, dans la direction également verticale du membre inférieur.

bures : une courbure cervicale, concave en arrière ; une courbure
dorsale, concave en avant ; une courbure lombaire, concave en
arrière ; une courbure sacrée, concave en avant. Comme ces quatre
courbures se succèdent alternativement dans un sens et dans
l'autre, la direction générale de la colonne est verticale. De cette
façon, tête et tronc pèsent principalement sur le bassin ; la direction de la résultante de ce poids se confond sensiblement avec la

direction générale du rachis et l'équilibre, en station debout, devient des plus facile. Serres faisait de ces courbures l'attribut de son Règne humain.

Les modifications de courbures entraînent avec elles des modifications dans la forme des vertèbres elles-mêmes, surtout de leurs apophyses, dont la direction et le volume sont déterminés par les actions musculaires. Cela est particulièrement net pour les apophyses épineuses des vertèbres cervicales. Par suite de l'équilibre facile que je viens de signaler chez l'Homme, les actions des muscles extenseurs de la nuque, des muscles épineux, du ligament cervical peuvent être et sont ici, en effet, beaucoup moins puissantes

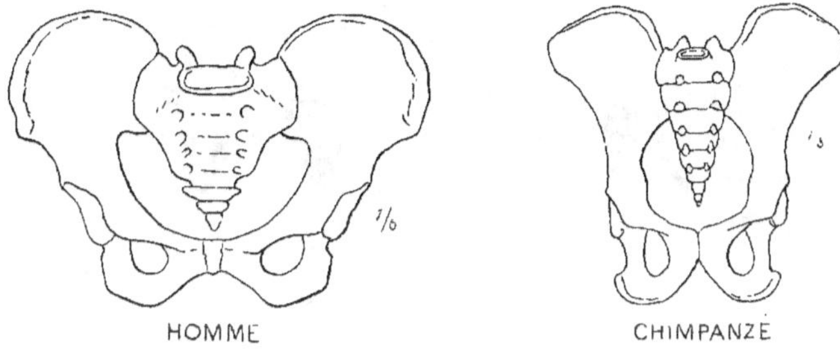

Fig. 41. — Morphologie comparée d'un bassin d'Homme et d'un bassin de Singe (Chimpanzé).

que chez les Quadrupèdes, dont la tête et le tronc tombent en avant. Les apophyses épineuses différeront, dans les deux cas, par leur développement et par leur direction (fig. 38 et 40). A cet égard, les Singes, et surtout les Singes anthropoïdes, sont intermédiaires entre les Mammifères exclusivement quadrupèdes et l'Homme qui est le plus parfait des bipèdes. Enfin, toutes les races humaines ne sont pas exactement semblables entre elles, et les races inférieures, nous le verrons plus tard, conservent encore quelques traits du stade représenté actuellement par les Anthropoïdes.

La forme du bassin est également en rapport avec la station verticale et la marche debout. Chez l'Homme, les os iliaques s'élargissent, s'étalent, s'évasent en forme de plat, de *bassin*, pour soutenir facilement les viscères abdominaux. Chez les Singes, le bassin ne supportant pas tout le poids des intestins, les os iliaques, beaucoup plus étroits, se disposent presque parallèlement au sacrum et se rapprochent ainsi davantage de ceux des Quadrupèdes (fig. 41).

Une autre différence, que le grand anatomiste anglais Owen considérait comme fondamentale, s'observe dans la conformation du pied (fig. 42). Chez les Singes anthropoïdes, le premier doigt, très écarté, beaucoup moins long que les autres, s'oppose facilement à ces derniers et joue le rôle de pouce. Le pied devient ainsi une main, physiologiquement parlant (de là l'expression de *Quadrumane*). Chez l'Homme, le gros orteil est le plus robuste des doigts ; il est étroitement serré contre les autres auxquels il ne peut s'opposer. Nous avons affaire à un vrai pied, c'est-à-dire à un organe de sustentation. Et cette adaptation à une fonction aussi exclusive se

Fig. 42.   Pied humain et pied de Gorille.

reflète sur tous les os dont la morphologie diffère de celle de tous les os de la main postérieure ou, si l'on veut, du pied préhensile des Anthropomorphes.

Malgré l'existence de quelques phénomènes transitoires, observés sur certains Singes et certains Hommes, tous ces caractères sont pratiquement assez tranchés pour qu'il ne puisse y avoir aucune confusion entre les plus élevés des Singes actuels et les plus inférieurs des Hommes actuels.

Il faut donc convenir que la Zoologie, dont je viens de résumer les enseignements, délimite assez nettement la place de l'Homme dans la nature. La Paléontologie nous apporte-t-elle des renseignements complémentaires sur les rapports des Singes avec les Hommes ? Pour répondre à cette question il faut d'abord passer en revue les découvertes relatives aux Singes fossiles. Je vais le faire brièvement, en suivant un ordre chronologique.

LES SINGES FOSSILES

<u>PRIMATES ÉOCÈNES.</u> Les précurseurs du grand groupe des Primates nous apparaissent, dans l'Amérique du Nord, presque au début de l'ère tertiaire, vers la base de l'Eocène, en même temps que les archaïques représentants d'autres ordres de Mammifères. Mais ce ne sont encore, pour la plupart, que des formes généralisées, se distinguant mal de quelques groupes voisins, surtout des Insectivores.

Les plus différenciés ressemblent cependant, par leur crâne, leur dentition, leur cerveau, à certains Lémuriens actuels et notamment au singulier Tarsier de l'archipel Indo-Malais. Tel est le très intéressant *Anaptomorphus* (fig. 43). Le célèbre paléontologiste Cope avait voulu faire de ce fossile l'ancêtre commun des Singes et de l'Homme, à cause de la forme arrondie de son crâne, et parce qu'il est, de tous les Mammifères éocènes, celui dont le cerveau

Fig. 43. — Tête osseuse d'un petit Primate éocè ne, *Anaptomorphus homunculus*. Grandeur naturelle. D'après Osborn.

semble avoir été relativement le plus volumineux. On trouvera peut-être un jour, dans des terrains plus anciens, des formes plus primitives encore.

Dans l'Eocène moyen des États-Unis, la multiplication et la différenciation de ces premiers Lémuriens s'accentuent. Le groupe des *Anaptomorphus*, à crâne rond, à régime frugivore, est représenté par plusieurs genres. D'autres formes, telles que *Pelycodus*, *Notharctus*, au crâne allongé et de régime omnivore, marquent des tendances à évoluer vers des types actuels (1).

Comme on n'a pas encore observé, dans des terrains plus anciens des autres parties du monde, le moindre débris d'un Primate bien caractérisé, on peut admettre, jusqu'à plus ample information, que le groupe a pris naissance dans l'Amérique du Nord ou, plutôt, sur un continent boréal américano-européen dont la géologie nous révèle l'ancienne existence. Et, comme les types que je viens de signaler disparaissent d'Amérique avec l'Eocène supérieur, il a dû y avoir migrations dans diverses directions.

(1) Osborn (H. F.), American Eocene Primates... (*Bulletin of the American Museum...* XVI, 1902). — Matthew (W. D.), (*Ibid.* . XXXIV, 1915).

Les plus vieux débris d'authentiques (1) Lémuriens de l'Ancien Monde ont été trouvés dans des terrains de l'Eocène moyen de France et de Suisse. Leurs restes deviennent abondants dans l'Eocène supérieur et l'Oligocène inférieur européens (fig. 44). Nos riches gisements des phosphorites du Quercy ont livré, dans un admirable état de conservation, des crânes complets d'animaux tels que *Necrolemur*, *Pronycticebus*, *Adapis* (2). Emigrés ensuite en Asie, en Afrique et surtout à Madagascar, ces divers types y ont persisté jusqu'à nos jours, en s'y différenciant ; ils se sont divisés

Fig. 44. — Tête osseuse d'un Lémurien des phosphorites du Quercy (*Adapis magnus*), aux 3/5. — Galerie de Paléontologie du Muséum.

en de nombreux rameaux, dont quelques-uns s'épanouissaient naguère en des formes géantes et spécialisées telles que *Megaladapis*(3).

De l'Amérique du Nord, les plus antiques formes de Primates ont gagné également l'Amérique du Sud. Il est probable qu'en perdant une prémolaire et en amplifiant leur boîte cérébrale aux

---

(1) *Plesiadapis*, de l'Eocène tout à fait inférieur de Cernay, près de Reims, considéré d'abord comme Lémurien, est aussi rattaché aux Insectivores. *Protoadapis*, d'un niveau p us élevé de l'Eocène inférieur, a été pris d'abord pour un Lémurien, puis pour un Insectivore ; on tend aujourd'hui à le remettre dans les Lémuriens. Cet exemple montre les difficultés que présente la classification des types de Mammifères aux caractères primitifs et généralisés.

(2). Voir surtont : FILHOL (H.), Recherches sur les phosphorites du Quercy. Paris, 1877.

(3) GRANDIDIER (G.), Recherches sur les Lémuriens disparus... (*Nouvelles Archives du Muséum*, 1905).

dépens de leur face, elles se sont transformées en de véritables Singes, ancêtres des Platyrrhiniens actuels.

Dans un terrain oligocène ou miocène de l'Amérique du Sud, le *Santa-Cruzien*, on a trouvé en effet des débris de vieux Sapajous auxquels le regretté paléontologiste argentin Ameghino attribuait une importance énorme, les considérant « comme les ancêtres de tous les Singes de l'ancien et du nouveau continent » et même de l'Homme. Il leur avait donné des noms très expressifs : *Homunculus patagonicus, Anthropops perfectus*, etc. (1). Ce sont des documents intéressants, certes, mais très fragmentaires et qui ne sauraient se prêter aux grosses conclusions d'Ameghino. Pour le moment, il semble qu'on doive y voir simplement des formes ancestrales des Cébiens ou Platyrrhiniens actuels, l'évolution et la différenciation de ce groupe s'étant poursuivies et se poursuivant encore dans le même pays.

Tandis que tous Singes fossiles sont absolument inconnus dans l'Amérique du Nord, Ameghino a encore proclamé l'existence de Singes supérieurs dans l'Amérique du Sud, d'après quelques pièces anatomiques dont on a beaucoup parlé. Le regretté paléontologiste a décrit un atlas et un fémur provenant du Monte-Hermoso, localité miocène pour lui, à peine pliocène pour la plupart des géologues et des paléontologistes qui ont étudié les terrains sédimentaires de l'Amérique méridionale. Il a cherché à prouver que ces ossements ont appartenu à un être reliant ses *Homunculidés* au genre *Homo*. Il l'a appelé *Tetraprothomo*, en lui attribuant une taille de 1 mètre à 1 m. 10. Et il a été conduit à imaginer toute une phylogénie humaine nouvelle : le *Tetraprothomo* aurait été suivi du *Triprothomo*, puis du *Diprothomo*, lequel aurait donné le *Prothomo*, d'où serait sorti le genre *Homo*. Nous verrons plus tard qu'il n'y a là que de pures conceptions de l'esprit (2).

SINGES OLIGOCÈNES.   Revenons à l'Ancien Monde. On pouvait dire, naguère, que les Singes catarrhiniens n'étaient pas très vieux, dans le sens géologique du mot. Cynomorphes et Anthropomorphes semblaient apparaître

---

(1) AMEGHINO (F.), Les formations sédimentaires du Crétacé supérieur et du Tertiaire de Patagonie (*Anales del Museo nacional de Buenos Aires*, XV, 1906).

(2) Voir, pour plus de détails et la bibliographie, la partie du dernier chapitre de ce volume relative à l'Homme fossile dans l'Amérique du Sud.

simultanément dans le Miocène, et même les premiers Anthropoïdes fossiles étaient plus anciens que les Singes à queue, ce qui permettait de prévoir d'importantes découvertes dans des terrains plus anciens. Une de ces découvertes s'est réalisée il y a une dizaine d'années.

Les terrains éocènes et oligocènes du Fayoum, en Égypte, sont célèbres par leurs richesses paléontologiques et notamment par les restes de Proboscidiens primitifs qui ont fait l'objet d'importants travaux de M. Andrews. En 1910, Schlosser a annoncé la découverte de débris de plusieurs Primates dans l'Oligocène du Fayoum. Il a publié depuis un mémoire détaillé sur ces curieux fossiles (1). Des trois espèces décrites, toutes de petite taille comme il convient pour des formes archaïques, deux rappellent soit les Lémuriens éocènes des États-Unis, soit les premiers Cébiens de l'Amérique du Sud. Elles représenteraient des témoins d'un stade évolutif d'où seraient dérivés, d'après Schlosser, tous les Primates supérieurs, les Hommes aussi bien que les Singes.

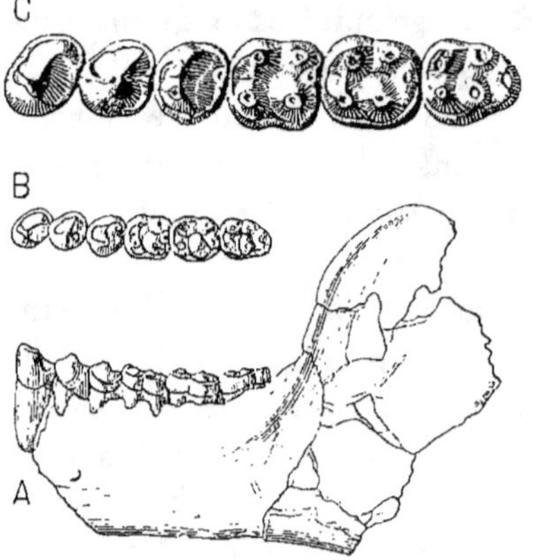

Fig. 45. — Mandibule de *Propliopithecus Hæckeli*, d'après Schlosser.

A, vue de profil en grandeur naturelle. — B, les dents vues par la couronne. — C, les mêmes dents, grossies deux fois.

La troisième espèce a reçu le nom très suggestif de *Propliopith -cus Hæckeli* (fig. 45). Elle n'est connue que par deux mandibules d'un Singe, que Schlosser considère comme très voisin des Pliopithèques, ou Gibbons, du Miocène moyen de Sansan et d'autres localités. Il s'agirait d'une forme ayant pu descendre d'une espèce du groupe des *Anaptomorphus*, en passant peut-être par un stade cébien, et qui aurait donné directement naissance

---

(1) Schlosser (M.), Beiträge zur Kenntnis des Oligozänen landsäugetiere aus dem Fayum (*Beiträge zur Paläontologie und Geologie Oesterreich-Ungarns*, XXIV, 1911). — Résumé avec figures dans *L'A.*, XXIII, p. 417.

aux *Pliopithecus*, d'où seraient dérivés à la fois les Anthropoïdes et les Hominiens.

On a reproché à certaines vues de Schlosser, sur la phylogénie des Singes et de l'Homme, de reposer sur des documents par trop incomplets et d'être, par suite, bien hasardées. Il ressort toutefois de son étude un fait capital : la présence, dans un terrain du Tertiaire inférieur, tout au plus oligocène, de plusieurs formes généralisées de vrais Singes et surtout d'une forme qui peut passer pour un type primitif d'Anthropoïde.

SINGES MIOCÈNES,
PLIOPITHÈQUE.

Les terrains miocènes de divers pays ont livré d'assez nombreux débris de Singes dont les affinités avec les formes actuelles sont des plus nettes.

Le *Pliopithecus antiquus* (fig. 46), découvert en 1837 à Sansan par Edouard Lartet (Voy. le chap. I) et retrouvé depuis dans certains gisements contemporains de plusieurs contrées de l'Europe, était voisin des Gibbons (1) et nous venons de voir que Schlosser le regarde comme un descendant direct du *Propliopithecus* égyptien.

L'*Oreopithecus Bambolii*, du Monte Bamboli, en Toscane, décrit d'abord par Gervais (2), puis par Ristori, rappellerait à la fois les Cynocéphales, les Guenons et les Singes anthropoïdes (fig. 47).

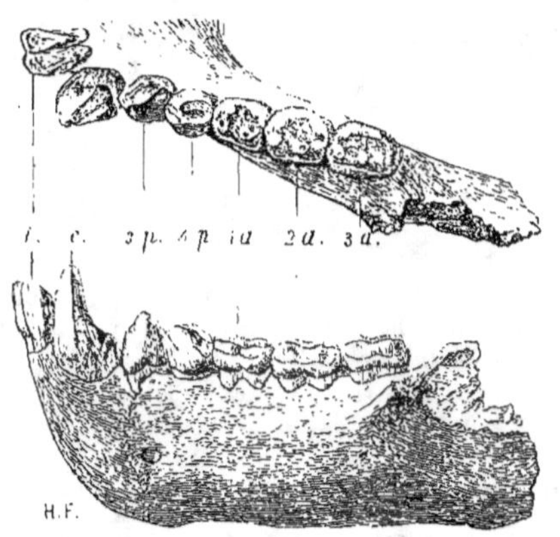

Fig. 46. — Mâchoire inférieure de *Pliopithecus antiquus*, du Miocène de Sansan, vue de profil et en dessus. Grandeur naturelle.

i, incisives; *c*, canines; *3p*, *4p*, prémolaires; *1a*, *2a*, *3a*, arrière-molaires (D'après A. Gaudry). Galerie de Paléontologie du Muséum.

DRYOPITHÈQUE.

Un horizon géologique du Sud de la France, très voisin de celui de Sansan, la mollasse de Saint-Gaudens, a livré divers débris d'un grand

---

(1) Lartet (E.), *Comptes rendus de l'Académie des Sciences,* 16 janvier et 17 avril 1837.

(2) Gervais (P.), Zoologie et Paléontologie générales, 2e série, 1876, p. 9.

Singe. Une mandibule fut d'abord décrite en 1856 par Edouard Lartet sous le nom de *Dryopithecus Fontani* (1). Cette trouvaille fit grand bruit, car Edouard Lartet et Albert Gaudry proclamèrent que le Dryopithèque était plus voisin de l'Homme que tous les autres Singes connus (2). En 1890, la découverte d'une mandibule plus complète et mieux conservée (fig. 48) permit à Gaudry (3) de montrer au contraire l'infériorité de ce Singe fossile par rapport aux grands Anthropoïdes actuels. Des débris encore moins importants, réduits le plus souvent à des dents isolées, ont été trouvés dans d'autres pays de l'Europe. L'*Anthropodus* du « bonherz » de la Souabe, étudié par Schlosser, le *Gryphopithecus* de Hongrie, décrit par Abel, et qui ne sont connus que par de minimes fragments, paraissent aussi devoir être rapportés, soit à

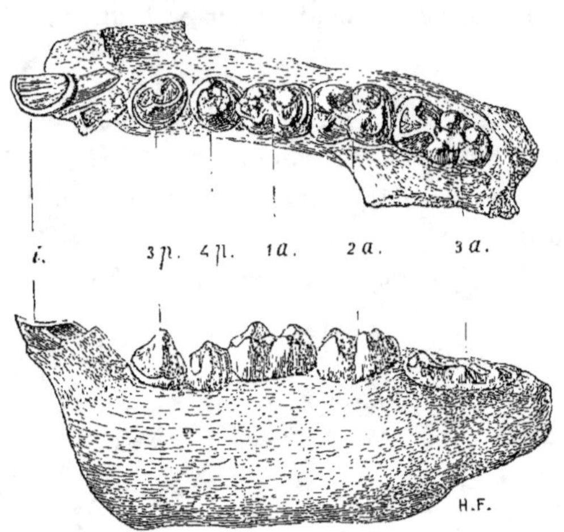

Fig. 47. — Mandibule d'*Oreopithecus Bambolii*, du Miocène de la Toscane, vue de profil et en dessus. Grandeur naturelle.

i, incisives; *3p*, *4p*, prémolaires; *1a*, *2a*, *3a*, arrière-molaires (D'après A. GAUDRY).

Dryopithecus, soit à des formes bien voisines.

Le Miocène supérieur d'Eppelsheim a livré un fémur dénommé *Pliohylobates* (= *Paidopithex*) et qui aurait appartenu à un Singe considéré par les uns comme voisin des Gibbons et par d'autres comme un Dryopithèque.

Les fouilles de Gaudry à Pikermi (Grèce), de 1853 à 1860, lui procurèrent les restes de vingt-cinq individus de *Mesopithecus Pentelici* et lui permirent de reconstituer le premier squelette connu

---

(1) LARTET (E.), Note sur un grand Singe fossile qui se rattache au groupe des Singes supérieurs (*Comptes rendus de l'Acad. des Sciences*, XLIII, 28 juillet 1856).

(2) GAUDRY (A.), Les enchaînements du monde animal. Mammifères tertiaires. Paris, 1878, p. 236.

(3) GAUDRY (A.), Le Dryopithèque (*Mém. de la Soc. géolog. de France, Paléontologie*, n° 1. Paris, 1890).

d'un Singe fossile (fig. 49). L'illustre paléontologiste put déterminer les affinités du Mésopithèque et démontrer qu'il réalisait une forme reliant deux types actuels ; qu'il était Macaque par ses membres et Semnopithèque par ses dents (1).

SINGES FOSSILES DES SIWALIK. — Les « Siwalik Hills », chaînes de collines ou de montagnes qui courent, dans l'Inde septentrionale, au pied de l'Himalaya, sont bien connues des paléontologistes par les riches faunes de Vertébrés fossiles que renferment leurs couches, dont l'âge va du Miocène moyen au Pliocène supérieur. Ces faunes comprennent plusieurs espèces de Singes étudiées par deux paléontologistes anglais, Lydekker et Pilgrim (2).

Les unes sont des Cynomorphes : deux Semnopithèques, deux Papions, un Macaque et un Cercopithèque. Les autres, plus intéressantes pour nous, appartiennent à plusieurs genres d'Anthropomorphes ayant tous vécu vers la fin des temps miocènes.

C'est d'abord le genre euro-

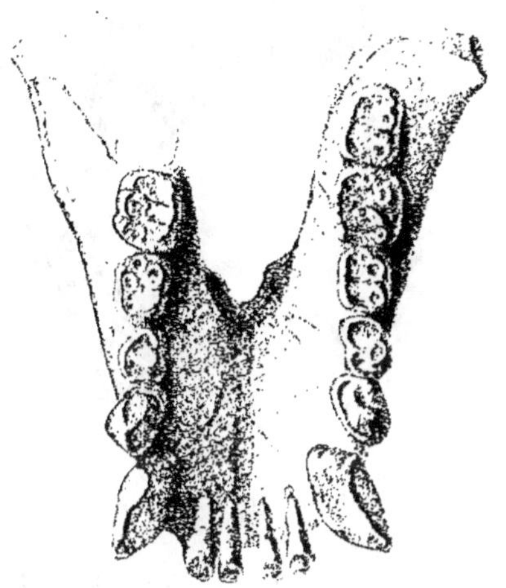

Fig. 48. — Mâchoire inférieure du *Dryopithecus Fontani* de Saint-Gaudens. 3/4 de la grandeur naturelle. — Galerie de Paléontologie du Muséum.

péen *Dryopithecus*, retrouvé par Pilgrim aux Siwalik où il est représenté par trois espèces, dont une géante (*D. giganteus*). Si, à cés trois espèces, on ajoute les formes européennes, le genre Dryopithèque nous apparaît comme réunissant un groupe de Singes anthropomorphes aux variations multiples et constituant une branche spéciale aujourd'hui flétrie. Certains de ses rameaux paraissent avoir été assez étroitement apparentés aux Chimpanzés et aux Gorilles actuels, avec cependant des traits un peu plus primitifs. D'autres

---

(1) GAUDRY (A.), Animaux fossiles et géologie de l'Attique, Paris, 1.62.

(2) LYDEKKER (R.), Indian tertiary et post-terliary Vertebrata (*Palæontologia indica*, série X, vol. IV, 1886). — PILGRIM (G. E.), New Siwalik Primates... (*Records Geological Survey of India*, XLV, 1915).

auraient voisiné, au moins par les caractères de leur dentition, avec la souche humaine, comme l'avaient d'abord cru Lartet et Gaudry. Une opinion analogue a été exprimée dans ces dernières années par Gregory en Amérique et par Sera en Italie (1). *Dryopithecus* serait donc une forme ancestrale et synthétique.

C'est ensuite le genre *Palæosimia*, qu'on peut considérer comme un ascendant direct ou un proche collatéral des *Simia* ou Orangs. Puis le genre *Palæopithecus*, rapproché d'abord des Chimpanzés par

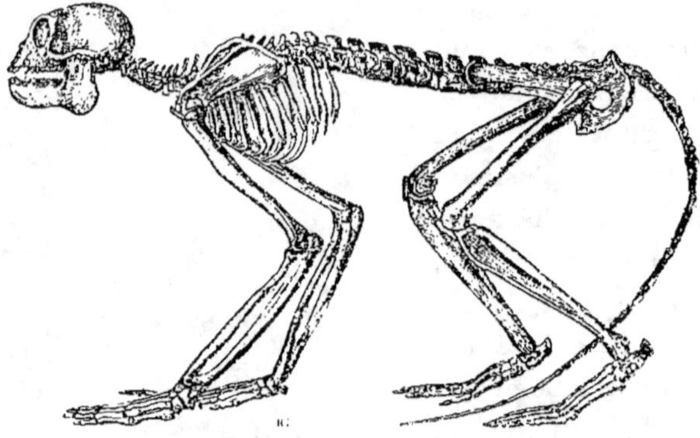

Fig. 49. — Squelette du *Mesopithecus Pentelici*, du Miocène superieur de Pikermi (Grèce). 1,6 environ de la grandeur naturelle. (D'après A. Gaudry).

Lydekker, mais qui aurait des attaches avec *Dryopithecus* et serait, d'après Gregory, en relations étroites avec les Gorilles.

SIVAPITHÈQUE.   C'est enfin le curieux genre *Sivapithecus*, récemment découvert et décrit par Pilgrim, qui n'a pas hésité à ranger ce nouveau Primate fossile parmi les Hominiens. Il n'est connu que par quelques dents isolées et deux fragments de mandibules, au moyen desquels Pilgrim a tenté la restauration de la mâchoire inférieure (fig. 50 à 52). La forme générale de celle-ci se rapprocherait beaucoup plus de la disposition humaine que toute autre mâchoire de Singe anthropoïde vivant ou fossile. Il y a une canine de vrai Singe anthropoïde, mais les arrière-molaires ont un aspect général plus humain que celles de tous les Singes connus.

---

(1) Gregory (W. K.), Studies on evolution of the Primates (*Bull. of the American Museum...* XXXV, 1916). — Sera (G. L.), La testimonia dei fossili Antropomorfi per la questione dell'origine dell'Uomo (*Atti della Società italiana di Scienze naturali*, LVI, 1917).

Pour M. Pilgrim, il n'est pas douteux que les caractères présentés par la mâchoire inférieure du *Sivapithecus* doivent faire considérer ce fossile comme appartenant à l'ascendance directe des Hominiens, conclusion dont l'importance contraste avec la débilité des
documents sur lesquels elle est basée. Lydekker, qui s'est occupé le
premier des Singes fossiles des Siwalik, n'a pas manqué d'élever des
doutes sur la valeur du nouveau genre et il s'est demandé s'il ne

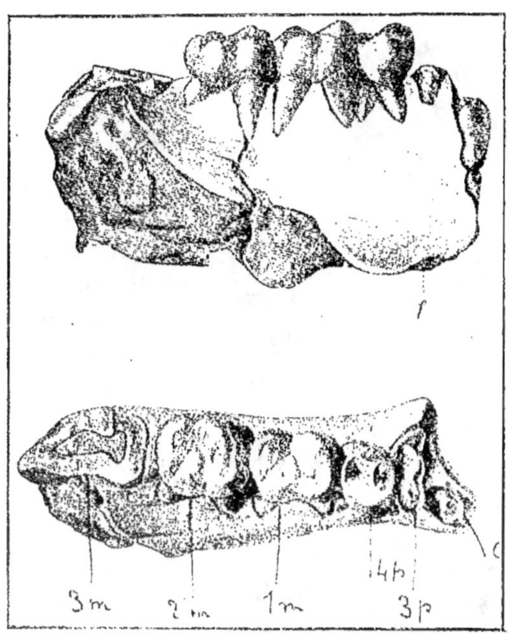

Fig. 50. — Morceau de mandibule droite de *Sivapithecus indicus* des Siwaliks.
Grandeur naturelle. (D'après PILGRIM).

s'agissait pas de la dentition inférieure de son *Palæopithecus* dont
on ne connaissait encore que la dentition supérieure. J'ai fait observer, de mon côté, qu'en dehors de la présence d'une forte canine,
les vrais caractères distinctifs des Singes et des Hominiens sont
tirés du crâne et des extrémités, toutes parties du squelette qui
nous sont encore inconnues dans le genre *Sivapithecus* dont, par
suite, la place dans la classification ne saurait encore être établie
avec quelque précision (1).

(1) Voir pour plus de détails l'analyse critique que j'ai donnée du mémoire de
M. Pilgrim dans *L'A.*, t. XXVI, 1915, p. 397.

Plus récemment, Gregory a vivement critiqué la restauration présentée par son collègue anglais et a combattu ses conclusions. Il n'admet pas que *Sivapithecus* soit rangé dans les Hominiens ; il le considère plutôt comme allié de très près au *Dryopithecus* et à l'Orang. Il a tenté, à son tour, une restauration de la mâchoire fossile et il est arrivé à une forme beaucoup plus voisine de celle d'une mâchoire d'Orang femelle que de celle de la mâchoire humaine la plus primitive.

Quoi qu'il en soit, les recherches de M. Pilgrim sont des plus intéressantes. Elles nous montrent que, pendant la période miocène, l'Asie était habitée par de nombreux Singes anthropoïdes, aux caractères divergents dans toutes les directions et peut-être même, dans une certaine mesure, comme *Dryopithecus* et *Sivapithecus*, vers une direction humaine. En tous cas, elles nous font connaître un type nouveau, qui présente, dans sa mâchoire et sa dentition inférieure, des caractères réalisant une nouvelle transition *morphologique* entre les Anthropoïdes et l'Homme. Ce sont là de précieux résultats sur lesquels j'aurai d'ailleurs l'occasion d'insister.

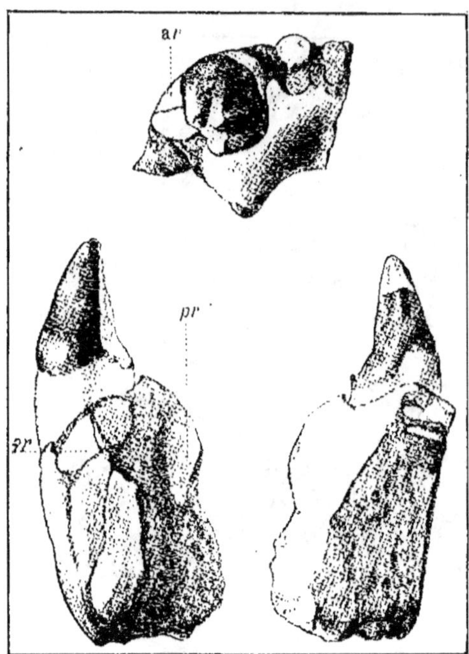

Fig. 51. — Fragment de mandibule gauche de *Sivapithecus*, avec la canine en place. Grandeur naturelle. (D'après Pilgrim).

SINGES PLIOCÈNES ET QUATERNAIRES.

Si nous revenons en Europe, nous constatons que les terrains pliocènes renferment d'assez nombreux débris de Singes, mais nous n'avons affaire maintenant, plus encore qu'auparavant, qu'à des animaux très voisins des genres et même des

espèces actüelles : Macaques de Montpellier et du Val d'Arno ;
Dolichopithèque de Perpignan, voisin du Mésopithèque de Pikermi ; Semnopithèques de Montpellier et d'Italie.

Pendant le Pléistocène inférieur, des Singes très voisins des
Macaques actuels, ou identiques à ces animaux, ont vécu sur divers
points de l'Europe : en Angleterre, en Wurtemberg, dans les Pyrénées, en Sardaigne. Il ne s'agit plus ici que d'une différence dans
la répartition géographique des espèces.

Jusqu'à ces derniers temps on ne connaissait pas de Singe anthropomorphe du Pliocène et du Quaternaire européens. Lorsque nous

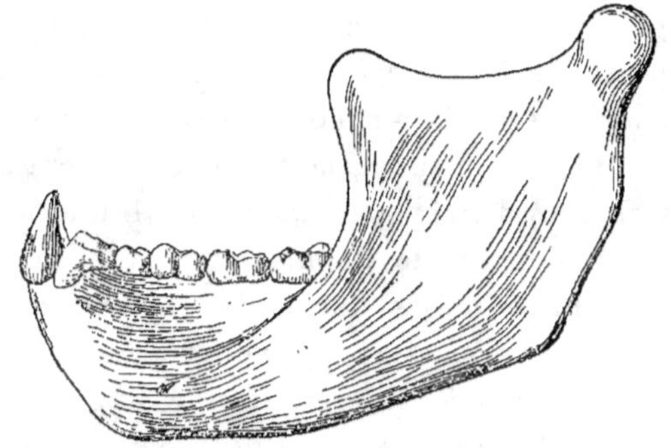

Fig. 52. — Restauration de la mâchoire inférieure du *Sivapithecus indicus*, d'après
P**ILGRIM**. 1/2 de la grandeur naturelle.

discuterons les pièces fossiles trouvées à Piltdown (Angleterre) et
attribuées à un Homme de type tout à fait primitif, l'*Eoanthropus*,
nous verrons qu'il y a lieu de faire une importante distinction ; la
mâchoire de l'*Eoanthropus* n'est qu'une mâchoire de Chimpanzé,
que j'ai proposé de nommer *Troglodytes Dawsoni* et qu'un zoologiste
américain veut appeler *Pan vetus*. Il semble qu'une dent trouvée
dans les alluvions de Taubach, près de Weimar, et attribuée par
Nehring à un Homme, soit également une dent de Chimpanzé.

CONCLUSIONS.   On voit que les découvertes paléontologiques relatives aux Singes sont
relativement peu nombreuses. Contrairement à ce qui a lieu
pour d'autres ordres de Mammifères, les Périssodactyles ou
les Proboscidiens par exemple, la Paléontologie, il faut le reconnaître, nous est d'un assez faible secours dans l'œuvre de reconstitution de l'histoire des Primates. La zoologie nous fournit ici beau-

coup plus d'éléments que la Paléontologie, car la nature actuelle nous montre plus de variations et une richesse bien plus grande de formes transitoires que la nature passée, du moins d'après ce que nous savons de celle-ci.

La Paléontologie augmente pourtant un peu ces transitions, et, de plus, elle nous dévoile un ordre de développement à peu près conforme à la hiérarchie zoologique. D'abord, elle nous montre les premiers Primates sous la forme de petites créatures, cantonnées dans un continent boréal américano-européen, et d'un type assez généralisé pour qu'il nous soit parfois très difficile de les distinguer de certains petits Mammifères contemporains qu'il faut placer à l'origine d'autres ordres, tels que celui des Insectivores. Ensuite elle nous fait assister à la ségrégation de ces premiers types dans le monde et à leur différenciation corrélative. Elle nous fait comprendre, par exemple, comment certains d'entre eux ont pu franchir le stade Lémurien pour donner naissance, dans l'Amérique du Sud, aux Singes platyrrhiniens, restés depuis indépendants et isolés. Elle nous a procuré, au Fayoum, les débris de quelques animaux aux caractères synthétiques permettant d'y voir des formes ancestrales, les unes de Singes catarrhiniens, une autre de Singes anthropoïdes, ce qui prouve la grande antiquité de l'indépendance des diverses branches généalogiques. Beaucoup plus tard, après une période de différenciation sur laquelle nous n'avons aucune lumière, nous voyons apparaître, dans l'Ancien Monde, des Singes nettement apparentés aux Singes actuels et réalisant des formes de passage entre les divers types de ces derniers. C'est le Mésopithèque de Pikermi, qui relie les Macaques et les Semnopithèques, c'est l'Oréopithèque, qui semble tenir à la fois des Cynomorphes et des Anthropomorphes ; ce sont les Dryopithèques, le Paléopithèque, le Sivapithèque, qui réunissaient des caractères dispersés aujourd'hui sur plusieurs espèces d'Anthropoïdes.

Il faut avouer pourtant que la Paléontologie ne nous a encore révélé aucune forme de passage indiscutable, aucune preuve matérielle d'une filiation allant d'une forme de Singe à la forme humaine, car on ne saurait attribuer une valeur démonstrative à l'*Homunculus* d'Ameghino ou à l'*Anthropodus* de Schlosser. La signification que ce dernier savant attribue au *Propliopithecus* est bien hypothétique ; Sivapithèque n'est encore qu'un singe, malgré des tendances très intéressantes vers une morphologie humaine, et nous verrons tout à l'heure ce qu'on peut penser à cet égard du Pithécanthrope.

PÉNURIE
DE MATÉRIAUX
PALÉONTOLOGIQUES.

Il est vrai que les documents paléontologiques relatifs aux Primates supérieurs ne sont pas seulement bien rares, ils sont encore tout à fait misérables. A part le Mésopithèque et le Dolichopithèque, dont nous connaissons à peu près tout le squelette, et qui sont relativement peu intéressants au point de vue qui nous occupe en ce moment, parce que très voisins des Singes à queue actuels, nous n'avons que de menus fragments, tout au plus quelques mandibules incomplètes. Cette pénurie n'est pas regrettable seulement en elle-même ; elle peut entraîner à de graves erreurs. Nous apprenons pour ainsi dire tous les jours, souvent aux dépens de notre amour-propre de paléontologistes, qu'il faut interpréter les documents incomplets avec beaucoup de prudence ; que la fameuse loi de corrélation des caractères, formulée par Cuvier, et dont on a dit si souvent qu'elle lui permettait de reconstituer tout un être fossile au moyen d'un seul os de son squelette, est très souvent en défaut ; que la nature prend en quelque sorte plaisir à varier ses combinaisons de la manière la plus imprévue et qu'elle produit des associations de caractères bien faites pour dérouter les naturalistes qui auraient encore une foi absolue dans la séduisante légende cuviérienne.

En réalité, pour apprécier exactement la nature d'un animal fossile et lui assigner sa vraie place dans le groupe auquel il appartient, quelques fragments osseux sont la plupart du temps insuffisants ; il faut avoir des squelettes ou, tout au moins, des crânes entiers, surtout quand il s'agit, comme dans le cas actuel, de groupes très compacts, dont les nombreuses formes, très voisines les unes des autres, peuvent ne différer entre elles que par des nuances morphologiques ne portant pas toujours sur les mêmes parties du squelette, et dont l'importance ne nous paraîtrait peut-être pas si considérable s'il s'agissait d'êtres plus éloignés de nous que les Singes.

Il pourrait donc arriver que, le hasard des découvertes nous ayant mis en présence d'un fragment d'être faisant partie de la lignée humaine, nous ne soyons pas en mesure de reconnaître sa véritable nature d'après ce seul fragment. Réciproquement, un

autre débris du même genre pourrait présenter, par suite d'un phénomène de convergence physiologique, des caractères que nous
serions exposés à prendre pour des caractères humains, ou à tendance humaine, alors que l'examen de pièces moins incomplètes
nous garderait de cette erreur.

Ces observations ne sont pas encourageantes ; elles condamnent
les paléontologistes à un sort auquel ils sont depuis longtemps rési-
gnés, mais qui ne leur est pas moins pénible.

D'autre part, les progrès de notre science sont liés au hasard des
découvertes ou à l'importance des fouilles systématiques. Or celles-
ci sont très onéreuses. Les pouvoirs publics, du moins dans notre
pays, n'ont pas encore témoigné à ce genre de travaux tout l'intérêt
qu'ils méritent ; leur sollicitude va plutôt, et de plus en plus, à des
sciences d'un caractère utilitaire. En outre, les fouilles paléontologiques, en vue de découvrir des restes de Singes fossiles, sont particulièrement aléatoires. Même dans un gisement très riche en ossements de Mammifères, ceux des Primates sont rarissimes, à cause
de la vie plus ou moins arboricole que mènent ces animaux, du
nombre relativement peu élevé des individus, des circonstances qui
permettent à leurs squelettes d'échapper plus facilement à la fossilisation. Filhol a fait, pour le Muséum et pendant trois années consé-
cutives, des fouilles considérables dans l'ossuaire miocène de Sansan, avec l'espoir d'y découvrir des squelettes ou des portions de
squelettes de Pliopithèques ou de Dryopithèques. Il n'en a pas rencontré le moindre fragment. Les difficultés matérielles sont donc
très considérables, tandis que les ressources mises jusqu'à présent à
la disposition de la Paléontologie sont des plus faibles.

CHAPITRE IV

LE PITHÉCANTHROPE

Nous venons de constater que la Paléontologie ne nous a pas encore révélé l'existence d'un Singe fossile diminuant sensiblement l'intervalle qui sépare actuellement les Singes des Hommes. Malgré quelques apparences, tirées de la morphologie dentaire, rien ne nous autorise, jusqu'à présent, à déclarer qu'il y ait eu des Singes fossiles supérieurs en organisation aux grands Anthropomorphes actuels. Les lecteurs, déjà instruits des grandes questions de la Paléontologie, ne sauraient manquer de m'objecter qu'en m'exprimant ainsi je ne tiens pas compte du *Pithécanthrope.*

La découverte de ce célèbre fossile est une des plus sensationnelles qui aient été faites, dans le domaine des sciences naturelles, au cours du XIXᵉ siècle. Présentée comme réalisant la transition tant cherchée du Singe à l'Homme, le Singe-Homme : *pithecos-anthropos,* elle a donné lieu à de longues et nombreuses discussions. J'ai cru devoir lui réserver les honneurs d'un chapitre spécial, non seulement à cause de son importance, mais aussi parce que beaucoup de naturalistes séparent le Pithécanthrope des Singes pour le ranger dans les Hominiens.

HISTOIRE
DE LA DÉCOUVERTE.

On connaissait depuis longtemps, à Java, des terrains d'origine plus ou moins volcanique et renfermant des ossements de Mammifères fossiles. En 1890, un médecin militaire hollandais, Eugène Dubois, reçut de son gouvernement la mission d'y pratiquer des fouilles. Celles-ci durèrent plusieurs années et furent des plus fructueuses. Avec d'énormes quantités d'ossements d'animaux divers, on trouva quelques débris d'un grand Primate : une calotte cranienne, un fémur, deux dents. En 1894, Eugène Dubois publia sur sa découverte un mémoire (1) dont le titre résume la conclusion principale : le nouveau venu dans le monde des fossiles représente la « forme intermédiaire aux Anthropoïdes et à l'Homme » qu'implique la doctrine de l'évolution ; c'est le « précurseur de l'Homme. » Voici la diagnose que donne l'auteur de l'être nouveau à la fois comme genre et comme espèce :

« PITHECANTHROPUS ERECTUS. *Crâne beaucoup plus volumineux (en valeur absolue et relativement à la masse du corps) que chez les grands Singes, moins volumineux cependant que chez les Hommes ; capacité cérébrale égale aux deux tiers environ de celle de l'Homme. Inclinaison du plan nuchal de l'occipital beaucoup plus forte que chez les grands Singes. Dentition différente de celle de ces derniers, quoique de conformation archaïque. Fémur aux dimensions humaines et disposé pour la marche en station verticale.* »

Partout, le mémoire de Dubois fut lu, commenté, discuté. Les paléontologistes et anthropologistes du monde entier firent connaître leurs opinions ou leurs impressions ; la liste bibliographique des travaux relatifs au Pithécanthrope devint bientôt considérable (2). Au Congrès international de Zoologie tenu à Leyde en 1896, et malgré certaines divergences de vues, tout le monde s'accorda à reconnaître le puissant intérêt de la découverte du savant hollandais et à regretter l'insuffisance des documents mis au jour. De toutes parts, on désira que des fouilles nouvelles vinssent apporter bientôt un supplément d'informations.

---

(1) DUBOIS (E.), *Pithecanthropus erectus*, eine Menschenaehnliche Uebergangsform aus Java. In 4° avec 2 pl. Batavia, 1894.

(2) Voici les plus importants de ces travaux : MANOUVRIER (L.), Discussion du *Pithecanthropus erectus* comme précurseur présumé de l'Homme (*Bull. de la Soc. d'Anthropologie de Paris*, 1895). — Deuxième étude sur le *Pithecanthropus...* (*Ibid.*) — Réponse aux objections contre le *Pithecanthropus* (*Ibid.*, 1896).

VIRCHOW (R.), *Pithecanthropus erectus* Dubois (*Zeitschr. für Ethnologie*, XXVII, 1895).

DUBOIS (E.), *Pithecanthropus erectus*, Eine menschenaehnliche Uebergangsform (*Congrès intern. de Zoologie*, Leyde, 1896).

HOUZÉ (M.), Le *Pithecanthropus erectus* Dubois (*Bull. de la Soc. d'Anthrop. de Bruxelles*, XIV et XV, 1896).

MARSH (O. C.), On the *Pithecanthropus erectus*, from the Tertiary of Java (*American Journal of Science*, I, 1896).

MARTIN (R.), Weitere Bemerkungen zur Pithecanthropus-Frage. Zürich, 1896.

SCHWALBE (G.), Studien über *Pithecanthropus erectus* Dubois (*Zeitsch. für Morphol. und Anthrop.*, I, 1899).

En 1906, Mme Selenka, veuve d'un zoologiste allemand, auteur d'importantes recherches sur l'embryologie des Singes anthropomorphes, organisa, à grands frais, une expédition scientifique à Java pour y faire de nouvelles recherches. Celles-ci ont duré dix-huit mois. L'endroit précis, d'où avaient été exhumés les restes du Pithécanthrope, fut facilement retrouvé, grâce à un petit monument commémoratif que Dubois y avait fait élever. Autour de cet emplacement, on creusa le sol jusqu'à 12 mètres de profondeur et l'on remua plus de 10 000 mètres cubes de terre. L'expédition put ainsi recueillir d'importantes collections d'animaux fossiles, aujourd'hui aux musées de Berlin et de Munich ; elle se livra à de nombreuses observations sur la géologie de Java, mais son but principal ne fut pas atteint : elle ne put retrouver le moindre débris du Pithécanthrope. Les résultats scientifiques de cette campagne ont été consignés dans un volume publié en 1911 par les soins de Mme Selenka et de M. Blanckenhorn (1).

Les plus importants de ces résultats, exposés par de nombreux spécialistes, ont trait à la géologie et à la paléontologie de la région de Trinil. Les observations nouvelles ont pour principal intérêt de permettre de préciser l'âge du gisement, question capitale qu'il faut examiner en premier lieu.

ÉTUDE DU GISEMENT. Ce gisement se trouve à Trinil, village situé près de la ville de Ngawi, au bord de la rivière Solo, ou Bengawan, au pied du grand volcan Lawou-Koukousan, dont le cône terminal, encore actif, s'élève à 3254 mètres d'altitude (fig. 53 à 55). Ce volcan, comme tous ceux de Java, se dresse sur un substratum de terrains tertiaires d'origine marine. A sa base se voient des couches de sables, de cendres, de lapillis volcaniques, remaniés par les eaux sauvages descendant du volcan et aussi des tufs, des argiles, d'origine plus ou moins fluviatile, le tout affleurant sur de grandes étendues, atteignant parfois 350 mètres d'épaisseur et reposant en stratification discordante sur les formations marines plus anciennes. La coupe ci-jointe (fig. 56), établie d'une manière un peu schématique, d'après la publication Selenka, donne le détail des couches

---

(1) SELENKA (L.) et BLANCKENHORN (M.), Die Pithecanthropus-Schichten auf Java. Geologische und palæontologische Ergebnisse der Trinil-Expedition, etc. Vol. in 4° avec pl. Leipzig, 1911.

formant berge de la rivière Solo, à l'endroit même où gisaient les débris du Pithécanthrope.

Ces couches renferment beaucoup de fossiles de toutes sortes : empreintes de plantes ; coquilles de Mollusques : Unios, Corbicules, Mélanies, d'espèces vivant encore dans le pays, sauf peut-être une ; ossements de Vertébrés : Poissons, Reptiles, Mammifères. Ces der-

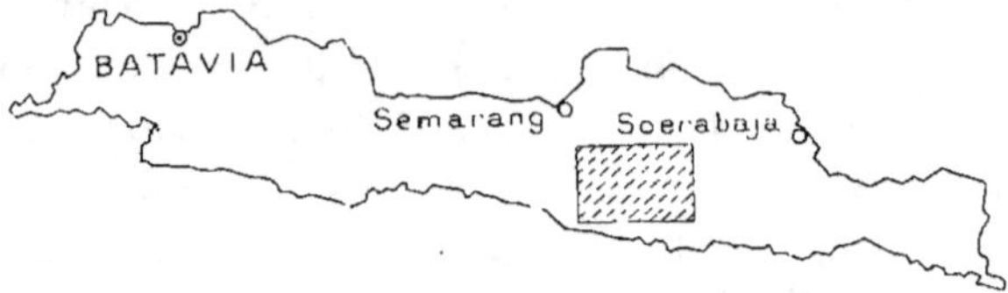

Fig. 53. — L'île de Java.
Le rectangle en grisé correspond à la partie plus détaillée dans la fig. 54.

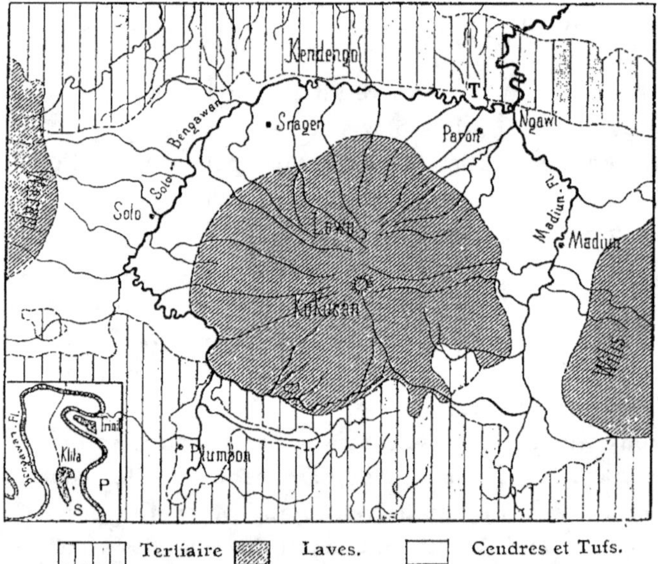

Fig. 54. — Carte géologique du volcan Lawou-Koukousan et de ses environs.
Echelle : 1 : 1 250 000ᵉ. (D'après VERBECK).

Trinil est à 5 km. au nord de Paron, au point T. — Cartouche à gauche : gisement au 1/100 000ᵉ. P, point où fut trouvé le Pithécanthrope.

niers constituent une faune des plus riche : Éléphants, avec une ou deux espèces du genre primitif *Stegodon* ; Rhinocéros, Tapir ; Hippopotame aux caractères archaïques ; Ruminants à bois et à cornes, parmi lesquels un genre pliocène, *Leptobos*, tenant encore des Antilopes ; Carnassiers, surtout des Félins ; un Pangolin géant, un Singe (Macaque) et enfin le Pithécanthrope. Cette faune comprend quelques genres nouveaux et presque toutes ses espèces sont diffé-

Fig. 55. — Le gisement du Pithécanthrope, au bord de la rivière Solo.
Le point de la découverte est indiqué par une croix blanche (D'après une photographie de l'ouvrage de Mme SELENKA).

rentes des espèces actuelles. Ses affinités avec les faunes de l'Inde montrent qu'à l'époque où les animaux de Trinil vivaient à Java, cette île était réunie au continent asiatique.

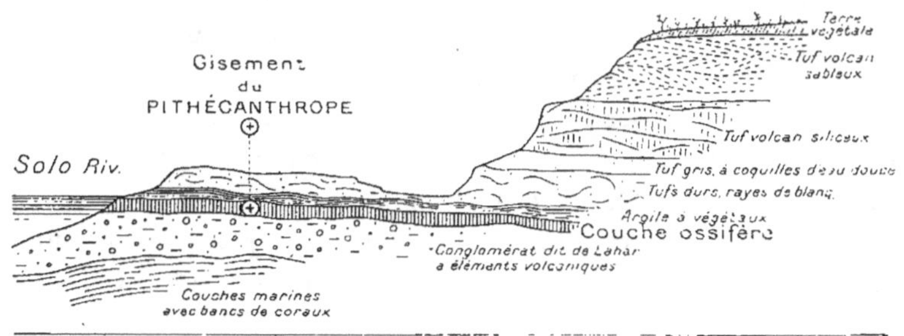

Fig. 56. — Coupe géologique du gisement du Pithécanthrope.

C'est dans la couche à lapillis (*couche ossifère* de la coupe fig. 56) que furent trouvés par Dubois les débris osseux du Pithécanthrope, sur une même ligne de niveau ; d'abord, en septembre 1891, une

7

des dents ; un mois après, la calotte cranienne, à un mètre de la
dent ; l'année suivante, en août 1892, le fémur, à quinze mètres du
crâne et, un peu plus tard, une seconde dent, à trois mètres du
crâne.

SON AGE.   Dubois, se basant sur les rapports
                            de la faune fossile de Trinil avec celle des
dépôts supérieurs des Siwalik, dans l'Inde, attribua le gisement
du Pithécanthrope au Pliocène supérieur. Le conglomérat marin
sous-jacent, ne renfermant que 53 p. 100 d'espèces actuelles
de Mollusques, fut considéré par lui comme miocène. Ces conclusions ont été combattues par divers membres de la mission Selenka,
notamment par les géologues Volz, Elbert, Carthaus qui, à la suite
du conchyliologue Martin, regardent les dépôts marins comme pliocènes et la formation de sables fluviatiles et de lapillis comme quaternaire. C'est aussi l'opinion de Schuster, qui a étudié les empreintes de plantes fossiles du même gisement Blanckenhorn, résumant les considérations présentées par ses divers collaborateurs,
estime que la couche au Pithécanthrope peut être rapportée à cette
période de transition qu'on a appelée jusqu'à présent Pliocène
supérieur à *Elephas meridionalis* (1).

Le désaccord entre l'opinion de Dubois et celle de ses contradicteurs est plus apparent que réel. Il repose principalement sur des
différences dans la manière de comprendre les limites des ères tertiaire et quaternaire. Pliocène tout à fait supérieur ou Quaternaire
tout à fait inférieur, c'est sensiblement la même chose, car la ligne
de séparation, entre ces deux termes consécutifs de notre nomenclature géologique, n'est qu'une pure conception de notre esprit. Il importe toutefois de faire remarquer que, dans la pensée des savants
allemands, le rajeunissement du gisement de Trinil s'oppose à ce
qu'on puisse considérer le Pithécanthrope comme l'ancêtre de
l'Homme, celui-ci étant connu, avec tous ses attributs, dès l'aurore
des temps quaternaires. J'estime, pour ma part, que l'étude des

---

(1) On a voulu aller plus loin et, comme les plantes fossiles semblent indiquer un
climat un peu plus froid et surtout plus humide que le climat actuel de Java, après
avoir attribué la formation des dépôts fossilifères a une époque pluviaire, on a voulu
faire coïncider cette époque avec la première période glaciaire européenne. Des
rapprochements de ce genre, entre des terrains situés à de telles distances, sont des
plus téméraires.

Mammifères fossiles, la plus probante dans le cas actuel, plaide plutôt en faveur de l'opinion de Dubois.

Étudions maintenant les débris osseux du Pithécanthrope (1). Ces débris sont parfaitement fossilisés, tout comme les ossements des animaux qui les accompagnent ; leur densité est considérable ; le fémur pèse à peu près le double d'un fémur d'homme actuel de mêmes dimensions.

CALOTTE CRANIENNE. La calotte cranienne (fig. 57) mesure 0 m. 185 de longueur et 0 m. 130 de largeur maxima, ce qui donne un indice céphalique de 70 et range le crâne dans la catégorie des dolichocéphales (2). Malgré ses grandes dimensions, elle offre, au premier coup d'œil, un aspect simien, que lui vaut surtout son aplatissement dans le sens vertical.

On peut évaluer la capacité du crâne entier à 850 centimètres cubes environ. Comme, chez un Homme normal, même de race sauvage, cette capacité ne descend que très rarement au-dessous de 1000 centimètres cubes, et que, chez le plus fort Singe anthropomorphe, elle ne dépasse guère 600 centimètres cubes, nous sommes en présence d'un volume intermédiaire à celui des Singes les plus supérieurs et celui des Hommes les plus inférieurs. Le poids du cerveau devait être d'environ 750 grammes.

Les os de cette voûte cranienne sont soudés au point qu'on ne distingue plus les sutures. La portion antérieure, sus-orbitaire, du frontal présente un bourrelet continu, sorte de visière analogue à celle qu'on voit chez les Gibbons et les Chimpanzés. En arrière de cette visière, le front est très rétréci et très fuyant, plus fuyant que chez le Chimpanzé. Le frontal présente une légère carène sur sa ligne médiane, mais le crâne est totalement dépourvu de la

---

(1) Aux quatre pièces déjà mentionnées : calotte cranienne, deux molaires supérieures, fémur, il faut ajouter une prémolaire trouvée après le départ de Dubois. Ce savant dit aussi avoir découvert plus tard, à un bon nombre de kilomètres plus loin, un fragment de la région mentonnière d'une mandibule. Ces deux dernières pièces n'ont pas été publiées.

(2) L'indice céphalique est le rapport de la plus grande largeur d'un crâne à sa plus grande longueur multiplié par 100 : $\dfrac{\text{largeur} \times 100}{\text{longueur}}$. Les crânes allongés, ou *dolichocéphales*, ont les plus petits indices (au-dessous de 75) ; les crânes courts, ou *brachycéphales*, ont les plus forts indices (au-dessus de 80) ; la catégorie moyenne est dite *mésocéphale* ou *mésaticéphale* (entre 75 et 80). En d'autres termes, quand on dit qu'un crâne est dolichocéphale, on veut dire que sa largeur égale *tout au plus* les 75 centièmes de sa longueur ; la largeur d'un brachycéphale égale *au moins* les 80 centièmes de sa longueur, etc.

crête sagittale que possèdent les plus grands des Singes anthropomorphes, Orang et Gorille. Les lignes temporales sont au contraire

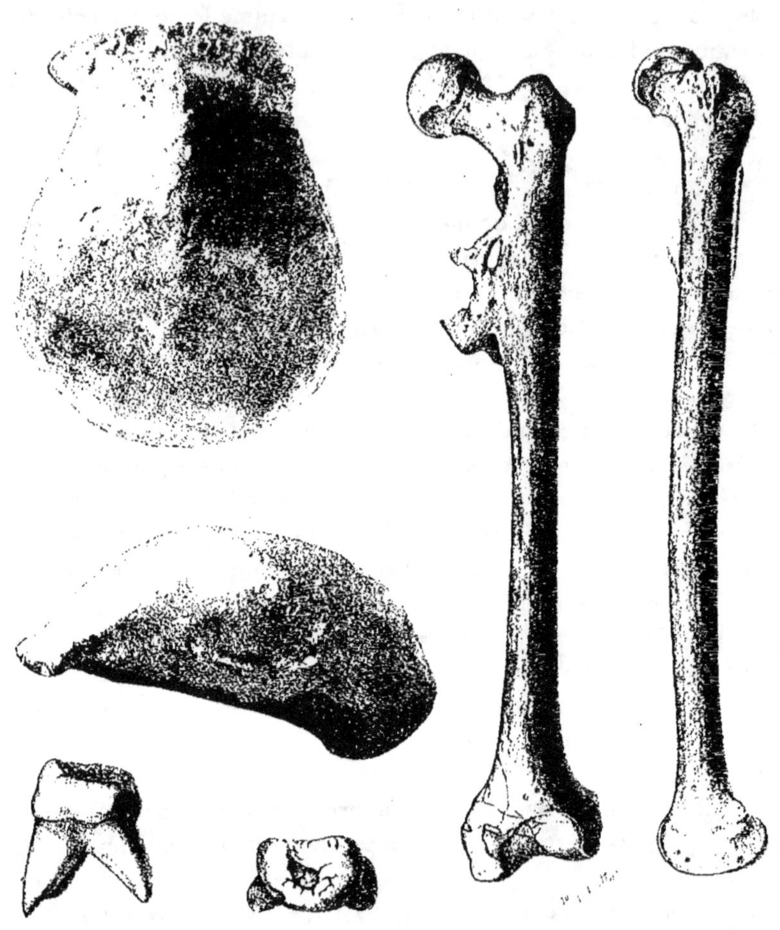

Fig. 57. — Les pièces osseuses du Pithécanthrope.
La calotte crânienne, vue en dessus et de profil à 1/3. Le fémur, vu de face et de
profil, à 1,4 environ. Une troisième arrière-molaire supérieure droite, vue de profil
et par la couronne, grandeur naturelle. (D'après Dubois.)

peu saillantes et largement séparées l'une de l'autre, comme chez
les Gibbons, les Chimpanzés et les Hommes, ce qui dénote des
muscles temporaux et un appareil mandibulaire relativement peu

puissants. D'après Keith (1), la région fronto-malaire est celle d'un Singe et nullement celle d'un Homme.

Le plan de la nuque, formé par l'occipital, est plus incliné que chez les Singes anthropomorphes et moins incliné que chez l'Homme. A la suite de Dubois, divers anatomistes, notamment Manouvrier, ont eu raison d'insister sur la présence du bourrelet, ici atténué mais encore continu, qui, chez les Singes, relie la crête occipitale, la crête temporale et la crête sus-mastoïdienne (*crête inio-mastoïdienne* de Topinard, ou *crête temporo-occipitale* de Manouvrier). Ce bourrelet est toujours largement interrompu chez l'Homme, même chez les types qui nous paraissent les plus primitifs, même chez les Microcéphales (fig. 58).

Dans son ensemble, cette morphologie ressemble beaucoup à celle des Chimpanzés et des Gibbons. Dubois a dit que le crâne du Pithécanthrope pouvait être comparé à un crâne de Gibbon amplifié, grossi deux fois. Les fig. 59 et 60 montrent

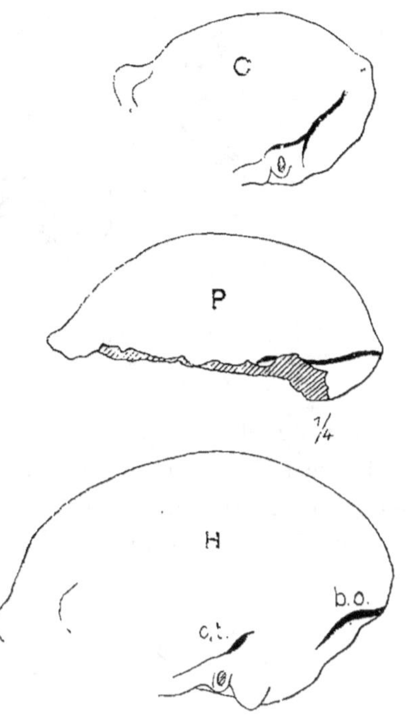

Fig. 58. — Croquis montrant, par un gros trait noir, la continuité de la crête occipito-temporale sur un crâne de Chimpanzé (C), et sur le crâne du Pithécanthrope (P). Sur le crâne d'un Homme aussi primitif que celui de La-Chapelle-aux-Saints (H), les deux éléments : crête temporale (c.t.) et bourrelet occipital (b.o.), sont déjà discontinus.

que, par ses principaux caractères, la calotte de Trinil est vraiment intermédiaire à celle d'un singe, comme le Chimpanzé, et à celle d'un Homme de qualité vraiment inférieure, comme l'Homme de Néanderthal.

LE CERVEAU. Un moulage de l'intérieur de cette calotte a permis à Dubois de se faire une idée du cerveau qui y fut contenu. Les circonvolutions,

(1) KEITH (A.), The antiquity of man. Londres, 1915, p. 264.

moins simples que celles des Gibbons, seraient déjà de type humain, et c'est aussi l'opinion d'un éminent spécialiste anglais, Elliot Smith. Mais si les centres sensitifs sont bien développés, comme chez les

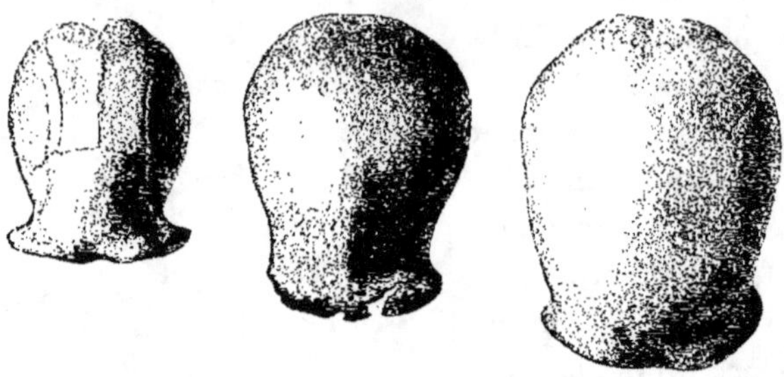

Fig. 59. — Crânes : 1° d'un Chimpanzé ; 2° du Pithécanthrope ; 3° de l'Homme de Néanderthal, vus en dessus et à la même échelle (1.5 environ).

Singes, les centres d'associations le sont beaucoup moins que chez les Hommes. La région frontale, siège des plus hautes facultés, la plus noble au point de vue psychique, est particulièrement réduite. La circonvolution frontale inférieure, double de celle d'un Chimpanzé

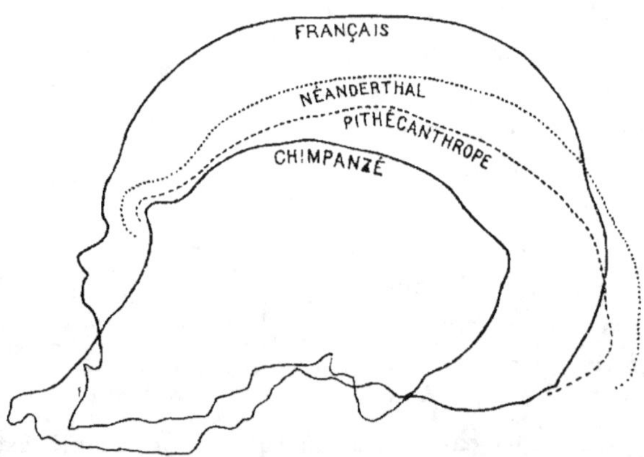

Fig. 60. — Profils superposés des crânes d'un Chimpanzé, du Pithécanthrope, de l'Homme de Néanderthal et d'un Français. 1/3 environ de la grandeur naturelle.

ou d'un Orang, n'est que la moitié de celle d'un Européen. Par son cerveau, comme par son crâne, le Pithécanthrope serait donc vraiment intermédiaire aux grands Singes et à l'Homme. Dubois déclare qu'il a pu avoir un langage articulé rudimentaire.

LES DENTS.   Les dents retrouvées sont au nombre
de trois : une prémolaire, qui n'a jamais
été figurée ; deux dernières arrière-molaires supérieures (dents
de sagesse) : l'une presque intacte, est du côté droit (fig. 57 et 61) ;
l'autre, du côté gauche, très usée, a dû appartenir à un individu
plus âgé. Ces dents ont été rencontrées isolément, à divers intervalles de temps et d'espace. Chacune d'elles a des proportions plus
robustes que la dent humaine correspondante, même si l'on prend
pour termes de comparaison les dentitions les plus volumineuses,

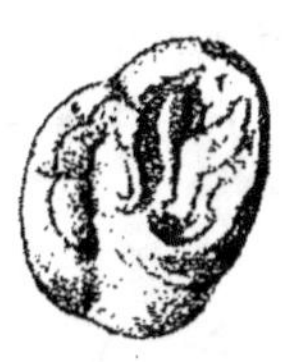

Fig. 61. — Dernière arrière-molaire supérieure droite d'un Orang, du Pithécanthrope
et d'un Australien. Aux 3 2. (D'après GREGORY).

celles des Australiens par exemple. Les arrière-molaires ont de
fortes racines, très divergentes, ce qui est un caractère simien ; par
contre, leur couronne est relativement plus développée dans le sens
transversal que dans le sens longitudinal, ce qui peut passer pour
un caractère humain. En somme, ces dents diffèrent à la fois de
celles des Hommes et de celles des Anthropomorphes actuels ou
fossiles (fig. 61). Pourtant leurs plus grandes ressemblances sont
avec l'Orang et, d'après Gregory (1), avec le Dryopithèque. Elles
sont donc nettement simiennes.

LE FÉMUR.   Le fémur, gauche (fig. 57), est complet. Il mesure 0 m. 455 de longueur ;
s'il a vraiment appartenu à un Homme, celui-ci devait avoir une
taille de 1 m. 65 à 1 m. 70. Il présente, dans sa partie supérieure,
au niveau des lignes de bifurcation de la ligne âpre, une exostose
volumineuse, irrégulière. Cet accident pathologique a provoqué
beaucoup de discussions dont le résultat le plus clair est qu'il est

(1) GREGORY (W.-K), Studies on the evolution of the Primates, p. 320.

sans importance au point de vue de la nature zoologique du Pithécanthrope.

Par toute sa morphologie, ce fémur est si humain que s'il avait
été trouvé seul, on n'eût pas hésité à l'attribuer à un Homme pliocène. On l'a étudié avec un soin tout particulier et l'on est arrivé à
lui découvrir quelques caractères simiens, mais il n'est pas sûr que
ces caractères ne puissent se retrouver sur des fémurs humains. Il
est remarquable par sa rectitude presque parfaite, disposition que
les fémurs de Gibbons et même de Singes cynomorphes présentent
au plus haut degré, mais, d'après Martin, il est plus tordu que chez
les Gibbons. Dubois a appelé particulièrement l'attention sur certaines différences dans le mode d'insertion des muscles, notamment
du grand adducteur, qui dénoterait une aptitude plus marquée que
chez l'Homme pour l'action de grimper.

En tous cas, ce fémur indique, pour son possesseur, la faculté de
se tenir et de marcher debout; de là le qualificatif d'*erectus* choisi
comme désignation spécifique d'un être qui était *pithecanthropus*
par son crâne.

INTERPRÉTATIONS
DES FAITS.

Tels sont les faits. Si l'on n'avait
que le crâne et les dents, on se dirait
en présence d'un grand Singe; si l'on
n'avait que le fémur, on se dirait en présence d'un Homme. Des
deux principaux caractères humains, grand cerveau et attitude droite,
le dernier aurait été ici complètement acquis avant le premier.
Duckworth a fait observer que ce n'est pas conforme au développement ontogénique de l'Homme (1).

Une première et importante question se pose donc : la calotte
cranienne, les dents et le fémur, trouvés séparément, à des distances et à des intervalles de temps plus ou moins considérables,
ont-ils appartenu à un même être? Dubois croit pouvoir l'affirmer
parce que des restes de grands Primates n'ont été trouvés à Java que
sur ce point de Trinil et que la présence simultanée de plusieurs
espèces paraît peu probable. De plus, les divers os étaient dispersés
à des distances assez faibles. Ce sont là de bonnes raisons, certes,
mais ce ne sont pas des raisons décisives. Il reste et il restera un
point de doute encore longtemps, jusqu'au moment où de nouvelles

---

(1) DUCKWORTH (W.-L.-H.), Prehistoric Man. Cambridge, 1912, p. 6.

fouilles plus heureuses nous mettront en possession de débris moins incomplets et trouvés en connexion. La découverte, effectuée plus récemment à Piltdown (Angleterre), d'une mandibule de Chimpanzé associée à un crâne d'Homme (V. Chap. VI) n'est pas faite pour diminuer l'incertitude qui plane sur l'homogénéité des trouvailles de Trinil.

C'est en considérant comme acquis le fait qu'il s'agit d'un même être que des essais de restauration ont été tentés. Dubois, Manouvrier ont donné des reconstitutions du crâne et même de la tête osseuse

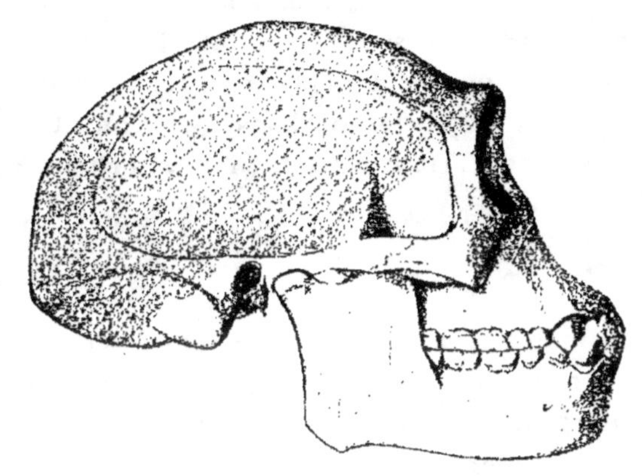

Fig. 62. — Reconstitution de la tête osseuse du Pithécanthrope, d'après Dubois.
1/3 de la grandeur naturelle.
La surface ombrée correspond à la seule partie qu'on en possède.

(fig. 62). Ces essais, dus à des médecins, s'appuyant principalement sur l'anatomie humaine, sont par trop hypothétiques, puisqu'on ne possède aucun élément pour construire la base du crâne, toute la face et tout l'appareil mandibulaire. On est étonné de voir un grand paléontologiste comme Osborn publier, lui aussi, des tentatives de ce genre. Dubois est encore allé plus loin dans le domaine de la fantaisie quand il a montré à l'Exposition universelle de 1900, dans le pavillon des Indes néerlandaises, une reproduction plastique et peinte du Pithécanthrope à l'état de vie !

On a donné, des faits que je viens de résumer aussi brièvement, mais aussi fidèlement que possible, diverses interprétations. Pour beaucoup de savants, l'opinion de Dubois, qu'il s'agit d'une forme

de passage des Singes anthropomorphes à l'Homme, est fondée. Je
peux citer : en France, Manouvrier, Verneau ; en Amérique, Marsh,
Osborn ; en Angleterre, Duckworth, Sollas, Keith ; en Australie,
Berry et Cross ; en Allemagne, Nehring, Schwalbe, Hæckel, etc.
D'autres auteurs allemands, Virchow, Krause, Waldeyer, Ranke,
l'italien Sergi, le suisse R. Martin croient que le Pithécanthrope est
de nature simienne. Topinard, en France ; Houzé, en Belgique ;
Lydekker, Turner, Cunningham, en Angleterre veulent en faire un
Homme (1).

Ces divergences d'opinion sont plus apparentes que réelles. Ceux
qui croient, en effet, à la nature simienne du Pithécanthrope
le regardent comme un Singe supérieur à tous les Singes actuels et
ceux qui croient à sa nature humaine le regardent comme inférieur
à tous les Hommes connus, vivants ou disparus. Qu'on situe morphologiquement le fossile de Trinil, entre le Singe et l'Homme à divers
points : P, P', P'',

SINGE......P.......P'.......P''.......HOMME,

il n'en reste pas moins vrai que, par tous les caractères que nous
lui connaissons, ce fossile occupe une position intermédiaire, ou, si
l'on préfère, intercalaire. C'est là une donnée positive, admise par
tous les naturalistes compétents.

A n'envisager que le document le plus important, la calotte cranienne, il est incontestable, en effet, que cette calotte prend place
exactement, je dirai presque idéalement, entre celle d'un grand
Singe, comme le Chimpanzé, et celle d'un Homme aux caractères
archaïques, tel que l'Homme de Néanderthal.

Mais il faut préciser, et c'est ici le cas de répéter que ressemblance
ne veut pas toujours dire descendance. De ce que le Pithécanthrope
réalise vraiment, par la somme, d'ailleurs assez faible, de ses caractères connus, un intermédiaire *morphologique* entre les grands
Singes et l'Homme, il ne s'ensuit pas nécessairement qu'il faille
le considérer comme un intermédiaire *généalogique*. Et cette distinction n'est pas, comme on l'a prétendu, une question de mots.

---

(1) Je ne rappellerai que pour mémoire l'opinion tout à fait gratuite qu'il s'agit
d'un être humain idiot ou microcéphale, et cette autre assertion extravagante que le
Pithécanthrope est le résultat du croisement d'un Homme et d'un Singe.

RAPPORTS GÉNÉALOGIQUES DU PITHÉCANTHROPE. Pour se prononcer, en toute connaissance de cause, sur ses rapports généalogiques réels, il faudrait posséder au moins le crâne complet et la mandibule du Pithécanthrope, car ce ne sont pas les reconstitutions présentées par divers auteurs, et toutes plus ou moins anthropo-

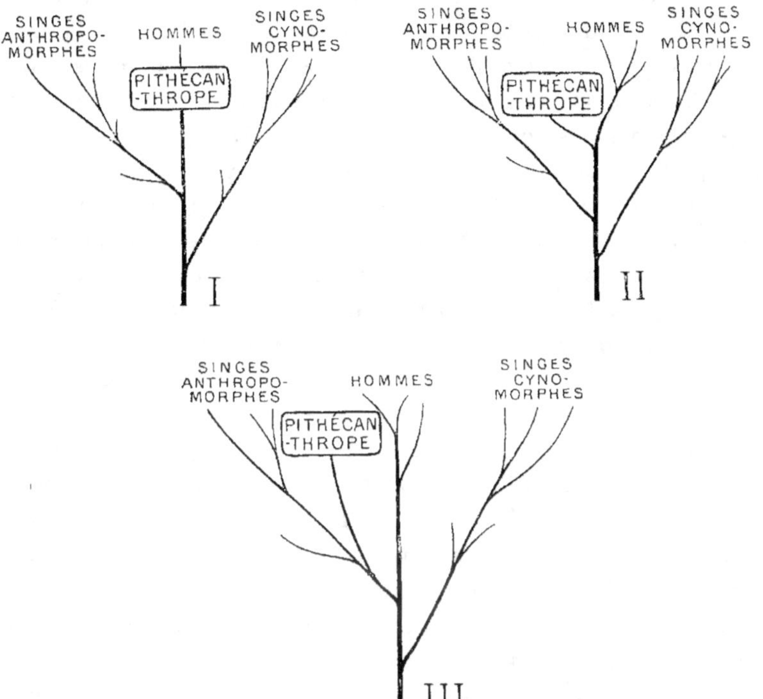

Fig. 63. — Graphiques représentant la place du Pithécanthrope parmi les Primates : I, d'après Dubois ; II, d'après d'autres naturalistes ; III, d'après l'auteur.

morphiques, qui peuvent être de quelque secours pour la solution du problème. Dans l'état actuel de nos connaissances, je ne crois pas qu'on puisse encore penser qu'il y ait filiation directe du Pithécanthrope à l'Homme, comme l'indique l'arbre généalogique dressé par Dubois (fig 63, I).

Mieux vaut certainement admettre que la branche évolutive, à laquelle appartient le célèbre fossile de Java, est différente de la branche humaine. Que nous soyons des parents des Singes, cela ne fait plus aucun doute aux yeux des naturalistes. Mais il n'est pas sans intérêt de chercher à préciser cette parenté, surtout quand on est en présence d'un être paraissant plus voisin de nous que tous les autres. Dubois a fait remarquer avec raison que si le Pithécanthrope n'est que notre oncle au lieu d'être notre grand-père, il n'en est pas moins un Singe-Homme représentant une étape dans la généalogie humaine. C'est à cette vue que se rallient aujourd'hui la plupart des savants. Ils considèrent le Pithécanthrope comme un rameau latéral éteint de la branche des Hominiens. Tel il apparaît aux yeux de Keith, Gregory, Osborn, dont les vues essentielles peuvent être représentées par le second graphique (fig. 63, II).

Il est permis, cependant, de concevoir ces rapports généalogiques d'une manière encore différente. Après Dubois, plusieurs naturalistes ont insisté sur les ressemblances des restes du Pithécanthrope avec les mêmes parties du squelette des Gibbons. Dès lors, pourquoi ne pas supposer que le Pithécanthrope représente une forme amplifiée, géante de Singe se rattachant au groupe des Gibbons? (fig. 63, III).

Cette hypothèse n'est pas nouvelle ; elle a été nettement formulée par plusieurs naturalistes, notamment par Volz (1). La morphologie des pièces osseuses lui est favorable ; les dernières études géologiques, tendant à rajeunir le gisement, viennent à son appui. L'argument nouveau que je crois pouvoir présenter en sa faveur, c'est que nous connaissons divers exemples de phénomènes analogues.

Il y a eu, en tous pays, pendant le Pliocène et le Quaternaire, des formes géantes d'animaux dont les représentants actuels sont aujourd'hui très amoindris. Sans parler des grands Édentés de l'Amérique du Sud, les *Megatherium* et les *Glyptodon*, que Cuvier appelait des Paresseux et des Tatous gigantesques ; de l'énorme Marsupial d'Australie, le *Diprotodon* ; d'un Pangolin géant trouvé à Java, dans la même couche que le Pithécanthrope ; du *Trogontherium* de notre Pléistocène, qui n'est qu'une sorte de Castor géant ; sans parler de toute la série des grands Oiseaux marcheurs de Madagascar, de la Nouvelle-Zélande, récemment éteints, les exemples ne manquent pas dans la série des Primates.

------

(1) Volz (W.), Das geologische Alter der Pithecantropus-schichten bei Trinil *(Neues Jahrbuch für Mineral...* Festband, 1907).

Pilgrim a trouvé dans les Siwalik les débris d'un Singe qu'il a nommé *Dryopithecus giganteus*. Le *Megaladapis* des formations géologiques récentes de Madagascar n'est autre chose qu'un Lémurien géant. L'*Archœolemur* et l'*Hadropithecus* des mêmes gisements sont aussi des Lémuriens plus grands que les Lémuriens actuels et qui présentent, en outre, des caractères morphologiques d'ordre supérieur, marquant une tendance vers le type plus élevé des vrais Singes, car la tendance au perfectionnement ne saurait être exclusivement réservée au rameau humain (1).

Il est donc permis de penser que le Pithécanthrope, découvert dans la province zoologique même des Gibbons actuels, a pu être uue grande espèce soit du genre Gibbon, soit plutôt d'un genre voisin se rattachant au même groupe. Cette forme aurait été supérieure à ses congénères, non seulement par la taille, mais aussi par d'autres traits morphologiques et notamment par la capacité cérébrale, caractère de tout premier ordre par lequel le Pithécanthrope se rapproche vraiment des Hominiens.

De même qu'*Archœolemur* et *Hadropithecus* marquent la tendance de certains Primates inférieurs à s'élever vers des formes simiennes supérieures, de même le Pithécanthrope marquerait une tendance à s'élever d'une forme de Singe anthropoïde à une forme supérieure, analogue et parallèle à la forme humaine. Il représenterait ainsi un ramuscule du rameau Gibbon plus évolué, plus spécialisé que les ramuscules voisins et qui se serait flétri de bonne heure, peut-être à cause de cette spécialisation même. Le Pithécanthrope n'appartiendrait donc pas à la lignée ancestrale du genre *Homo*. Les caractères plus ou moins « humains », de sa calotte cranienne et même de son fémur, ne seraient que des caractères de convergence et non de filiation.

Cette manière, d'ailleurs hypothétique, je ne saurais trop le répéter, d'envisager le Pithécanthrope me paraît au moins aussi rationnelle que toute autre. Elle est en effet plus conforme aux données générales de la Paléontologie, qui nous montrent les branches phylétiques de plus en plus touffues, de plus en plus riches en variations et aussi de plus en plus indépendantes. A mesure que la science pro-

---

(1) Je dois pourtant noter que d'après ELLIOT SMITH, le cerveau d'*Archœolemur* aurait des caractères de spécialisation régressive. Je ne crois pas qu'on ait étudié l'encéphale d'*Hadropithecus*.

gresse, nous voyons ces diverses branches s'allonger vers le bas, tout en gardant leur autonomie, et leurs soudures aux branches maîtresses, ou au tronc principal, se faire de plus en plus loin, trop souvent au delà des points atteints jusqu'ici par nos recherches.

Non seulement à ses débuts, mais jusque vers la fin même de son évolution, la branche humaine aurait eu ainsi pour voisines, et en quelque sorte pour rivales, d'autres branches de Primates supérieurs issues d'un tronc commun. Diverses formes pithéciennes, à partir des premiers stades anthropoïdes, auraient cherché, sous l'influence des mêmes milieux, ou des mêmes besoins, à évoluer vers des types mieux adaptés à des conditions nouvelles, c'est-à-dire vers des types plus parfaits. Plusieurs de ces formes auraient pu dépasser le stade où semblent figés les Anthropoïdes actuels et acquérir quelques-uns des caractères de supériorité que les Hommes présentent aujourd'hui ; mais, seuls, les descendants directs de nos primitifs ancêtres auraient atteint le but de cette course au progrès.

Cette interprétation de la mémorable découverte de Java n'en diminue pas l'intérêt. Je serais tenté de dire au contraire qu'elle l'augmente puisque la lignée humaine, tout en gardant encore son indépendance, nous paraît ainsi, morphologiquement, moins isolée qu'autrefois des lignées voisines. Elle nous conduit à admettre qu'il y a eu autrefois des Anthropomorphes supérieurs aux Anthropomorphes actuels, mais restés inférieurs aux Hommes fossiles que nous connaissons et qui sont eux-mêmes inférieurs aux Hommes actuels. La parenté physique des Singes et de l'Homme s'affirme ici d'un point de vue nouveau.

En tous cas, et de quelque manière qu'on les interprète, les faits révélés par la découverte de Dubois demeurent pour la science d'un intérêt capital.

CHAPITRE V

LE PROBLÈME DE L'HOMME TERTIAIRE
LES ÉOLITHES

Dès que l'existence de l'Homme quaternaire fut scientifiquement démontrée, on voulut découvrir des preuves de l'existence d'un Homme encore plus ancien, d'un Homme tertiaire.

EXPOSÉ DU PROBLÈME.   Nulle recherche n'est plus légitime, il faut s'empresser de le dire. Ce que nous a appris la Paléontologie, sur l'évolution et le développement progressif des Mammifères en général, nous autorise à croire et à proclamer que l'Homme ou son précurseur immédiat ont pu vivre vers la fin ou même dès le milieu de l'ère tertiaire.

Nous avons vu (p. 31) que, pendant les périodes éocène et oligocène, les Mammifères différaient encore tellement, dans leur ensemble, des types modernes que les paléontologistes éprouvent souvent de grandes difficultés à les incorporer dans les ordres ou dans les familles établies par les zoologistes pour classer les formes actuelles. Il y avait bien déjà des représentants de l'ordre des Primates, mais ces précurseurs ne dépassaient pas le stade évolutif représenté aujourd'hui par les formes inférieures du groupe, Lémuriens ou Singes à queue. L'existence de l'Homme pendant la première moitié des temps tertiaires, du moins avec ses principaux attributs (1), nous apparaît donc comme à peu près *impossible*.

Pendant la période miocène, la plupart des familles actuelles sont nettement différenciées. Beaucoup de genres miocènes sont

---

(1) Je fais cette restriction parce que les Hominiens devaient déjà exister *en puissance* dans quelque forme primitive de Primate. Nous avons vu le rôle attribué à cet égard au *Propliopithecus* du Fayoum (V. p. 82).

éteints, mais il y avait déjà des représentants des genres actuels. Les Singes anthropomorphes étaient nombreux. L'existence d'un Homme ou plutôt d'un pré-Homme est très *possible*.

Pendant la période pliocène, presque tous les genres actuels existent ; beaucoup d'espèces sont voisines des espèces actuelles et peuvent être considérées comme les ancêtres de ces dernières. L'existence d'un Hominien et même d'un véritable *Homo* est tout à fait *probable* (1).

Du côté paléontologique, il n'y a donc pas d'objection de principe : physiquement, l'Homme est très voisin des Singes anthropomorphes qui existaient, bien caractérisés, dès le Miocène inférieur au moins. Pourquoi ne serait-il pas, comme eux, géologiquement très ancien ? Sa longue survie peut s'expliquer, suivant la remarque de Quatrefages, par sa supériorité intellectuelle, qui lui aurait permis de résister aux diverses causes de destruction des autres espèces et de s'adapter, mieux que ces dernières, à des conditions nouvelles.

L'archéologie préhistorique vient aussi à l'appui de cette manière de voir. Nous savons aujourd'hui que, dès le début des temps quaternaires, l'Homme occupait sinon le globe entier, du moins une grande partie de la surface du globe, ayant partout une industrie lithique assez grossière, mais remarquablement uniforme, et plus ou moins semblable aux industries dites de Chelles ou de Saint-Acheul (fig. 64). Il semble même, nous le verrons bientôt, qu'il était déjà représenté par plusieurs types physiques. Cela implique forcément un état de choses antérieur, un état de choses *tertiaire*. L'origine de l'Humanité doit certainement remonter à un passé plus lointain encore que celui que nous lui connaissons réellement.

Ainsi, non seulement on ne saurait nier *a priori* l'existence d'un Homme tertiaire, ou, si l'on veut, d'un ancêtre immédiat des Hommes quaternaires, mais encore tout conduit à affirmer cette

---

(1) Je disais, il y a trente ans (*Revue d'Anthrop.*, 1889, p. 217) : « Les genres de Mammifères actuels sont, pour la plupart, bien anciens. Dès le Miocène supérieur, nous avons de vrais Chats, de vraies Hyènes, de vrais Cerfs, de vrais Rhinocéros, etc., c'est-à-dire des représentants des genres actuels. Même certaines espèces sont bien voisines des espèces actuelles. Ces cas deviennent fréquents pendant le Pliocène et je ne vois pas pourquoi le genre *Homo*, avec tous ses caractères, n'aurait pas été le contemporain des genres d'animaux que je viens d'énumérer. Je suis parfaitement convaincu que les paléontologistes trouveront, quelque jour, les restes osseux de notre ancêtre tertiaire. »

existence. Un être, déjà en possession des principaux attributs physiques et même psychiques des Hominiens, a dû vivre quelque part pendant le Pliocène, et peut-être même pendant le Miocène.

Mais ces considérations théoriques, si fortes qu'elles soient, ne suffisent pas pour résoudre le problème. La vraie question est celle-ci : Sommes-nous vraiment en possession des preuves matérielles de l'existence d'un Homme tertiaire, restes osseux, produits d'une

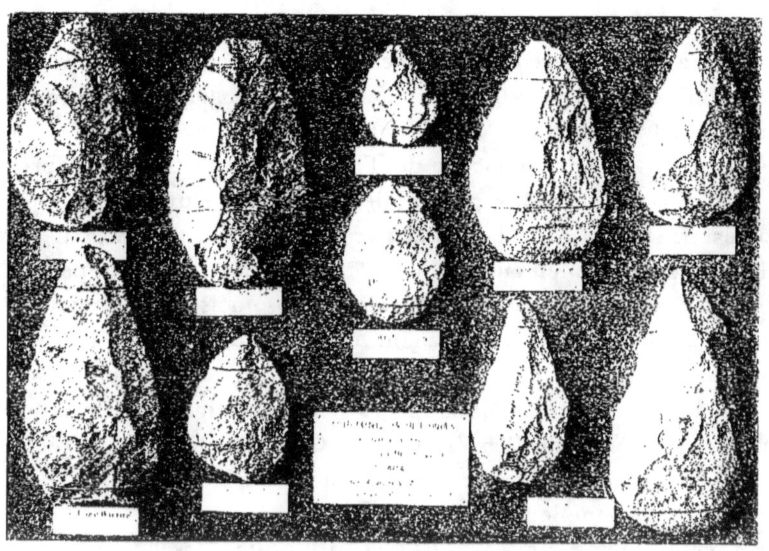

Fig. 64. — Instruments paléolithiques de mêmes formes, recueillis sur différents points du globe : France (Saint-Acheul, Tilloux, Toulouse), Angleterre, Espagne, Algérie, Afrique du Sud, Amérique du Nord. 1/3 environ de la grandeur naturelle. — Galerie de Paléontologie du Muséum.

industrie primitive ou traces quelconques ? J'ai le regret de déclarer qu'aucune des découvertes invoquées jusqu'ici à cet égard ne me paraît démonstrative.

En présence d'une telle affirmation, le lecteur pourra se demander pourquoi, dans ce livre sur les Hommes fossiles, je consacre tout un chapitre à un être que nous ne connaissons pas. C'est parce que si « la question de l'Homme tertiaire » n'est pas résolue, elle ne se pose pas moins avec force, et parce que plusieurs des témoignages, auxquels je ne crois pas, pour ma part, ont encore des partisans. Les discussions ne sont pas closes. Il ne faut donc pas repousser en

bloc tous les arguments, il faut au contraire les présenter, les étaler,
pour les soumettre à une critique sérieuse et préparer ainsi un
terrain solide aux recherches futures.

HISTORIQUE.   La première des découvertes invoquées suivit de très près la victoire de
Boucher de Perthes. En 1863, Desnoyers, bibliothécaire du Muséum, annonça qu'il avait trouvé, dans les graviers de Saint-
Prest (Eure-et-Loir), considérés comme pliocènes, des ossements
de grands animaux marqués de stries ou d'incisions qui ne pouvaient être que l'œuvre de l'Homme.

En 1867, au Congrès international d'archéologie et d'anthropologie préhistoriques de Paris, l'abbé Bourgeois exhiba des silex
provenant du terrain oligocène de Thenay (Loir-et-Cher). D'après
lui, certains de ces silex présentaient des craquelures, de petites
cupules, traces d'un éclatement par le feu, d'autres avaient été
taillés intentionnellement (fig. 65, n°s 1 à 3). En même temps, son
confrère, l'abbé Delaunay, montrait des os incisés à la manière
de ceux de Saint-Prest et provenant, cette fois, des faluns miocènes,
d'origine marine, de Pouancé (Maine-et-Loire). Bientôt après, tous
les grands gisements de Mammifères fossiles : oligocènes du Bour-
bonnais, miocènes de l'Orléanais, du Gers, de Pikermi (Grèce),
fournissaient des os qu'on prétendait avoir été cassés, rayés,
incisés intentionnellement.

En cette même année 1867, le professeur Issel, de Gênes,
annonçait la découverte d'un squelette humain dans le Pliocène
de Savone (Ligurie), et les Américains nous apprenaient la trouvaille
d'un crâne humain, dans les alluvions aurifères, également regardées
comme tertiaires, de Calaveras (Californie).

En 1875, le professeur Capellini, de Bologne, décrivait des
ossements d'une Baleine fossile des couches marines pliocènes du
Monte-Aperto (province de Sienne) et présentant des incisions d'un
caractère spécial, ne pouvant être attribuées qu'à l'Homme.

Vers 1878, le géologue portugais Ribeiro fit connaître des silex
taillés provenant d'un terrain miocène d'Otta, aux environs de
Lisbonne (fig. 65, 4), tandis que le géologue cantalien Rames
envoyait à l'Exposition universelle un carton de silex du même genre
recueillis dans les alluvions d'âge miocène supérieur du Puy
Courny près d'Aurillac (fig. 65, 5 à 7).

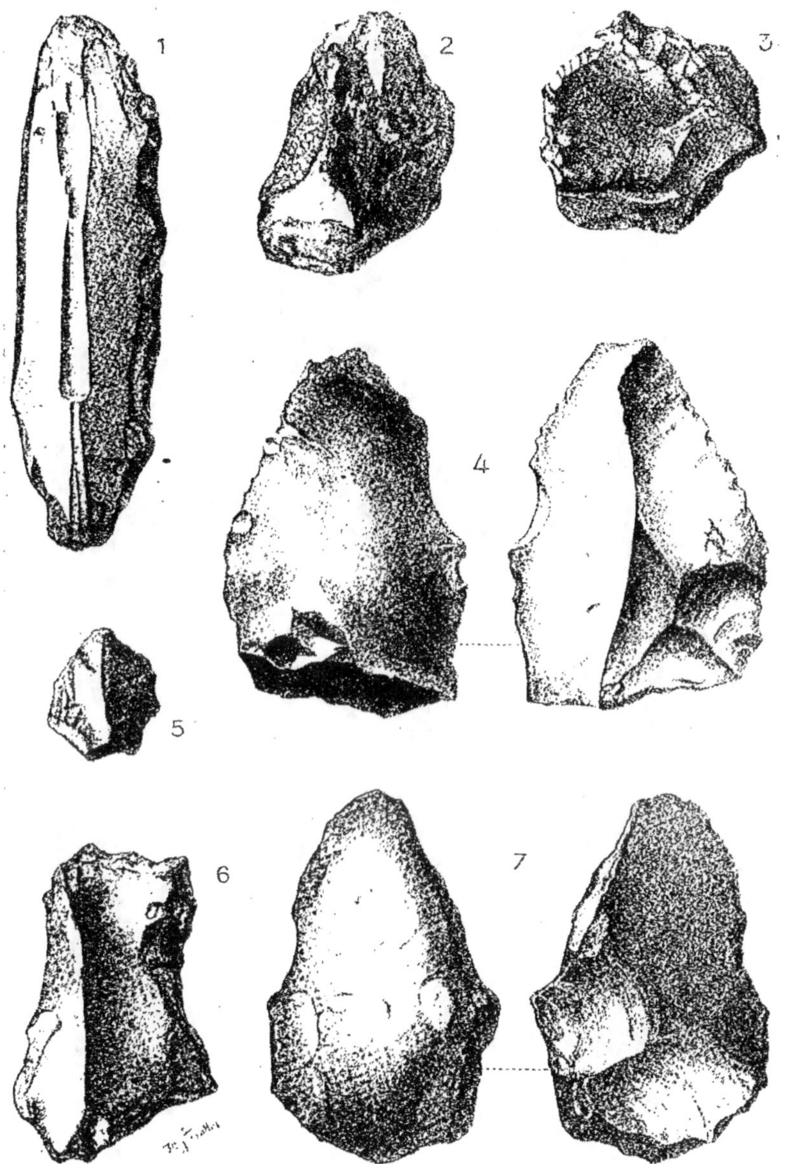

Fig. 65. — Silex tertiaires qu'on a voulu considérer comme des produits d'une industrie humaine primitive.

1, 3, silex éclatés de Thenay ; 2, silex brûlé et craquelé de Thenay (Loir-et-Cher) ; 4, silex éclaté d'Otta (Portugal) ; 5, 6, 7, silex éclatés du Puy Courny (Cantal). Grandeur naturelle.

Pendant une dizaine d'années, ces découvertes donnèrent lieu à de nombreuses discussions dans les Revues, les Sociétés ou les Congrès s'occupant d'archéologie préhistorique (1). L'existence, basée sur des « pierres travaillées », d'un Homme tertiaire ou d'un précurseur tertiaire de l'Homme, fut soutenue avec talent par de Quatrefages et Gabriel de Mortillet.

Ce dernier savant, rejetant toutes les autres découvertes, se fit le défenseur ardent, passionné, de celles de Thenay, d'Otta, du Puy Courny. Comme, d'une part, ses idées sur l'évolution l'empêchaient de faire remonter le genre *Homo* jusqu'au Miocène et à l'Oligocène, et comme, d'autre part, la taille intentionnelle des silex présentés ne lui paraissait pas douteuse, G. de Mortillet imagina l'existence d'un être intermédiaire aux grands Singes et à l'Homme, qu'il nomma d'abord *Anthropopithecus*, puis *Homosimius*. Il alla même jusqu'à établir trois espèces correspondant aux trois gisements. Il y aurait eu, à Thenay, l'*Homosimius Bourgeoisi*; à Otta, l'*H. Ribeiroi*; à Aurillac, l'*H. Ramesi* (2). Cette manière, vraiment un peu puérile, de résoudre un grave problème scientifique, souleva de vives critiques.

Le résultat final d'interminables discussions fut plutôt contraire à la nouvelle théorie et les partisans de la taille intentionnelle des cailloux tertiaires devinrent de plus en plus clairsemés. Puis, chacun restant sur ses positions, le silence se fit peu à peu et il y eut une période d'accalmie.

Un réveil se produisit vers 1889. Ce fut le vénérable géologue anglais Prestwich (3) qui en donna le signal par ses publications sur les prétendus instruments d'Ightham (Angleterre). Il s'agissait de silex aux traces de travail peu accusées, d'éclats ou de fragments naturels à peine retouchés, beaucoup plus anciens que ceux du type de Saint-Acheul et « remontant à l'époque préglaciaire ». Le terrain à silex des plateaux du Kent pouvant être considéré comme

---

(1) La bibliographie relative à ces premières découvertes est si abondante que je ne saurais la donner ici. Voir Mortillet, Le Préhistorique ; et surtout Reinach (S.), Antiquités nationales, I. Alluvions et cavernes. -- On trouvera aussi plus loin de nombreuses références.

(2) Mortillet (G. de). Le Préhistorique. Paris, 1883, p. 105. 3ᵉ édit. par Gabriel et Adrien de Mortillet, Paris, 1900, p. 96.

(3) Prestwich (J.), On the occurrence of palæolithic flint implements in the neighbourhood of Ightham... (*Quarterly Journal of the Geolog. Soc. of London*, XLV, 1889).

pliocène, c'était encore la question de l'Homme tertiaire qui réapparaissait sous son aspect archéologique et, cette fois, sur le sol de la Grande-Bretagne.

LA THÉORIE
DES ÉOLITHES.

Les travaux de Prestwich sur Ightham firent une grande impression en Angleterre, car la notoriété de ce géologue était considérable. L'exemple fut suivi. On ne tarda pas à trouver un peu partout des pierres façonnées dans le même genre. Les Anglais en découvrirent sur d'autres points des Iles Britanniques, dans le *forestbed* du Norfolk, par exemple, et jusque dans le Tertiaire supérieur de l'Inde. Les chercheurs du continent signalèrent de nombreux gisements en France, en Belgique, en Allemagne. Il y eut alors, parmi les amateurs de silex taillés, une sorte de mode frénétique consistant à voir des produits de l'industrie humaine dans tous les cailloux cassés et aux arêtes ébréchées. C'est ainsi que la question des « silex tertiaires » revint à l'ordre du jour, bientôt affublée d'un nom nouveau : « théorie des éolithes ». Tous les préhistoriens s'en préoccupaient. Elle eut en tous pays de chauds partisans. Bientôt un ardent géologue belge, M. Rutot, se plaçait à la tête du nouveau mouvement par une véritable avalanche de publications (1).

Aux deux périodes de l'industrie de la pierre connues depuis longtemps, les périodes paléolithique et néolithique, G. de Mortillet avait ajouté une période plus ancienne, qu'il avait nommée *éolithique* et qui devait comprendre « tout ce qui se rapporte au Tertiaire » (2). D'après Rutot, reprenant le terme créé par G. de Mortillet, mais en le détournant un peu de son sens primitif, la période éolithique ne nous montre aucune pierre taillée dans une *forme intentionnelle*, mais seulement des *formes naturelles, utilisées directement*. On doit donner le nom d'*éolithes* à ces outils primitifs et grossiers, à ces pierres simplement utilisées. Les éolithes se reconnaissent à la présence de *retouches*, c'est-à-dire de petits éclats localisés ou disposés comme s'ils avaient été enlevés d'une façon voulue, systématique, pour adapter le morceau de silex au but

____

(1) La plupart ont été analysées dans *L'A.*, VIII à XVII, *passim*. — Voir notamment : RUTOT (A.), Le Préhistorique dans l'Europe centrale. Coup d'œil sur l'état de nos connaissances relatives aux industries de la pierre... (*Congrès d'archéol. et d'histoire* de Dinant, en 1903. Namur, 1904).
(2) Le Préhistorique, 1ʳᵉ ed. p. 18.

poursuivi. « L'aspect spécial, a dit M. Rutot, que les connaisseurs appellent à juste titre la retouche, n'est attribuable qu'à une action

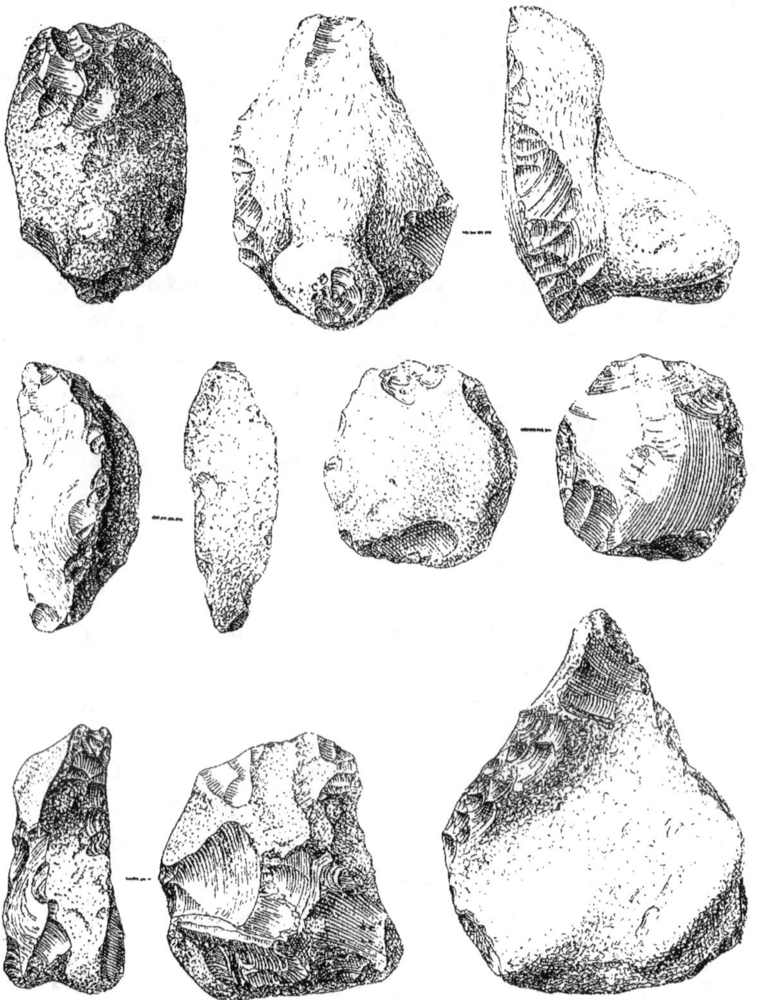

Fig 66. — Quelques éolithes du « Reutélien » belge.
Les pierres éclatées, figurées ici, d'après Rutot, sont qualifiées par ce géologue de percuteurs, rabots, grattoirs, disques. 1 2 de la grandeur naturelle.

essentiellement humaine ou intentionnelle et tous les éolithes, qu'ils soient de l'Aquitanien [Oligocène] ou du Moséen [nom donné par M. Rutot à un niveau du Quaternaire belge], en passant par le Miocène, le Pliocène et le Moséen inférieur, présentant la retouche d'utilisation, doivent être admis parmi les restes authentiques des industries primitives (1). »

Les éolithes, ainsi compris, se trouvent en énormes quantités dans les graviers quaternaires, mélangés avec des instruments de formes déterminées et classiques. M. Rutot a été jusqu'à décrire dans les graviers du Nord de la France et de la Belgique, plusieurs « industries » de ce genre : *reutélienne, mafflienne, mesvinienne,* etc. (fig. 66).

Mais ces objets se rencontrent également dans des terrains beaucoup plus anciens ; les pierres éclatées de l'Oligocène de Thenay, celles du Miocène d'Otta et du Puy Courny, les silex signalés dans le Pliocène de France, d'Angleterre, d'Egypte, de l'Inde sont des éolithes. Et ici la question devient beaucoup plus grave, les partisans de la théorie nouvelle croyant que quelques cailloux éclatés ou ébréchés suffisent pour démontrer l'existence, à des périodes géologiques aussi éloignées, soit de l'Homme, soit de son précurseur immédiat. Après avoir fait de nombreux adeptes en Belgique, en Allemagne, en Angleterre et même en France ; après une carrière des plus bruyante, qui l'avait partout rendue fameuse, la théorie des éolithes s'est effondrée sous les coups multipliés que lui ont portés quelques géologues et préhistoriens. De toutes parts, des observations précises, émanant de naturalistes sérieux, ont montré que le jeu des phénomènes physiques naturels peut produire des éolithes et qu'il est impossible de distinguer les prétendus éolithes humains des éolithes auxquels une intervention intelligente ou consciente est complètement étrangère. Les conversions furent presque aussi nombreuses, quoique moins éclatantes, que les adhésions du début. Pourtant la question a été reprise, en Angleterre, dans ces dernières années.

En octobre 1910, M. Moir, d'Ipswich, annonça qu'il avait extrait, de la couche de base d'un dépôt marin pliocène, dit *Crag rouge,* du Suffolk, des silex prouvant l'existence de l'Homme antérieurement à ce dépôt pliocène (2). Cette trouvaille fit une grande impression sur l'esprit d'un éminent biologiste, sir Ray Lankester, qui la prit sous

---

(1) *Bull. de la Soc. d'Anthrop. de Bruxelles,* t. XX, 1902, p. 66.
(2) MOIR (J. REID), The flint implements of Sub-Crag Man (*Prehistoric Soc. of East Anglia,* 1, 1911).

son patronage (1). MM. Moir et Ray Lankester se défendent de

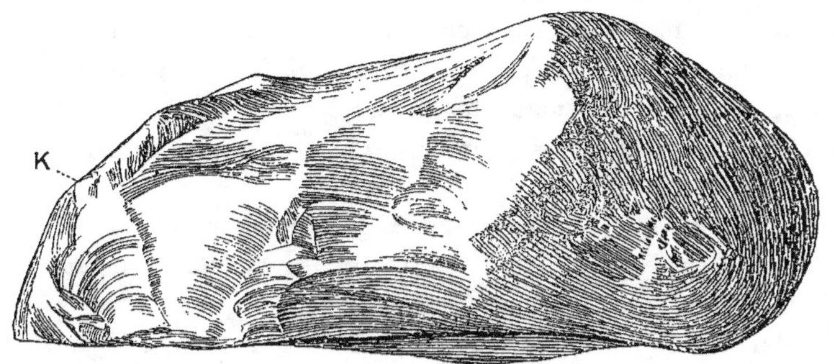

Fig. 67. — Silex « rostro-caréné » trouvé à la base du Crag d'Ipswich.
2/3 de la grandeur naturelle. (D'après Sir Ray Lankester).

K, la carène. Les parties grisées indiquent la surface primitive du rognon de silex.

présenter encore des éolithes, c'est-à-dire de simples cailloux utilisés et ne portant que les traces de ce travail d'utilisation. Il s'agirait,

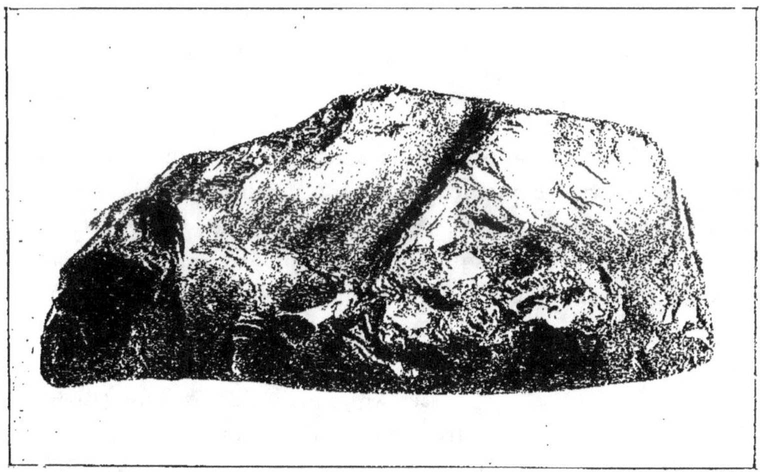

Fig. 68. — Le plus beau silex caréné (*test specimen*) du Crag de Norwich,
vu de profil. Grandeur naturelle. (D'après Sir Ray Lankester).

cette fois, d'instruments d'une forme très définie, d'un type tout

(1) LANKESTER (Sir Ray), On the discovery of a novel type of flint implements...
(*Philosophical Transactions*, série B, vol. 202, 1912).

aussi caractérisé que les types de Saint-Acheul, par exemple, mais infiniment plus anciens : le type « rostro-carinate », ou *rostro-caréné*, ou *bec d'aigle*. Les silex chelléens, acheuléens, moustiériens sont essentiellement aplatis en forme de feuilles. Le type rostro-caréné du Crag est essentiellement comprimé dans le sens latéral (fig. 67 et 68). Il est vrai qu'on rencontre aussi avec lui des racloirs, des marteaux et de grands pics.

Ces vues ont été combattues en Angleterre par M. Sollas. J'ai moi-même discuté longuement les travaux de sir Ray Lankester et de M. Moir en donnant les nombreuses raisons qui me font rejeter leurs interprétations (1). Je considère que les silex du Crag du Suffolk ne sont qu'une variété d'éolithes et je n'hésite pas à les attribuer à l'action des forces naturelles, dont je parlerai tout à l'heure, plutôt qu'à l'intervention d'un être intelligent.

DISCUSSION DES FAITS.
OSSEMENTS HUMAINS.

Après ce long historique, doit venir la discussion des faits invoqués. Nous venons de voir que les témoignages présentés en faveur de l'existence d'un Homme tertiaire sont de deux sortes : I. les ossements humains ; II. les produits ou les traces d'un travail intentionnel.

I. — Les faits de la première catégorie, les plus probants, à cause de leur nature même, devraient suffire à eux seuls pour trancher la question. Malheureusement, aucune découverte d'ossements humains, faite jusqu'à ce jour dans des terrains tertiaires, n'a résisté à la critique. Les seules qui méritent d'être examinées ici sont celles de Savone, de Castenedolo en Italie et de Calaveras en Amérique.

SAVONE.

Le squelette de Savone (Ligurie), trouvé en 1852, lors de la construction d'une église, dans une marne d'origine marine et riche en Huîtres fossiles d'âge pliocène, ne fut présenté, par Issel, que quinze ans après, au Congrès de Paris de 1867. Ses débris sont assez mal conservés, au point qu'Issel lui-même les désigne sous la vague dénomination d' « Anthropoïde » (2). L'éminent professeur de l'université

---

(1) BOULE (M.), La Paléontologie humaine en Angleterre (*L'A.*, XXVI, 1915).
(2) ISSEL (A.), Ligura preistorica. Gênes, 1908, p. 140.

de Gênes est convaincu de l'âge pliocène du squelette de Savone ;
il reconnaît toutefois que les circonstances de la découverte ne sont
pas de nature à inspirer confiance. Malheureusement, dit-il,
aucun naturaliste n'était présent « pour constater par des observations précises et rigoureuses que le terrain n'était pas remanié et
que les ossements avaient été enfouis en même temps que les
Huîtres » (1).

CASTENEDOLO.
Les ossements de Castenedolo, près
de Brescia (Italie), se rapportent à
plusieurs squelettes d'homme, de femme et d'enfants retirés, à
diverses reprises, d'une couche argileuse ou marno-sableuse, d'origine marine et d'âge pliocène. La première trouvaille date de 1860,
la seconde de 1880 ; elles furent publiées par le professeur Ragazzoni (2) et aussitôt vivement discutées. Leur principal défenseur fut
et est resté l'anthropologiste Sergi qui, pour expliquer la présence de
cadavres humains dans un terrain d'origine marine, est réduit à
imaginer le naufrage d'une famille (3). En 1889, la découverte
d'un nouveau squelette humain fit l'objet d'un rapport officiel du
professeur Issel concluant à la non-contemporanéité des ossements
humains et des terrains pliocènes (4). En 1896, un élève de Ragazzoni, le professeur Cacciamali, a repris la question. Après une
enquête laborieuse et approfondie, il déclare que le doute doit per-
sister. A Castenedolo, comme à Savone. nous sommes très probablement en présence de sépultures plus ou moins récentes (5).

CRANE DE CALAVERAS.
Le crâne de Calaveras est trop fameux
pour que je n'en dise quelques mots (6).
Il aurait été trouvé, en 1866, à 130 pieds de profondeur, dans un
puits de mine creusé au travers d'une superposition de laves et de
graviers aurifères, d'âge pliocène, de la colline Bald, près d'Alta-
ville, comté de Calaveras (Californie). Cette origine est plus que

---

(1) *Congrès internat. d'archéol. et d'anthrop...* 1ʳᵉ session, Paris, 1867, p. 76.
(2) RAGAZZONI, La collina di Castenedolo... *Ateneo*, Brescia, 1880.
(3) SERGI (G.), L'Uomo terziario in Lombardia (*Archivio per l'Antrop. e la Etnol.*
XIV, 1884).
(4) *Bulletino di paletnologia italiana*, XV, 1889, p. 89.
(5) CACCIAMALI (G. B.), Geologia della collina di Castenedolo (*Ateneo di Brescia*
1896).
(6) La bibliographie est abondante, car cette découverte a été très discutée. Le rapport original est de WHITNEY, Auriferous gravels of the Sierra Nevada. Cambridge
1879. — Il faut encore citer : HOLMES (W. H.), Review of the evidence relating to
auriferous gravels Man in California (*Smithsonian Report*, 1899). — WILSON (Th.),

douteuse. Tout porte à croire qu'il s'agit d'une mystification, « d'une farce de mineurs », comme l'a dit le géologue Marcou.

Le crâne, incomplet (fig. 69), appartient aujourd'hui au *Peabody Museum* de Cambridge ; il est en partie fossilisé et revêtu d'une mince concrétion calcaire. Mais les divers savants américains qui l'ont étudié sont unanimes à proclamer sa ressemblance avec les crânes d'Indiens actuels de la région. Ses affinités avec un crâne retiré d'une caverne de Californie, et couvert également d'un enduit calcaire, sont telles que l'anthropologiste Hrdlička déclare qu'on peut attribuer les deux pièces à une seule race et, qui plus est, à la même tribu. Il est très probable qu'elles ont une origine analogue et que le crâne de Calaveras provient également ment d'une caverne. Il ne

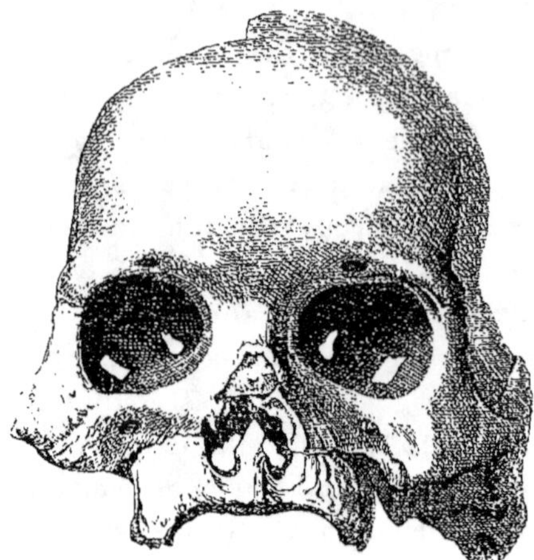

Fig. 69. — Crâne de Calaveras.

saurait être bien ancien dans le sens géologique du mot.

Ameghino a cru également avoir trouvé, dans l'Amérique du Sud, des restes osseux d'Hommes tertiaires. Il s'est cruellement trompé comme nous le verrons dans le dernier chapitre de cet ouvrage.

Il y a d'autant moins lieu d'insister davantage sur ces diverses découvertes qu'elles sont aujourd'hui à peu près complètement abandonnées, même par les anthropologistes qui croient posséder d'autres preuves matérielles de l'existence de l'Homme tertiaire (1).

La haute ancienneté de l'homme dans l'Amérique du Nord (*L'A.*, XII, 1901). — HRDLICKA (A.), Ske'etal Remains... in North America (*Smithsonian Institution Bureau of Ethnology*, Bull. 33, 1907). V. aussi un article de NADAILLAC, Le crâne de Calaveras, dans la *Revue des questions scientifiques*, 1900.

(1) Les derniers défenseurs de ces découvertes accusent leurs contradicteurs de se laisser guider par des considérations théoriques telles que celle-ci : la ressemblance et même l'identité des ossements prétendus tertiaires avec ceux des Hommes actuels est contraire à la doctrine de l'évolution.

Je ne saurais, pour ma part, accepter ce reproche. Certes l'argument de principe ne me paraît pas sans valeur, mais je ne le considère pas comme suffisant, car je suis loin de nier *a priori* que le type humain actuel puisse être très ancien. L'essentiel est de savoir si les documents présentés sont réellement de l'âge des terrains d'où ils ont été

II. — Ces autres preuves seraient fournies par les traces ou les produits d'un travail intentionnel. On peut les ranger en quatre groupes : A. Ossements d'animaux portant les traces d'une intervention humaine ; B. Trappe-piège de chasseurs ; C. Silex brûlés, éclatés par le feu ; D. Silex utilisés ou travaillés par percussion.

OS D'ANIMAUX
RAYÉS, INCISÉS, ETC.

A. — Le premier groupe constitue aujourd'hui, suivant l'expression de Déchelette, une « sorte de nécrologe d'hypothèses éphémères » auxquelles personne ne croit plus. Les

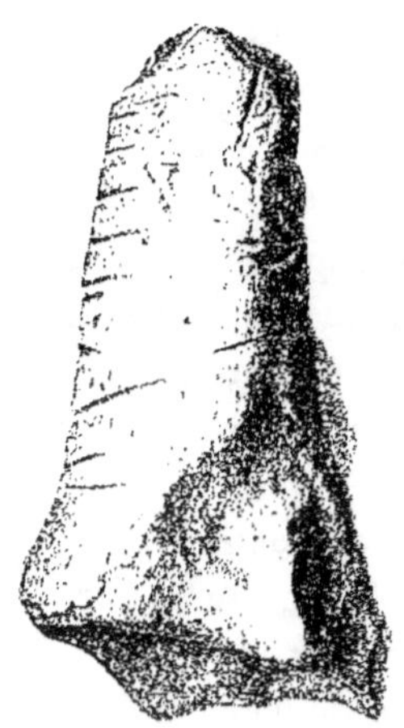

Fig. 70. — Os d'*Halitherium* (Sirénien fossile) portant des incisions. Faluns miocènes de Maine-et-Loire. Grandeur naturelle. (D'après FARGE).

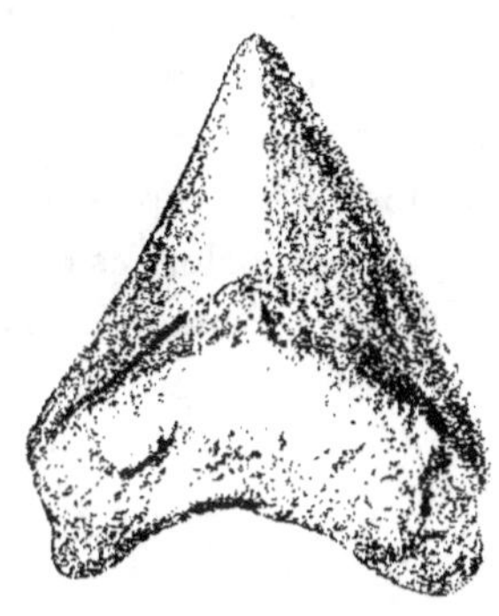

Fig. 71. — Dent d'un grand Squale, *Carcharodon megalodon*, des faluns miocènes de la Touraine, auteur probable des incisions représentées ci-contre.

1/2 de la grandeur naturelle. — Galerie de Paléontologie du Muséum.

cassures, les impressions, les rayures, les incisures, les perforations qu'on observe sur une multitude d'ossements fossiles de tous les âges et de tous les gisements sont dues, ou bien à des phénomènes physiques : dessiccation, tassement des terrains encaissants, fortes pressions, ou bien à l'action des morsures de Carnassiers. Les incisions ou entailles, si nombreuses sur des os d'animaux marins, tels que les *Halitherium* de nos faluns (fig. 70) ou les *Balaenotus* du Pliocène italien, tous extraits de terrains déposés par la mer, ont

exhumés. Et je constate que cette contemporanéité n'est pas suffisamment démontrée. Toute la question préalable est là, rien que là.

été faites par les dents tranchantes des grands Squales qui vivaient dans cette mer (fig. 71). Cela ne se discute plus aujourd'hui, et je ne puis que renvoyer ceux de mes lecteurs qui voudraient avoir de plus amples renseignements sur ce sujet, à l'excellent exposé critique qu'en a donné G. de Mortillet (1).

FAUSSE TRAPPE-PIÈGE.
B. — En 1888, M. O. Fisher découvrit des ossements d'*Elephas meridionalis* dans une fissure de la craie, à Dewlish, Dorset (Sud de l'Angleterre). En 1905, il essaya de montrer que le gisement était artificiel. Il s'agirait d'une véritable tranchée, ou trappe-piège, creusée par l'Homme contemporain de l'Éléphant méridional pour capturer ce Proboscidien, comme le font les indigènes de l'Afrique équatoriale pour s'emparer des Éléphants actuels : ce serait l'œuvre d'un trappeur pliocène (2).

L'hypothèse a été reprise récemment par son auteur. Une enquête, conduite par des géologues expérimentés, sous le patronage du *Dorset Field Club*, a démontré nettement l'origine naturelle, purement érosive, de la fissure et l'absence, dans cette pseudo-tranchée, de toutes traces de travail humain (3).

SILEX CRAQUELÉS
DE THENAY.
C. — Dans le conglomérat oligocène de Thenay (Loir-et-Cher), on trouve parfois, avec des éolithes, des silex dont la surface est craquelée, comme celle des vieilles faïences, ou « décortiquée », couverte de petites cupules d'arrachement (fig. 65, 2). On obtient des phénomènes semblables en chauffant des silex et en les refroidissant brusquement. Ils sont alors *étonnés* ou éclatés par le feu. Actuellement certains sauvages, Mincopies des îles Andaman, Australiens, soumettent au feu les pierres qu'ils veulent faire éclater avant de les façonner. L'abbé Bourgeois et G. de Mortillet ont supposé que l'Homme ou l' « Anthropopithèque » de Thenay en faisaient autant (4). Il aurait donc existé, pendant la période

---

(1) Le Préhistorique, 1re édit., 1883, p. 34 et suiv.

(2) FISCHER (O.), On the occurrence of *Elephas meridionalis* at Dewlish Dorset (*Quarterly Journ. of the Geolog. Soc.*, LXI, 1905, p. 35).

(3) *Proceedings Dorset Natural History and antiquarian Field Club*, XXXVI, 1915, p. 209.

(4) BOURGEOIS (Abbé), L'homme tertiaire, Etude sur des silex travaillés (*Congrès intern. de Paris*, 1867, p. 67), La question de l'Homme tertiaire (*Revue des questions scientifiques*, 1877), etc. On trouvera la réimpression des diverses publications de l'abbé Bourgeois sur Thenay dans HOUSSAYE (Dr F.), L'œuvre de l'abbé Bourgeois. Paris, 1904. — MORTILLET (G. de), Le Préhistorique, 1re édit.

oligocène, un être assez intelligent pour savoir allumer du feu et soumettre des silex à son action, dans un but déterminé.

Tout s'élève contre cette interprétation des faits qui ont alimenté longtemps les discussions des Congrès scientifiques. Les circonstances de gisement des silex ne lui sont pas favorables. On a trouvé des cailloux craquelés dans d'autres terrains, plus anciens, éocènes, et pour lesquels on ne saurait invoquer une intervention intelligente. De nombreuses observations ont prouvé que diverses causes naturelles peuvent reproduire les caractères des silex de Thenay : changements de température dus aux actions météorologiques, surtout dans les conditions d'un climat tropical, comme celui de l'Oligocène ; incendies spontanés de forêts ; actions d'eaux thermales ; et, même simplement sous notre climat actuel, action quelque peu prolongée des agents atmosphériques. Des expériences de laboratoire ont donné des résultats dans le même sens. L'action humaine est donc inutile pour expliquer les silex craquelés de Thenay (1). Elle intervient ici comme une sorte de *Deus ex machina*. Personne n'y croit plus. Le dossier de Thenay est définitivement classé.

SILEX UTILISÉS OU TRAVAILLÉS PAR PERCUSSION. ÉOLITHES.

D. — La dernière catégorie, de beaucoup la plus nombreuse, comprend les pierres taillées ou simplement utilisées, et constitue l'industrie éolithique.

Tandis que G. de Mortillet considérait le *bulbe* ou *conchoïde de percussion*, qui se développe à la suite d'un coup vivement porté sur un point de frappe, comme le critérium de la taille intentionnelle, et n'attribuait aux *retouches* qu'une importance secondaire (fig. 72), M. Rutot nous l'avons vu, n'accorde pas une grande valeur au bulbe de percussion et ne s'attache qu'aux retouches faites dans un but d'utilisation. Nous verrons bientôt que ce second caractère n'est pas plus décisif que le premier.

Les trouvailles de pierres, paraissant avoir été taillées ou simplement utilisées, ont été faites dans des terrains de toutes les époques

---

(1) Discussion au Congrès de l'Association française à Blois (*Matériaux*, 1884). — ARCELIN (A.), Silex tertiaires (*Ibid.*, 1885). — D'AULT-DUMESNIL, Note sur de nouvelles fouilles faites à Thenay (*Ibid.*, 1885). — MAHOUDEAU (P.-H.) et CAPITAN (L.), La question de l'Homme tertiaire à Thenay (*Revue de l'École d'Anthrop.*, XI, 1901), etc.

géologiques, depuis l'Éocène jusqu'aux temps actuels. Les principaux gisements sont, des plus anciens aux plus récents :

Éocène, même inférieur : Duan (Eure-et-Loir), Clermont (Oise) (1), Escheu (Somme), etc.

Oligocène moyen : Boncelles, province de Liége (Belgique) (2).

Oligocène supérieur : Thenay (Loir-et-Cher) (3).

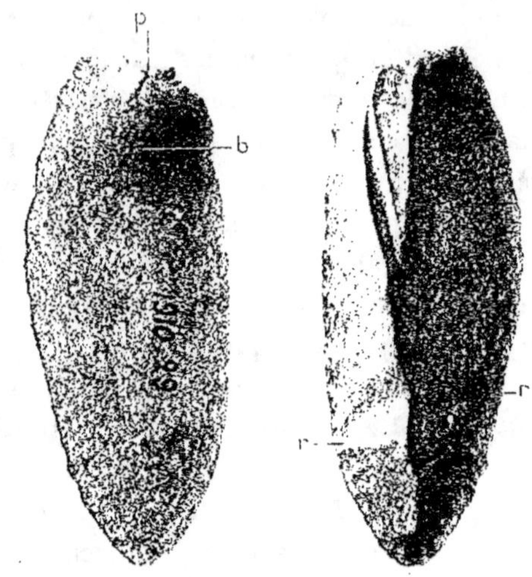

Fig. 72. — Éclat de silex moustiérien de la grotte du Placard, retouché en pointe. 3/4 de la grandeur naturelle.

Sur la face interne, détachée d'un bloc de silex : *p*, point de frappe ; *b*, bulbe de percussion ; sur la face externe, *r*, retouches.

Miocène supérieur : Puy Courny (Cantal) (4), Otta (Portugal) (5).

---

(1) Breuil (H.), Sur la présence d'éolithes à la base de l'Eocène parisien (*L'A.*, XXI, 1910).

(2) Rutot (A.), Un grave problème (*Mém. de la Soc. belge de Géol.*, XXI, 1907).

(3) Références bibliographiques, p. précédente.

(4) Rames (J.-B.), Géologie du Puy-Courny (*Matériaux*, 1884). — Quatrefages (A. de), Introduction à l'étude des races humaines, 1887. — Boule (M.), Temps quaternaires et préhistoriques du Cantal (*Assoc. franç.*, Congrès de Toulouse, I, et *Revue d'Anthropologie*, 1889, p. 216). Le Cantal miocène (*Bull. de la carte géolog.*, 1896). — Verworn (M.), Die archæolithische Cultur in den Hipparionschichten von Aurillac, 1905. — Mayet (L.), La question de l'Homme tertiaire (*L'A.*, XVII, 1906), etc.

(5) Ribeiro (C.), Descripçao de alguns silex et quartzites lascados incontrandos nas camadas de terreno terciairo, 1871. L'Homme tertiaire en Portugal (*Congrès internat. de Lisbonne*, 1880). — Cartailhac (E.), Les âges préhistoriques de l'Espagne et du Portugal, Paris, 1886.

PLIOCÈNE : Plateau du Kent, Crag du Suffolk, *Forest-bed* du Norfolk (Angleterre), Burma (Birmanie), Thèbes (Egypte), etc.

QUATERNAIRE : Un peu partout, dans les alluvions à silex (1).

Les objections que soulève la théorie des éolithes sont de divers ordres. Elles s'appliquent, plus ou moins, à tous les gisements, qu'il serait fastidieux et inutile d'examiner un à un. Je vais présenter ces objections en bloc.

OBJECTIONS D'ORDRE PALÉONTOLOGIQUE. — La Paléontologie ne s'oppose pas, en principe, à l'existence d'éolithes pliocènes ou miocènes, puisqu'elle admet, nous l'avons vu, que dès le Miocène, des représentants ou des précurseurs immédiats du genre *Homo* aient pu vivre sur la terre. Elle s'oppose, par contre, à l'existence d'éolithes oligocènes et surtout d'éolithes éocènes.

Les éolithes ont presque toujours des formes irrégulières et très variées, dans lesquelles les partisans de leur origine artificielle veulent voir les prototypes des instruments paléolithiques : percuteurs, couteaux, racloirs, perçoirs, etc. (fig. 66, p. 119). Mais ils sont toujours les mêmes, quel que soit leur degré d'ancienneté. Ils ne montrent aucune gradation dans le temps, Rutot le proclame lui-même. De la base du Tertiaire au Quaternaire, ils conservent le même aspect grossier et fruste. Aucun progrès ne se serait donc réalisé durant cet immense laps de temps. Ce fait est en opposition avec les lois de l'évolution et de la paléontologie générale.

Ou bien les êtres qui ont taillé ces cailloux étaient des Singes, comme l'avait supposé Gaudry, lorsqu'il avait pu croire à la supériorité du *Dryopithecus* sur tous les Singes actuels, et leur squelette est encore à découvrir ; ou bien il s'agit d'un Homme dont l'état de stagnation intellectuelle, pendant une si longue durée, ne se comprend pas. La permanence et la répétition des formes s'expliquent, au contraire, très bien dans l'hypothèse d'une origine due à des causes naturelles aux effets toujours les mêmes.

OBJECTIONS D'ORDRE GÉOLOGIQUE. — Depuis ma première visite à Thenay, il y a trente-six ans, j'ai toujours pensé que les éolithes n'ont pas de pires ennemis que les conditions géologiques de leurs gisements.

---

(1) La bibliographie des gisements pliocènes et quaternaires est trop abondante pour que je puisse la donner ici. Consulter les tables de *L'A.*

Rien n'est plus facile que de faire, avec un amas de pierres quelconques, sur une plage, dans une ballastière, dans les allées d'un jardin où l'on a répandu des graviers, voire même sur un tas de cailloux cassés par un cantonnier, un choix d'échantillons reproduisant sensiblement les mêmes formes, pouvant être groupés suivant ces formes et qui, rangés ensuite sur une table ou dans un tiroir, produisent une impression d'ordre et de répétition intentionnelle. Il faut voir, dans ce phénomène, la principale cause du succès obtenu par les collectionneurs d'éolithes auprès des visiteurs dont les connaissances géologiques étaient rarement de nature à leur faire éviter cette sorte de piège.

Étudiées dans leurs gisements, ces mêmes pierres parlent d'une façon toute différente. On reconnaît alors qu'il a fallu, pour obtenir ces séries fallacieuses, se livrer à un travail formidable de sélection; que les cailloux, prétendus taillés intentionnellement, loin d'indiquer, au point où on les recueille, une station humaine, sur un ancien sol, sous un abri, etc., font partie d'une véritable formation géologique, de caractère ordinairement violent, au même titre que les millions d'autres éléments de cette formation; que les échantillons, choisis avec une idée préconçue, ne diffèrent, par aucun caractère essentiel, de leurs innombrables voisins dans le gisement; qu'il est facile de trouver toutes les transitions possibles entre les éléments tout à fait bruts, formant la masse du gravier, du conglomérat, de la brèche, suivant les cas, et ceux auxquels des traces de fracture et d'éclatement, un peu plus nombreuses ou un peu mieux groupées, ont valu l'honneur d'être discernés et emportés comme pièces démonstratives.

Tel est le fait général, capital, caractéristique des histoires d'éolithes de tous âges et de tous pays ; celui qui, à lui seul, aurait dû suffire à mettre en garde les naturalistes ; qui aurait dû permettre de clore toutes les discussions auxquelles se sont livrées pendant si longtemps trop de personnes, la plupart sans autorité, ni comme géologues ni comme préhistoriens (1).

Il y a d'autres arguments d'ordre purement géologique. Les éolithes ne se trouvent que dans les pays à silex et jamais en dehors des gisements naturels de cette roche, ce qui n'aurait pas lieu si ces pierres

---

(1) Boule (M.), La Paléontologie humaine en Angleterre (*L'A.*, XXVI, 1915).

étaient des armes ou des instruments que l'Homme n'aurait pas manqué de disséminer un peu partout sur son passage ou dans ses sta-
tionnements. Tous les éolithes sont en silex et toutes les formations
alluviales de caractère violent ou torrentiel, quel que soit leur âge,
offrent des productions éolithiques, pourvu qu'elles renferment des
cailloux de silex. Ces cailloux font partie intégrante de véritables
formations géologiques occupant parfois des milliers de kilomètres
carrés d'étendue et qu'il serait absurde d'attribuer à l'Homme.

Ajoutons que beaucoup des terrains à éolithes sont d'origine marine.
Comme l'a fait spirituellement observer le paléontologiste anglais
Boyd Dawkins, il est extraordinaire que l'Homme fossile se révèle
si souvent à nous sous les aspects « d'un être aquatique, incapable
de voyager par monts et par vaux ».

OBJECTIONS D'ORDRE TECHNIQUE ET EXPÉRIMENTAL. — L'étude des cailloux eux-mêmes n'est pas plus favorable à la thèse éolithique. Nous venons de voir, en parlant des gisements, qu'on observe sur place tous les passages des pierres « utilisées » ou « taillées » à des cailloux quelconques : il est donc impossible de savoir où commence et où finit un éolithe. De plus, à côté d'éolithes de dimen-
sions utilisables, on trouve ordinairement d'innombrables cailloux
de formes semblables et même identiques, mais plus petits et dont
les dimensions peuvent diminuer insensiblement jusqu'à devenir
sub-microscopiques. Les graviers à silex des jardins et promenades
de Paris en sont remplis. Il est impossible de soutenir que ces
minuscules éclats aient pu être utilisés, c'est-à-dire qu'ils soient des
éolithes. Pourquoi attribuer aux plus grosses pièces une origine
différente ? (1).

ACTIONS DES AGENTS NATURELS. — On sait aujourd'hui que des forces naturelles, tout à fait indépendantes de la volonté humaine, peuvent produire des phénomènes identiques à ceux que nous offrent les éolithes,
c'est-à-dire les bulbes de percussion et les « retouches » considérés
comme caractéristiques de la taille intentionnelle.

Actions des vagues de la mer étudiées par Hardy à Dieppe, par
l'auteur de ce livre sur les côtes du Norfolk, par Fraas sur les

---

(1) SARRASIN (P.), Einige Bemerkuugen zur Eolithologie (*Jahresbericht der Geogr. Ethnogr. Gesellsc. in Zürich*, 1909).

rivages de Rügen, par Sollas à l'île de Wight, par P. Sarrasin à Nice, etc.

Actions dues à des changements brusques de température et observées par de nombreux voyageurs en Orient, par Stanislas Meunier (expériences sur les effets de la gelée), par Penck (sur les effets des glaciers), etc.

Manifestations variées de la pesanteur par chocs directs, tassements, glissements, éboulements, plissements locaux, etc. De

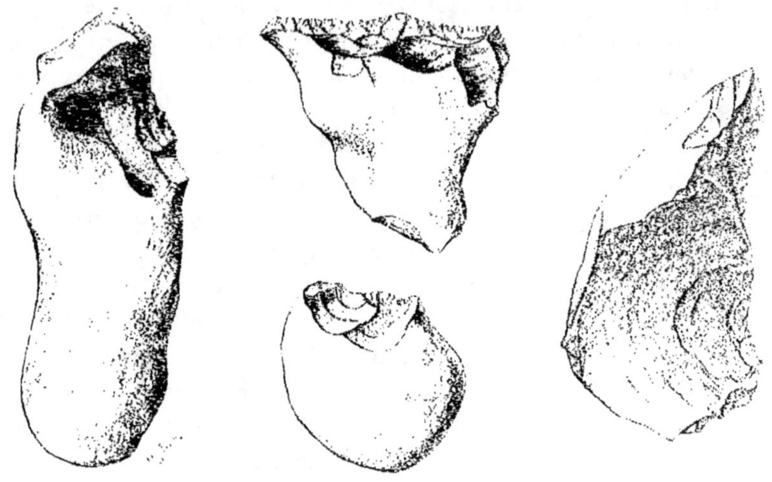

Fig. 73. — Eolithes naturels provenant de la base du terrain éocène de Clermont (Oise). 2/3 de la grandeur naturelle. (D'après H. Breuil).

nombreux observateurs, Arcelin, Commont, Breuil en France, Worthington Smith, Warren, Haward en Angleterre, ont appelé l'attention des préhistoriens sur ces divers phénomènes dont ils ont observé les relations étroites avec certains gisements d'éolithes (1).

Ils ont montré que des pressions ou des compressions dues aux poids des terrains produisent, au sein même des couches géologiques, des résultats analogues à ceux obtenus par des chocs, c'est-à-dire,

---

(1) Voir surtout : WARREN (S. H.), On the origin of eolithic flints by natural causes (*Journal of the Anthropological Institute*, XXXV, 1905). — BREUIL (H.), Sur la présence d'éolithes à la base de l'Eocène parisien (*L'A.*, XXI, 1910). — HAWARD (F. N.), The chipping of flints by natural agencies (*Proceedings of the Prehistoric Society of East Anglia*, I, 1912). The origin of the « Rostro-Carinate Implements »... (*Ibid.*, III, 1918-1919).

d'une part, des bulbes de percussion et, d'autre part, des enlève-
ments de petits éclats, ou retouches, plus ou moins nombreux et qui
sont souvent distribués avec une régularité simulant une action
intentionnelle (fig. 73). On a trouvé fréquemment des blocs de
silex brisés en plusieurs morceaux ayant tous les caractères des
éolithes et qui étaient restés en place, les uns à côté des autres ou
même qui avaient encore gardé leurs connexions (fig. 74). Les

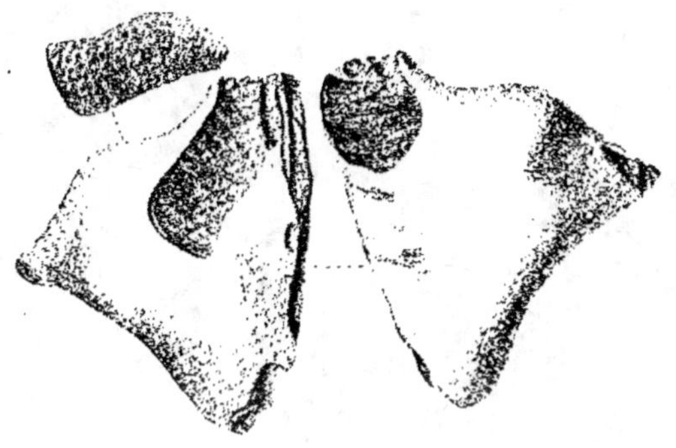

Fig. 74. — Silex éclaté en trois fragments emeurés en contact les uns avec les
autres. Couches éocènes à éolithes de Clermont (Oise). 2/3 de la grandeur naturelle.
(D'après H. Breuil).

observations de Breuil sur l'Eocène inférieur des environs de Clermont (Oise) sont particulièrement intéressantes à cet égard. Dans
une foule de cas, les blocs de silex se rencontrent fissurés, clivés et
débités en morceaux susceptibles d'être transformés en éolithes par
des remaniements ultérieurs, au cours desquels ils subiront des
chocs dus aux actions dynamiques des cours d'eau ou des vagues
de la mer.

UNE FABRIQUE
ACTUELLE D'ÉOLITHES.

Sur ce dernier point, certains faits
expérimentaux sont tout à fait probants.
Il y a, près de Mantes, une usine qui
fabrique du ciment en mélangeant de la craie avec de l'argile plastique. Ces substances sont délayées dans des bassins circulaires,
dont l'eau est mise en mouvement au moyen d'une roue horizontale placée au-dessus de la nappe liquide, mais aux rayons de
laquelle sont suspendues des herses en fonte qui plongent dans l'eau
et dans la masse crayeuse, jusqu'à 0 m. 20 au-dessus du fond. La

roue a une vitesse de rotation à la circonférence d'environ 4 mètres

Fig. 75. — La carrière de craie. A droite, tas de rognons de silex rejetés par l'exploitation.

Fig. 76. — Les délayeurs où s'entrechoquent les silex.

Fig. 77. — Les tas d'éolithes retirés des délayeurs.

Fig. 75 à 77. — Usine de Guerville près de Mantes (Seine-et-Oise), laquelle est en même temps une fabrique de ciment et une fabrique d'éolithes. Photographies de E. Cartailhac.

à la seconde ; c'est la vitesse du Rhône en temps de crue. La vitesse du liquide est moindre à cause des frottements. L'eau est

Fig. 78. — Éolithes de la fabrique de ciment de Mantes.
Pièces semblables à celles que Rutot désigne sous les noms de *percuteurs, rabots, grattoirs, retouchoirs, silex à encoches*. En bas et dans le coin à gauche, silex avec plan de frappe et bulbe de percussion. Grandeur naturelle.

ainsi animée d'un mouvement tourbillonnaire, qui entraîne non seulement les particules crayeuses ou argileuses, mais encore un certain nombre de rognons de silex échappés à l'attention des carriers et qui ont été versés avec la craie dans les délayeurs (fig. 75 à 77).

Ces cailloux de silex sont donc soumis, pendant une période de vingt-neuf heures, à des milliers de chocs mutuels, dont on perçoit parfaitement le cliquetis, analogue au bruit d'un torrent qui roule des pierres. Lorsque l'appareil est arrêté, les silex demeurent au fond du bassin où ils sont recouverts d'un enduit crayeux. On les retire pour les laver et les mettre en tas, car ils servent à fabriquer du béton.

Or, ces cailloux, qui ont subi dans les délayeurs les actions mécaniques d'un tourbillon artificiel comparables aux actions dynamiques d'un cours d'eau naturel et torrentiel, offrent tous les caractères des anciens graviers de rivières. La plupart sont devenus des galets roulés identiques à ceux des ballastières ; mais, comme dans toutes les alluvions anciennes à silex, qu'elles soient oligocènes, miocènes, pliocènes ou pléistocènes, il y a ici un grand nombre d'échantillons qui présentent des « retouches ». Il ne s'agit pas seulement d'éclats distribués un peu partout, comme au hasard, mais d'éclats localisés sur une seule face du silex, groupés sur tels ou tels points, comme dans un but intentionnel, c'est-à-dire de véritables retouches, au sens donné à ce mot par les partisans de la théorie des éolithes.

J'ai pu faire, en quelques minutes de recherches, une belle collection comprenant les formes les mieux caractérisées d'éolithes, celles qui sont données comme typiques, des pièces tout à fait semblables à celles que M. Rutot désigne sous les noms de *percuteurs, rabots, grattoirs, retouchoirs, silex à encoches* (fig. 78). On dirait de certains échantillons, d'une perfection véritablement extraordinaire, qu'ils ont été l'objet d'un travail fini, de « retouches méthodiques et plusieurs fois répétées » (1).

Ces faits prouvent que des pierres identiques aux pierres dites taillées ou utilisées, qu'on rencontre dans les alluvions anciennes, peuvent être façonnées naturellement, par le simple jeu des forces physiques et en dehors de toute intention humaine.

---

(1) Boule (M.), L'origine des éolithes (*L'A.*, XVI, 1905). — Obermaier (H.), Zur Eolithenfrage (*Archiv für Anthropologie*, 1905).

La répétition, d'ailleurs peu fréquente, de certaines formes éolithiques, dans lesquelles on veut voir des types d'instruments, s'explique tout naturellement, car les mêmes causes, agissant dans les mêmes conditions et sur des matériaux originels de même configuration, comme le sont souvent les rognons de silex intacts, doivent produire les mêmes effets, aboutir aux mêmes résultats.

CONCLUSIONS.
____

Voilà, je crois, ce qu'il faut penser de la « question des éolithes ». En somme, nous n'avons aucun moyen infaillible de distinguer des accidents naturels des produits d'une taille intentionnelle rudimentaire. Quand il s'agit de cailloux recueillis dans les terrains quaternaires, cette distinction est de faible importance au point de vue philosophique. Tous les préhistoriens instruits savent depuis longtemps qu'on trouve, dans les mêmes couches, avec de beaux instruments paléolithiques, et en bien plus grand nombre, des silex plus simples, de vulgaires éclats, portant ou paraissant porter des traces de travail ou, si l'on veut, d'utilisation. Mais ils savent aussi la difficulté et souvent l'impossibilité qu'on éprouve à distinguer pratiquement les effets d'un travail intentionnel rudimentaire des effets d'agents naturels.

La question est autrement grave quand il s'agit de cailloux provenant de terrains tertiaires, où l'on n'a jamais rencontré le moindre fossile humain. Il faut alors redoubler de prudence et bien s'assurer, au préalable, que des pierres ayant tous les caractères des éolithes ne peuvent pas être façonnées par des agents naturels. Or, tous les faits que je viens d'exposer montrent que les éolithes recueillis dans les terrains tertiaires ne nous apportent pas le témoignage indiscutable de l'existence de l'Homme aux époques où ces terrains ont été formés (1).

Cette existence, je ne saurais trop le répéter, est possible pour nos pays ; elle est probable pour tels ou tels autres points indéterminés du globe, mais nous n'avons pas encore, scientifiquement,

____

(1) Il est arrive parfois aux défenseurs de l'existence de l'Homme tertiaire basée sur les éolithes de faire violence à leur modestie et de se comparer à Boucher de Perthes. Mais qui ne voit que la situation est toute différente ? Boucher de Perthes avait à lutter surtout contre des idées *a priori*, contre un véritable parti pris de nier l'antiquité de l'Homme. Aujourd'hui, aucun naturaliste compétent ne doute de l'existence de l'Homme tertiaire ; on ne discute plus que la valeur des preuves matérielles présentées à l'appui de cette existence.

le droit de l'affirmer ; jusqu'à présent nous n'en possédons aucune preuve matérielle décisive. L'opinion contraire, dans l'état actuel de nos connaissances, ne peut être qu'une opinion de sentiment. « Je suis bien fier de l'antiquité de ma famille, a dit autrefois sir John Evans ; mais j'en veux d'autres indices qu'un bulbe de percussion. »

CHAPITRE VI

LES HOMMES CHELLÉENS
OU DU PLÉISTOCÈNE INFÉRIEUR

Nous connaissons déjà (V. p. 51) les principaux caractères géologiques, paléontologiques, archéologiques du plus ancien Pléistocène, correspondant à peu près à l'époque *chelléenne* des préhistoriens. Nous savons que ces caractères dénotent un climat chaud, une riche végétation, une belle faune de Mammifères, en somme un milieu des plus favorable à un habitat humain. Celui-ci nous est révélé par une industrie bien primitive, certes, mais dont les produits lithiques, parfois très soignés, se retrouvent en abondance en divers pays, presque dans le monde entier (V. p. 112), ce qui ne veut pas dire, comme nous le verrons plus tard, qu'ils soient partout du même âge.

INDUSTRIE DU PLÉISTOCÈNE INFÉRIEUR.

On a cru longtemps, sous l'influence de G. de Mortillet, à la très grande simplicité et à l'uniformité de l'outillage chelléen. « L'industrie de cette époque, disait-on, est des plus simple, des plus rudimentaire: elle se compose d'un seul instrument en pierre. C'est un silex, ou fragment d'autre roche, taillé sur les deux faces, et rendu par le martelage plus ou moins amygdaloïde au moyen d'éclats généralement assez forts. Cet instrument varie beaucoup de forme, de grandeur, de fini dans le travail, de matière ; pourtant, une fois qu'on a fait connaissance avec lui, on le reconnaît toujours facilement » (1).

Ces variations sont en effet très considérables, comme le montrent les dessins ci-joints (fig. 79) et, plus encore, les objets de la collection d'Acy au Musée de Saint-Germain. En outre, nous savons aujourd'hui qu'avec les silex amygdaloïdes, que G. de Mortillet a

---

MORTILLET (G. de). Le Préhistorique, 1re édit., p. 133.

nommés *coups de poing* pour indiquer le principal usage qu'il leur attribue, et qui seraient d'après lui des outils à tout faire, l'industrie du très vieux Paléolithique comprend d'autres formes d'instruments, d'un travail différent, aux retouches plus localisées sur une seule face. On reconnaît ces derniers, en nombre plus ou moins grand, dans tous les gisements, surtout dans les gisements qui représentent d'anciennes stations humaines plutôt que dans les dépôts alluviaux de caractère plus ou moins torrentiel, et où seuls les objets les plus volumineux ont pu résister aux remaniements. D'Acy et Commont en ont figuré de nombreux exemples. Ces pièces présentent alors les plus grandes ressemblances avec les types considérés par les archéologues comme caractéristiques de la période suivante, du Moustiérien (fig. 79, n°s 5, 6, 7). Aussi, les formes moustiériennes, bien caractéristiques en France de la faune du Mammouth, ont-elles été trouvées parfois, comme à Grimaldi, avec la faune chaude du Pléistocène inférieur, c'est-à-dire du Chelléen des archéologues (1).

Ces derniers divisent, en France, le Pléistocène inférieur en deux époques. La plus ancienne, la Chelléenne, serait caractérisée par des pierres amygdaloïdes trapues, grossières, taillées à très grands éclats et dont les bords tranchants seraient, par suite, disposés en zigzag (fig. 79, n° 1). L'époque suivante, dite *Acheuléenne*, fait transition du Chelléen au Moustiérien ; les amygdaloïdes seraient moins épais, parfois aplatis (*limandes* des carriers de la Somme), de formes plus régulières, plus symétriques, d'un travail plus soigné et plus fin, donnant aux bords tranchants une apparence plus rectiligne (fig. 79, n°s 3, 4). Quelques auteurs distinguent même un *Préchelléen,* antérieur au Chelléen et caractérisé par une industrie tout à fait grossière, sans véritables amygdaloïdes.

---

(1) BOULE (M.), Les Grottes de Grimaldi. Géologie et Paléontologie, I, 1906. — Le fait a beaucoup surpris les préhistoriens croyant à la stabilité et à l'infaillibilité chronologique des divers types d'instruments paléolithiques Il n'offre pourtant, après réflexion, rien d'extraordinaire. L'industrie dite *moustiérienne* est une des plus primitives qu'on puisse imaginer ; elle est plus simple certainement que celle des beaux amygdaloïdes de Chelles ou de Saint-Acheul, puisqu'elle ne se compose que d'éclats retouchés sur les bords. Il n'est donc pas étonnant qu'elle nous apparaisse, dès les débuts de la période paléolithique et surtout, ce qui est infiniment probable, qu'il y ait eu, dès le Pléistocène inférieur, des faciès archéologiques différents suivant les régions habitées par des Hommes qui pouvaient être eux-mêmes différents les uns des autres. L'homogénéité des populations humaines à l'époque chelléenne, basée sur la grande diffusion des pierres taillées en amande, est une hypothèse souvent émise, mais n'ayant pour elle que sa simplicité et sa commodité.

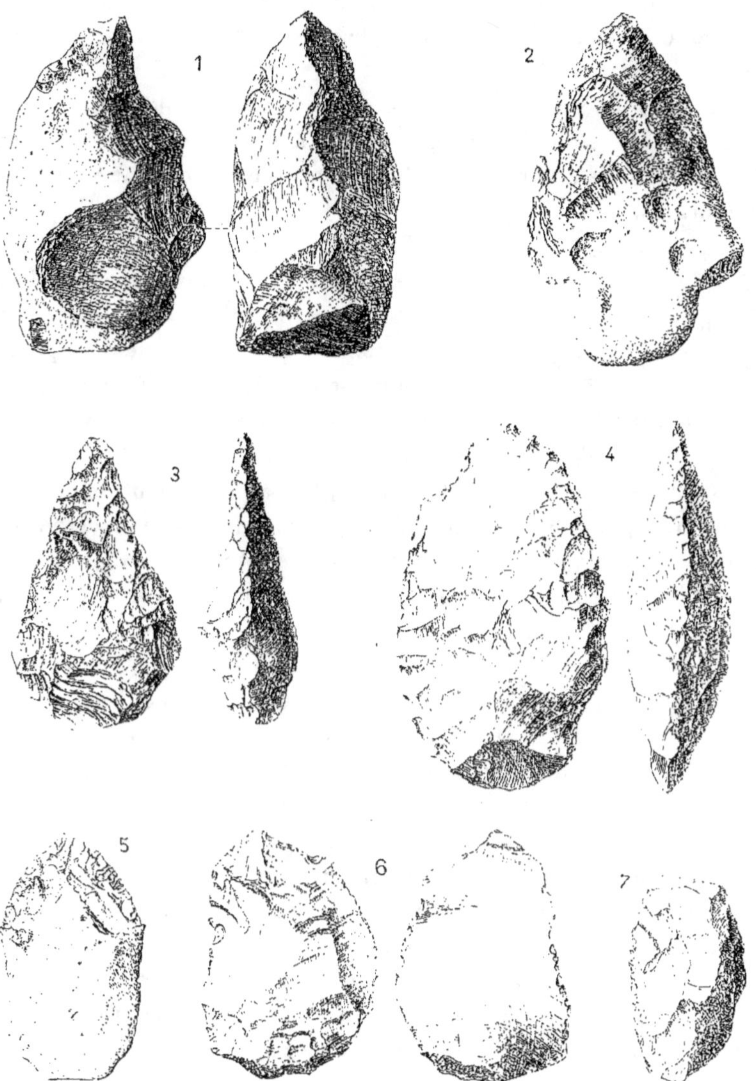

Fig. 73. — Industrie du Pléistocène inférieur (Chelléen et Acheuléen de Saint-
Acheul [Somme]). 1/3 de la grandeur naturelle. (D'après COMMONT).

1, instrument grossier, à grands éclats, de facture chelléenne, vu de face et de
profil. *2*, « coup de poing primitif », dont la base, ou talon, destinée à la préhension,
est formée par une portion du nodule de silex primitif. *3*, amygdaloïde de type
chelléen, vu de face et de profil ; les bords tranchants forment encore une ligne en
zigzag. *4*, amygdaloïde plus plat, de type acheuléen, vu de face et de profil ; les
bords tranchants sont moins sinueux. *5*, silex taillé sur une seule face et à extrémité supérieure retouchée en pointe. *6*, autre silex taillé sur une seule face. *7*, silex
taillé en racloir.

Il est infiniment probable que les Hommes de Chelles et de Saint-Acheul utilisaient et travaillaient le bois. Ils ne paraissent pas avoir connu l'utilisation de l'os.

Quoi qu'il en soit, par suite de l'abondance de l'industrie lithique de ces premiers âges, *dont la durée a dû être immense*, on devrait s'attendre à de nombreuses découvertes d'ossements humains contemporains.

LES OSSEMENTS HUMAINS. CRITIQUE DES DÉCOUVERTES. — En réalité, de tels fossiles sont restés à peu près inconnus jusqu'en 1908. Certaines trouvailles, de dates antérieures, ont bien été présentées parfois comme se rapportant au Chelléen, mais mon premier soin doit être de montrer qu'elles sont, ou d'un âge incertain, ou d'un âge plus récent.

La plus ancienne remonte à 1700. C'est le fragment de crâne de Cannstadt, près de Stuttgart (Wurtemberg). La provenance de cette pièce est tout à fait obscure, son antiquité est plus que douteuse (1). Elle doit le meilleur de sa réputation à de Quatrefages et Hamy qui l'avaient choisie comme prototype de leur « première race fossile» (2).

La deuxième découverte a été faite en 1844, dans les cendres remaniées du volcan de Denise près Le Puy (Haute-Loire). Elle consiste en quelques portions de crânes et autres ossements humains. L'authenticité de ces débris a été discutée. Leur âge, ou plutôt l'âge du terrain dans lequel ils ont été trouvés, m'a beaucoup préoccupé au cours de mes études géologiques sur le Velay. Après avoir examiné le gisement à diverses reprises, j'estime que ce terrain remonte à une époque fort reculée des temps quaternaires (3). Mais peut-être ne faut-il pas écarter l'hypothèse d'une sépulture. L'étude des ossements, ébauchée par Sauvage, est à reprendre, tant au point de vue morphologique qu'au point de vue de leurs caractères physiques et chimiques.

L'année 1863 fut marquée par la trouvaille de la fameuse mâ-

---

(1) Voy. Obermaier (H.), Les restes humains quaternaires dans l'Europe centrale (*L'A.*, XVII, 1906, p. 63).

(2) Quatrefages (A. de) et Hamy (E.-T.), *Crania ethnica*. On y trouvera l'histoire et la bibliographie de cette découverte et des suivantes.

(3) Boule (M), Description géologique du Velay. Paris, 1892, p. 219. L'âge des derniers volcans de la France. Paris, 1906, p. 31.

choire de Moulin-Quignon. J'ai dit, dans le chapitre historique (p. 22) ce qu'il faut en penser.

Trop d'incertitude pèse également sur l'âge géologique du crâne de l'Olmo, découvert en 1863 près d'Arezzo (Toscane), mais signalé seulement en 1867 par Cocchi, pour qu'il soit possible de tenir compte de ce document dans un travail comme celui-ci (1).

Je ne m'arrêterai aux squelettes des alluvions de Clichy (1868) et de Grenelle (1870) que pour signaler la témérité des anthropologistes qui ont tenté récemment de prouver leur antiquité géologique. Une telle démonstration, quarante ans après les découvertes et par des personnes n'ayant pas vu les gisements, ne saurait avoir grande valeur. La prudence la plus élémentaire impose à la paléontologie humaine de ne tenir compte, pour ses spéculations, que des documents d'origine irréprochable. Et ce n'est pas le cas pour les squelettes des alluvions parisiennes (2).

En 1888, des portions de la tête osseuse et quelques autres pièces d'un squelette humain furent extraites des graviers pléistocènes de Galley-Hill, près de Northfleet, dans le Kent. Ces graviers sont situés à 30 mètres environ au-dessus de la Tamise. Ils renferment beaucoup de silex paléolithiques de formes variées, surtout lancéolées. Les ossements auraient été trouvés à une profondeur de 8 pieds.

Sept ans après, en 1895, ils furent décrits par le paléontologiste E.-T. Newton (3). Keith (4) a déclaré depuis que le squelette de Galley-Hill ne diffère, par aucun trait important, de celui d'un Anglais moderne, ce qui ne l'a pas empêché de lui attribuer un âge de 200 000 ans.

Dans ces derniers temps, quelques autres anthropologistes, en divers pays, ont exalté l'importance de la découverte de Galley-Hill. Elle fournirait la preuve que l'*Homo sapiens* remonte ici à une époque très reculée. Cela est bien possible, mais la preuve est insuffisante. Aucun géologue en effet n'a étudié le gisement au moment de la découverte, ni assisté à celle-ci. Quand les ossements furent présentés à la Société géologique de Londres, les savants les plus compétents, Sir John Evans, Boyd Dawkins, élevèrent des

---

(1) L'éminent anthropologiste italien SERGI le croit encore contemporain de l'*Elephas antiquus* : Sul l'Uomo fossile dell'Olmo... (*Revista di Antropologia*, XXI, 1916-1917).

(2) MORTILLET (G. de), Le Préhistorique, 1re édit., p. 346 et suiv.

(3) *Quarterly Journal of the Geolog. Society*, 1895.

(4) KEITH (A.), Ancient types of Man. Londres, 1911, p. 32.

doutes sur leur haute antiquité et formulèrent de bons arguments en faveur d'une inhumation. Les doutes ne peuvent que s'accroître à la vue du crâne, qui est exposé aujourd'hui au *British Museum*. C'est une pièce toute déformée, n'ayant pas les caractères physiques des ossements fossiles. Enfin, Duckworth (1) a montré qu'elle se présente exactement, au contraire, comme beaucoup de pièces analogues provenant de sépultures récentes.

Je crois que Galley-Hill est une découverte du genre de celles qu'on a faites plusieurs fois dans les alluvions pléistocènes de la Seine, à Grenelle, Clichy, et auxquelles nous n'accordons aujourd'hui en France aucune importance, résolus que nous sommes de reléguer aux oubliettes tous les documents ostéologiques dont la haute antiquité n'est pas certaine.

Enfin, il y a quelques années (1912), les journaux anglais ont beaucoup parlé d'un fait analogue rapporté par M. R. Moir, l'inventeur des silex rostro-carénés. On aurait trouvé un squelette humain à 4 pieds et demi de profondeur, dans une couche de sable supportant l'argile glaciaire à blocs d'Ipswich (Suffolk). Ce squelette, décrit soigneusement par M. Keith, qui l'a donné comme étant d'un type tout à fait moderne, serait donc antérieur au grand glaciaire de la région, lui-même plus ancien que les alluvions pléistocènes (2). Après l'avoir vu au collège des Chirurgiens de Londres et après avoir visité son gisement à Ipswich, sous la conduite de M. Moir, je crus devoir exprimer mon avis de la manière suivante : «Le squelette d'Ipswich doit, par mesure de précaution scientifique, être complètement écarté de la collection de documents authentiques, ayant un état civil en règle et pouvant servir de base aux spéculations de la paléontologie humaine »(3). Or, quelques mois après, M. R. Moir a reconnu, avec loyauté, qu'il s'était trompé. « Je déclare, a-t-il dit, que mes contradicteurs, au sujet de la haute antiquité de ce squelette, étaient dans la vérité, tandis que j'étais dans l'erreur (4). »

(1) Duckworth (W. L. H.), The problem of the Galley Hill skeleton. Cambridge, 1913.

(2) Moir (J. Reid), The occurence of a human skeleton in a glacial deposit at Ipswich (*Proceedings of the prehist. Soc. of East Anglia*, I, 1912, p. 194). — Keith (A.), Description of the Ipswich skeleton (*Ibid.*, p. 202). The antiquity of Man. Londres, 1915.

(3) Boule (M.), La paléontologie humaine en Angleterre (*L'A.*, XXVI, 1915, p. 38).

(4) *Nature*, 12 octobre 1916. — Voir *L'A.*, XXIII, 1917, p. 188.

Pendant longtemps, avec G. de Mortillet, les préhistoriens français, devant cette pénurie de documents ostéologiques du Pléistocène inférieur, ont considéré le type humain de Néanderthal comme caractéristique du Chelléen. Je me suis longtemps élevé contre cette assertion en disant que l'Homme de Néanderthal était essentiellement moustiérien et que nous ne connaissions aucun débris osseux de l'homme chelléen. Aujourd'hui, il n'est plus permis de s'exprimer ainsi. Deux belles découvertes, bien authentiques, ont été faites, au cours de ces dernières années, dans des terrains appartenant au Pléistocène inférieur, la première à Mauer près d'Heidelberg, la seconde à Piltdown, en Angleterre.

La mâchoire de Mauer, les débris de crâne et la mandibule de Piltdown, avec peut-être deux dents et un morceau de mâchoire des tufs calcaires des environs de Weimar, tels sont les seuls documents remontant ou pouvant remonter soit au Chelléen, soit à l'Acheuléen. Je vais les décrire successivement en commençant par les moins importants, ceux de Weimar.

LES FOSSILES DE WEIMAR

LES DENTS DE TAUBACH. Aux environs de Weimar, le village de Taubach est assis sur une terrasse de l'Ihn, dont les graviers fluviatiles sont surmontés de tufs calcaires, sableux ou compacts. On recueille depuis longtemps dans ces tufs, avec des ossements de grands animaux de la faune chaude du Pléistocène ancien, des silex taillés, des os cassés, brûlés, peut-être utilisés. Le gisement, avec traces de foyers, paraît correspondre à la station et au lieu de campement d'une peuplade contemporaine de l'Éléphant antique.

Dès 1871, le propriétaire du gisement présenta aux anthropologistes un crâne humain qu'il disait avoir trouvé dans la couche fossilifère, mais il fut reconnu par Virchow comme néolithique. En 1892, un naturaliste, le Dr Weiss, retira lui-même, du dépôt à faune chaude, une dent qui fut envoyée à Nehring, de Berlin, avec une autre dent dont la provenance, moins certaine, paraît cependant être la même. La première est une molaire inférieure de lait ; la seconde, une molaire inférieure, définitive, la première du côté gauche.

10

Après des études comparatives, Nehring (1) les considéra comme des dents humaines, tout en faisant observer qu'elles s'éloignent de ces dernières par de plus grandes dimensions et par quelques autres traits pithécoïdes. La molaire vraie, notamment, est remarquable par son allongement, la disposition des denticules de sa couronne, son émail très ridé, tous caractères qui la font ressembler à une dent de Chimpanzé (fig. 80).

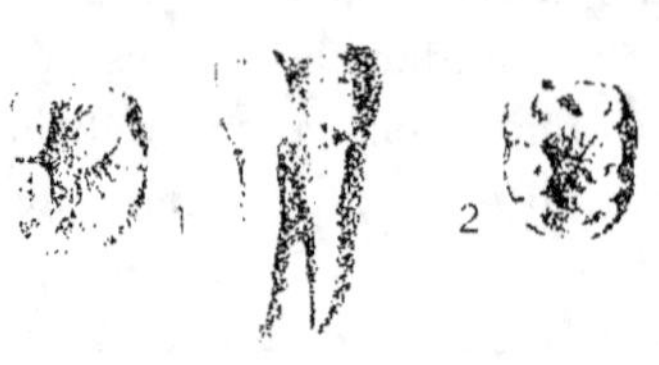

Fig. 80. — *1*, dent de Taubach (première arrière-molaire inférieure gauche), vue par la couronne et de profil (côté lingual) ; *2*, première arrière-molaire inférieure gauche d'un Chimpanzé. Grandeur naturelle. (D'après Nehring).

A propos de cette dent, Duckworth (2) a dit depuis : « Il est difficile de décider si c'est une dent humaine ou une dent d'un précurseur pithécoïde. » Keith pense qu'elle peut avoir appartenu à un homme du type de Néanderthal. Les zoologistes américains Miller et Gregory (3) n'hésitent pas à l'attribuer à l'espèce de Chimpanzé fossile à laquelle ils rapportent également la mâchoire de Piltdown dont nous parlerons tout à l'heure.

Ce qu'il importe de retenir, c'est que les dents de Taubach diffèrent sensiblement de celles de la mâchoire de Mauer (V. p. 154), contemporaine ou même un peu plus ancienne.

LA MACHOIRE D'EHRINGSDORF.

Ehringsdorf est une autre localité voisine de Weimar, et où les mêmes terrains quaternaires qu'à Taubach sont surmontés ici d'un dépôt de lœss et d'un tuf ou travertin supérieur.

Une mandibule humaine a été trouvée, le 8 mai 1914, dans le tuf inférieur, à 11 m. 90 au-dessous du sol. Schwalbe, l'anatomiste allemand qui l'a décrite, la désigne sous le nom de « mâchoire de Weimar » (4).

---

(1) NEHRING (A.) Ueber fossile Menschenzähne aus dem Diluvium von Taubach... (*Naturwissenschaftliche Wochenschrift*, 4 août 1895).
(2) Prehistoric Man, p. 23.
(3) Studies on the evolution of the Primates, *loc. cit.*, p. 313.
(4) Ueber einen bei Ehringsdorf in der Nähe von Weimar gefundenen Unterkiefer des *Homo primigenius* (*Anatomischer Anzeiger*, XLVII, 1914).

Fort mutilée, privée de sa branche montante gauche, elle n'a conservé qu'une faible partie de la branche droite. Presque toutes les dents sont en place (fig. 81 et 82).

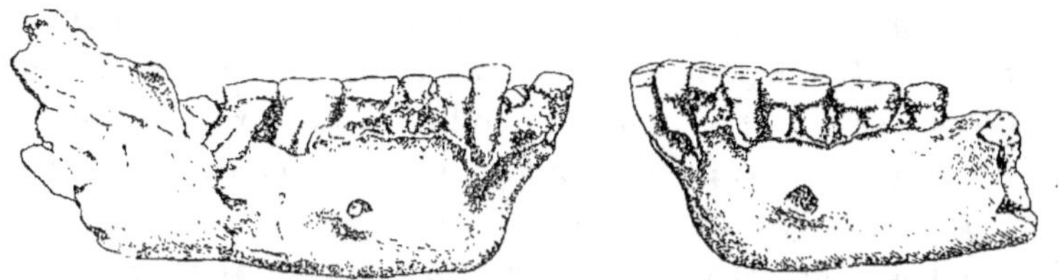

Fig. 81. — Profils droit et gauche de la mandibule de Weimar. 1/2 de la grandeur naturelle. (D'après Schwalbe).

L'absence de menton est d'autant plus frappante qu'elle s'accompagne d'un prognathisme alvéolaire très prononcé. Il s'ensuit que la région symphysienne interne est très inclinée d'avant en arrière et bien visible quand on regarde de haut la mâchoire posée sur un plan horizontal. La région génienne paraît être dépourvue d'apophyses pour les muscles génio-glosses et génio-hyoïdiens. On ne voit pas non plus de crête mylohyoïdienne à la face interne des branches horizontales. Les trous mentonniers sont grands et situés directement au dessous des premières arrière-molaires (à peu près comme chez *Homo Neanderthalensis*).

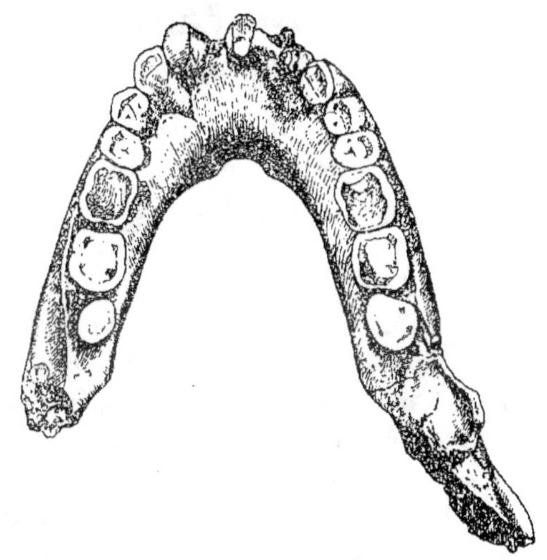

Fig. 82. — La mandibule de Weimar vue en dessus. 2/3 de la grandeur naturelle. (D'après Schwalbe).

Schwalbe insiste sur l'étroitesse de l'arc mandibulaire, mais il suppose que la pièce a subi une déformation *post mortem*.

Les dents sont très usées. Comme les prémolaires le sont moins que les canines, on doit supposer que les couronnes de celles-ci dépassaient le niveau des couronnes des prémolaires. Il n'y a pas de diastème entre la canine et la première prémolaire. Un fait remarquable, assez inattendu, est la petitesse de la dernière arrière-molaire. Il semble prouver que la tendance à la disparition de cette dent est beaucoup plus ancienne qu'on le suppose.

Schwalbe rapporte sans hésitation la pièce de Weimar au groupe de Néanderthal. Il ne donne pas les caractères des objets archéologiques trouvés au même niveau, pointes et racloirs, mais il cite, parmi les espèces animales contemporaines : le *Rhinoceros Mercki*, le Cerf élaphe, le Cheval, un Bœuf et l'Ours des Cavernes (1).

Cette mandibule est vraiment humaine, quoique d'un type inférieur. Elle diffère considérablement de celle de Mauer ; il y a tout lieu de croire qu'elle est plus récente et qu'elle date de la fin de l'époque acheuléenne, tandis que le fossile de Mauer doit remonter au début de l'époque chelléenne.

LA MACHOIRE DE MAUER
(*HOMO HEIDELBERGENSIS*)

A la fin de 1908, Otto Schoetensack, de l'Université d'Heidelberg, publia un mémoire intitulé : La mâchoire inférieure de l'*Homo Heidelbergensis* retirée des sables de Mauer près d'Heidelberg (2).

LE GISEMENT.   Le village de Mauer est situé à 10 kilomètres au S.-E. d'Heidelberg, sur l'Elzenz, affluent du Neckar (fig. 83). Le sous-sol de cette région est formé par les terrains du Trias, recouverts de place en place par un manteau de formations pléistocènes et notamment de sables fluviatiles représentant l'ancien lit du Neckar. Dans une des carrières exploitant ces sables, la « Sandgrube Grafenrain », le 21 octobre 1907, on trouva une mâchoire inférieure, à 24 mètres au-dessous de la surface du sol.

Voici la photographie et la coupe géologique du front d'attaque de la carrière relevée par Schoetensack (fig. 84). La partie inférieure de cette coupe est formée par les *sables* dits *de Mauer*, dont la base présente des graviers avec des lits de cailloux roulés et dont le sommet, séparé de la base par un banc d'argile, est composé de

---

(1) Ceci d'après divers comptes rendus du mémoire de Schwalbe que je n'ai pu encore me procurer. (Note ajoutée pendant l'impression).

(2) SCHOETENSACK (O.), Der Unterkiefer des *Homo Heidelbergensis* aus den Sanden von Mauer bei Heidelberg. Leipzig, 1908.

sables fins. La partie supérieure de la coupe est formée par des
limons, ou lœss, présentant : un niveau inférieur ou ancien, brun,
sableux et un niveau supérieur, plus
récent, avec petites concrétions calcaires ou *poupées*.

Les sables de Mauer, très fossilifères, renferment des coquilles de Mollusques terrestres et fluviatiles indiquant, dans leur ensemble, un climat
plus continental que le climat actuel.
Sur trente-cinq espèces, huit ont émigré
vers l'Est.

La faune de Mammifères comprend :
l'Eléphant antique, le Rhinocéros étrusque, un Cheval, qui serait

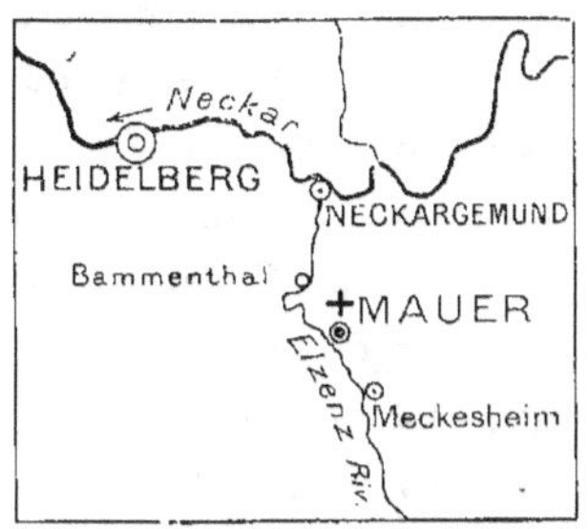

Fig. 83. — Position géographique de Mauer, près d'Heidelberg.

Fig. 84. — Photographie et coupe géologique de la carrière Grafenrain, à Mauer.
+ point où fut trouvée la mâchoire humaine, à 24 mètres au-dessous de la surface
du sol. (D'après SCHOETENSACK).

une forme de passage entre le Cheval pliocène (*Equus Stenonis*)
et l'*Equus caballus* actuel ; un Sanglier, le Cerf élaphe, le Chevreuil,

un Élan, un Bison, deux Ours ressemblant à l'*Ursus etruscus* pliocène, un Chien, deux Félins, le Lion et le Chat sauvage, le Castor. Cette faune a les plus grandes affinités avec celle du Pléistocène français tout à fait inférieur, telle que nous la connaissons des graviers les plus anciens des vallées de la Somme (Abbeville) et de la Seine (Chelles), des dépôts et foyers les plus profonds de la grotte du Prince à Grimaldi, de quelques formations archaïques des grottes pyrénéennes. Elle en reproduit les mêmes nuances zoologiques (Cheval voisin de l'*Equus Stenonis*, petit Ours voisin de l'*Ursus etruscus*, etc.).

On a voulu faire remonter à l'époque pliocène le dépôt des sables de Mauer. C'est exagéré. La faune de ces sables n'est guère différente de celle de divers gisements européens, Süssenborn et Mosbach en Allemagne, *forest-bed* du Norfolk en Angleterre, Solilhac et Saint-Prest en France, qu'on place à la limite du Pliocène et du Pléistocène, mais les plus étroites ressemblances sont avec nos faunes dites chelléennes, d'autant qu'il n'est pas démontré que les débris de ses éléments les plus archaïques n'aient pas été empruntés à des terrains plus anciens.

AGE DE LA MACHOIRE.   Comme les conditions topographiques et stratigraphiques de la formation fluviatile de Mauer corroborent cette interprétation, il y a tout lieu de croire que l'antique possesseur de la mâchoire humaine extraite des graviers est un représentant des plus vieux tailleurs de pierres paléolithiques. On ne saurait douter que la mâchoire ait été trouvée bien en place, qu'elle soit exactement de l'âge des graviers, indiqué par les ossements d'animaux avec lesquels elle gisait, et dont elle présente elle-même tous les caractères de fossilisation.

La découverte de Mauer est d'une importance capitale puisqu'elle nous met en présence d'un des rares débris humains les plus anciens que nous connaissions. Elle mérite d'être étudiée avec quelques détails.

SES CARACTÈRES.   La mâchoire de Mauer est à peu près complète et bien conservée. Elle frappe, au premier coup d'œil : par ses fortes dimensions, son aspect massif, extraordinairement robuste ; par la grande largeur de ses branches montantes ; par l'absence complète de menton (fig. 85

et 86). Ce sont là des traits simiens, ou, si l'on préfère, des traits de bestialité.

Par contre, la dentition est tout à fait humaine ; les canines sont petites, les molaires ont des dimensions et des caractères faciles à retrouver chez des Hommes actuels. Aussi Schoetensack a-t-il rangé son fossile dans le genre *Homo*, en l'appelant *Homo Heidelbergensis*,

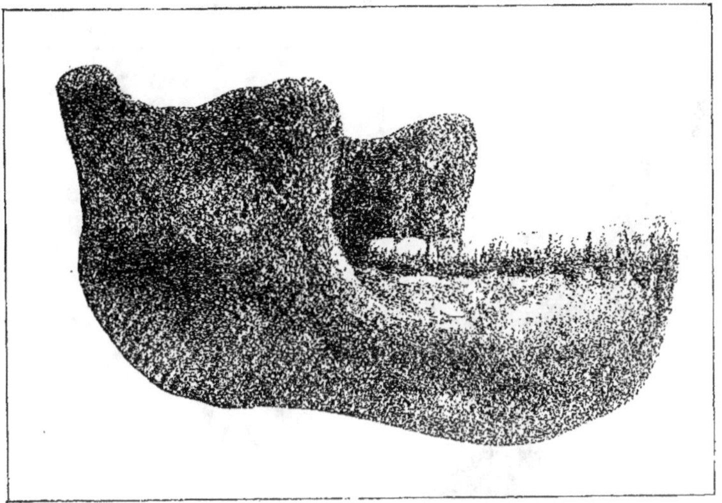

Fig. 85. — Mâchoire d'Heidelberg, vue de profil. 3/4 de la grandeur naturelle. (D'après une photographie de Schoetensack).

tandis que Bonarelli (1) a créé pour lui un nouveau nom de genre : *Palœoanthropus*.

Examinons de plus près cette morphologie.

Les branches montantes sont extraordinairement larges et basses. Elles mesurent 0 m. 060 de largeur (au lieu de 0 m. 037 en moyenne chez l'Homme actuel) ; leur hauteur est de 0 m. 066 ; elles ont ainsi, vues de profil (fig. 85), une forme à peu près carrée. L'échancrure sigmoïde est très peu profonde ; l'apophyse coronoïde est obtuse, arrondie et se tient à un niveau inférieur à celui du condyle ; celui-ci présente une grande surface articulaire. Parmi les Anthropoïdes, c'est le Gibbon qui se rapproche le plus de notre fossile par ces trois derniers caractères.

____

(1) *Rivista italiana di Palœontologia*, 1909.

L'angle de la mâchoire est comme tronqué, ce qui s'observe chez les Anthropoïdes, notamment l'Orang, et aussi chez l'*Homo Neanderthalensis*, que nous étudierons plus tard.

Les branches horizontales sont hautes et robustes ; leur épaisseur atteint 0 m. 023 au niveau de la dernière molaire ; au niveau du trou mentonnier elle est encore de 0 m. 018, tandis que, chez les Hommes actuels, elle ne dépasse guère 0 m. 014.

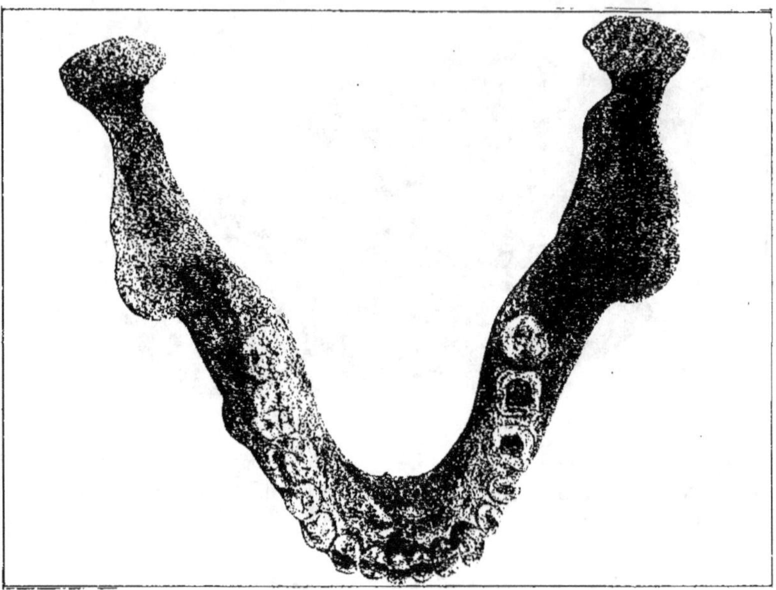

Fig. 86. — Mâchoire d'Heidelberg, vue en dessus. 2/3 de la grandeur naturelle. (D'après Schoetensack).

Leur bord inférieur est concave, comme chez beaucoup de Singes cynomorphes, contrairement à ce qui a lieu chez les Anthropomorphes et chez l'Homme. Sur la face interne, la ligne oblique est peu marquée, ce qui dénote de faibles muscles mylo-hyoïdiens.

La fig. 87, où j'ai représenté la mâchoire d'Heidelberg, superposée à une mâchoire de Chimpanzé et à une mâchoire d'Homme moderne (Français), montre et résume clairement les différences que présentent ces trois pièces vues de profil.

La symphyse est très épaisse (0 m. 017) ; son profil externe a une courbure convexe et fuyante, voisine de celle des Singes et tout à fait différente de celle des Hommes actuels (fig. 88). Il n'y a vraiment ici aucune trace de menton. Or, le menton est un caractère essentiellement humain.

Vue de face, la région symphysienne présente à son bord inférieur

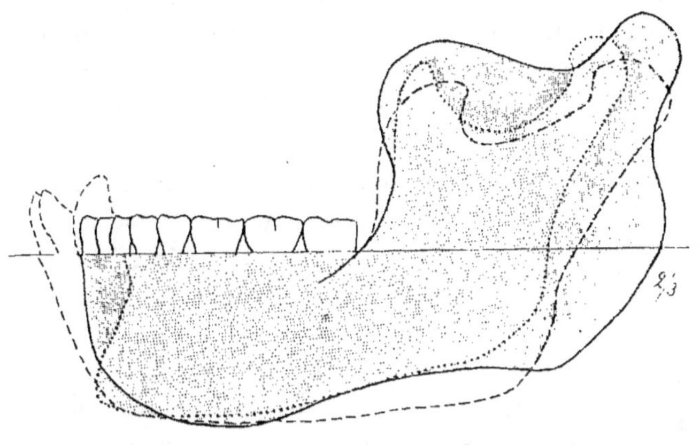

Fig. 87. — Profils superposés de la mâchoire d'Heidelberg, d'une mâchoire de Chimpanzé et d'une mâchoire d'Homme actuel (Français). 2/3 de la grandeur naturelle.

une échancrure sous-mentale très marquée ; cette disposition se retrouve chez les Gibbons et, à un degré moindre, chez quelques mâchoires humaines fossiles ou actuelles (Australiens).

Chez les Hommes modernes, cette partie inférieure du corps de

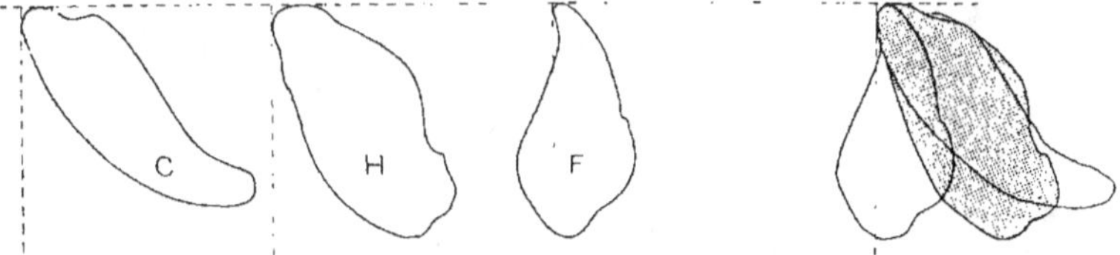

Fig. 88. — Coupes verticales de diverses mandibules suivant la ligne symphysienne. 2/3 de la grandeur naturelle.

C, Chimpanzé ; H, Homme d'Heidelberg ; F, Français. A droite superposition des trois profils.

l'os se termine par un vrai bord, et les empreintes d'insertion des muscles digastriques se voient, de l'autre côté de ce bord, à la face interne de l'os. Ici, le bord est remplacé par une région aplatie, une facette, où s'étalent les deux empreintes digastriques, moins longues que chez le Chimpanzé, plus longues que chez les Hommes modernes ; l'Homme de Néanderthal présentait une conformation intermédiaire (fig. 89).

La surface symphysienne interne offre aussi quelques traits particuliers. Elle est très fuyante, d'avant en arrière, comme la surface externe ou mentonnière. Elle n'est pas uniforme ; la région située vers son tiers inférieur, ou région génienne, au lieu d'être saillante comme chez l'Homme, forme une cupule comme chez les Singes anthropomorphes, où elle tient lieu des apophyses géni-supérieures pour l'insertion des muscles de la langue (fig. 90).

La figure 88 montre que par les caractères de sa symphyse, la mâchoire de Mauer est plus voisine de celle des grands Singes que de celle des Hommes actuels. Nous verrons plus tard qu'à cet égard la mâchoire de l'Homme de Néanderthal (*Homo Neanderthalensis*) se place exactement entre celle de l'Homme d'Heidelberg (*Homo Heidelbergensis*) et celle des Hommes récents (*Homo sapiens*).

Il résulte de cette morphologie de la partie antérieure de la mandibule de Mauer que l'espace laissé à la langue était fort rétréci, moins que chez les Anthropomorphes, plus que chez les Hommes modernes et même

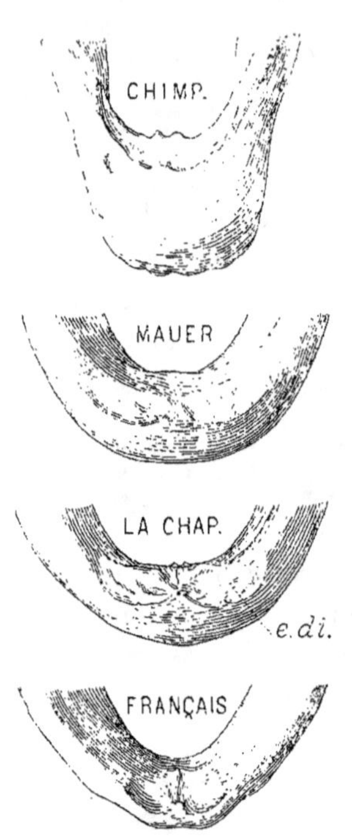

Fig. 89. — Bord inférieur et empreintes digastriques de diverses mâchoires. 1/2 environ de la grandeur naturelle.

e. di., empreinte digastrique.

que chez les autres Hommes fossiles que nous connaissons. Le jeu de cet organe, dans le langage articulé, devait être, par suite, singulièrement réduit. Il semble bien, pour emprunter une expression dont Gaudry avait cru devoir se servir en parlant du Dryopithèque, que nous voyons ici réalisée, au point de vue anatomique, une sorte « d'intermédiaire entre l'Homme qui parle et les bêtes qui crient ».

LA DENTITION. La dentition, avons-nous dit, est nettement humaine par l'ensemble et par le détail de ses caractères.

Les bords alvéolaires, dessinant la courbe dentaire, ont une forme parabolique au lieu de la forme en U des grands Singes.

Les dents sont bien conservées, légèrement usées du côté gauche ; les molaires du côté droit ont été en partie brisées en dégageant la pièce de sa gangue. La série dentaire est régulière, continue, sans aucun intervalle ou diastème.

Les incisives sont normales ; leurs racines sont légèrement arquées, suivant le mouvement de courbure de la région symphysienne. La canine n'est pas plus développée que chez les Hommes modernes, même de races civilisées ; sa couronne ne dépasse pas sensiblement le niveau des couronnes voisines. Et ceci est très important, car il s'agit d'une adaptation humaine que nous voyons ainsi remonter très loin. Même au stade primitif représenté par cette mâchoire pithécoïde, les canines ne servaient plus d'armes défensives.

Les prémolaires sont tout aussi normales. Les arrière-molaires sont presque aussi larges que longues, tandis que, chez les Singes, elles sont généralement plus longues que

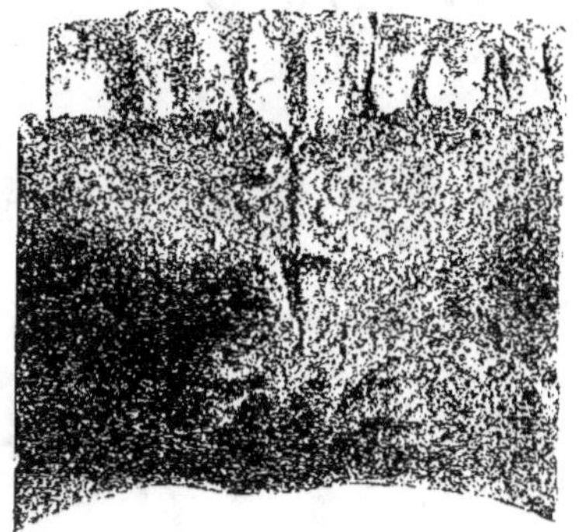

Fig. 90. — Face postérieure du corps de la mandibule de Mauer, région génienne. Photographie d'après un moulage. Grandeur naturelle.

larges. Leurs dimensions paraissent considérables si on les rapproche de celles d'un Homme civilisé ; elles sont comparables à celles que présentent beaucoup de sauvages actuels, les Australiens par exemple (fig. 91). Elles paraissent faibles, au contraire, par rapport à la robustesse de la mâchoire qui les porte.

La deuxième arrière-molaire est la plus volumineuse, ce qui est la règle chez l'Homme, mais s'observe également chez les Singes. La dernière, ou dent de sagesse, n'était pas gênée dans son développement, car le bord alvéolaire se prolonge derrière par un espace suffisant à loger une molaire supplémentaire.

L'étude minutieuse de la couronne des arrière-molaires présente de l'intérêt, les plus petits détails de structure sont importants à considérer, car l'Homme et les grands Singes ont des molaires qui se ressemblent beaucoup, tout en différant de celles des autres Singes (1).

Chez les Singes anthropomorphes (fig. 91), la couronne des grosses molaires inférieures est toujours formée de cinq tubercules (ou denticules, ou cuspides) bien développés. Chez l'Homme civilisé, le cinquième denticule (fig. 91, *p*) s'atrophie ou même disparaît complètement, sauf à la première arrière-molaire qui est la plus volumineuse et où il persiste toujours. Chez quelques sauvages, les Australiens par exemple, chez plusieurs types d'Hommes fossiles et chez l'Homme d'Heidelberg, ce cinquième denticule persiste plus ou moins à toutes les arrière-molaires ; mais au lieu de faire saillie en forme de talon, comme chez les Singes, il est déjà diminué et encastré entre les deux denticules voisins, comme à la première arrière-molaire des Hommes de race blanche.

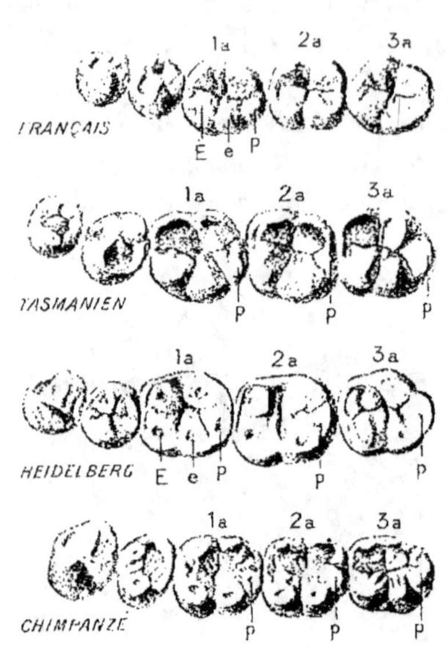

Fig. 91. — Morphologie comparée des molaires inférieures d'un Chimpanzé, de l'Homme d'Heidelberg, d'un Tasmanien et d'un Français. Grandeur naturelle.

1a, *2a*, *3a*, premières, deuxièmes et troisièmes arrière-molaires ; *E*, *e*, denticules externes ; *p*, denticule postérieur, très développé aux trois molaires chez le Chimpanzé et l'Homme d'Heidelberg, moins développé chez le Tasmanien et n'existant plus qu'à la première molaire chez le Français.

Toutes les dents de la mâchoire de Mauer ont de grandes cavités pulpaires. Chez les races inférieures actuelles, ces cavités sont aussi plus vastes que chez les Européens. Il s'agirait là de la persistance d'un caractère infantile représentant un état primitif de la dentition des grands Primates.

(1) Voir, sur ce sujet, les lumineuses notes d'A. Gaudry : Sur la similitude des dents de l'Homme et de quelques animaux (*L'A.*, XII, 1901). Contribution à l'Histoire des Hommes fossiles (*Ibid.*, XIV, 1903).

CONCLUSIONS.

Tels sont les principaux traits morphologiques du précieux fossile de Mauer. D'après Schoetensack, cette mâchoire, si antique, représente une forme très primitive, car certains de ses caractères se retrouvent chez les Singes inférieurs et même chez les Lémuriens (largeur considérable des branches montantes, faible échancrure sigmoïde). Elle aurait ainsi conservé quelques aspects d'un stade par lequel ont dû passer les ancêtres communs des Singes anthropomorphes et de l'Homme. Ce qui est certain, c'est qu'il y a, dans cette très remarquable pièce anatomique, dans ce vénérable débris d'un de nos plus vieux ancêtres, comme un mélange savamment dosé de caractères humains et de caractères pithécoïdes.

Duckworth pense que la mâchoire découverte par Schoetensack a pu appartenir à un Pithécanthrope. C'est là une hypothèse gratuite. On peut dire cependant que le fossile de Mauer réalise, pour la mandibule, comme le fossile de Java pour la boîte cérébrale, un intermédiaire, en quelque sorte idéal, des Singes à l'Homme.

On a voulu aller plus loin et demander à ce précieux mais trop isolé document plus qu'il ne peut donner. On a publié des reconstitutions du crâne et le portrait même de l'*Homo Heidelbergensis*. Ces essais peuvent servir d'agréables passe-temps à des hommes de science ; ils ne devraient pas sortir de leur cabinet de travail.

Autrement justifiées sont les comparaisons qu'on peut établir entre le fossile de Mauer et les pièces analogues d'autres Hommes fossiles. Tout en réservant cet examen pour le chapitre suivant, je peux dire, dès maintenant, qu'il y a, entre la mâchoire inférieure de l'*Homo Heidelbergensis* et celle de l'*Homo Neanderthalensis*, son successeur en Europe occidentale, des ressemblances en faveur de l'hypothèse d'une parenté assez étroite.

L'HOMME DE PILTDOWN

(*EOANTHROPUS DAWSONI*)

HISTORIQUE.

Le 18 décembre 1912, MM. Charles Dawson, géologue, et Smith Woodward, l'éminent paléontologiste du *British Museum*, présentèrent à la Société géologique de Londres des ossements humains provenant d'un terrain quaternaire très ancien. Dès le lendemain, les journaux anglais portèrent cette nouvelle sensationnelle à la connaissance du grand public et, depuis cette époque, la « découverte de Piltdown » a été exposée, commentée, discutée un peu partout. La bibliographie qui s'y rapporte comprend, au moment où j'écris ces lignes, plus de cent articles, notes ou mémoires.

Il y a, dans un champ situé près de Piltdown (fig. 92), paroisse de Fletching (Sussex), une petite carrière d'où les paysans du voisinage retirent des cailloux pour réparer leurs chemins. Un de ces ouvriers remit un jour à M. Dawson un fragment de pariétal humain, d'aspect très ferrugineux comme les cailloux de la carrière. Quelques années plus tard, au cours de l'automne de 1911, M. Dawson recueillit, parmi les déblais, un morceau plus grand que le premier et appartenant à la région frontale. Cette trouvaille fut communiquée à M. Smith Woodward, qui en comprit immédiatement tout l'intérêt ; des recherches sur le terrain furent effectuées d'un commun accord, au cours de l'été de 1912.

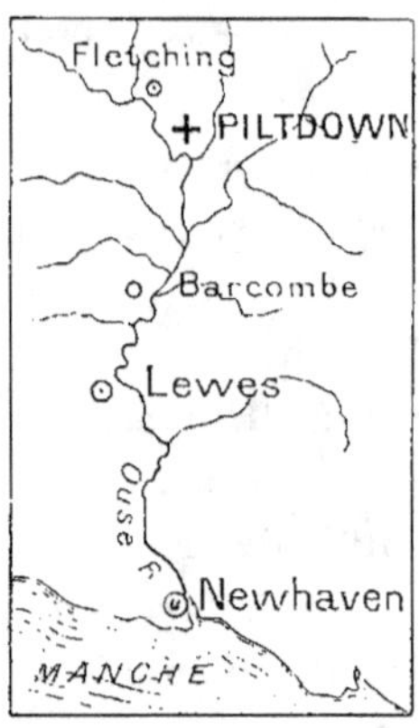

Fig. 92. — Croquis montrant la position géographique de Piltdown.

Il semble qu'un crâne humain, entier ou presque entier, ait été brisé par les ouvriers, et que les morceaux en aient été dispersés. Quelques-uns d'entre eux ont pu être retrouvés dans les déblais, tandis que la moitié droite d'une mandibule a été retirée par M. Dawson du gravier en place, à l'endroit même où gisait le crâne, et qu'à un mètre plus loin, au même niveau, M. Smith Woodward a extrait un fragment d'occipital. A côté des débris humains, on a recueilli des restes d'animaux fossiles et quelques silex taillés.

Dawson a décrit les conditions géologiques du gisement. Smith Woodward a déterminé les ossements d'animaux et restauré le fossile humain (1). Comme le crâne reconstitué ne paraissait avoir, d'après une première évaluation, que 1 070 centimètres cubes de capacité, que le fragment de mâchoire a un aspect très simien,

---

(1) DAWSON (C.) et WOODWARD (A. S.), On the discovery of a palæolithic skull and mandible... at Pildown... with an Appendix by ELLIOT SMITH (*Quarterly Journal of the Geol. Soc. of London*, LXIX, 1913). Supplementary note.. (*Ibid.*, 1914). — WOODWARD (A. S.), A Guide to fossil remains of Man in the British Museum. Londres, 1905.

et comme, d'après Elliot Smith, le moulage intracranien révélerait le cerveau le plus simien qui soit connu dans la famille humaine, Smith Woodward s'est cru en présence d'une forme très primitive, représentant l'aurore de l'humanité et il a donné à ces restes le nom très expressif d'*Eoanthropus Dawsoni*.

Ces premières communications furent suivies de discussions portant sur l'âge du gisement, sur la reconstitution du crâne, sur l'attribution à un même être d'une boîte cranienne tout à fait humaine et d'une mandibule tout à fait simienne.

M. Keith, l'habile anatomiste du Collège des Chirurgiens de Londres, combattit, dès le début, certaines conclusions de M. Smith Woodward (1). Pour lui, le crâne a été mal restauré ; sa capacité est de 1 500 centimètres cubes au lieu de 1 070. On est en présence d'un être tout pareil à un homme d'aujourd'hui, à un « bourgeois de Londres ».

M. Elliot Smith défendit la reconstitution de Smith Woodward.

En août 1913, un paléontologiste français, élève de mon laboratoire, le Père Teilhard de Chardin, explorant le gisement en compagnie de Dawson, trouva une canine, qui fut attribuée à la demi-mâchoire et vint renforcer les caractères pithécoïdes de celle-ci (2).

En 1915, d'autres fragments humains ont été remis au jour ; ils ont appartenu à un ou deux individus nouveaux (3). Les controverses ont continué ; elles durent encore, comme on va le voir.

Après ce court historique, examinons les faits, en considérant d'abord ceux qui ont trait à l'âge géologique de l'*Eoanthropus*, puis ceux qui se rapportent au fossile lui-même.

<u>AGE GÉOLOGIQUE DU GISEMENT.</u>   L'âge géologique devrait nous être indiqué par la stratigraphie, par la paléontologie et par l'archéologie.

Les graviers de Piltdown recouvrent un plateau de 30 à 40 mètres d'altitude, à 25 mètres environ au-dessus de la rivière l'Ouse. A Piltdown, leur épaisseur varie de 0 m. 30 à 1 m. 50. Ils reposent

---

(1) Keith (A.), Ape-man or modern Man? (*Illustrated London News*, 16 et 23 août 1913), etc.

(2) Woodward (A.S.), Note on the Piltdown Man (*Geological Magazine*, octobre 1913).

(3) Woodward (A.S.), Fourth note on the Piltdown gravel, with evidence of a second skull of *Eoanthropus Dawsoni* (*Quart. Journ. of Geolog. Society of London*, LXXIII, 1917).

sur des grès wealdiens (base du Crétacé). Ils sont composés de cailloux wealdiens, ferrugineux, brun foncé, mélangés avec des silex anguleux et quelques quartzites, le tout enveloppé dans un sable parfois très stratifié et fortement cimenté par des oxydes de fer, surtout vers la base de la formation, là où les découvertes paléontologiques ont été faites (fig. 93).

Les graviers représentent les témoins d'une formation alluviale qui occupait autrefois de vastes surfaces, avant le dernier creusement de la vallée de l'Ouse sur une profondeur de 80 pieds. Cette disposition topographique et stratigraphique me paraît analogue à celle que nous connaissons dans les vallées du Nord de la France, dont les « terrasses moyennes », se tenant généralement de 25 à 30 mètres au-dessus des thalwegs, sont rapportées au Pléistocène inférieur caractérisé par la faune à *Elephas antiquus*. C'est aussi l'opinion du géologue anglais Clement Reid, qui a rapproché les graviers de Piltdown des graviers paléolithiques anciens de la vallée de la Tamise, les

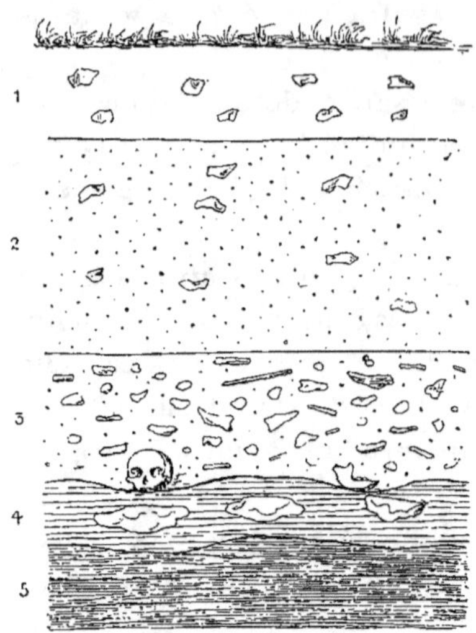

Fig. 93. — Coupe du gisement de Piltdown.

1, sol superficiel, 0 m. 30. — *2*, sable argileux, jaune pâle, contenant, à l'état remanié, des éléments du n° 3. Un instrument paléolithique a été extrait du milieu de cette couche dont l'épaisseur est d'environ 0 m. 75. — *3*, gravier ferrugineux, brun foncé, avec silex subanguleux et morceaux de minerai de fer tabulaires. Gisement de l'*Eoanthropus* et des fossiles pliocènes roulés. Eolithes et un silex taillé. La surface de base présente des dépressions. Epaisseur : 0 m. 45 environ. — *4*, lit de sables et argiles, sorte de boue formée aux dépens des couches sousjacentes, et avec de gros blocs de silex. — *5*, strates en place des *Tunbridge Wells Sands* (Wealdien). (D'après Dawson).

uns et les autres étant postérieurs à la grande époque glaciaire des Iles Britanniques.

La paléontologie ne s'exprime pas très clairement. Les restes de Mammifères recueillis dans les graviers ont été attribués à deux faunes d'âges différents. D'un côté, des morceaux de dents de Mastodonte, de *Stegodon*, de Rhinocéros ne peuvent être que d'âge pliocène ; comme ils sont très usés par les agents de transport, on suppose qu'ils proviennent d'un terrain plus ancien. Les dents d'Hippopotames peuvent être indifféremment quaternaires ou pliocènes. Les autres débris, fragments de bois de Cerf, dents de Castor, molaire de Cheval, sont, paraît-il, moins minéralisés et

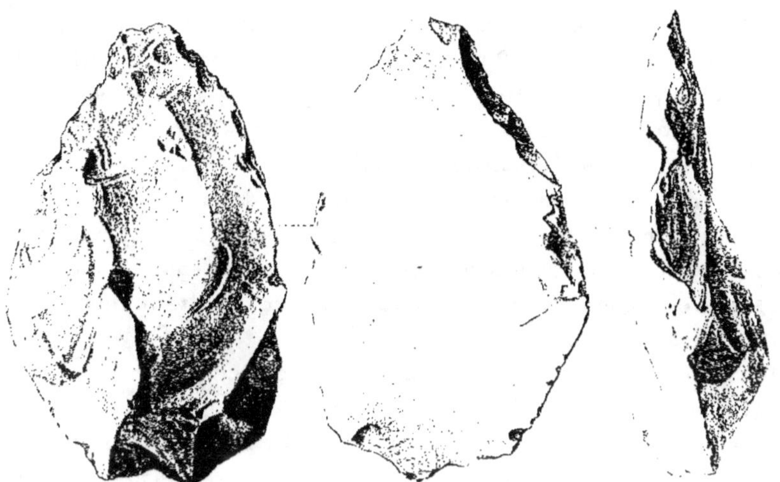

Fig. 94. — Silex taillé du gravier de Piltdown. 3/4 de la grandeur naturelle. (D'après Dawson).

moins roulés. On les considère comme pléistocènes et vraiment contemporains du gravier.

Reste le côté archéologique. Les silex éclatés, qu'on trouve dans le gravier de Piltdown sont de deux sortes. Un grand nombre de pièces frustes, très roulées, appartiennent à la catégorie des éolithes et proviennent, comme les fragments roulés de dents de Proboscidiens, d'une formation géologique plus ancienne.

Quelques autres pièces, nettement travaillées, ont à peu près conservé leurs arêtes vives. Elles ne sont taillées ou ne portent des éclats que sur une face. Leur forme générale n'est guère expressive (fig. 94). On sait aujourd'hui que des silex taillés d'un seul côté, regardés autrefois comme caractéristiques du Moustiérien, se rencontrent très souvent dans le Chelléen et s'y trouvent parfois exclusivement. Rien n'est plus naturel, avons-nous dit, car les instruments réalisés avec de simples éclats sont les plus élémentaires, les plus primitifs qu'on puisse imaginer ; leur fabrication a cer-

11

tainement précédé celle des instruments taillés sur les deux faces, et surtout les belles formes lancéolées du Chelléen. De sorte que, malgré l'absence de types amygdaloïdes, il est possible, comme le veut Dawson, que les silex taillés de Piltdown soient d'âge chelléen.

On a trouvé, plus récemment, dans les mêmes graviers, un éclat détaché d'un os de Proboscidien et qui ne mesure pas moins de 0 m. 40 de longueur sur 0 m. 10 de largeur. Le caractère artificiel de cet objet, arrondi à une extrémité, appointé à l'autre bout, ne serait pas douteux aux yeux de Dawson et de S. Woodward qui le regardent comme un « instrument » (1).

En résumé, la stratigraphie doit nous faire dater les graviers de Piltdown d'une phase très reculée du Pléistocène. Les faits paléontologiques peuvent être interprétés dans le même sens et les témoignages archéologiques ne sont nullement en contradiction avec cette manière de voir.

Les débris humains sont-ils eux-mêmes contemporains du gravier ? Leur état de fossilisation, leur mode de gisement, leur dissémination dans le dépôt alluvial ne permettraient pas, dit-on, de les considérer comme plus récents. Pourraient-ils être plus anciens et faire partie de la faune pliocène ? *A priori*, cela ne serait pas impossible. On l'a même cru tout d'abord en Angleterre, d'où l'on nous avait annoncé la découverte d'un Homme tertiaire. Mais les circonstances de gisement ne se prêtent pas davantage à cette hypothèse. Le volume relativement considérable des morceaux du crâne, leur bonne conservation, la fraîcheur de leurs arêtes, ne présentant que de très faibles traces d'usure, contrastent avec l'aspect fragmentaire, vétuste et très érodé des débris de Mammifères. La dispersion, dans un faible rayon, de plusieurs pièces ayant appartenu à un seul crâne parle dans le même sens. On peut encore discuter sur l'âge précis des graviers de Piltdown ; il ne paraît pas douteux que les ossements humains soient contemporains du dépôt de ces graviers.

Tout ceci, dans l'hypothèse que la formation superficielle de Piltdown est homogène comme âge et comme composition. Or il

---

(1) Dawson (C.) et Woodward (A. S.), On a implement from Piltdown (*Quarterly Journal of Geolog. Soc. of London*, LXXI, 1915).

est possible, il semble même qu'il n'en soit pas ainsi. L'origine première des dépôts peut être très ancienne, remonter au Pliocène, comme paraissent l'indiquer certains fossiles de cet âge et qui sont les plus usés. Mais les premières formations alluviales peuvent avoir subi, dans la suite, des remaniements successifs, lesquels auraient mélangé des fossiles plus récents aux fossiles anciens. Ce qui est certain, c'est que les ossements humains, aux arêtes encore vives, ne sauraient avoir subi un long transport. Quant à leur minéralisation ferrugineuse, ce caractère perd ici beaucoup de son importance si l'on considère avec quelle rapidité des eaux chargées de fer peuvent modifier l'aspect physique des objets qu'elles imprègnent. Or toute la région est constituée par des terrains wealdiens formés d'éléments très ferrugineux.

En somme, il est très difficile de préciser l'âge géologique des ossements humains. Je les considère, avec mes confrères anglais, comme datant du Pléistocène inférieur, mais il est de mon devoir d'ajouter que cela ne me paraît pas absolument démontré.

DESCRIPTION
DES OSSEMENTS.
LE CRANE.

Les restes osseux, humains ou prétendus tels, comprenaient d'abord une grande partie de boîte cérébrale et une moitié de mâchoire inférieure, avec les première et deuxième arrière-molaires en place. A ces débris sont venus s'ajouter plus tard des os nasaux, une dent et quelques fragments d'un autre crâne.

Du premier crâne il y a quatre pièces, composées de neuf fragments, et au moyen desquelles on a pu reconstruire la boîte cérébrale. La plus grande de ces pièces comprend les régions frontale et pariétale du côté gauche. La deuxième est un os temporal gauche, presque complet et bien conservé (fig. 95). Ces deux morceaux n'ont malheureusement aucun point de contact avec les deux autres, qui appartiennent à la moitié droite du crâne : la plus grande partie du pariétal et la région médiane de l'occipital. Cette lacune explique les divergences qui se sont produites au sujet de la reconstitution du crâne, laquelle restera toujours un peu imprécise.

Ces ossements sont normaux, sans aucune trace de maladie ; la minéralisation ne les a pas déformés.

Ils sont remarquables par leur épaisseur : de 10 mm. à 12 mm.

sur le pariétal et le frontal, et par la profondeur des impressions des vaisseaux méningés sur l'endocrâne. En dehors de cette parti-

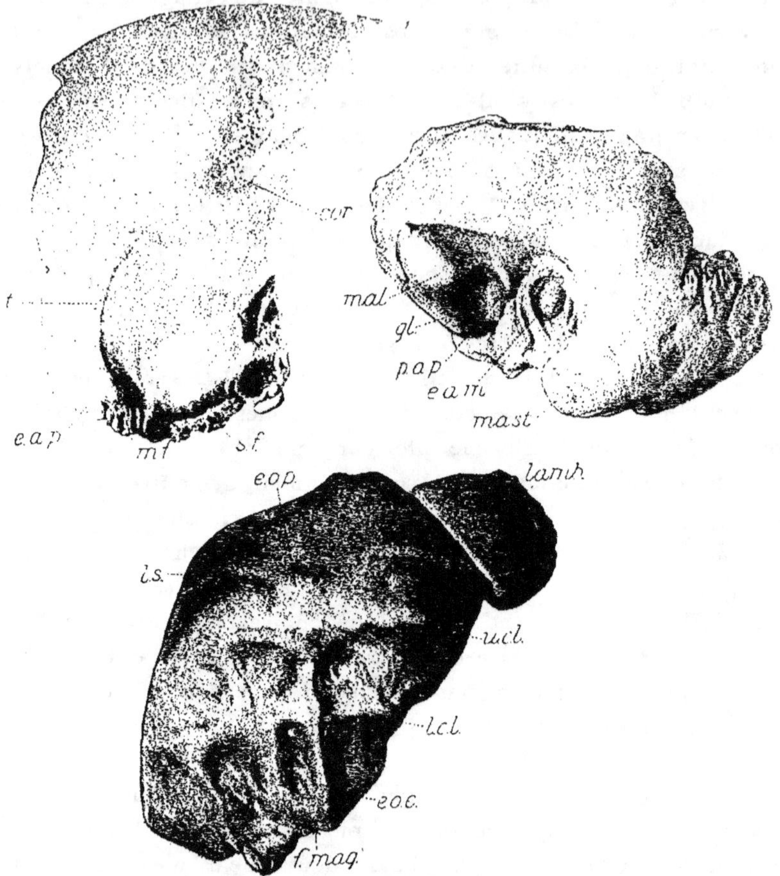

Fig. 95. — Divers fragments du crâne de l'*Eoanthropus*.
En haut, à gauche, frontal gauche, vu par sa face externe ; *cor.*, suture coronale ; *e.a.p.*, apophyse orbitaire externe ; *m.t.*, surface d'articulation pour le jugal ; *s.f.*, surface d'articulation pour le sphénoïde ; *t.*, crête temporale.
En haut, à droite, temporal gauche, face externe ; *e.a.m.*, conduit auditif externe ; *gl.*, fosse glénoïde ; *p.a.p.*, apophyse post-glénoïde ; *mal.*, apophyse zygomatique ; *mast.*, apophyse mastoïde.
En bas, occipital, face externe ; *e.o.c.*, crête occipitale externe ; *e.o.p.*, protubérance occipitale externe ; *f.mag.*, trou occipital ; *lamb.*, portion de la suture lambdoïde ; *l.s.*, ligne suprême ; *u.c.l.*, ligne courbe supérieure ; *l.c.l.*, ligne courbe inférieure. 2/3 de la grandeur naturelle. (D'après Smith Woodward).

cularité, l'examen détaillé de chacun de ces os ne révèle guère que des caractères parfaitement humains et même bien plus voisins de

ceux de l'*Homo sapiens* actuel que de ceux d'autres Hommes fossiles tels que l'*Homo Neanderthalensis*.

Comme il reste, dans la région frontale gauche, une partie de
l'apophyse orbitaire externe ou malaire (fig. 95), on peut s'assurer
que les arcades orbitaires n'étaient pas plus développées que
chez un Homme moderne, ce qu'est venue confirmer la trouvaille,
faite en 1916, d'un second morceau de frontal ayant appartenu à
un autre individu. La suture coronale est très compliquée.

Sur les pariétaux, les lignes courbes temporales sont très élevées ; la suture squameuse est aussi arquée que sur un crâne actuel.
La forte saillie de la crête temporale et la robustesse de l'apophyse
zygomatique annoncent un développement considérable de l'appareil masticateur. On peut noter aussi la position, à peu près au
milieu du pariétal, de la bosse pariétale très accusée et la présence
d'un large méplat en arrière de cette bosse.

Le temporal gauche, bien conservé (fig 95), est conforme dans tous
ses détails à celui des races actuelles : la cavité glénoïde est aussi profonde ; le tympanique est resserré ; l'apophyse mastoïde est volumineuse. Pourtant cet os me paraît présenter quelques traits un
peu spéciaux : la saillie très considérable de la crête et surtout du
tubercule sus-mastoïdien, une grande étendue, vers l'arrière, de la
région pétreuse, la robustesse de l'apophyse zygomatique, le développement assez considérable du tubercule post-glénoïdien.

L'occipital est remarquable par son développement dans le sens
transversal. La protubérance occipitale externe se tient au-dessous
du plan de séparation du cerveau et du cervelet, comme chez les
Hommes modernes, et non au-dessus comme chez les Hommes
moustiériens. Il n'en est pas de même sur le morceau d'occipital
trouvé en 1916 : ici la protubérance occipitale externe est au-
dessus des sinus latéraux ; les muscles du cou s'étendaient plus
haut, comme chez l'Homme de Néanderthal. Toutefois, la saillie considérable des arcs supérieurs contraste avec le très faible développement de la protubérance occipitale externe. Ces arcs supérieurs
ont pu se prolonger assez loin dans la direction du temporal. Les
lignes courbes inférieures me paraissent relativement plus rapprochées des lignes courbes supérieures que dans les types actuels,
conformément au dispositif présenté par l'*Homo Neanderthalensis*
et, à un plus haut degré, par les Chimpanzés.

Des os nasaux, trouvés dans un excellent état de conservation, ont des caractères très humains ; relativement petits et larges, ils sont plutôt d'un type mélanésien ou africain que d'un type eurasiatique.

Le crâne, tel qu'il a été reconstitué en dernier lieu par M. Smith Woodward, devait être mésaticéphale, avec un indice céphalique de 78. Sa capacité, d'après la dernière évaluation du même auteur, ne serait plus de 1070 centimètres cubes, mais de 1300 centimètres cubes, comparable, dès lors, à la capacité moyenne de beaucoup de populations sauvages modernes : Australiens, Boschimans, Andamans.

En somme, et en dépit de quelques particularités d'un type primitif, de l'épaisseur extraordinaire de ses os, le crâne nous offre une morphologie hautement humaine. L'individu auquel il a appartenu, loin de représenter un genre différent, pourrait tout au plus être considéré comme le témoin d'une race primitive de l'*Homo sapiens*. Le Professeur Ramstrom (1), d'Upsal, vient de montrer l'étroite ressemblance du crâne de Piltdown avec le crâne aurignacien de Combe-Capelle dont nous parlerons plus tard.

LA MANDIBULE.   Mais il y a la mandibule. Et c'est ici que l'histoire de la découverte de Piltdown devient vraiment extraordinaire.

Cette mandibule est, au contraire, très simienne !

Elle se présente dans les mêmes conditions de minéralisation que le crâne, auquel elle paraît correspondre assez bien comme grandeur. Il lui manque le condyle et la partie supérieure de la moitié antérieure de la branche horizontale. Les deux premières arrière-molaires sont en place (fig. 96).

La branche montante est large ; l'échancrure sigmoïde est peu profonde et le col du condyle doit avoir été court. L'insertion pour le muscle temporal est vaste. Le sillon mylo-hyoïdien est situé au-dessous du canal dentaire, au lieu de partir de celui-ci comme chez l'Homme. Il n'y a pas de crête mylo-hyoïdienne (ligne oblique interne).

Le bord inférieur symphysaire n'est pas épaissi et arrondi comme chez l'Homme ; il forme une sorte de lame mince, projetée en dedans comme chez les Singes, et notamment chez les Chimpanzés.

---

(1) Ramstrom (M.), Der Piltdown-Fund (*Bull. of the Geolog. Institute of Upsala*, XVI, 1919).

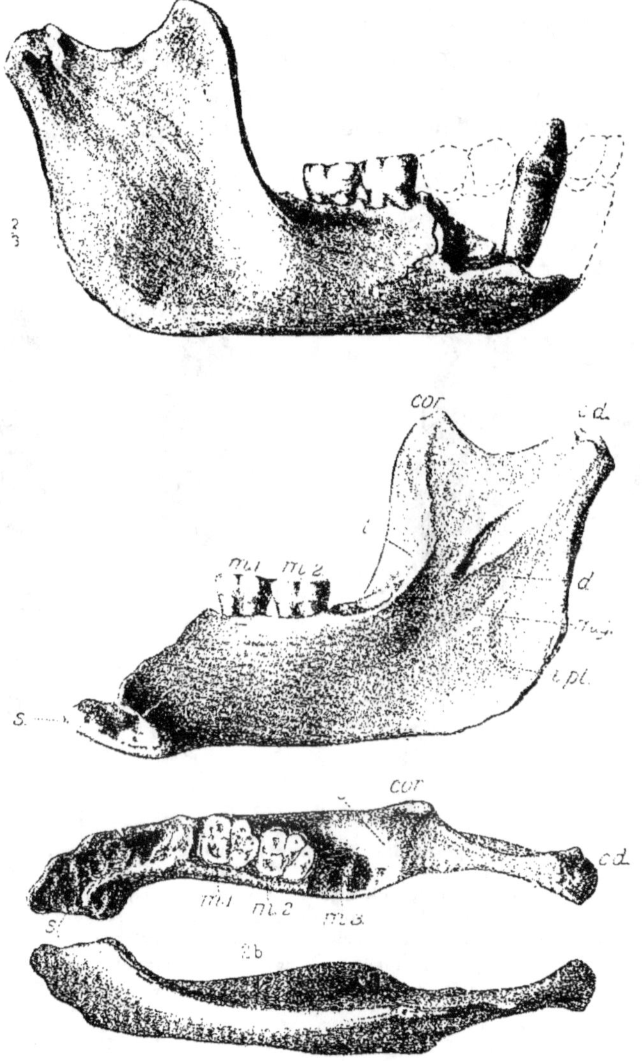

Fig. 96. — Mandibule de Piltdown. 2 3 de la grandeur naturelle. (D'après Smith Woodward).

En haut, vue de la face externe. La canine a été ici figurée comme appartenant à cette mandibule. On la considère aujourd'hui comme une canine supérieure.

Au milieu, vue de la face interne ; *c.d.*, col du condyle ; *cor.*, apophyse coronoïde ; *t.*, surface d'insertion du muscle temporal ; *d.*, canal dentaire ; *m.g.*, sillon mylo-hyoïdien ; *i.pt.*, insertion du muscle ptérygoïdien interne ; *s.*, symphyse ; *m.1.*, *m.2.*, première et deuxième arrière-molaires.

En bas, vues en dessus et en dessous ; *m.3.*, alvéole de la troisième arrière-molaire ; autres indications comme ci-dessus.

La restauration de cette région ne peut conduire qu'à une symphyse très fuyante, avec absence complète de menton.

Un simple coup d'œil sur les figures 97 et 98 suffit pour permettre d'apprécier, d'une part, l'étroite ressemblance de la mandibule de Piltdown et d'une mandibule de Chimpanzé; d'autre part.

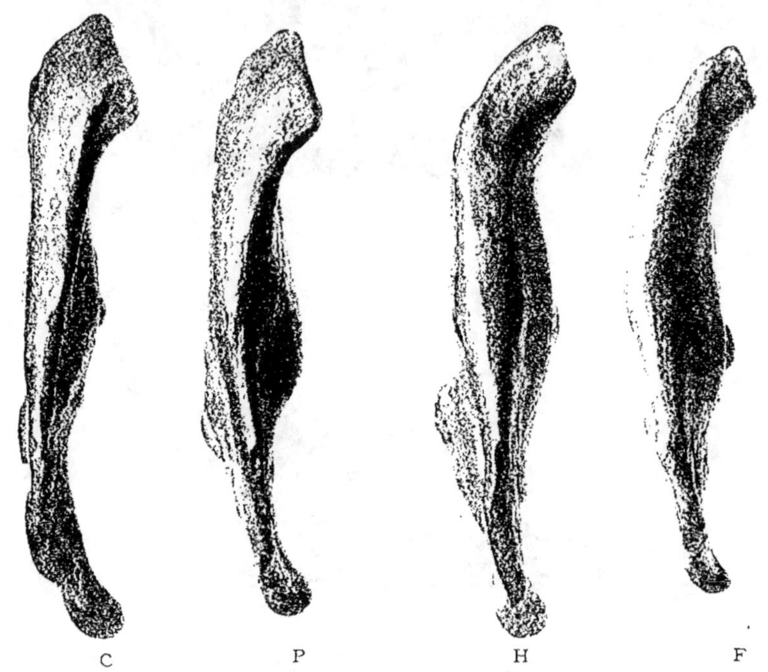

Fig. 97. — Photographies permettant de comparer les bords inférieurs de diverses mandibules : C, Chimpanzé, d'après nature ; P, mandibule de Piltdown, d'après un moulage ; H, de l'Homme d'Heidelberg, d'après un moulage ; F, d'un Français. d'après nature. 2/3 de la grandeur naturelle. Les mandibules servant de termes de comparaison ont été mutilées artificiellement à la manière de celle de Piltdown.

Le Chimpanzé et Piltdown forment un groupe très différent à première vue du groupe comprenant l'Homme le plus ancien qu'on connaisse et un Européen actuel.

la grande différence qui les sépare du second petit groupe formé par la mâchoire de Mauer et celle d'un Homme actuel.

LES DENTS. La canine trouvée par le P. Teilhard (fig. 99) diffère d'une canine humaine par ses plus grandes dimensions, par la forme plus élevée, plus conique, plus comprimée de sa couronne et par son mode d'usure qui implique l'existence, à la mâchoire opposée, d'une dent analogue et peut-être d'un vide ou diastème correspondant. Cette canine a d'abord été attribuée à la mandibule par S. Woodward qui a noté ses ressemblances avec les canines de Singes et avec la canine inférieure de lait humaine. Gregory et Miller ont montré qu'il s'agit d'une canine supérieure gauche, très semblable à celle d'un Chimpanzé femelle.

Les première et deuxième arrière-molaires, conservées en place sur la mandibule, sont relativement longues et étroites. Leur collet est bien marqué ; leurs racines ne sont pas soudées. Leur couronne a cinq tubercules ou cuspides bien développés et disposés comme chez certains Singes anthropoïdes, le Chimpanzé par exemple, où le cinquième tubercule est plus important et plus saillant au bord postérieur de la dent que chez l'Homme. Quoi qu'on en ait dit, il est certain que ces molaires sont beaucoup plus simiennes qu'humaines et qu'elles ressemblent tout à fait à celles des Chimpanzés.

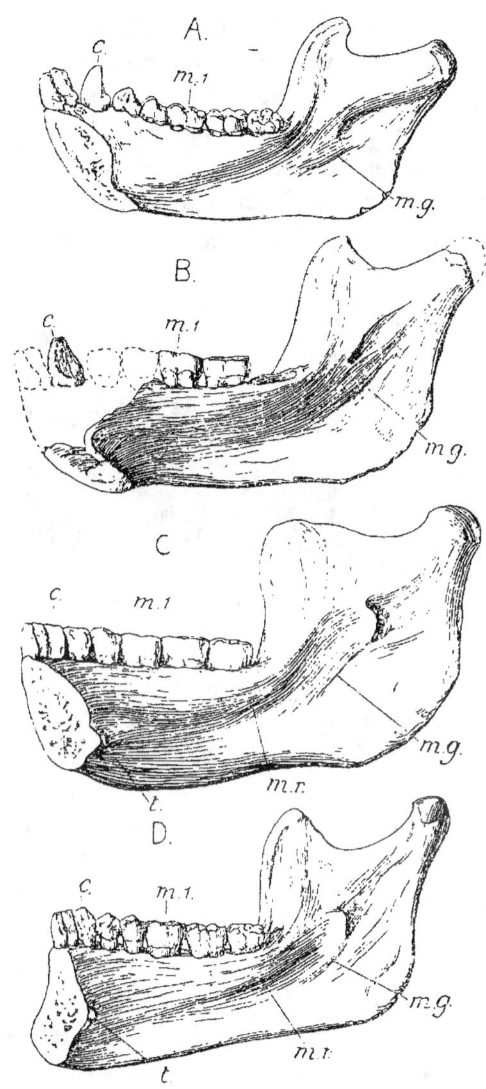

Fig. 98. — Mandibules vues par leur face interne. 1/2 de la grandeur naturelle.

A, de Chimpanzé ; B, de l'*Eoanthropus* ; C, de l'Homme de Mauer ; D, d'un Homme moderne. c., canine ; m.1., première arrière-molaire ; t., apophyses géni ; m.g., sillon mylo-hyoïdien ; m.r., crête mylo-hyoïdienne (ligne oblique interne). (D'après SMITH WOODWARD).

Dans l'ensemble et dans les détails de sa morphologie, la mandibule de Piltdown reproduit donc exactement une mâchoire de Singe et, pour préciser, une mâchoire de Chimpanzé. Je n'ai pas hésité à le dire dès que j'ai pu étudier le moulage de la pièce : « Si cette mandibule avait été trouvée seule dans les graviers de Piltdown, avec les débris de Mammifères pliocènes, on n'eût pas manqué de l'appeler *Troglodytes Dawsoni* et de déclarer qu'elle

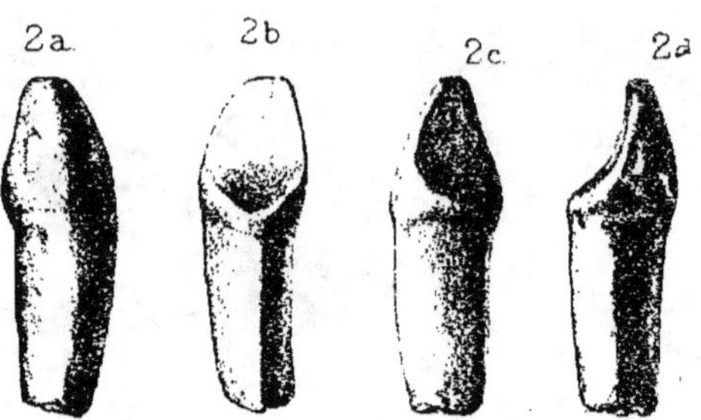

Fig. 99. — *Eoanthropus Dawsoni.* Canine inférieure droite, vue par ses faces externe (*2a*), interne (*2b*), antérieure (*2c*) et postérieure (*2d*). Grandeur naturelle. (D'après Smith Woodward).

témoigne de l'existence en Angleterre, pendant le Pliocène, d'un Singe anthropoïde » (1).

Ainsi, nous sommes en présence d'un petit lot de pièces osseuses qui nous montrent l'association paradoxale d'un crâne essentiellement humain avec une mandibule essentiellement simienne.

INTERPRÉTATIONS DES FAITS. — M. Smith Woodward attribue le crâne et la mandibule à un même individu, probablement de sexe féminin ; et c'est parce qu'il a été frappé des caractères pithécoïdes de la mandibule qu'il a fait de cet individu le type d'un genre primitif d'Hominiens qu'il a appelé *Eoanthropus*. Cette opinion a été généralement acceptée en Angleterre, même par un anatomiste comme M. Keith (2). Pourtant, M. Waterston avait émis des doutes. Il lui paraissait difficile d'admettre que crâne et mandibule pussent appartenir à un même être. Il faisait observer que la fosse glénoïde du temporal est conformée pour s'adapter à une mâchoire

―――――

(1) Boule (M.), La paléontologie humaine en Angleterre (*L'A.*, XXVI, 1915, p. 60).
(2) *Loc. cit.* et : The Antiquity of Man. Londres, 1915.

de Singe. « Il est tout aussi impossible, disait-il, d'attribuer au crâne cette mandibule que d'articuler le pied d'un Chimpanzé avec les os de la jambe d'un Homme » (1). Ce scepticisme a gagné d'autres naturalistes. Le mammalogiste américain Miller (2) s'est appliqué à démontrer, avec un grand luxe de preuves, que la mandibule représente une espèce pléistocène de Chimpanzé et il l'a dénommée *Pan vetus* (*Pan* étant la désignation générique employée en Amérique pour les Chimpanzés). Un autre savant de New-York, qui connaît parfaitement l'anatomie des Mammifères, Gregory, a également adopté cette manière de voir (3).

EOANTHROPUS EST UN ÊTRE ARTIFICIEL ET COMPOSITE. — Nous serions donc en présence d'une double découverte : celle d'un Homme et celle d'un Singe. L'*Eoanthropus* désignerait un être artificiel, composé de deux êtres naturels : un *Homo Dawsoni*, un *Troglodytes Dawsoni*.

Jusqu'à présent, j'avais conservé quelques doutes A côté des faits anatomiques, il y avait les circonstances de gisement qui me faisaient hésiter. Il est en effet bien difficile d'imaginer la présence, sur un même point, au sein d'une antique formation alluviale, de débris appartenant à deux espèces de grands Primates et d'expliquer, par le jeu du hasard, que ces débris aient les mêmes caractères physiques, se rapportent à des êtres de même taille et appartiennent à des parties du squelette qui se complètent. D'autre part, la présence d'un Anthropoïde en Europe occidentale, à l'époque pliocène ou au début du Quaternaire, n'aurait rien d'extraordinaire, d'autant plus que les dents de Taubach paraissent bien également être d'un Chimpanzé.

Aujourd'hui, il n'y a plus à hésiter. Il faut disjoindre les documents ostéologiques de Piltdown ; il faut admettre que le crâne et la mandibule ont appartenu à deux êtres différents.

Dès lors l'examen de la restauration de la tête osseuse par M. Smith Woodward perd de son intérêt, car c'est en considérant comme acquis le fait que mandibule et os du crâne ont appartenu

---

(1) *Nature*, 13 novembre 1913.

(2) MILLER (G. S.), The jaw of Piltdown Man (*Smithsonian Miscellaneous Collections*, LXV, n° 12, 1915). The Piltdown jaw (*American Journal of physical Anthropology*, I, 1918). Ces deux mémoires renferment une longue bibliographie critique.

(3) Studies on evolution of the Primates, p. 316.

à un même individu que M. Smith Woodward a cru pouvoir entreprendre cette restauration (fig 100 à 102).

La configuration de la boîte cérébrale, résultant du rapprochement et de la mise en place des fragments, ne saurait être bien éloignée de la vérité. La restauration de la face est, au contraire, d'autant plus hypothétique qu'elle ne peut guère s'appuyer que sur une mandibule qui lui est étrangère. Il n'est donc pas étonnant qu'elle pèche par un défaut d'harmonie, qu'elle sonne faux. Mais s'il est facile de la critiquer, cela tient surtout à ce qu'elle est un exemple de cette imprudente témérité qui consiste à vouloir, à tout prix, tirer d'un document paléontologique insuffisant plus qu'il ne peut donner.

CONCLUSIONS GÉNÉRALES. — Les documents de Piltdown sont malheureusement des documents incomplets. Leur interprétation, extrêmement difficile, est encore douteuse sur des points essentiels. Ils constituent, malgré tout, une découverte importante et des plus instructive. Même en admettant que crâne et mandibule soient tout à fait indépendants, il n'en reste pas moins : que les fragments du crâne nous apprennent l'existence, à une époque probablement fort ancienne de l'ère quaternaire, d'un Homme à boîte cérébrale essentiellement humaine ; que cet Homme se rattache plus nettement à l'ascendance de l'*Homo sapiens* actuel qu'à celle de l'*Homo Neanderthalensis*. Les origines de notre ancêtre direct devraient être ainsi très reculées dans le passé. Jusqu'à présent, on avait invoqué, à l'appui de cette hypothèse, un certain nombre de découvertes sans garanties géologiques, et, par suite, sans valeur démonstrative. Nous sommes ici en présence d'un fait nouveau, bien observé, dont la signification paraît claire et précise, à la condition toutefois que le crâne de Piltdown soit vraiment aussi ancien qu'on le suppose.

Quoi qu'il en soit de ce dernier point, bien difficile à éclaircir, rien n'autorisait M. Smith Woodward à créer un nouveau genre pour le fossile de Piltdown, car les caractères fondamentaux de celui-ci sont essentiellement humains, notamment sa capacité cérébrale aussi élevée que celle de beaucoup d'Hommes actuels. Et, surtout, pourquoi choisir le mot *Eoanthropus* ? Il ne saurait être question ici d'une forme *aurore* de l'Humanité.

Si nous comparons, au point de vue paléontologique, l'évolu-

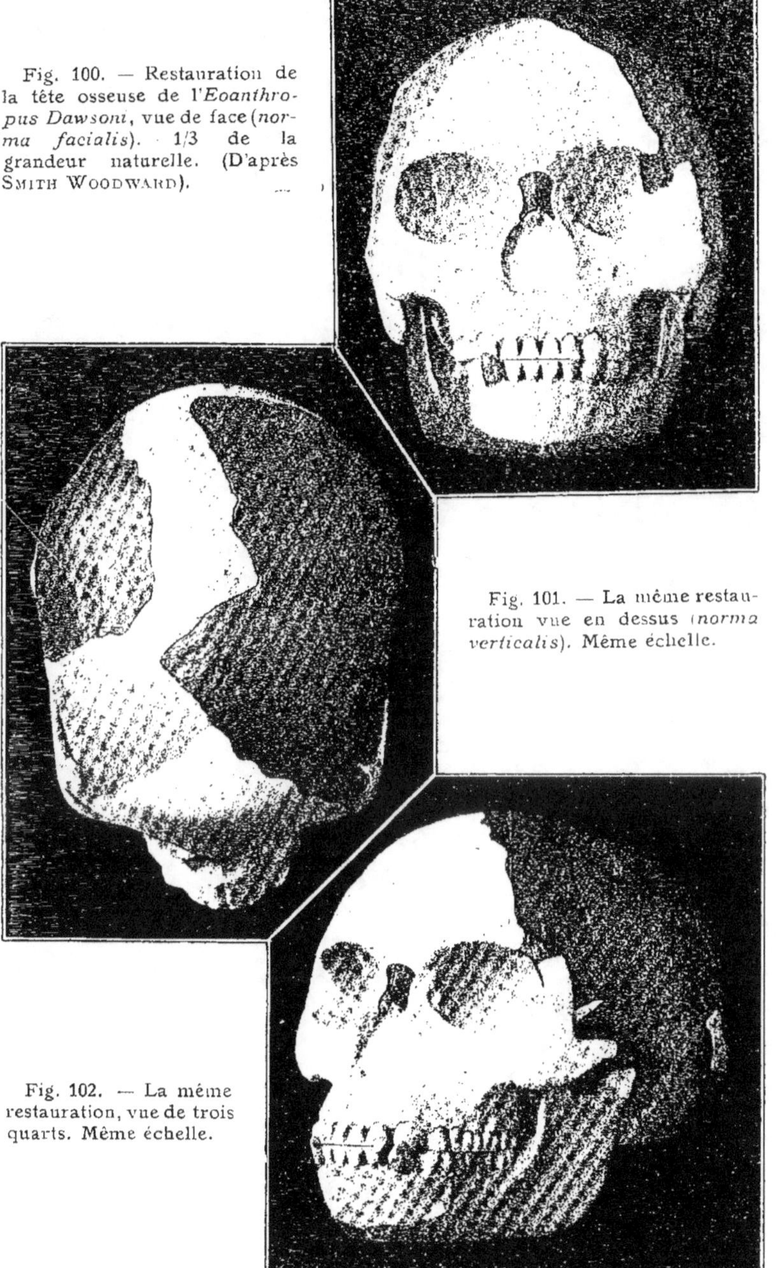

Fig. 100. — Restauration de la tête osseuse de l'*Eoanthropus Dawsoni*, vue de face (*norma facialis*). 1/3 de la grandeur naturelle. (D'après Smith Woodward).

Fig. 101. — La même restauration vue en dessus (*norma verticalis*). Même échelle.

Fig. 102. — La même restauration, vue de trois quarts. Même échelle.

tion des Hominiens à celle des Chevaux, nous verrons que l'expression analogue d'*Eohippus*, créée par Marsh, correspond vraiment à un Périssodactyle très ancien, chez lequel on commence à percevoir des tendances vers le type Solipède. Puis sont venues d'autres formes : *Mesohippus*, *Protohippus*, *Pliohippus*, etc., reliant cet *Eohippus* aux vrais *Equus*. Or, il est bien certain que *Eoanthropus* n'est pas à *Homo* ce que *Eohippus* est à *Equus*. Même dans l'hypothèse de Smith Woodward, il représenterait à peine, pour les Hommes, quelque chose comme le stade *Protohippus* des Chevaux.

Un jour viendra où l'on découvrira un Hominien de petite taille, à la station à peu près droite, à la boîte cérébrale relativement très grande par rapport au volume total du corps, mais très inférieure, en valeur absolue, à celle de tous les Hominiens déjà connus. Ce sera le véritable *Eoanthropus*.

Peut-être ce jour est-il prochain ; peut-être est-il encore très éloigné. En l'attendant, il faut se contenter de ce que nous avons appris si lentement et avec tant de peine. Nos connaissances viennent de faire quelques progrès puisqu'il y a une douzaine d'années, nous ne possédions aucun débris authentique d'un Homme chelléen. Aujourd'hui nous avons au moins une mâchoire inférieure, celle de Mauer, et, probablement, quelques portions d'un crâne, celui de Piltdown.

Est-il permis de rapprocher ces deux documents et de les rapporter à une même espèce ? Je ne le crois pas. La trouvaille de Mauer paraît être d'un âge géologique plus ancien que celle de Piltdown. La première est du plus vieux Chelléen ; la seconde pourrait n'être qu'acheuléenne, comme la mandibule d'Ehringsdorf. La morphologie comparée des trois ordres de documents osseux fournis par ces découvertes parle dans le même sens. Nous sommes en présence de deux et probablement de trois types différents. Nous arrivons ainsi à cette importante conclusion que, dès le début ou dès la première phase des temps quaternaires, les Hominiens de nos pays étaient déjà diversifiés. C'est une preuve nouvelle que les origines de l'Homme se perdent dans un passé de plus en plus lointain. Les terrains pliocènes et miocènes nous réservent certainement de curieuses, de passionnantes découvertes.

CHAPITRE VII

L'HOMME DE NÉANDERTHAL

(HOMO NEANDERTHALENSIS)

Si nous sommes très pauvres en fossiles humains du Pléistocène inférieur, ou *Chelléen*, nous sommes fort riches en fossiles humains du Pléistocène moyen, lequel correspond à peu près au *Moustiérien* des archéologues.

CARACTÈRES DU MOUSTIÉRIEN. — Nous savons déjà que cette époque est très différente de la précédente par ses caractères géologiques, paléontologiques et archéologiques. Elle correspond à la dernière invasion glaciaire, à une période de ruissellement et d'alluvionnement intenses, à la formation de la plus grande masse des limons superficiels et des terrains de remplissage des cavernes.

La flore et la faune de l'Europe centrale et méridionale diffèrent à la fois de la flore et de la faune chelléennes, de la flore et de la faune actuelles. Elles accusent un climat beaucoup plus humide et beaucoup plus froid. Les grandes espèces éteintes de Mammifères, le Mammouth, le Rhinocéros tichorhine, etc., sont revêtues d'une épaisse toison ; la plupart des espèces qui vivent encore aujourd'hui, le Renne, le Bœuf musqué, le Glouton, le Bouquetin, le Chamois, la Marmotte n'habitent plus que les contrées boréales ou les plus hautes montagnes.

Au point de vue archéologique, il y a aussi des changements.

Les silex de forme amygdaloïde sont plus petits, moins épais, plus fins. Les types dominants sont les pointes et racloirs taillés et retouchés sur une seule face. On observe pour la première fois quelques traces d'utilisation de l'os (fig. 103 et 113).

Nous sommes donc en présence de conditions de milieu toutes différentes de celles du Chelléen et beaucoup plus dures. L'Homme,

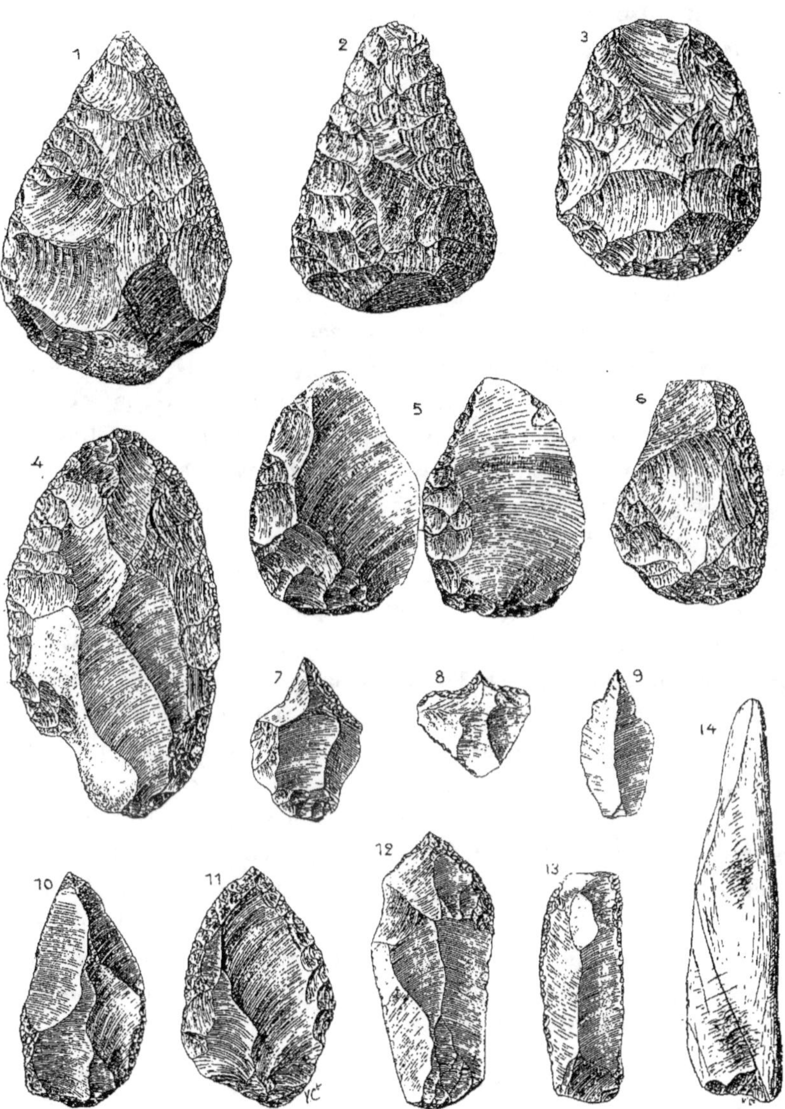

Fig. 103. — Industrie moustiérienne du Nord de la France. 1/3 de la grandeur naturelle. (D'après COMMONT).

1, 2, 3, silex amygdaloïdes, soigneusement taillés sur les deux faces ; *4, 5, 6,* racloirs ; *7, 8, 9,* perçoirs ; *10, 11, 12,* pointes ; *13,* lame retouchée en « couteau » ; *14,* fragment d'os avec stries, utilisé probablement comme compresseur.

obligé de se protéger contre les rigueurs du climat, doit modifier son habitat. Il se réfugie dans les cavernes, il y vit, il y meurt, il y laisse les ossements que nous exhumons aujourd'hui avec tant de curiosité émue.

HISTORIQUE

Aussi les découvertes de fossiles humains attribués à cette époque sont-elles fort nombreuses. On en compte une quarantaine environ, s'échelonnant de l'an 1700 à nos jours.

Beaucoup doivent être rejetées ou négligées, soit à cause du mauvais état de conservation des débris qu'elles ont fournis, soit, surtout, à cause des incertitudes qui règnent sur l'âge ou même sur l'authenticité des gisements. Dans l'historique, que je crois utile de présenter ici, je ne parlerai que des découvertes dont l'antiquité géologique mérite d'être discutée et qui ont livré des ossements dans un état de conservation permettant une étude sérieuse.

La plus ancienne est celle de Cannstadt, déjà signalée (Voy. p. 142).

Dans l'ordre chronologique vient ensuite la trouvaille de Lahr (1823) qui fut présentée à Cuvier (Voy. p. 6). Malgré l'essai de réhabilitation dont elle a été l'objet de la part de Hamy (1), ni les conditions de gisement, ni les caractères morphologiques des ossements ne permettent d'affirmer qu'il s'agit de débris vraiment fossiles.

NÉANDERTHAL. En 1856, une calotte cranienne et quelques os longs furent retirés par des ouvriers de la petite grotte Feldhofer, située entre Dusseldorf et Elberfeld (Prusse rhénane), dans le ravin, dit Neanderthal, où coule la rivière Düssel. C'est la fameuse découverte dite de *l'Homme de Néanderthal*, sauvée par Fuhlrott et décrite par Schaaffausen (2).

La calotte cranienne, très surbaissée, avec ses énormes arcades

---

(1) Hamy (E. T.), Nouveaux matériaux pour servir à l'étude de la paleontologie humaine (*Congrès intern. d'Anthrop.*, Paris, 1889, p. 423).

(2) La bibliographie, très abondante, n'a plus qu'un interêt rétrospectif. On la trouvera dans : Quatrefages et Hamy, *Crania ethnica*. — Reinach (S.), Description raisonnée du musée de Saint-Germain. — Obermaier, Les restes humains quaternaires dans l'Europe centrale (*L'A.*, XVII, 1906). Ce dernier mémoire donne de nombreuses références bibliographiques sur tous les gisements à fossiles humains de l'Europe centrale. — Parmi les derniers travaux publiés sur la morphologie du crâne, il faut citer surtout : Schwalbe (G.), Der Neandertalschädel (*Bonner Jahrbücher*, Heft 106, 1901).

sourcilières (fig. 104), intrigua vivement les meilleurs naturalistes du siècle dernier. Les uns, avec Schaaffhausen, Huxley, y virent le représentant d'une race humaine primitive, ayant conservé des caractères simiens ; d'autres, avec l'allemand Virchow, voulurent la

considérer comme une pièce pathologique, comme un crâne d'idiot. On a longtemps suspecté sa haute antiquité, en faveur de laquelle il n'y avait aucun argument irréfutable. La morphologie si extraordinaire de cette calotte ne pouvait être victorieusement invoquée, car elle constituait un cas isolé. Nous allons voir comment les découvertes ultérieures ont rompu cet isolement et nous ont donné le droit d'affirmer que le limon d'où

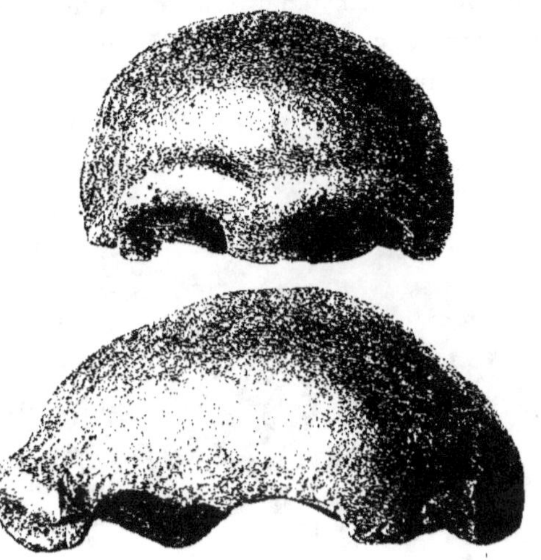

Fig. 104. — Calotte cranienne de Néanderthal, vue de face et de profil. 1/3 de la grandeur naturelle. Photogr. d'un moulage.

furent extraits les ossements de Néanderthal, remonte bien, comme la plupart des formations géologiques analogues, au Pléistocène moyen.

Est venue ensuite (1859) la trouvaille, dans la grotte des Fées, près d'Arcy-sur-Cure (Yonne), d'un fragment de mandibule humaine, bien datée par les restes osseux d'animaux éteints qui furent recueillis en

Fig. 105. — Fragment de mandibule d'Arcy-sur-Cure. 3/4 de la grandeur naturelle. (D'après DE QUATREFAGES et HAMY).

même temps (1). Ce spécimen, très mutilé, parut remarquable par la petitesse du menton (fig. 105).

---

(1) VIBRAYE (De), *Bull. Soc. géolog. de France*, 2ᵉ série, XVII, 1860, p. 462.

GIBRALTAR.   En 1864, au congrès de l'Association britannique, un géologue anglais,
Busk, présenta un crâne humain extrait depuis 1848 de la
brèche ossifère d'une excavation dite de Forbe's Quarry à
Gibraltar. Busk compara ce crâne à celui de Néanderthal. De
Quatrefages et Hamy le rattachèrent à leur *race de Cannstadt* et
l'oubli parut se faire autour de ce document paléontologique pour-

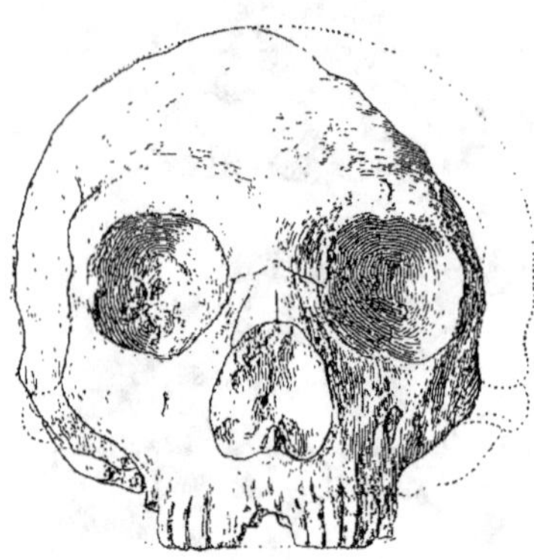

Fig. 106. — Crâne de Gibraltar, vu
de face. Dessin au diagraphe d'après
un moulage. 1/3 de la grandeur naturelle.

tant « extrêmement curieux » par
son front fuyant, ses arcades orbitaires puissantes, sa face énorme
(fig. 106). Les travaux récents de
Sollas, Sera, Keith, etc. l'ont remis
à l'ordre du jour (1).

On ne saurait douter de la haute
antiquité du crâne de Gibraltar.
Il est contemporain de la faune
des brèches et dépôts profonds
des cavernes décrite par Busk (2),
et qui représente un faciès méridional de la faune du Pléistocène
moyen. Le crâne humain et les
ossements d'animaux sont dans
le même état de fossilisation. Et nous savons aujourd'hui qu'il
y a, dans l'Espagne méridionale, une industrie moustiérienne
typique.

LA NAULETTE.   L'année 1866 fut marquée par la
découverte de la mâchoire de La Nau-
lette, presque aussi célèbre que la calotte cranienne de Néanderthal (fig. 107). Trouvée par un éminent géologue belge, Dupont, dans une couche intacte du Trou de La Naulette près de
Dinant, bien datée par les débris d'animaux du Pléistocène
moyen qui l'accompagnaient (3), ses particularités morphologiques,

---

(1) Sollas (W. J.), On the cranial and facial characters of the Neanderthal race (*Philosophical Transactions*, B, CXCIX, 1907). — Sera (G.-L.), Di alcuni caratteri... nel
cranio di Gibraltar (*Soc. romana di Antrop.*, XV, 1909). Nuove osservazioni... (*Arch.
per l'Antrop.*, XXXIX, 1909). — Keith (A.), Ancient types of Man. Londres, 1911, p. 121.
(2) Busk (G.), On the ancient or quaternary fauna of Gibraltar (*Transact. of
Zoolog. Soc. of London*, X, 1879).
(3) Dupont (E.), Étude sur les fouilles scientifiques... dans les cavernes de la
Lesse (*Bull. de l'Acad. roy. de Belgique*, XXII, 1866).

robustesse, absence de menton, alvéoles des molaires volumineux, frappèrent vivement les anatomistes (1).

Hamy eut le mérite de pressentir, sinon de démontrer, que, d'une part, les crânes à front fuyant et à lourdes arcades sourcilières et, d'autre part, les mandibules robustes sans menton, connues à cette époque, devaient avoir appartenu à un même type, c'est-à-dire à une même race. Le Dr Topinard (2) a repris depuis, en détail, l'étude de la mâchoire de La Naulette.

Un certain doute plane sur l'âge géologique de la calotte cranienne extraite en 1872 des alluvions anciennes de Brüx (Bohême). On s'accorde à considérer ce spécimen comme néanderthaloïde, mais son mauvais état de conservation en fait un document peu utilisable.

Les trouvailles faites en 1881 dans la caverne Schipka en Moravie, en 1883, dans le lehm de Marcilly

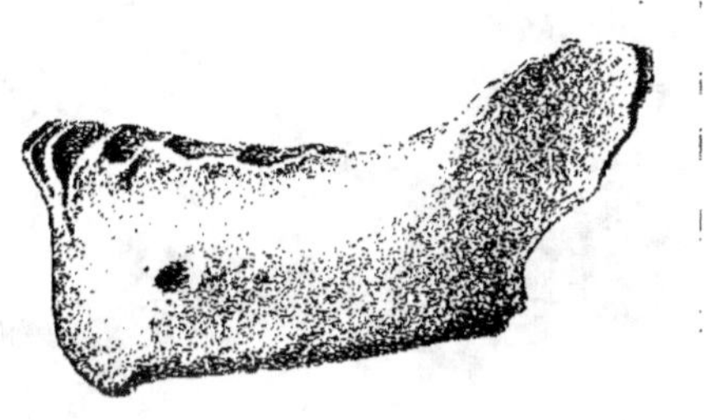

Fig. 107. — Mâchoire de La Naulette. 3/4 de la grandeur naturelle. (D'après QUATREFAGES et HAMY).

(Eure) et, en 1884, dans une poche d'argile de la craie de Bury St-Edmonds (Suffolk) consistent en de simples fragments de mâchoires ou de crânes dans un état de conservation à peine suffisant pour permettre de les rattacher au type de Néanderthal.

Il est également impossible de dater le crâne extrait, à la fin de 1883, du loess de Podbaba, près de Prague.

DÉCOUVERTE DE SPY. L'année 1886 se signale par la très importante découverte de Marcel de Puydt et Max Lohest dans la grotte de Spy (province de Namur), en Belgique. Ici toutes les conditions scientifiques désirables sont réalisées. La stratigraphie du gisement est bien établie par un géologue ; la faune accompagnant les restes humains est celle du Pléistocène moyen : *Elephas primigenius, Rhinoceros*

---

(1) PRUNER-BEY, Sur la mâchoire humaine de la Naulette (*Bull. de la Soc. a'Anthrop. de Paris*, 1866). — HAMY (E.-T.), Précis de Paléontologie humaine, p. 232.
(2) TOPINARD (D.), Les caractères simiens de la mâchoire de la Naulette (*Revue d'Anthrop.*, 1886, p. 385).

tichorhinus, etc. ; les silex taillés sont des formes moustiériennes.

Les ossements humains sont nombreux et relativement bien conservés : deux boîtes craniennes, quelques parties de la face, deux mandibules, un grand nombre d'os longs plus ou moins entiers, se rapportant à deux squelettes. Ces précieux documents ont été étudiés par Fraipont et Lohest ; la belle monographie publiée par ces savants (1) a augmenté beaucoup nos connaissances sur le type humain dit de Néanderthal. Jusqu'à ces dernières années, les squelettes de Spy étaient regardés, à juste titre, comme les moins incomplets et les plus importants du Paléolithique ancien.

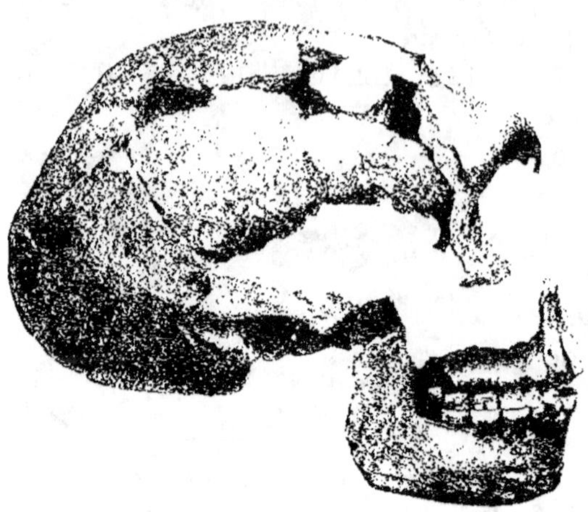

Fig. 108. — Crâne de Spy (n° 1), vu de profil. 1 3 environ de la grandeur naturelle (D'après Fraipont).

En 1889, Hamy étudia (2) quelques débris humains découverts par Piette dans la grotte de Gourdan, les uns magdaléniens, les autres moustiériens. Ces derniers comprenaient un morceau de mandibule et une portion de face (maxillaire supérieur et malaire). Hamy, avec sa perspicacité ordinaire, les rapprocha des parties analogues des crânes de Gibraltar et de Spy.

La même année, H. Filhol décrivit une mâchoire inférieure retirée de la caverne de Malarnaud, près de Montseron (Ariège) ; elle gisait dans un limon à ossements d'Ours des cavernes et de Mammouth, c'est-à-dire dans un milieu et à un niveau correspondant à celui où fut trouvée la mâchoire de La Naulette, dont la pièce

---

(1) Fraipont (J.) et Lohest (M.), Recherches ethnographiques sur des ossements humains découverts dans les dépôts d'une grotte quaternaire à Spy (*Archives de Biologie*, VII, 1886. Gand, 1887).

(2) *Congrès intern. d'Anthrop.*, Paris, 1889, p. 413.

de Malarnaud (fig. 109) reproduit les caractères anatomiques (1).

Une portion de crâne, recueillie en 1892 dans une briqueterie de Bréchamps (Eure-et-Loir), a été considérée par Manouvrier comme se rattachant au type de Néanderthal et de Spy, dont elle présenterait les principaux caractères, d'ailleurs très atténués. A mon sens, elle rappelle plutôt les crânes modernes dits « néanderthaloïdes ». En tout cas, les conditions de gisement n'ont été l'objet d'aucun contrôle et le crâne n'a pas été vu en place, au niveau des silex moustiériens que fournit la briqueterie.

Une mandibule humaine, trouvée en 1895 à Isturitz (Basses-Pyrénées), dans un milieu riche en ossements d'Ours des cavernes et de Rhinocéros, serait à rapprocher, d'après M. Breuil, de celle de Malarnaud (2).

Vers la même époque, les grottes de l'Estelas (Ariège),

Fig. 109. — Mâchoire de Malarnaud (Ariège), vue de profil. 3/4 de la grandeur naturelle . (D'après FILHOL).

d'Aubert (Ariège), de Sallèles-Cabardès (Aude) ont livré à F. Regnault et L. Roule deux mandibules d'enfants et un frontal aux arcades orbitaires très développées ; on peut les rapporter au Pléistocène moyen sans inconvénient.

KRAPINA. La découverte de Krapina (Croatie) est plus importante. En 1899, un professeur de l'Université d'Agram, M. Gorjanovic-Kramberger, décrivit un abri paléolithique où, dans une couche pléistocène intacte (fig. 110), il avait recueilli des fragments de 10 à 12 crânes, 14 morceaux de mandibules, 144 dents isolées, de nombreux débris de vertèbres, de côtes, d'os longs. Plusieurs de ces ossements, rencontrés dans des foyers, sont calcinés. En général

---

(1) FILHOL (H.), Note sur une mâchoire humaine trouvée dans la caverne de Malarnaud... (*Bull. de la Soc. philomathique de Paris*, 1889). — BOULE (M.), La caverne de Malarnaud (*Ibid.*).

(2) BREUIL (H.), Les plus anciennes races humaines connues (*Revue des sciences philosophiques et théologiques* 1909).

l'état de conservation de tous ces débris laisse beaucoup à désirer. Ils ont fait l'objet d'une longue et consciencieuse monographie (1).

L'âge véritable du gisement a été souvent méconnu. On a tenu surtout à le vieillir, en invoquant la présence du *Rhinoceros Mercki* parmi la faune dont les débris accompagnaient les ossements humains et qui, par ses autres éléments, n'a rien qui la distingue de la faune classique du Pléistocène moyen. Or, le *Rhinoceros Mercki* a eu, dans nos pays, une longévité plus grande que l'Éléphant antique et l'Hippopotame, auxquels il est associé dans la faune du Pléistocène inférieur. Aucun des éléments vraiment caractéristiques de cette dernière faune ne se rencontre à Krapina. Au point de vue paléontologique, ce gisement ne saurait donc remonter au delà du Pléistocène moyen. Les documents archéologiques sont d'accord ici avec les documents paléontologiques : les pierres travaillées appartiennent aux types du Moustiérien classique.

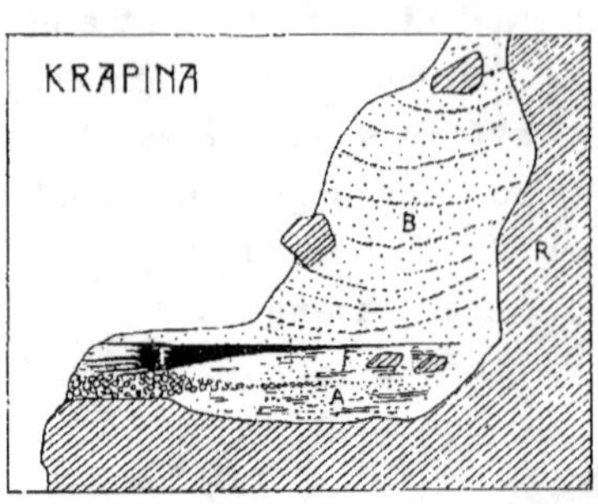

Fig. 110. — Coupe du gisement de Krapina. (D'après Gorjanovic-Kramberger).

R, rocher formant abri ; A, dépôt alluvial de la Krapina, dont le lit est actuellement à 25 mètres en contre-bas ; F, foyers, principal gisement des ossements humains ; B, produits de désagrégation des grès miocènes formant l'abri et vers le sommet desquels on trouve encore des os de l'Ours des cavernes.

GRIMALDI.

Un des principaux résultats des fouilles que le prince Albert Ier de Monaco a fait pratiquer, de 1895 à 1902, dans les grottes de Grimaldi, près de Menton, est la découverte de plusieurs squelettes d'Hommes fossiles bien datés par la stratigraphie, la paléontologie et l'archéologie (2). Plusieurs de ces squelettes, comme ceux trouvés auparavant par Rivière et Abbo, ne remontent pas au delà du Pléistocène supérieur et offrent tous les caractères des *Homo sapiens* de la race de Cro-Magnon. Nous n'avons pas à nous en occuper en ce moment. Mais, en juin 1901, le chanoine de

---

(1) Gorjanovic-Kramberger (K.), Der diluviale Mensch von Krapina in Kroatien. Wiesbaden, 1906.

(2) Boule (M.), Cartailhac (E.), Verneau (R.) et Villeneuve (L. de), Les grottes de Grimaldi. Monaco, 1906-1919. — Voir de longs résumés de cet ouvrage dans *L'A.*, 1906.

Villeneuve, directeur des fouilles du Prince, a exhumé d'une couche plus ancienne de la grotte des Enfants, à 8 m. 50 de profondeur, deux autres squelettes aux caractères morphologiques très différents. Mon savant collègue, le professeur Verneau, qui les a magistralement étudiés, en a fait le type d'une nouvelle race fossile remarquable par ses caractères nigritiques, la *race de Grimaldi*. L'examen du gisement et l'étude des ossements d'animaux, recueillis immédiatement au-dessus et au-dessous des squelettes humains, m'ont porté à déclarer que ceux-ci remontent au Pléistocène moyen et sont sensiblement de l'âge des squelettes de Spy. Je reviendrai sur ce point au chapitre suivant.

En 1906, Rzehak a décrit un morceau de mâchoire trouvé dans une couche « à faune glaciaire » de la grotte d'Ochos en Moravie. Cette pièce est trop incomplète pour qu'on puisse affirmer sa nature néanderthaloïde. Elle paraît avoir été pourvue d'un menton.

Il suffira de mentionner la trouvaille de trois fragments de mâchoires humaines au Petit-Puy-Moyen (Charente) par M. Favraud, dans un milieu moustiérien. Ces mâchoires sont robustes, à menton fuyant, à dents volumineuses.

Nous arrivons à une série de découvertes récentes et d'un tel intérêt qu'elles doivent être racontées un peu plus longuement.

LA CHAPELLE-AUX-SAINTS. La première est celle du squelette de La Chapelle-aux-Saints (1). Il y a, près du village de ce nom, dans la Corrèze, une grotte d'assez faibles dimensions (fig. 111) que s'appliquaient à fouiller trois prêtres déjà connus par leurs recherches d'archéologie préhistorique, MM. les abbés A. Bouyssonie, J. Bouyssonie et Bardon. Le 3 août 1908, ils y découvrirent tout un lot d'ossements humains qu'ils m'adressèrent au Muséum et qu'ils voulurent bien me céder avec le plus grand désintéressement.

Cette heureuse découverte a fourni le fossile humain moustiérien le moins incomplet et le mieux conservé de tous ceux qu'on connaissait alors. Elle se présente dans des conditions topographiques et stratigraphiques irréprochables. L'âge du squelette est établi aussi clairement que possible et les circonstances de son gisement, sous

---

(1) BOULE (M.), L'Homme fossile de La Chapelle-aux-Saints (*Comptes rendus de l'Acad. des sciences*, 14 déc. 1908). — BOUYSSONIE (A. et J.) et BARDON (L.), Découverte d'un squelette humain moustiérien... (*Ibid.*, 21 déc. 1908).

une faible épaisseur de matériaux de remplissage de la grotte d'où

Fig. 111. — La colline où s'ouvre la grotte de La Chapelle-aux-Saints.
L'entrée de la grotte est à peu près au centre du cliché.

il a été exhumé, expliquent son état de conservation tout à fait
exceptionnel.

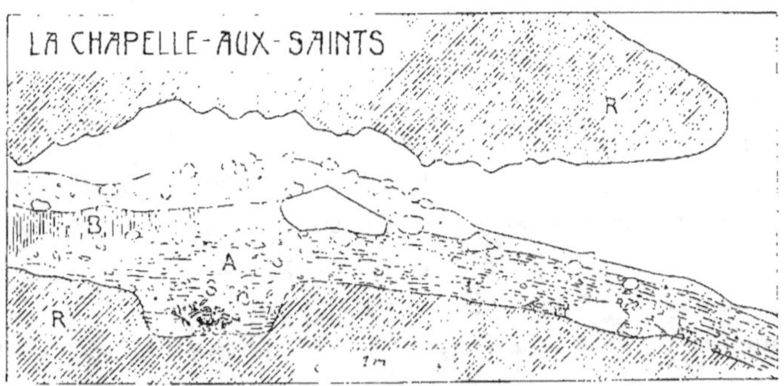

Fig. 112. — Coupe longitudinale de la grotte de La Chapelle-aux-Saints. (D'après
A.-J. Bouyssonie et Bardon).
R, roche dans laquelle est creusée la grotte ; A, couche archéologique ; B, argile ;
C, terre sablo-argileuse, meuble; S, squelette humain.

La coupe ci-jointe (fig. 112), relevée par MM. Bouyssonie et Bardon, établit clairement la stratigraphie.

Sur le plancher de la grotte, une couche archéologique, épaisse
de 0 m. 30 à 0 m. 40, s'étendait sans interruption ; elle était recou-

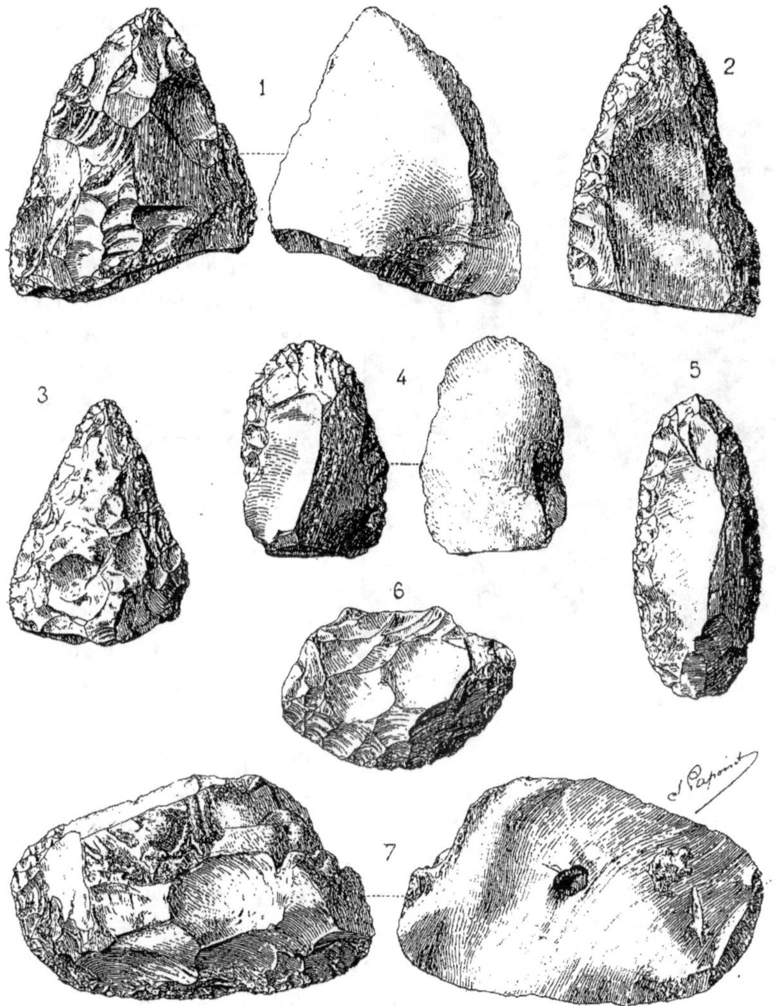

Fig. 113. — Quelques silex taillés de la couche moustiérienne de la grotte de La
Chapelle-aux-Saints. 3/4 de la grandeur naturelle.

verte par des dépôts superficiels d'aspect beaucoup plus récent.

Les débris d'animaux recueillis dans cette couche archéologique
se rapportent à de nombreuses espèces dont les plus caractéristiques
sont : *Rhinoceros tichorhinus* (Rhinocéros à narines cloisonnées),

Rangifer tarandus (Renne), *Capra ibex* (Bouquetin), *Bison priscus* (Bison), *Hyœna spelœa* (Hyène des cavernes), *Arctomys marmotta* (Marmotte).

Cette couche était très riche en silex taillés comprenant principalement les deux types classiques du Moustiérien : pointes et racloirs (fig. 113). On n'a pas observé le moindre objet en os vraiment travaillé.

D'après MM. Bouyssonie et Bardon, l'homme dont ils ont retrouvé le squelette a été intentionnellement enseveli. Il gisait au fond d'une fosse creusée dans le sol marneux de la grotte, à une profondeur d'environ 0 m. 30 (1).

Les parties du squelette que j'ai pu rassembler sont : la tête osseuse (crâne et mâchoire inférieure), 21 vertèbres ou fragments de vertèbres, une vingtaine de côtes ou fragments de côtes, une clavicule, les deux humérus presque complets, les deux radius incomplets, les deux cubitus ; quelques os de la main, deux morceaux des iliaques, les deux fémurs incomplets, les deux rotules, des portions des deux tibias, une astragale, un calcanéum, les cinq métatarsiens droits, deux morceaux de métatarsiens gauches, une phalange.

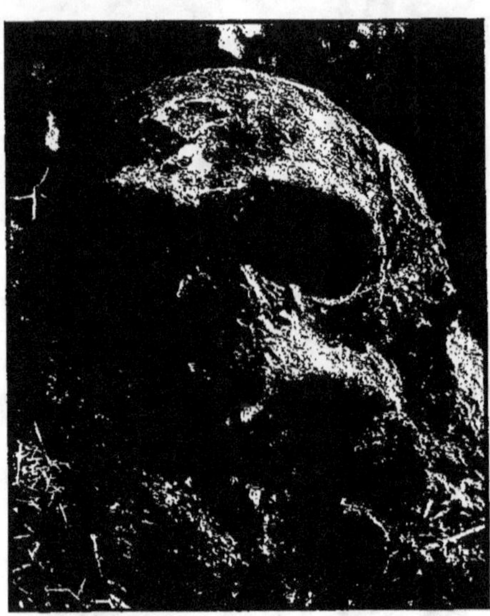

Fig. 114. — Le crâne de La Chapelle-aux-Saints dans son gisement. Photographie de Bouyssonie et Bardon.

LE MOUSTIER.
<hr>

En janvier 1909, un marchand d'antiquités, de nationalité suisse, qui a trop longtemps exploité, pour le compte des Allemands, les gisements de la Dordogne, c'est-à-dire les plus vieilles et les plus précieuses archives de notre pays, fit connaître les circonstances dans

<hr>

(1) Bouyssonie (A. et J.) et Bardon (L.), La station moustiérienne de la « Bouffia » Bonneval à La Chapelle-aux-Saints (*L'A.*, XXIV, 1913).

lesquelles il avait trouvé et exhumé un squelette humain au Moustier (1).

Le dégagement eut lieu le 10 août 1908, devant un aréopage de savants d'outre-Rhin : Klaatsch, H. Virchow, von den Steinen, Hahne, Wüst, etc. et, naturellement, en l'absence de tout homme de science français. La valeur scientifique de ce document est encore singulièrement diminuée par la pénurie de données strati-graphiques ou paléontologiques sérieuses et surtout par la façon déplorable dont il a été extrait et restauré. La reconstitution du crâne, faite par le professeur d'anatomie Klaatsch, est une véritable caricature (fig. 115). Une deuxième restauration, à laquelle plusieurs éminents col-lègues de Klaatsch ont été appelés à collaborer, a du moins le mérite d'être plus sincère. La valeur matérielle du squelette du Mous-tier fut, par contre, jugée hors de pair par le « Museum für Völkerkunde » de Berlin qui l'a payé à son pourvoyeur Hauser un prix fabuleux : 125 000 francs ! D'après Klaastch le squelette du Moustier est celui d'un jeune homme de seize ans environ. Il ne paraît pas douteux qu'il appartienne au type de Néanderthal.

Fig. 115. — Crâne du Moustier vu de face et tel qu'il a été restauré par l'anatomiste allemand Klaatsch. Photographie d'un moulage. 1/3 de la grandeur naturelle.

LA FERRASSIE. — Il y a à La Ferrassie, près du Bugue (Dordogne), un abri sous roche dont MM. Capitan et Peyrony exploraient depuis dix ans les nombreux foyers superposés et riches en objets travaillés par les Paléoli-thiques. Le 17 septembre 1909, Peyrony vit affleurer quelques os humains. Sur son invitation et celle de son collaborateur, M. Capi-tan, plusieurs personnes se rendirent à La Ferrassie pour assister et

(1) HAUSER (O.), Découverte d'un squelette du type de Néanderthal... (*L'Homme préhistorique*, janvier 1909), suivi de KLAATSCH (H.), Preuves que l'*Homo mouste-riensis Hauseri* appartient au type de Néanderthal.

collaborer à l'extraction du squelette : MM. Cartailhac, Breuil, Bouyssonie, l'auteur de ce volume. Nous nous sommes assurés : 1º que le niveau stratigraphique est sensiblement le même que celui de La Chapelle-aux-Saints, à la base d'une couche archéologique

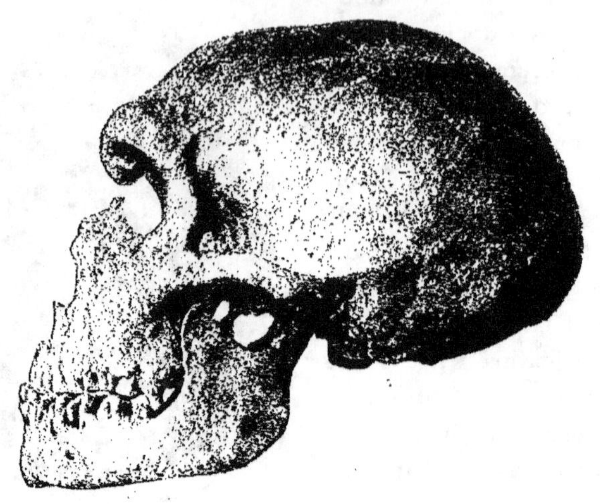

Fig. 116. — Tête osseuse du squelette masculin de La Ferrassie, vue de profil. 1/3 de la grandeur naturelle. Galerie de Paléontologie du Muséum.

moustiérienne reposant, d'après MM. Capitan et Peyrony, sur une couche acheuléenne; 2º qu'il s'agit d'un individu du type de Néanderthal ; 3º que les ossements de cet Homme fossile avaient gardé leurs connexions anatomiques et qu'ils gisaient au sein des couches intactes, sans qu'on ait pu observer aucune trace de sépulture.

Le même gisement a livré en 1910 à M. Peyrony un second squelette gisant non loin du premier. Celui-ci dénote un individu plus frêle, de taille plus petite, très probablement féminin. Enfin, en 1912, il a été recueilli quelques portions des squelettes de deux enfants (1). Il semble qu'il y ait là les restes osseux de toute une famille peut-être morte par accident, ensevelie sous un éboulement. Cette série, d'une valeur exceptionnelle, a été libéralement offerte au

---

(1) CAPITAN (Dr) et PEYRONY, Deux squelettes humains au milieu de foyers de l'époque moustérienne (*Revue de l'Ecole d'Anthrop.*, décembre 1909). Station préhistorique de la Ferrassie (*Revue anthropologique*, janvier 1912).

Muséum par MM. Capitan et Peyrony. Le dégagement des squelettes, leur préparation, la reconstitution d'un crâne presque aussi complet que celui de La Chapelle-aux-Saints (fig. 116) ont été effectués dans mon laboratoire. Leur description détaillée était sur le point de paraître quand la guerre a éclaté. Il en sera souvent question dans la suite de ce chapitre.

MM. Capitan et Peyrony m'ont également remis les os brisés d'un crâne d'enfant recueilli par eux dans la couche moustiérienne de la petite grotte du Pech de l'Azé, près de Sarlat (Dordogne).

LA QUINA. — C'est aussi une exploration de longue haleine qui a conduit en 1911 le Dʳ Henri Martin à l'heureuse découverte de La Quina (Charente). Après plusieurs années de fouilles pratiquées lentement, avec

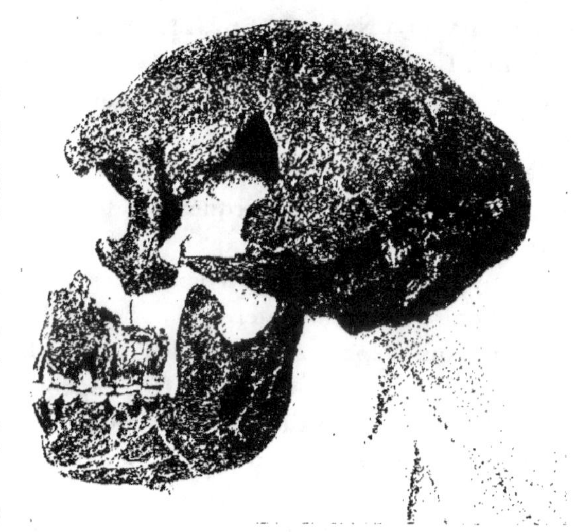

Fig. 117. — Crâne de La Quina, vu de profil. 1/3 environ de la grandeur naturel'e.
Photographie d'Henri Martin.

beaucoup de soin, il a rencontré un squelette humain dans un milieu nettement moustiérien. Les parties bien conservées de la tête (fig. 117) ont les caractères des mêmes parties de la calotte de Néanderthal, du crâne et de la mandibule de La Chapelle-aux-Saints (1).

____

(1) Martin (H.), Sur un squelette humain de l'époque moustérienne trouvé en Charente (*Comptes rendus de l'Acad. des Sc.*, 16 octobre 1911). Présentation d'un

Toujours en 1911, quelques molaires humaines ont été recueillies, avec des ossements de *Rhinoceros tichorhinus* et de Renne et avec des silex taillés moustiériens, dans une grotte de la baie de Saint-Brelade, au sud-ouest de l'île de Jersey (1).

Hillebrand a parlé d'ossements infantiles extraits de la caverne de Balla, près de Repashuta (Hongrie). Leur position stratigra phique n'est pas clairement établie.

En 1915, MM. Pacheco et Obermaier ont décrit une mandibule trouvée en 1887 dans un tuf calcaire pléistocène à Bañolas (Catalogne). Ils l'ont rapportée au type de Néanderthal (2).

RÉSUMÉ.   Sur cette vingtaine de découvertes, qu'un état civil satisfaisant permet d'attribuer au Pléistocène moyen, la moitié environ ne consistent qu'en des pièces trop fragmentaires. Les autres ont fourni des documents ostéologiques se prêtant à des études morphologiques complètes : Néanderthal, Gibraltar, La Naulette, Spy, Malarnaud, Krapina, La Chapelle-aux-Saints, Le Moustier, La Ferrassie, La Quina. Le type humain fossile de Néanderthal nous est ainsi connu aujourd'hui par des documents bien conservés, faciles à étudier et se rapportant à une quinzaine d'individus au moins.

Est-il utile, par suite, de faire remarquer que les idées de Pruner-bey, Gratiolet, Virchow, Hartmann, etc., sur la nature exceptionnelle, tout à fait aberrante ou pathologique des crânes du type de Néanderthal, n'ont plus qu'un intérêt historique? L'opposition des savants allemands qui, depuis, ont acheté le squelette du Moustier au poids de l'or, était encore des plus vive en 1892, époque à laquelle la « race de Néanderthal » fut traitée d' « imaginaire », de « création de la fantaisie » et fut « mise au tombeau » par Virchow, von Hölder, Haas, Kolmann, etc. (3).

Nous sommes donc aujourd'hui en possession d'un ensemble de

crâne humain... (*Bull. de la Soc. préhist. française*, 1911). Reconstitution du crâne (*Ibid.*, 1913).

(1) Marett (R.), Pleistocene Man in Jersey (*Archeologia*, LXII, 1911). — Keith (A.) et Knowles (F.), A description of teeth of palæolithic man from Jersey (*Journal of Anat. and Physiol.*, XLVI, 1911).

(2) Pacheco (E. Hernandez) et Obermaier (H.), La mandibula neandertaloide de Bañolas (*Comision de Investigaciones paleontologicas y prehistoricas*, n° 6, Madrid, 1915).

(3) Le regretté J. Fraipont publia, à cette occasion, une éloquente défense intitulée : La race imaginaire de Caunstadt ou de Néanderthal (*Bull. de la Soc. d'Anthrop. de Bruxelles*, XIV, 1895).

matériaux complets, se rapportant à un même type humain homogène, très différent de tous les types actuels et mieux connu certainement que beaucoup de ces derniers. Ce type humain, qui présente de nombreux caractères d'infériorité, doit être désigné, nous verrons plus tard pourquoi, sous le nom d'*Homo Neanderthalensis*. Je vais en donner une description aussi brève mais aussi complète que possible, en me basant principalement sur le squelette de La Chapelle-aux-Saints dont j'ai publié la monographie (1) et sur les squelettes encore inédits de la Ferrassie.

DESCRIPTION.
LA TÊTE OSSEUSE

La tête osseuse de l'Homme de la Chapelle-aux-Saints paraît étrange, même aux yeux d'un observateur peu familiarisé avec l'anatomie (fig. 118). Elle frappe

Fig. 118. — Le crâne de La Chapelle-aux-Saints, vu de trois quarts. 1,3 environ de la grandeur naturelle. Galerie de Paléontologie du Muséum.

d'abord par ses dimensions très considérables, eu égard surtout à la faible stature du sujet auquel elle a appartenu (moins de 1 m. 60 comme on le verra plus loin). Elle frappe ensuite par son aspect bestial ou, pour mieux dire, par tout un ensemble de caractères simiens. Le crâne, de forme allongée, est très surbaissé ; les arcades orbitaires sont énormes ; le front est très fuyant ; la région occipitale, très saillante et déprimée ; la face, longue, se projette en avant ; les orbites sont énormes ; le nez, séparé du front par une profonde dé-

---

(1) BOULE (M.), L'Homme fossile de La Chapelle-aux-Saints (*Annales de Paléontologie*, 1911-1913). — On y trouvera de très nombreuses références bibliographiques de travaux déjà publiés sur la morphologie de l'*Homo Neanderthalensis* ou utiles à consulter pour cette étude, et que je ne saurais reproduire dans ce volume.

pression, est court et très large ; le maxillaire supérieur forme, dans le prolongement des os malaires, une sorte de museau ; la mandibule est robuste, épaisse; le menton rudimentaire.

MORPHOLOGIE ·
GÉNÉRALE DU CRANE.

Examinant d'abord la morphologie générale du crâne, nous constatons, au premier coup d'œil, que la face est très développée par rapport à la boîte cérébrale et c'est là, nous l'avons vu (p. 73), un caractère zoologique de premier ordre. On peut le rendre très frappant par un procédé graphique consistant à superposer les profils craniens du fossile, d'un Chimpanzé et d'un Français,

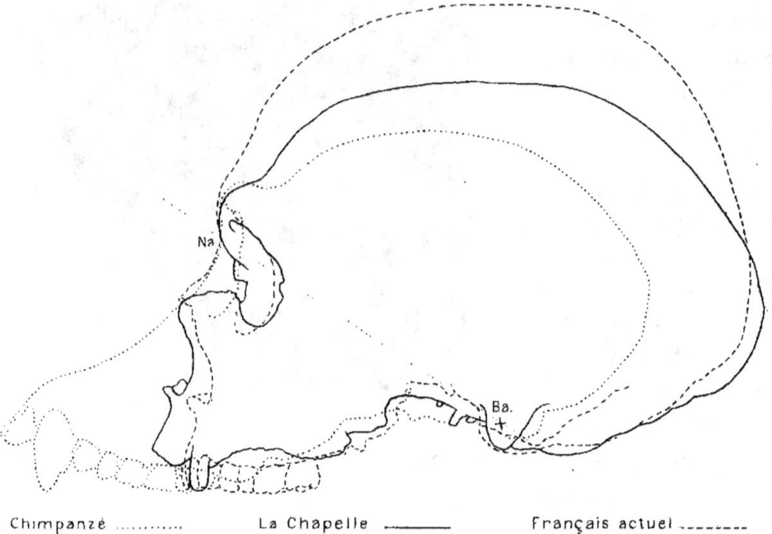

Fig. 119. — Profils d'un crâne de Chimpanzé, du crâne de La Chapelle-aux-Saints et du crâne d'un Français actuel superposés suivant les lignes basio-nasales ramenées à une même longueur. *Ba*, basion ; *Na*, nasion.

suivant une ligne représentant assez bien les séparations des portions faciale et cérébrale et après avoir, bien entendu, ramené les trois lignes basi-axiales à une même longueur Na, Ba (fig. 119). Chez le Chimpanzé, le territoire facial est presque aussi vaste que le territoire cérébral. Par contre, chez le Français, la face est très réduite et le crâne cérébral très développé. Entre ces deux extrêmes vient s'intercaler le crâne de La Chapelle. Tandis qu'il est plus rapproché de son congénère. l'Homme actuel, par sa face, il est à peu près à égale distance de celui-ci et du Chimpanzé par sa boîte cérébrale.

Non moins curieuse est la fig. 120, montrant en superposition les profils craniens de notre Homme fossile et de l'illustre paléontologiste américain Cope. Pour des capacités craniennes à peu près égales, on voit combien sont considérables les différences de grandeur de la face chez un Homme des plus intelligents et chez notre Sauvage des temps quaternaires.

Par le développement relatif de sa partie faciale et de sa partie cérébrale, le crâne de La Chapelle-aux-Saints se montre donc fort

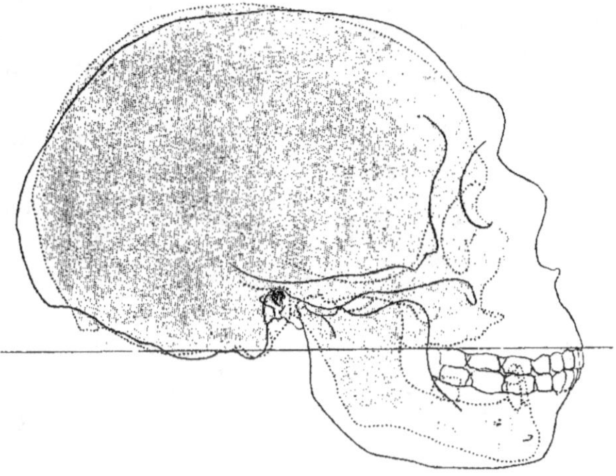

Fig. 120. — Superposition des profils des têtes osseuses de l'illustre naturaliste américain Cope (grisé) et de l'Homme fossile de La Chapelle-aux-Saints (trait continu). 1/3 de la grandeur naturelle.

éloigné des crânes d'Hommes actuels, même des plus inférieurs. Il diminue, dans une certaine mesure, l'intervalle morphologique séparant ces derniers des Singes anthropoïdes. Les grandes lignes de l'architecture cranienne ne sont pas moins différentes.

Tous les crânes de Mammifères sont composés des mêmes parties, mais le développement relatif et l'arrangement réciproque de ces éléments varient avec la nature des crânes. La partie essentielle, qui représente la clef de voûte de l'édifice cranien, est la base du crâne formée, d'arrière en avant, par le basi-occipital, le basi-sphénoïde et le présphénoïde. C'est autour de cet *axe basicranial*, comme l'a nommé Huxley, que s'opèrent les principales modifications de la boîte cérébrale, sous l'influence du développement des diverses parties de l'encéphale. Et cet axe lui-même, qui est rectiligne chez la plupart des Mammifères, arrive à s'infléchir, se recourber, se briser plus ou moins, suivant qu'on envisage des formes craniennes plus ou moins élevées, depuis les Singes inférieurs et les Anthropoïdes jusqu'à l'Homme (1).

Voici, établies d'après ces données, les épures géométriques des coupes longitudinales et médianes des crânes d'un Chimpanzé, d'un Européen et de l'homme de La Chapelle-aux-Saints (fig. 121). Elles montrent clairement la position intermédiaire de ce dernier. On arrive au même résultat si l'on étudie les rapports des divers *plans* et *lignes d'orientation* dont se servent les anthropologistes.

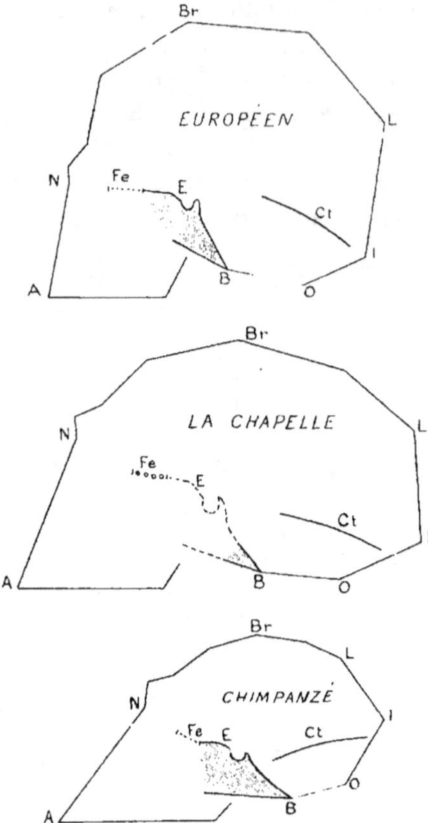

Fig. 121. — Schémas géométriques d'un crâne de Chimpanzé, du crâne de l'Homme fossile de La Chapelle-aux-Saints et du crâne d'un Français actuel. 1/4 environ de la grandeur naturelle.

A, prosthion ou point alvéolaire incisif ; N, nasion (origine du nez) ; *Br*, bregma (point de rencontre du frontal et des deux pariétaux) ; L, lambda (point de rencontre des deux pariétaux et de l'occipital) ; I, inion (base de la protubérance occipitale externe) ; O, opisthion (bord postérieur du trou occipital); B, basion (bord antérieur du trou occipital) ; E, éphippion (bord antérieur de la selle turcique) ; *Fe*, fosse ethmoïdale ; *Ct*, plan supérieur du cervelet.

ÉTUDE PAR RÉGIONS. — Après cette vue d'ensemble, entrons dans l'examen des détails morphologiques.

Vus d'en haut (*norma verticalis*), tous les crânes de l'*Homo Neanderthalensis* apparaissent remarquablement uniformes (fig. 122). Il sont tous dolichocéphales ; leur

(1) Huxley (T.), Evidence as to Man's place in nature. Londres, 1863. — Topinard (P.), La transformation du crâne animal en crâne humain. (*L'A.*, II, 1891).

indice céphalique (1), allant de 70 à 76, répond bien à la moyenne humaine, ce qui est naturel pour un type archaïque. Les boîtes cra-

niennes sont bien plus renflées en arrière qu'en avant, où le frontal se rétrécit beaucoup, au delà de l'énorme bourrelet des arcades orbitaires.

La fig. 123 offre une comparaison intéressante du crâne fossile avec un crâne de Chimpanzé et un crâne d'Homme actuels photographiés suivant la même orientation.

L'aspect latéral du crâne *(norma lateralis)* est celui sous lequel se dévoilent les caractères principaux de la région cérébrale. Il permet d'apprécier l'importance de la face, la saillie en visière des arcades orbitaires, le profil très fuyant du front, l'aplatissement général de

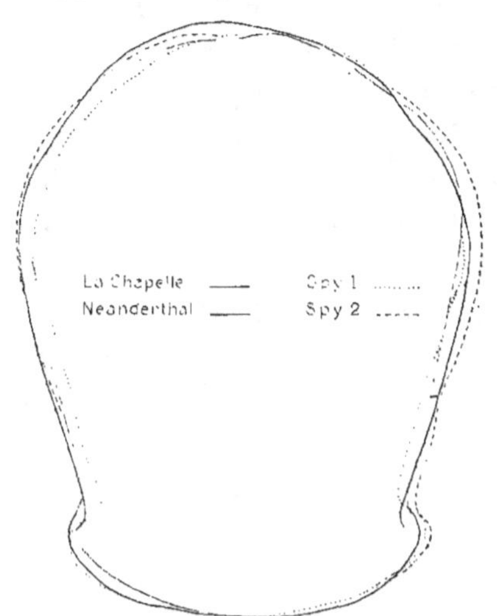

Fig. 122. — Superposition des profils de diverses calottes craniennes du type de Neanderthal. 1,3 de la grandeur naturelle.

Fig. 123. — Photographies permettant de comparer les faces supérieures d'un crâne de Chimpanzé, du crâne de l'Homme fossile de La Chapelle-aux-Saints et d'un crâne de Français.

la voûte, la forme en bourrelet comprimé de la région occipitale, etc.

La *platycéphalie*, ou aplatissement général du crâne, est un carac-

---

(1) Voir la définition de ce terme, p. 99, en note infrapaginale.

tère de premier ordre par lequel, à première vue, toute la série si uniforme des crânes moustiériens (fig. 124) s'écarte beaucoup des crânes actuels pour se rapprocher des Singes anthropomorphes sans crêtes sagittales, tels que les Gibbons et les Chimpanzés, et même pour s'incorporer dans ce groupe

Pour la fuite, on pourrait presque dire l'absence du front, le type de Néanderthal occupe encore le degré le plus inférieur de l'échelle humaine et se rapproche singulièrement des Singes anthropomorphes, comme le montrent les divers procédés imaginés par les anthropologistes pour mesurer le développement du front.

Les bosses pariétales sont saillantes et situées très en arrière. Les

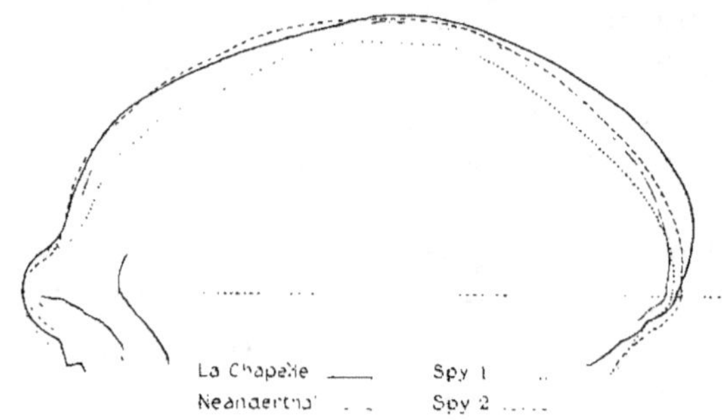

Fig. 124. — Superposition des profils latéraux de diverses calottes craniennes du type de Néanderthal, orientées suivant la ligne glabello-iniaque. 1/3 de la grandeur naturelle.

lignes temporales ne sont pas plus marquées que chez les Hommes modernes.

La ligne suturale de l'os temporal et du pariétal est peu arquée ; on sait qu'elle est à peu près rectiligne chez les Singes et les enfants nouveau-nés, et plus ou moins arquée dans les diverses races humaines, où elle arrive à former, chez les types élevés, une belle courbe arrondie. Les apophyses zygomatiques sont massives, plus inclinées en avant que chez les Hommes actuels ; les apophyses post-glénoïdes, souvenir d'un état ancestral, sont plus développées. La crête sus-mastoïdienne est aussi plus saillante. Les apophyses mastoïdes sont d'une extraordinaire petitesse. La portion pétreuse, par son étendue considérable, par sa disposition en une large surface oblique, formant avec les surfaces pariétale et occipitale voisines un plan unique, rejeté en dedans et en arrière, ressemble bien plus à cette même région des crânes de Chimpanzés qu'à celle des crânes humains modernes.

La région occipitale a un profil assez étrange. Déjà, Huxley avait dit : « Aux yeux d'un anatomiste, la partie postérieure du crâne de Néanderthal est même plus remarquable que la partie antérieure ». Les spécimens nouveaux, de La Chapelle, de La Ferrassie, complets et bien conservés, se prêtent admirablement à l'étude de cette région qui forme une sorte de chignon

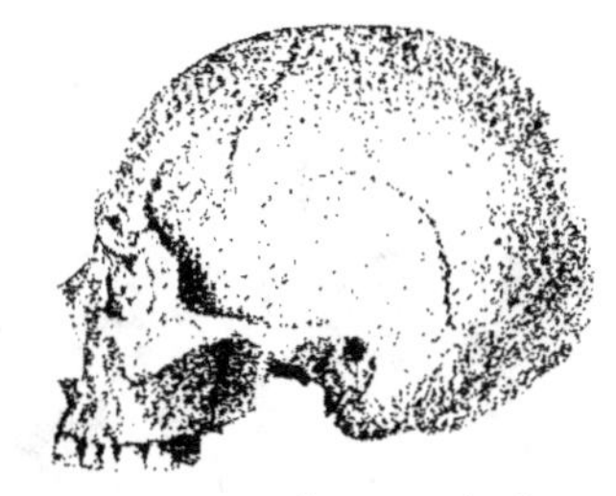

mais très com
sens vertical. On
cet arrière-crâ
pendant du ca
du frontal.

La face posté

très proéminent
primé dans le
retrouve, dans
ne, comme un
ractère fuyant

Fig. 125.— Photographies permettant de comparer les vues latérales d'un crâne de Chimpanzé, du crâne de La Chapelle-aux-Saints et d'un crâne de Français.

rieure du crâne (*norma occipitalis*) ne nous offre pas la forme pentagonale ordinaire, mais un contour presque circulaire qui tient principalement à la platycéphalie générale (fig. 126). Un fort bourrelet tranversal, de forme arquée (*torus occipitalis transversus*) sépare la partie supérieure de l'écaille de la partie inférieure. Ce bourrelet est beaucoup plus développé chez les Singes où il rejoint la crête temporale et la crête sus-mastoïdienne pour former avec elles une crête continue. Cette saillie ininterrompue existe, avons-nous dit, chez le Pithécanthrope, mais atténuée. Chez l'Homme de Néanderthal la jonction du bourrelet occipital et de la crête temporale ne s'effectue pas (fig. 58, p. 101).

Il n'y a pas de protubérance occipitale externe. On voit, à sa place, sur le bourrelet transversal, une sorte de cupule qui ne manque sur aucun des exemplaires connus. Le point central de cette cupule ne correspond pas à la séparation du cerveau et du cervelet ; il

est situé plus haut. Les protubérances cérébelleuses sont très effacées.

Toute la surface de cette région est très accidentée ; les reliefs et

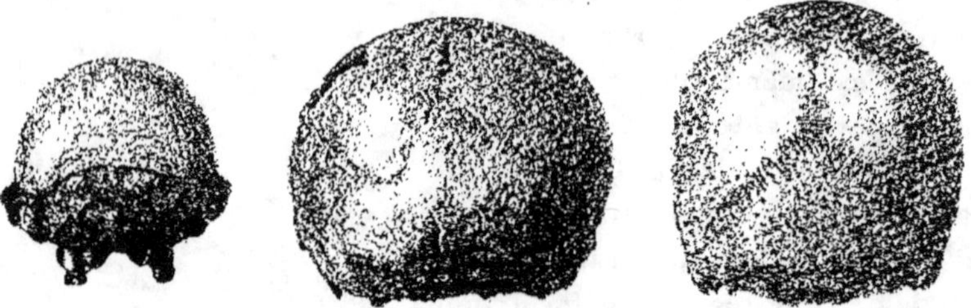

Fig. 126. — Photographies permettant de comparer les vues occipitales d'un crâne
de Chimpanzé, du crâne de La Chapelle-aux-Saints et d'un crâne de Français.

dépressions, représentant des empreintes musculaires, sont fortement accusés, ce qui dénote un développement exceptionnel des
muscles de la nuque, en rapport avec le volume énorme de la
tête.

La face inférieure (*norma basilaris*) du crâne de l'*Homo Neander-*

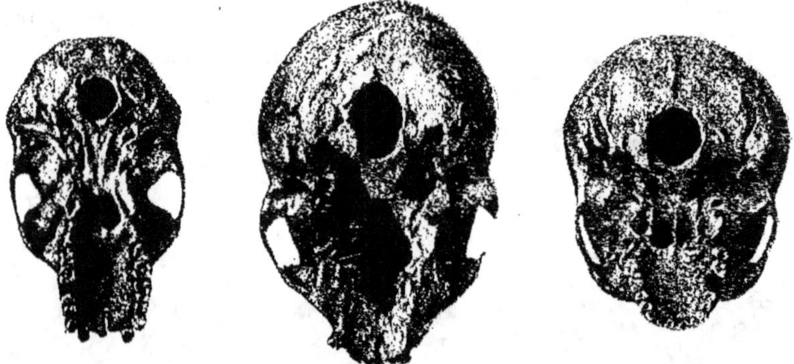

Fig. 127. — Photographies permettant de comparer les faces inférieures d'un crâne
de Chimpanzé, du crâne de l'Homme de La Chapelle-aux-Saints et d'un crâne de
Français.

thalensis dévoile toute une série de caractères importants, bien que
son état de conservation laisse forcément à désirer, même sur les
meilleures pièces, à cause de la fragilité des os qui la constituent
(fig. 127).

Le trou occipital occupe une position relativement reculée.
Encore très éloigné des Singes par ce caractère, l'Homme de La

Chapelle s'en rapproche pourtant un peu plus que l'Homme actuel. La direction du plan du trou occipital est également intermédiaire.

Vus sur leur face inférieure, les temporaux sont remarquables par leur aplatissement général, c'est-à-dire par l'atténuation de leurs reliefs et de leurs creux. Cet aspect diffère de celui que présentent les temporaux des Hommes modernes et se retrouve chez les Singes à un degré plus accusé. J'ai déjà signalé l'exiguïté des apophyses mastoïdes, à peine plus développées que celles des Orangs ou des Gorilles. En avant de la région mastoïdienne, le tympanique présente une

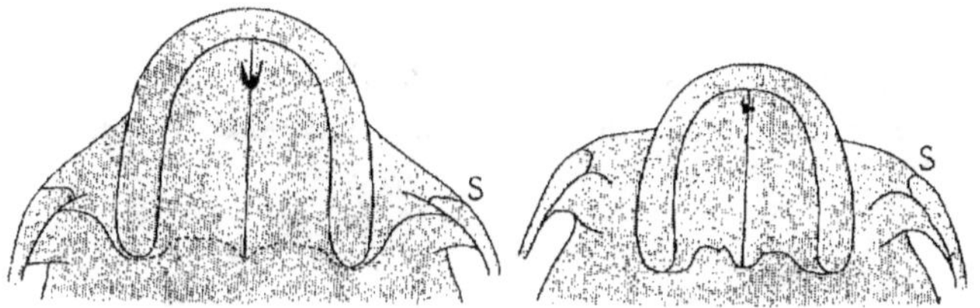

Fig. 128. — Parties antérieures du crâne de La Chapelle-aux-Saints (à gauche) et d'un crâne de Français (à droite), vues en dessous pour montrer la différence de profil de la région jugo-maxillaire. 1/3 de la grandeur naturelle.

morphologie se rapprochant de celle des grands Singes. Les cavités glénoïdes, vastes et peu profondes, rappellent un peu celles des Chimpanzés à fond presque plat.

Les maxillaires se profilent en continuation des arcades zygomatiques et accusent la forme en museau de la face (fig. 128). Le palais est remarquable par sa grande superficie, qui est d'environ 2700 millimètres carrés chez l'Homme de La Chapelle, de 1670 millimètres carrés seulement sur un crâne de Français normal.

LA FACE. Il nous reste à examiner la face antérieure du crâne (*norma facialis*), celle qui correspond au visage chez le vivant (fig. 129). C'est à l'exemplaire de La Chapelle que nous devons la première connaissance exacte et totale de la physionomie de l'*Homo Neanderthalensis*.

Par ses dimensions, cette face surpasse les plus grandes faces humaines connues. Si elle paraît peu élevée par rapport à sa largeur, cela tient à l'aplatissement de la boîte cérébrale et à la réduction concomitante du front (fig. 130).

L'énorme développement des arcades orbitaires carac-

Fig. 129. — Photographies permettant de comparer les faces antérieures d'un crâne de Chimpanzé, du crâne de La Chapelle-aux-Saints et d'un crâne de Français.

térise tous les crânes connus de l'*Homo Neanderthalensis*. Elles se réunissent en un bourrelet saillant, continu, ressem-

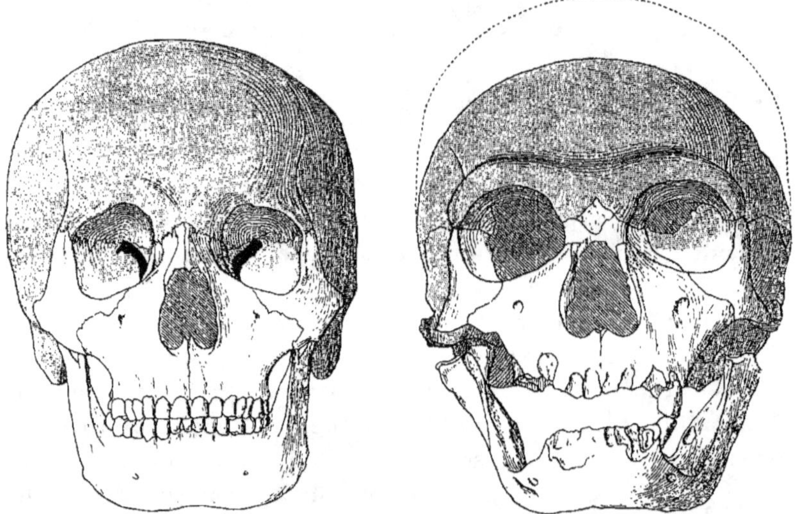

Fig. 130. — Crâne d'un Français et crâne de La Chapelle-aux-Saints, vus de face, pour montrer la différence de développement relatif de la partie cérébrale et de la partie faciale. 1/3 de la grandeur naturelle.

La ligne pointillée indique le profil de la voûte cranienne de l'Homme fossile dans l'hypothèse où cette voûte aurait les proportions de celle du Français.

blant tout à fait à la *visière* osseuse des crânes de Chimpanzés, de Gorilles et aussi du Pithécanthrope (Voy. p. 99).

On n'est pas fixé sur le rôle physiologique de ces protubérances.

Le fait qu'elles sont plus développées chez les mâles pourrait les faire considérer comme un attribut favorable à la sélection sexuelle. Turner dit qu'elles accentuent peut-être l'aspect de férocité utile dans la lutte pour la vie. Pour beaucoup d'anatomistes, leur développement est en rapport étroit avec celui des mâchoires et de l'appareil de mastication. J'y verrais volontiers un moyen de protection des organes de la vision acquis sous l'influence de certains habitats. Elles ne représentent pas un caractère primitif, car les jeunes sujets en sont dépourvus, aussi bien chez les Singes que chez les Hommes fossiles.

Les orbites ont un aspect étrange, dû à la saillie des arcades sour-

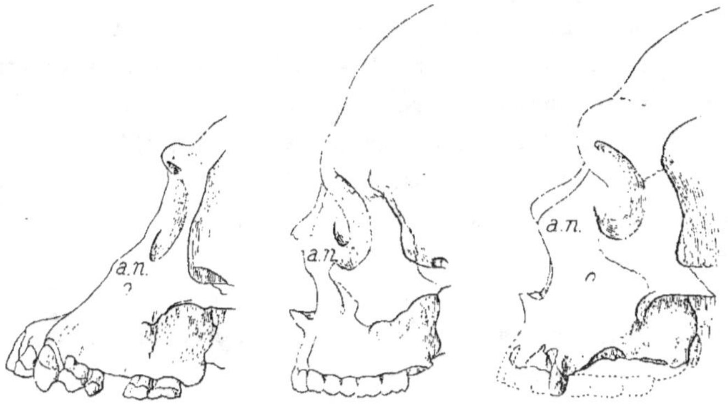

Fig. 131. — Profils faciaux d'un crâne de Chimpanzé, d'un crâne de Français et du crâne de La Chapelle-aux-Saints. 1/3 de la grandeur naturelle.
a.n., apophyse nasale du maxillaire.

cilières qui prolongent leur toit comme une sorte d'auvent. Elles sont très écartées l'une de l'autre, et de forme arrondie. Leur volume est relativement énorme, de moitié plus grand que chez un Homme moderne de même capacité cérébrale.

L'origine du nez, marquée par le point de réunion (*nasion*) des sutures fronto-nasales, se trouve dans une profonde dépression, comme chez les Australiens. Cette disposition est l'opposée de celle que présentent les Singes, même ceux qui ont de fortes visières frontales. Le nez était très large (*platyrhinien*), comme chez la plupart des Hommes actuels de races noires. Les os nasaux, conservés au crâne de Gibraltar, ont une forme essentiellement humaine et radicalement différente de celle des Singes. Par d'autres caractères encore, développement de l'apophyse nasale du maxillaire, pourtour des narines, le nez de l'*Homo Neanderthalensis*, loin de rappeler celui des Singes anthropoïdes, en diffère bien plus que celui des Hommes actuels. Cet Homme fossile, plus rapproché des Singes que tous les autres par tant de caractères, s'en éloigne au contraire davantage par sa région nasale qui, au lieu d'être pithécoïde, était plutôt *ultra-humaine* (fig. 131).

La disposition des os malaires ou jugaux indique des pommettes effacées et fuyantes.

Les maxillaires sont robustes, massifs, fortement projetés en avant. Leur face antérieure, au lieu d'être concave et de présenter des *fosses canine* , comme chez tous les Hommes actuels sans exception, est à peu près plane. Cette surface plane prolonge exactement la surface externe des os malaires. De là cette disposition en museau que j'ai déjà signalée (fig. 128) et qui est un des traits les plus caractéristiques de notre Moustiérien. Elle contribue beaucoup à donner à la face de cet Homme un aspect bestial. Je ne crois pas cependant qu'on puisse la traiter de pithécoïde, car si le Chimpanzé n'a pas de fosses canines, le Gorille et l'Orang en ont de très profondes.

L'espace sous-nasal, ou incisif, est vaste. Il continue la direction générale du profil de la face, sans projection en avant : il n'y a pas de *prognathisme alvéolaire.*

MACHOIRE INFÉRIEURE.   La mâchoire inférieure de l'*Homo Neanderthalensis* nous est aujourd'hui connue par un grand nombre de pièces ayant toutes le même air de famille. Ces mandibules sont massives et très robustes ; leurs dimensions sont en rapport avec celles des crânes.

Elles n'ont pas de menton ou n'ont qu'un menton rudimentaire et fuyant. Le fait fut d'abord observé sur la mâchoire de La Naulette, dont la découverte fit grande sensation et à propos de laquelle Broca s'est ainsi exprimé : « Je n'hésite pas à dire que la mâchoire de La Naulette est le premier fait qui fournisse un argument anatomique aux darwinistes, c'est le premier anneau de la chaîne qui, suivant eux, doit s'étendre de l'Homme aux Singes » (1). Il est certain qu'il s'agit ici d'un caractère des plus remarquable et

---

(1) *In* Topinard (P.). Les caractères simiens de la mâchoire de La Naulette, *loc. cit.*

dont la signification, au point de vue de la hiérarchie morphologique dans le groupe des Primates, ne paraît pas discutable. Les anatomistes considèrent la saillie mentonnière comme une particularité essentiellement humaine. Les mandibules de l'*Homo Neanderthalensis* se placent exactement, pour la fuite du menton, entre les mandibules des Singes anthropoïdes et les mandibules des groupes humains actuels, même les plus inférieurs à cet égard. Une des

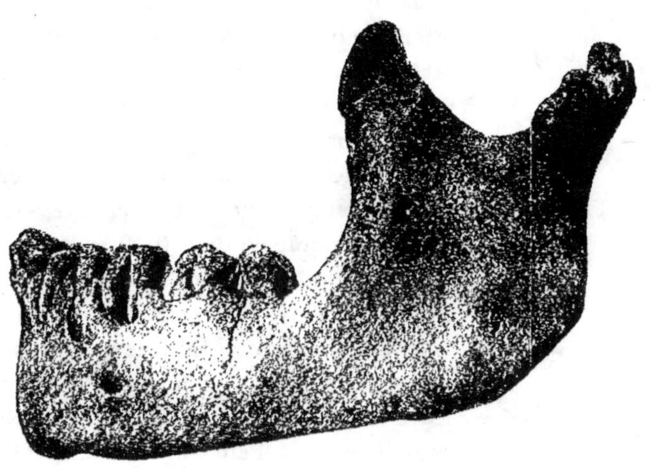

Fig. 132. — Mâchoire inférieure, vue de profil, de l'Homme de La Ferrassie. 3/4 de la grandeur naturelle. Galerie de Paléontologie du Muséum.

mâchoires les plus fuyantes de la galerie d'anthropologie du Muséum, peut-être la plus fuyante, est celle de la fameuse Vénus hottentote. Or son angle symphysien (angle fait par le bord antérieur et le bord inférieur de la mâchoire) ne dépasse pas 94º, tandis que cet angle est de 104º à la mâchoire de l'Homme de La Chapelle-aux-Saints. Il faut ajouter que certaines mandibules fossiles montrent un menton en voie de formation, celle d'un squelette de La Ferrassie par exemple, où il y a véritablement une ébauche de triangle mentonnier (fig. 132). Tandis que l'*Homo Heidelbergensis*, du Pléistocène inférieur, possédait une mâchoire tout aussi dépourvue de menton que celle des Singes, l'étude des diverses mandibules fossiles du Pléistocène moyen de nos contrées nous fait

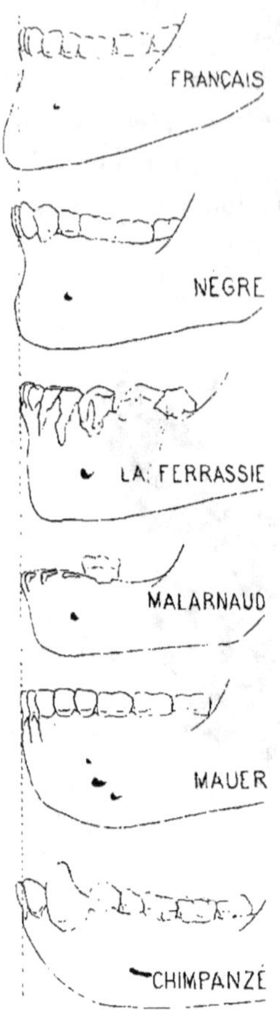

Fig. 133. — Profils de diverses mâchoires inférieures montrant une série graduelle, depuis les formes sans menton (Chimpanzé, Mauer) jusqu'aux formes avec menton très accusé (Français), en passant par des formes intermédiaires (Malarnaud La Ferrassie). 2/5 de la grandeur naturelle.

assister à la formation du menton, attribut de l'*Homo sapiens* (1). C'est ce que montre la série des dessins de la fig. 133.

La face interne ou buccale de la région symphysienne ou mentonnière a une direction générale oblique d'avant en arrière ; le menton est fuyant sur cette face postérieure comme sur la face antérieure. De sorte que, lorsqu'on place un maxillaire inférieur d'*Homo Neanderthalensis* sur une table et qu'on le regarde verticalement, on n'aperçoit pas la face antérieure du corps de l'os, mais on voit sa face postérieure, tandis que pour les mandibules d'Hommes actuels, on observe exactement l'inverse.

La morphologie de cette face interne présente quelques particularités intéressantes (fig. 134). Nous retrouvons ici, à un degré atténué, la fossette génienne que nous avons observée sur la mâchoire de Mauer et qui est encore plus profonde chez les Singes. Mais il y a de belles apophyses géni supérieures et inférieure, tout comme chez les Hommes modernes. A droite et à gauche de l'apophyse géni inférieure s'observent deux mamelons surbaissés, arrondis, disposés transversalement et se reliant aux lignes mylo-hyoïdiennes, ou lignes obliques internes, qui sont très accusées. Ces sortes de boursouflures (*b. t.*) séparent les fossettes sublinguales (*f. l.*) des empreintes digastriques (*e. ai.*) et peuvent passer pour des caractères simiens. Mais, au total, cette disposition de la région génienne est bien humaine, quoique un peu différente de la disposition ordinaire.

---

(1) D'importantes recherches ont été faites dans ces dernières années sur le développement et la signification du menton par les anatomistes Mies, Walkhoff, Toldt, etc. On trouvera des références bibliographiques dans ma monographie de « L'Homme de La Chapelle-aux Saints ».

Le développement des apophyses géni paraît n'avoir aucun rapport avec le développement du langage articulé, contrairement à ce qu'on a cru et enseigné trop longtemps. Tout ce qu'on peut dire à cet égard de l'*Homo Neanderthalensis*, c'est qu'il avait de fortes saillies pour l'insertion des muscles génio-glosses et génio-hyoïdiens, dont les fonctions se rapportent surtout aux actes de la mastication et de la déglutition, aussi nécessaires aux animaux qu'aux Hommes.

La partie inférieure du corps de la mandibule, dans sa région

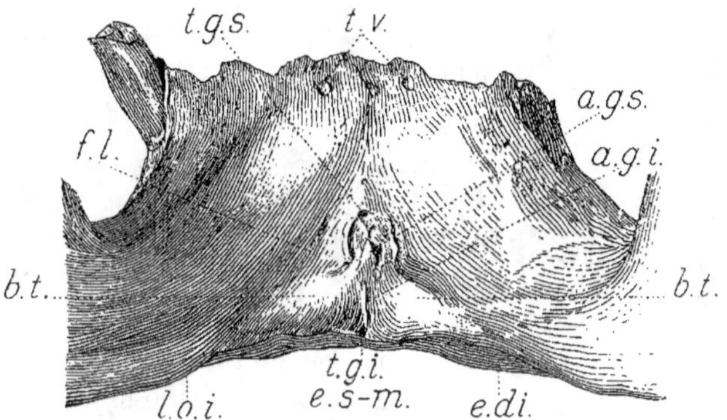

Fig. 134. — Face postérieure du corps de la mandibule de l'Homme de La Chapelle-aux-Saints. Grandeur naturel'e.

t.v., trous vasculaires; *t.g.s.*, trou géni supérieur; *a.g.s.*, apophyses géni supérieures; *a.g.i.*, apophyse géni inférieure; *t.g.i.*, trou géni inférieur; *l.o.i.*, ligne oblique interne; *b.t.*, bourrelet transversal; *f.l.*, fossette sublinguale; *e.di.*, empreinte digastrique; *e.s-m.*, échancrure sous-mentale.

symphysienne, se dispose en deux facettes portant les empreintes d'insertion des muscles digastriques. Nous retrouvons donc la disposition déjà signalée sur la mâchoire de Mauer, mais ici ces empreintes sont moins longues, moins différentes de celles de l'Homme actuel, chez lequel il y a un vrai bord et où les impressions digastriques, plus petites, sont placées à la face interne de l'os. Il y a là une série d'états morphologiques intermédiaires que la fig. 135 met bien en évidence.

Les branches verticales sont très larges, moins que chez l'Homme de Mauer, plus que chez les Hommes modernes. A leur face interne, les rugosités pour l'insertion du muscle ptérygoïdien interne sont très accusées. L'angle de la mâchoire, c'est-à-dire la jonction du bord inférieur de la branche horizontale et du bord postérieur de la branche verticale, est comme tronqué et remplacé par une ligne oblique correspondant à toute la surface d'insertion du ptérygoïdien interne. Cette disposition s'observe sur la plupart des Singes anthropoïdes, surtout chez le Gorille.

La région angulaire est en même temps très amincie et fortement déviée de la verticale. Mais la déviation se fait en dedans, un peu comme chez les Marsupiaux, au lieu de se faire en dehors, comme dans la plupart des mandibules humaines actuelles. Cette inversion est une nouvelle indication de la grande puissance des muscles ptérygoïdiens. Il semble bien que ces muscles masticateurs, affectés aux mouvements de latéralité de la mâchoire, aient été relativement plus développés que les muscles élévateurs, ou muscles diviseurs des aliments (masséters et crotaphytes).

Les apophyses coronoïdes sont basses, larges, obtuses ; les échancrures sigmoïdes, peu profondes. Les condyles ont des proportions vraiment simiennes ; leur morphologie n'est que la contre-partie de celle des fosses glénoïdes vastes et peu profondes. Elle confirme ce que je viens de dire de la robustesse de l'ensemble de l'appareil masticateur et du développement plus considérable des muscles broyeurs par rapport aux muscles diviseurs.

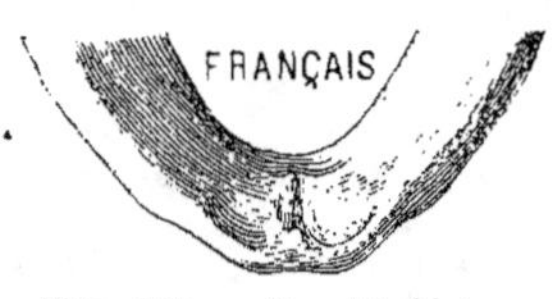

Fig. 135. — Bord inférieur et empreintes digastriques de diverses mâchoires. 1 2 environ de la grandeur naturelle. *e. di.*, empreinte digastrique.

DENTITION.

Les dentitions humaines sont beaucoup plus homogènes que les crânes humains. Il semble que les caractères généraux de ces dentitions soient très anciens ; que le rameau humain les ait acquis pour ainsi dire dès son origine ; ou plutôt qu'ils soient liés à l'origine même de ce rameau. Et cela est d'accord non seulement avec ce que nous apprend la Paléontologie sur d'autres groupes de Mammifères, mais aussi avec la découverte de Mauer, laquelle

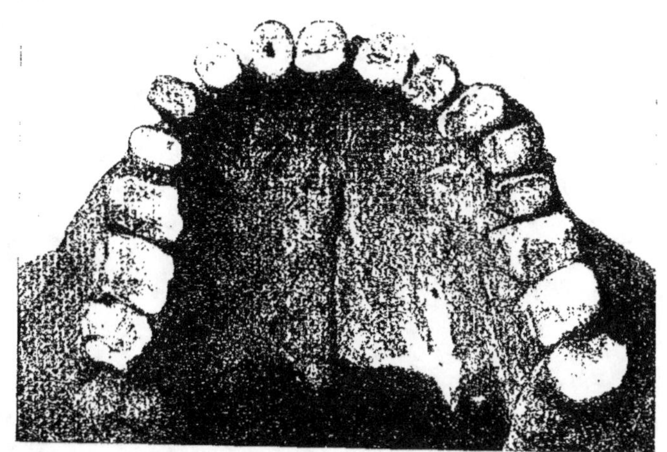

Fig. 136. — Palais et dentition supérieure du crâne masculin de La Ferrassie. Grandeur naturelle. Galerie de Paléontologie du Muséum.

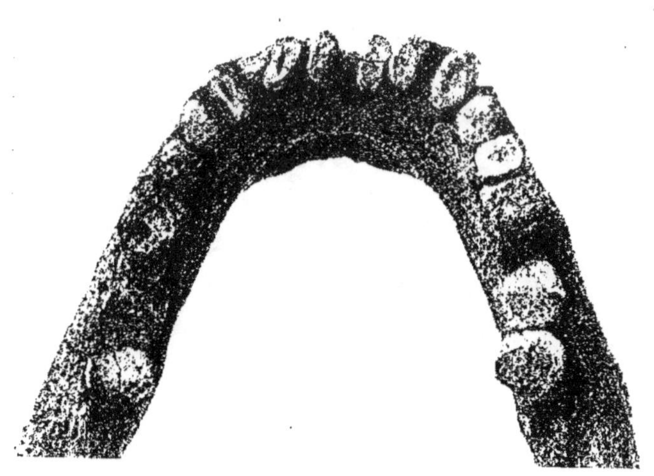

Fig. 137. — Mandibule, vue d'en haut, et dentition inférieure du crâne masculin de La Ferrassie. Grandeur naturelle. Galerie de Paléontologie du Muséum.

nous a mis en présence d'une morphologie dentaire tout à fait
humaine et associée à une mandibule très différente des autres
mandibules humaines connues.

La dentition de l'*Homo Neanderthalensis* est, elle aussi, nettement
humaine ; les quelques caractères secondaires un peu spéciaux
qu'elle possède sont d'une nature primitive, mais ne sauraient avoir
une valeur spécifique.

Les arcades dentaires sont très larges. L'arcade supérieure
(fig. 136) répond assez exactement à la forme architecturale dite arc
plein cintre ou roman. Sur la partie arquée se disposent les incisives, les canines et les prémolaires ; les piédroits, relativement
courts, sont formés par les séries des trois arrière-molaires. C'est
un dessin assez différent des formes parabolique, hyperbolique ou
elliptique présentées par la plupart des mâchoires humaines ; c'est
plutôt la forme en U des Singes anthropoïdes, mais où les
branches verticales de l'U sont plus courtes et divergent
légèrement, marquant ainsi une tendance vers la forme parabolique.

La forme de l'arcade inférieure (fig. 137) est plus voisine de celle
de l'arcade supérieure que cela ne s'observe généralement chez les
Hommes actuels. Il s'ensuit que les deux arcades ont entre elles
des rapports assez différents de ceux qui sont de règle chez les
Hommes actuels, surtout de races civilisées, où les dents supérieures dépassent les inférieures, principalement en avant, dans
la région incisive. Ici, en occlusion des mâchoires, les incisives
d'en haut et celles d'en bas se rencontrent exactement comme
chez les Australiens actuels ; parfois même les incisives supérieures étaient légèrement en retrait sur les incisives inférieures,
un peu comme chez les Chiens bouledogues (V. fig. 116, p. 190).

L'étude des surfaces d'usure de dentitions complètes, comme
celle du crâne de La Ferrassie (fig. 136 et 137), montre que la mastication devait se faire en partie par un mouvement de propulsion
en avant de la mâchoire inférieure sur la mâchoire supérieure,
mouvement que favorisaient le grand développement en surface
des cavités glénoïdes, leur faible profondeur et la forme peu
saillante des condyles temporaux. Cette morphologie indique aussi
une grande liberté pour les mouvements de diduction, ce que vient
confirmer la puissance des muscles ptérygoïdiens. Tout cela

dénote, en somme, une dentition plus broyante que coupante, im-
pliquant un régime plus végétarien que carnivore.

Les dents sont robustes, comme les mâchoires qui les portent
(fig. 138). Elles forment une série continue, sans intervalles ou
diastèmes, et toutes les couronnes sont au même niveau. Les
canines ne dépassent pas les dents voisines, elles n'ont rien de
simien. Mais le bord alvéolaire s'étend au delà de la dernière
molaire, en haut et en bas : non seulement les dents de sagesse

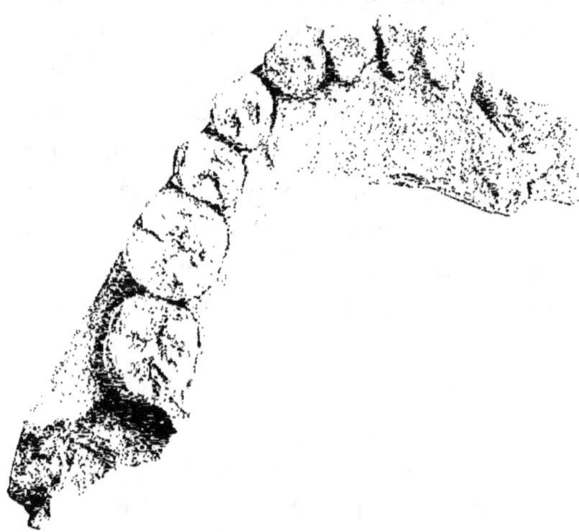

n'étaient pas gênées
dans leur développe-
ment comme aux mâ-
choires des races ci-
vilisées, mais encore
il restait derrière
elles un emplacement
suffisant pour loger
une molaire supplé-
mentaire.

Un anatomiste an-
glais, M. Keith, a
voulu caractériser les
dents de l'*Homo
Neanderthalensis* par
un développement
plus considérable des
racines et de la cavité

Fig. 138. — Portion de mâchoire inférieure de Krapina
remarquable par le volume et la bonne conservation
de ses dents. Grandeur naturelle. D'après un moulage
de Gorjanovic-Kramberger.

pulpaire. Ses observations ont porté principalement sur des dents
isolées trouvées dans une grotte de l'île de Jersey (V. plus haut,
p. 192). Les dents en place du crâne de la Ferrassie ne présentent
pas les phénomènes constatés par M. Keith. Je m'en suis assuré
par des radiographies.

Les dents de l'*Homo Neanderthalensis* s'usaient très rapidement,
à cause de la grossièreté des aliments mélangés de terre que ces
dents devaient triturer. L'étude des couronnes ne peut se faire que
sur des pièces se rapportant à de jeunes individus. Quelques spécimens
de Krapina sont particulièrement favorables à cet égard (fig. 138).

Aucun caractère important ne distingue les incisives, les canines,
les prémolaires de ces mêmes dents chez les Hommes actuels. Les

arrière-molaires étaient à peu près également développées. Elles réalisaient les formes humaines primitives si bien décrites par Albert Gaudry (V. p. 156.) Les molaires supérieures avaient toutes quatre cuspides ou denticules bien développés. Les molaires infé-rieures avaient toutes cinq denticules, comme à la mâchoire de l'*Homo Heidelbergensis* et aux mandibules de beaucoup de Sauvages actuels.

En somme, la dentition de l'*Homo Neanderthalensis* ne s'écarte, par aucun caractère important, de celle des Hommes d'aujourd'hui ; naturellement les ressemblances sont avec les races sauvages et non avec les races civilisées. La communauté des caractères s'étend même à la pathologie. Les mâchoires de l'Homme de La Chapelle-aux-Saints portent de nombreux stigmates de maladies qui ont dû faire cruellement souffrir leur possesseur atteint de gingivite expul-sive ou polyarthrite alvéolo-dentaire. Mais sur aucune pièce, je n'ai observé trace de carie.

LE TRONC ET LES MEMBRES

L'étude des autres parties du squelette avait été un peu négligée jusqu'à ces dernières années. Les squelettes, presque entiers et bien conservés, de La Chapelle-aux-Saints et de La Ferrassie ont per-mis de la reprendre et de la compléter.

D'une manière générale, ces squelettes, composés d'os relative-ment courts et épais, aux têtes articulaires volumineuses, aux inser-tions musculaires puissantes, présentent les signes d'une grande robustesse. Ils ont gardé toute une série de souvenirs pithécoïdes.

COLONNE VERTÉBRALE. La colonne vertébrale était courte et massive. Les premières vertèbres ressemblent beaucoup plus à celles d'un Chimpanzé qu'à celles d'un Homme (fig. 139). Leurs apophyses épineuses sont longues, dirigées normalement à l'axe de la colonne, au lieu d'être rétrover-sées, et non bifurquées à leur extrémité. Leurs apophyses articu-laires sont remarquables par la faible obliquité de leurs facettes. Ces particularités semblent indiquer, pour la région cervicale de la colonne vertébrale, soit une absence complète de courbure, soit une faible courbure de sens inverse à celle de l'Homme actuel et pro-longeant la courbure dorsale, comme chez les Anthropomorphes, le

Chimpanzé par exemple. Si le lecteur veut bien se reporter à ce qui a été dit des différences de courbures de la colonne vertébrale dans la série des Primates (V. p. 75), il appréciera l'intérêt de ces observations.

Les vertèbres des autres régions ne sont pas aussi bien conservées. Il semble que la courbure lombaire était moins prononcée que

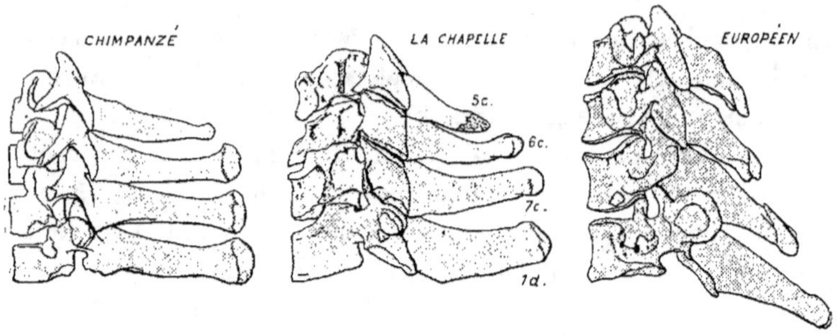

Fig. 139. — Les trois dernières vertèbres cervicales et la première vertèbre dorsale vues de profil, d'un Chimpanzé, de l'Homme fossile de La Chapelle-aux-Saints et d'un Européen. 1/2 de la grandeur naturelle.

chez la plupart des Hommes actuels. Les morceaux de sacrum que nous possédons indiquent des vertèbres sacrées étroites, faiblement arquées, profondément enfoncées entre les os iliaques. Ce sont là des traits pithécoïdes.

Les côtes sont extraordinairement robustes, indiquant un thorax large, aux muscles intercostaux très puissants.

CEINTURES ET MEMBRES. — Les clavicules sont longues, grêles, très arquées, comme celles des Chimpanzés. Les omoplates présentent, à leur bord antérieur ou axillaire, une conformation spéciale que je n'ai retrouvée sur aucun squelette d'Homme moderne (1).

Les humérus, courts, robustes, aux têtes articulaires volumineuses, ne diffèrent, par aucun trait essentiel, des humérus d'Hommes actuels. L'humérus droit est toujours un peu plus fort que le gauche : l'Homme moustiérien était déjà droitier (fig. 140). Ces observations ne sauraient surprendre, puisque le membre antérieur fournit une des principales caractéristiques du genre *Homo*, acquise de

____

(1) Voy. ma monographie, p. 121.

bonne heure au cours de l'évolution de nos plus lointains ancêtres.

Les os de l'avant-bras sont également robustes. Tous les exemplaires connus de radius, au lieu d'être à peu près droits, comme chez les Hommes modernes, présentent une courbure très pronon-

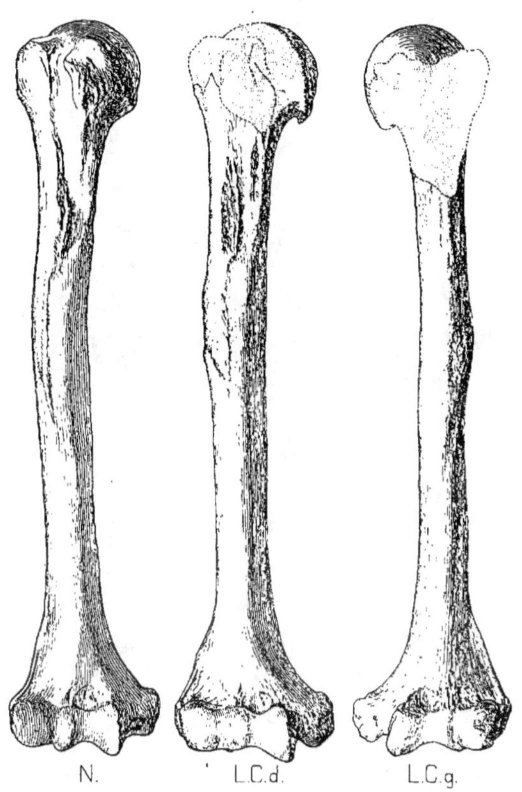

Fig. 140. — Humérus vus de face. N., de Néanderthal ; L.C.*d.*, L.C.*g.*, droit et gauche de La Chapelle-aux-Saints. 1/3 de la grandeur naturelle.

cée. Il en résulte que les espaces interosseux, pour les muscles de l'avant-bras, étaient plus vastes. La tubérosité bicipitale est située un peu plus bas que chez les Hommes modernes et sur le prolongement de la crête interne de l'os, au lieu d'être déjetée sur sa face antérieure. Ce sont là des traits tout à fait simiens qui paraissent calqués sur les radius des Anthropomorphes (fig. 141). Mais il faut s'empresser d'ajouter que la tête inférieure de l'os et la surface d'articulation carpienne, correspondant à la région du poignet, sont très humaines.

Les cubitus présentent aussi un certain nombre de particularités. Mais ce n'est pas, comme pour les radius, avec les Anthropomorphes que les ressemblances s'accusent; c'est plutôt avec les Singes inférieurs.

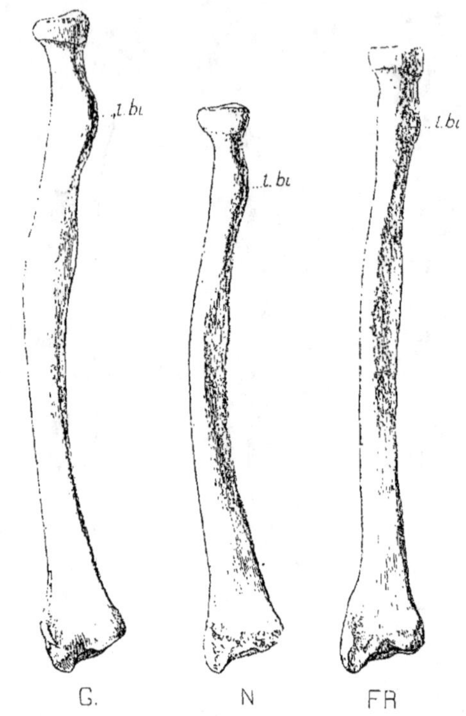

Fig. 141. — Radius vus par leur face antérieure. G, de Gorille ; N, de Néanderthal ; FR, d'un Français. 1 3 de la grandeur naturelle.
t.bi., tubérosité bicipitale.

Cela veut dire, je pense, que l'homme de Néanderthal a conservé dans son cubitus, comme dans la plupart des autres os de son squelette, quelques reflets d'un état primitif, très éloigné du point où les diverses branches des Primates supérieurs se sont séparées.

En extension, le bras et l'avant-bras se plaçaient presque exactement sur le prolongement l'un de l'autre, tandis que chez nous l'avant-bras forme avec le bras un angle ne dépassant guère 170°. Par contre, le fort développement de l'olécrâne du cubitus devait empêcher l'extension totale de l'avant-bras, comme chez les Singes inférieurs, alors que, chez les Anthropomorphes, l'extension totale est des plus facile.

La main est déjà très humaine. Pourtant, le carpe est relativement petit, comme chez les grands Singes. Les métacarpiens sont larges et trapus ; celui du pouce est relativement moins long qu'il n'est de règle chez les Hommes d'aujourd'hui. Les articulations des métacarpiens se prêtaient à des mouvements faciles. Tous les doigts étaient relativement courts (fig. 142).

Nous savons déjà que le bassin de l'Homme s'écarte du bassin de tous les autres Primates par des dispositions en rapport avec la station verticale et la marche debout (V. p. 77). Nous n'avons que des morceaux du bassin de l'Homme de Néanderthal, mais ces morceaux permettent de le reconstituer en entier et de constater la persistance de quelques souvenirs d'une morphologie simienne : grande longueur par rapport à la largeur ; ailes iliaques aplaties ; épine sciatique très réduite ; tubérosité ischiatique plus proéminente, etc.

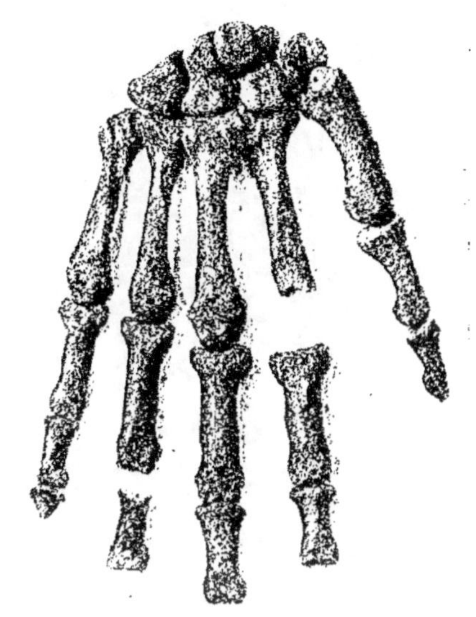

Fig. 142. — Main droite du squelette féminin de La Ferrassie. 1/2 de la grandeur naturelle. Galerie de Paléontologie du Muséum.

A priori, l'ostéologie du membre inférieur doit être intéressante, comme étant forcément en rapport avec l'attitude plus ou moins verticale du corps.

Les fémurs ont des diaphyses massives, des extrémités volumineuses ; ils sont fortement arqués (fig. 143). Ils ressemblent ainsi aux fémurs des Gorilles et des Chimpanzés, tandis que les Hommes modernes ont des fémurs à peu près droits, comme ceux des Orangs et des Gibbons. Par la forme cylindrique de leur diaphyse, ils s'éloignent des fémurs d'Anthropomorphes pour se rapprocher des fémurs de Macaques, de Cynocéphales, etc. Il y a souvent un *troi-*

sième *trochanter* et une *fosse hypotrochantérienne*, particularités
ostéologiques en rapport, dit-on, avec le développement des muscles

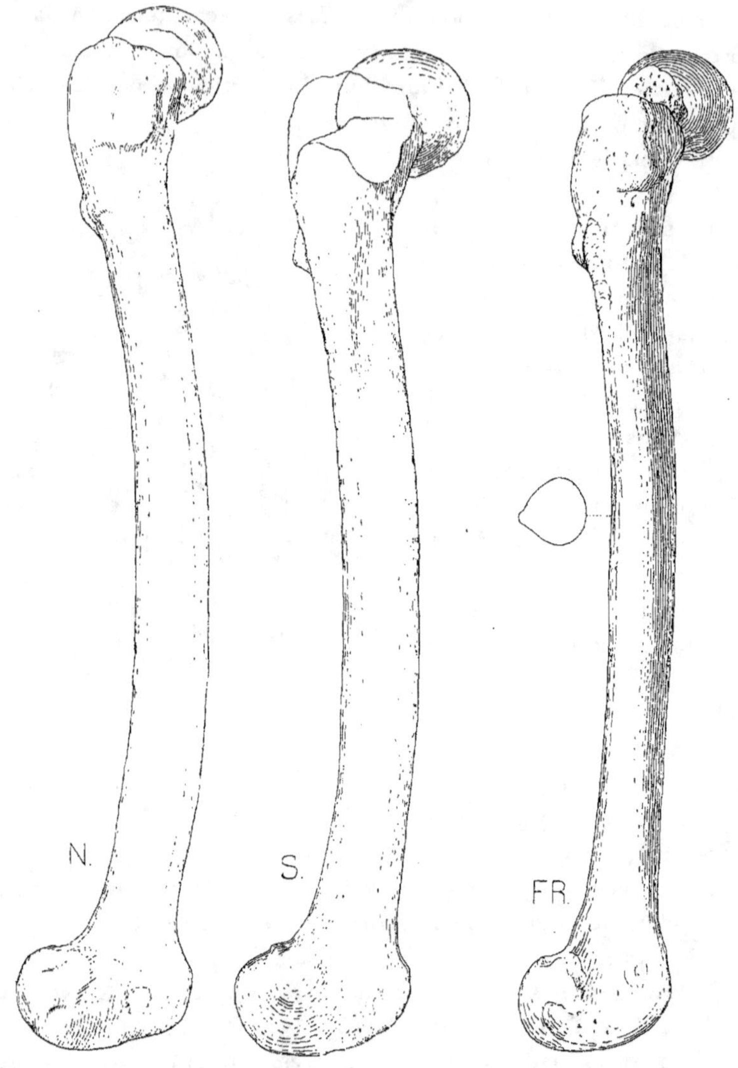

Fig. 143. — Fémurs, vus de profil, par leur face externe. N, de Néanderthal ; S, de
Spy ; FR, d'un Français. 1 3 de la grandeur naturelle.

fessiers et avec une activité musculaire adaptée à la progression en
pays escarpé. Certaines facettes de frottement semblent indiquer

que les possesseurs de ces fémurs se tenaient habituellement dans une position accroupie.

Les tibias étaient courts, mais très robustes (fig. 144). Leur tête

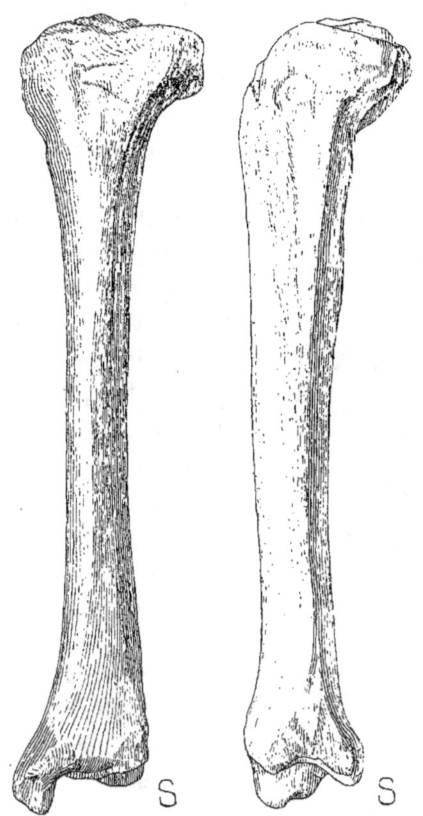

Fig. 144. — Tibia de Spy, vu de face et de profil (face externe). 1 3 de la grandeur naturelle.

supérieure est rétroversée, c'est-à-dire incurvée en arrière, ce qui donne au plateau d'articulation avec le fémur une inclinaison oblique, de haut en bas et d'avant en arrière. Ce caractère, d'abord signalé par le Dr Collignon, étudié ensuite par Fraipont, Manouvrier (1), rapproche les tibias de l'Homme de Néanderthal des tibias

(1) COLLIGNON (D^r), Description des ossements fossiles humains trouvés à Bollviller (*Revue d'Anthrop.*, 1880). — FRAIPONT et LOHEST, dans leur mémoire sur Spy, *loc. cit.* — MANOUVRIER (L.), Etude sur la rétroversion de la tête du tibia (*Mém. de la Soc. d'Anthrop.*, 2e série, t. IV, 1893).

de Singes ; il ne se présente que rarement et beaucoup plus atténué chez les Hommes d'aujourd'hui. Nous l'interpréterons tout à l'heure. En même temps, l'inclinaison générale du plateau articulaire, de dehors en dedans, est bien plus forte, comme chez le Gorille. La tête inférieure du tibia présente une ou deux facettes supplémentaires en rapport avec des facettes analogues de l'astragale (fig. 145)

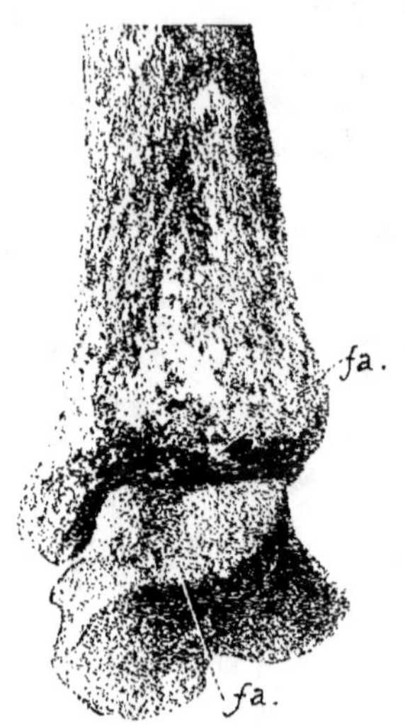

Fig. 145. — Extrémité inférieure du tibia et astragale du squelette féminin de La Ferrassie. 2,3 de la grandeur naturelle.

fa., facettes supplémentaires.

et qu'on rencontre chez certains sauvages ayant l'habitude de se tenir dans une position accroupie. Elles se retrouvent également chez beaucoup de Singes.

Le péroné est robuste. Les dispositions de ses facettes articulaires démontrent que cet os jouait alors, dans la statique du membre inférieur, un rôle plus considérable qu'aujourd'hui. Il devait contribuer, dans une plus forte mesure, à supporter le poids du corps.

Jusqu'à ces dernières années, on n'avait que quelques os isolés, plus ou moins fragmentés, du pied de l'*Homo Neanderthalensis*. Les découvertes de MM. Capitan et Peyrony à La Ferrassie nous ont mis en possession des éléments squelettiques de trois pieds à peu près complets (fig. 146). Ces documents sont d'un intérêt exceptionnel, le pied étant une des caractéristiques les plus nettes du genre *Homo*.

Les os du tarse sont particulièrement instructifs, parce que leurs caractères et leurs variations sont sous la dépendance de conditions physiologiques relativement faciles à déterminer.

L'astragale est à la fois court, haut et large. Sa tête est très déviée, ce qui dénote que le gros orteil s'écartait beaucoup de ses voisins. Sa surface articulaire pour le scaphoïde indique une voûte du pied très surbaissée. Les facettes malléolaires, pour le tibia et le péroné, offrent un développement comparable à celui qu'on observe chez les Singes (fig. 147). Par son étendue, la facette péronéale rappelle celle des Anthropomorphes.

Ces dispositions et quelques autres, dans le détail desquelles je ne saurais entrer ici, nous apprennent que le pied devait reposer principalement sur son bord externe, et l'on comprend que, pour

Fig. 146. — Photographie du pied droit du squelette féminin de La Ferrassie encore en partie dans sa gangue. 1 2 de la grandeur naturelle.

supporter ainsi le poids du corps, le péroné devait avoir un appui plus solide. En somme, l'astragale de notre Homme fossile est un astragale de Mammifère marcheur, mais qui a conservé de nombreux souvenirs d'un état ancien de grimpeur. L'exemplaire du petit squelette de la Ferrassie est très remarquable par l'accentuation de ces vestiges simiens, actuellement effacés chez les races blanches mais se retrouvant, avec un caractère transitoire, chez les nouveau-nés, ce qui conforme leur signification phylogénétique.

Le calcanéum, non moins robuste, rappelle également, par sa

morphologie, le calcanéum des nouveau-nés européens. Il est remarquable par le développement extraordinaire de la petite apo-

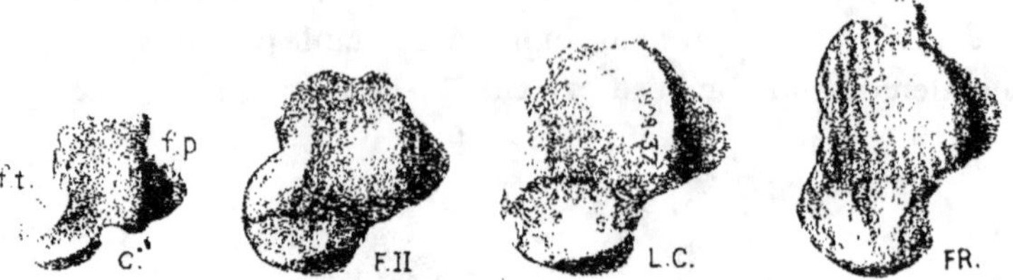

Fig. 147. — Photographies d'astragales vues par leur face supérieure. 1/2 de la grandeur naturelle.

C., d'un Chimpanzé ; F.II, du squelette féminin de La Ferrassie ; L.C., de l'Homme de La Chapelle-aux-Saints ; FR., d'un Français ; *f.t.*, facette tibiale ; *f.p.*, facette péronéale.

physe (fig. 148), développement comparable à celui que présentent les grands Singes, notamment le Chimpanzé et le Gorille. Cette

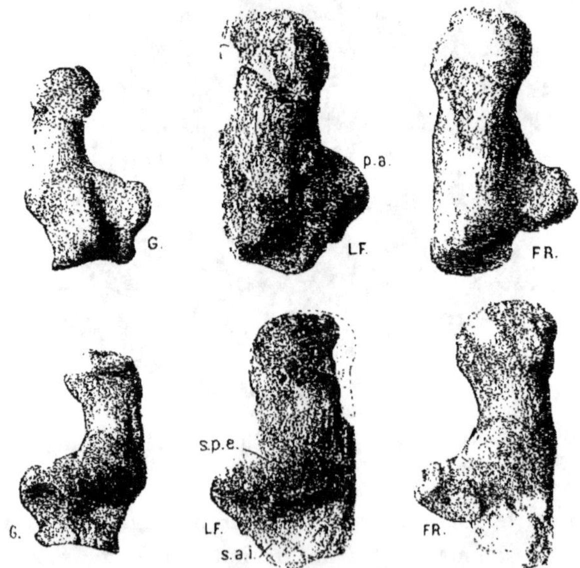

Fig. 148. — Photographies de calcanéums vus par leur face inférieure (rangée du haut) et par leur face supérieure (rangée du bas). 1 2 de la grandeur naturelle.

G., Gorille ; LF., Homme de La Ferrassie ; FR., Français ; *p.a.*, petite apophyse : *s.a.i.*, surface antéro-interne ; *s.p.e.*, surface postéro-externe.

sorte de console, ce *sustentaculum tali*, devait supporter une grande partie du poids du corps par l'intermédiaire de l'astragale et du tibia.

Une autre particularité du calcanéum a trait à ce qu'on appelle sa

torsion. Chez les Singes, dont les pieds appuient sur le sol principalement par leur bord externe, l'axe de la face postérieure du calcanéum est très oblique de dedans en dehors. Chez les Hommes de
races civilisées, dont les pieds portent également sur toute la
surface plantaire, cet axe oscille autour de la verticale, la torsion
se faisant plutôt de dehors en dedans. Chez nos Hommes fossiles,
comme d'ailleurs chez les Veddahs actuels, la torsion est intermédiaire (fig. 149).

Les autres os du tarse et les métatarsiens n'offrent aucune parti-

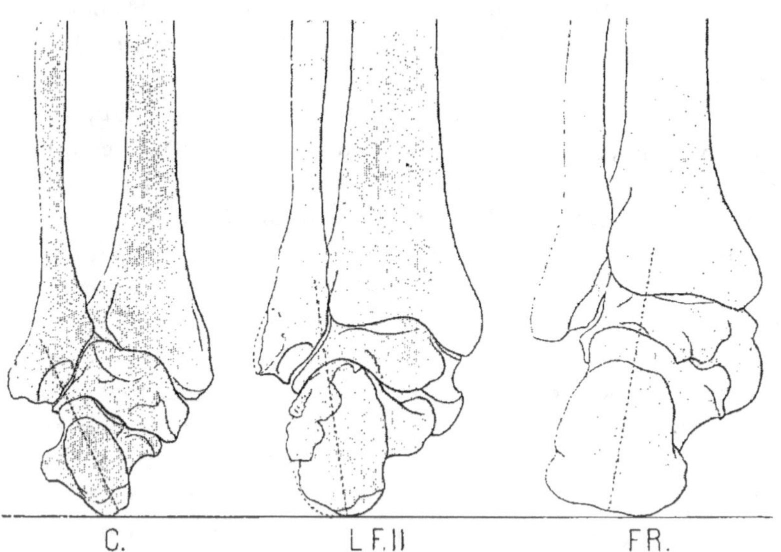

Fig. 149. — Vue postérieure d'une partie de la jambe et du pied. C., de Chimpanzé ;
LF.II, du squelette féminin de La Ferrassie ; FR., d'un Français. 1 2 de la gran-
deur naturelle.
Les lignes pointillées représentent les axes des faces postérieures des calcanéums.

cularité importante. Mais quand ces divers éléments sont assemblés et
articulés, on constate un écartement considérable du premier doigt,
écartement que la déviation du col de l'astragale nous avait déjà
fait prévoir. Cette disposition a été décrite chez les Négritos et
les Veddahs, dont les pieds, devenus préhensiles, se prêtent facilement à l'action de grimper. La forme des facettes articulaires de
la plupart des os indique aussi une mobilité plus facile des autres
doigts.

Le membre inférieur de l'Homme de Néanderthal n'était donc

pas tout à fait semblable à celui des Hommes modernes. Il en différait beaucoup moins par la présence de caractères nouveaux que par la réunion de traits morphologiques déjà connus, mais disséminés, dans des populations actuelles qui mènent encore une vie sauvage. La plupart de ces caractères peuvent bien être qualifiés de simiens ou pithécoïdes, mais il faut prendre ici ces mots dans leur acception la plus large. Ce n'est même pas avec les Singes anthropomorphes que les ressemblances s'accusent, c'est plutôt avec les Singes inférieurs ; ce fait resserre les liens de parenté qui unissent les Hommes, non plus cette fois aux Anthropoïdes, mais à un type de Singe plus généralisé, à la fois quadrupède et grimpeur.

ATTITUDE ET PROPORTIONS DU CORPS. — Quoi qu'il en soit de ce point de vue, sur lequel nous aurons à revenir, les différences entre le squelette de l'Homme de Néanderthal et celui des Hommes actuels sont telles qu'elles impliquent nécessairement des différences dans l'allure générale du corps et dans ses attitudes. Le développement énorme de la face, la position reculée du trou occipital, qui devaient entraîner le corps en avant, les moindres courbures cervicale et lombaire de la colonne vertébrale, les dispositions tout à fait simiennes des apophyses épineuses des vertèbres cervicales parlent dans ce sens. En ce qui concerne le membre inférieur, il est clair que si la conformation du bassin et le grand développement des muscles fessiers indiquent une attitude bipède déjà réalisée, les caractères anatomiques du fémur et du tibia montrent que, vues de profil et dans la station debout, la jambe et la cuisse ne devaient pas se prolonger exactement dans la même direction ; que le fémur devait être oblique de haut en bas et d'arrière en avant; que le tibia oblique lui-même et en sens contraire, devait faire, avec le fémur, un angle ouvert en arrière. De sorte que, sans être peut-être mécaniquement impossible, l'extension totale du genou ne devait pas être normale et que l'attitude habituelle devait être celle de la demi-flexion (fig. 150).

Le péroné, plus fort, avait un rôle de soutien plus important. L'ensemble des articulations du pied indique plus de mobilité et de laxité. Le pied, encore peu voûté, devait appuyer sur le sol par son bord externe et réaliser normalement une disposition en varus ;

le grand écartement du gros orteil indique qu'il pouvait jouer le rôle d'organe préhensile.

L'allure générale ordinaire, normale, de l'*Homo Neanderthalensis* devait donc être encore assez différente de la nôtre. Cet Homme fossile présente souvent une morphologie infantile, c'est-à-dire une morphologie dont les traits, qui nous ont le plus frappés ou surpris, se retrouvent chez les nouveau-nés ou chez les fœtus d'Européens. On a d'ailleurs fait remarquer depuis longtemps que l'enfant ne naît pas avec la faculté de marcher debout : il s'essaie d'abord à marcher « à quatre pattes », tout à fait à la manière d'un Singe quadrupède et, lorsqu'il apprend à marcher en station bipède, il pose le pied par son bord externe. La position accroupie habituelle des Hommes fossiles et des peuples sauvages est également une survivance ancestrale. Nous retrouvons ici le phénomène de l'évolution individuelle rappelant et résumant l'évolution phylogénique. L'*Homo Neanderthalensis* représente une étape de cette évolution déjà très éloignée, certes, du point de départ, fort rapprochée de l'état actuel, mais ne se confondant pas encore avec ce dernier.

Après avoir étudié séparément chaque élément du squelette de l'*Homo Neanderthalensis*, essayons de nous faire une idée aussi exacte que possible de l'ensemble du corps.

Depuis longtemps les anthropologistes ont cherché à déterminer la taille d'un sujet d'après les dimensions de ses os longs. Les formules dont ils se servent ne sont pas à l'abri de toute critique, surtout dans leur application aux Hommes fossiles. Tout en appréciant les résultats fournis par ces formules, j'ai employé une méthode différente et plus directe. Après avoir fait dessiner, en grandeur vraie, chaque partie ou chaque os du squelette de l'Homme de La Chapelle-aux-Saints, supposé vu de profil, j'ai découpé tous ces dessins et je les ai fixés sur un panneau, un à un, suivant les connexions anatomiques et aussi exactement que possible. J'ai obtenu ainsi une sorte d'épure du squelette en projection orthogonale et de grandeur naturelle (fig. 150). La hauteur totale de ce dessin, c'est-à-dire la taille du squelette, est de 1 m. 52. Comme il faut ajouter 20 à 30 millimètres pour obtenir la taille du vivant, celle-ci devait être de 1 m. 54 à 1 m. 55. Les squelettes de la Ferrassie donnent des chiffres un peu différents : le squelette masculin, 1 m. 60 ; le squelette féminin, à peine 1 m. 45. On peut donc regarder le chiffre de 1 m. 55 comme une moyenne approximative.

La stature de l'*Homo Neanderthalensis* était ainsi très inférieure à la stature moyenne de l'humanité actuelle : 1 m. 65 d'après Topinard. Les tableaux de Deniker (1) nous permettent de comparer, à ce point de vue, les Hommes du type de Néanderthal aux groupes ethniques suivants : les Ostiaks, les Weddas, les Samoyèdes, les Japonais des classes inférieures, les Annamites de la Cochinchine, etc., parmi les Asiatiques ; les Caraïbes des trois Guyanes et du Vénézuela, les Esquimaux du Labrador, les Fuégiens, parmi les Américains ; les Lapons et les Vogouls parmi les Européens.

On sait que le genre *Homo* s'oppose nettement à tout le groupe des Singes anthropoïdes par les proportions relatives du membre supérieur et du membre inférieur. Chez nos fossiles, ces proportions sont tout à fait humaines, mais l'avant-bras est très court par rapport au bras et la jambe extrêmement courte par rapport à la cuisse, plus que chez aucune race vivante.

RECONSTITUTIONS. — La reconstitution de l'ensemble du squelette, de l'Homme de La Chapelle-aux-Saints, obtenue suivant le procédé que j'ai indiqué tout à l'heure, est reproduite par la fig. 150. On voit que l'aspect général peut être défini de la manière suivante : une tête énorme sur un tronc court et massif ; des membres courts, trapus, très robustes ; attitude spéciale commandée par la courbure un peu différente de la colonne vertébrale et par la demi-flexion des membres inférieurs.

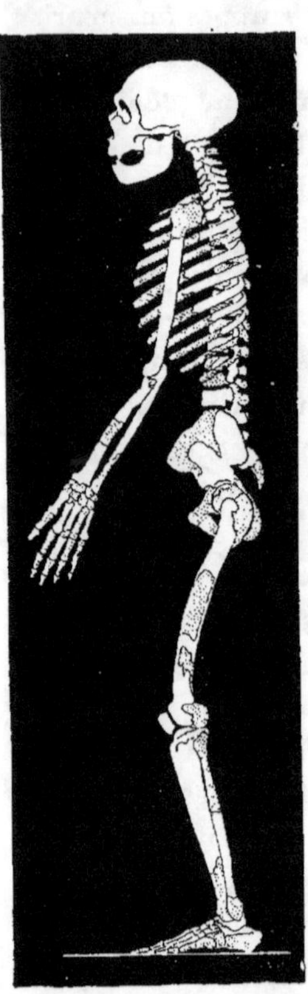

Fig. 150. — Squelette reconstitué de l'Homme fossile de La Chapelle-aux-Saints, vu de profil. 1/15 environ de la grandeur naturelle.

(1) DENIKER (J.), Races et peuples de la Terre, p. 659.

Peut-on aller plus loin et retrouver la plastique, présenter le portrait à l'état de vie de l'Homme de Néanderthal ? Tout est permis aux artistes qui peuvent, sans inconvénient, chercher à produire des œuvres d'imagination, originales et d'un grand effet. Les hommes de science — et de conscience — savent trop bien les difficultés de pareilles tentatives pour y voir autre chose qu'un passe-temps récréatif. Quelques vrais savants ont publié les portraits en chair et en poil, non seulement de l'*Homo Neanderthalensis*, dont on con-

naît aujourd'hui suffi-samment le squelette, mais encore de l'Homme de Piltdown, dont les débris sont si fragmen-taires ; de l'Homme d'Heidelberg, dont on n'a que la mâchoire inférieure ; du Pithé-canthrope, dont on ne possède qu'un morceau de crâne et... deux dents. Ce sont là des productions pouvant, à la rigueur, trouver place dans des ouvrages de basse vulgarisation, mais qui déparent sin-gulièrement les livres, d'ailleurs très estima-bles à d'autres égards, où elles ont été intro-duites.

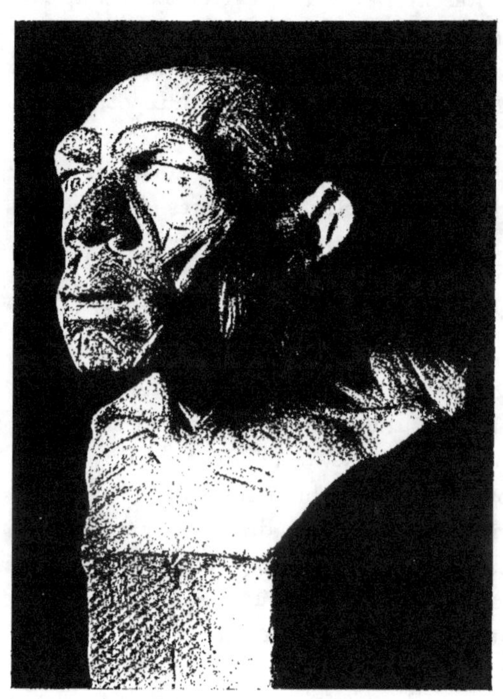

Fig. 151. — Reconstitution des muscles de la tête et du cou de l'*Homo Neanderthalensis* de La Chapelle-aux-Saints. 1⁄4 environ de la grandeur naturelle.

La seule tentative à laquelle j'aie cru pou-voir me livrer est la suivante. J'ai confié à un jeune sculpteur, pas-sionné pour les études anatomiques, M. Joanny-Durand, un mou-lage de la tête osseuse de l'Homme de La Chapelle-aux-Saints. Je l'ai prié de modeler, avec de la plastiline, les principaux muscles et de les superposer, un à un, sur ce moulage en plâtre, en allant des couches profondes aux couches superficielles et en repérant soigneusement leurs insertions, dont la vigueur nous permettait d'apprécier, dans une certaine mesure, la puissance des muscles y afférents. La fig. 151 représente le buste d'écorché ainsi obtenu. Loin de pousser son travail dans une direction simienne, bestiale, ce qui eût été facile, l'artiste est resté le plus possible dans un sentiment humain. A part la forme des oreilles et de l'extrémité du nez, pour lesquelles nous n'avons aucune donnée, notre reconstitution ne saurait s'écarter beaucoup du véritable aspect de la tête *écorchée* de notre Homme fossile. Je laisse aux lecteurs le soin d'étudier cette physionomie, d'y retrouver la morphologie de la tête osseuse, de la comparer aux visages d'Hommes actuels et de se demander ce qu'ajouterait à l'expression de cette physionomie un revêtement cutané et pileux, ainsi que le jeu, plus ou moins dramatique, des muscles représentés ici à l'état de repos.

L'ENCÉPHALE

Les études ostéologiques que je viens de résumer nous ont fait connaître, d'une manière fort satisfaisante, les attributs physiques et divers aspects de la vie animale de l'Homme de Néanderthal. Nous devons maintenant essayer de nous faire une idée de ses attributs psychiques, de sa vie cérébrale. On peut d'abord, pour cela, invoquer les témoignages archéologiques. Ce que nous connaissons de l'industrie moustiérienne a un caractère grossier, bien primitif, et ne saurait plaider en faveur de la supériorité du cerveau qui a conçu et réalisé cette industrie. Un autre ordre de témoignages nous est fourni par l'étude du cerveau même, autant qu'on puisse la faire dans les conditions que j'indiquerai bientôt, quand j'aurai dit quelques mots de la capacité cranienne, c'est-à-dire du volume de l'encéphale.

CAPACITÉ CRANIENNE. Plusieurs anthropologistes, et des plus éminents, Schaafhausen, Huxley, Virchow, Schwalbe, avaient essayé d'évaluer la capacité du crâne de Néanderthal supposé complet. Ils avaient trouvé des chiffres variant de 1100 à 1300 centimètres cubes, très inférieurs à celui de la moyenne humaine.

Les mesures prises sur le crâne entier de La Chapelle-aux-Saints, soit en employant les formules classiques, soit par cubage direct, conduisent à un résultat très différent. On peut fixer à 1600 centimètres cubes environ la capacité de ce crâne.

L'énormité relative de ce chiffre est bien faite pour étonner les personnes qui considèrent la capacité cranienne comme un caractère zoologique et anthropologique de premier ordre et en relation étroite avec le développement des facultés intellectuelles. Notre Homme fossile présente beaucoup de traits d'infériorité morphologique diminuant un peu « l'abîme » qui sépare le groupe humain de ses plus proches parents les Singes anthropoïdes, et pourtant il rentre ici franchement dans la série humaine. Il y occupe même un rang des plus élevé, comme le montre le tableau suivant :

Singes anthropomorphes (maximum).	621	centimètres cubes
Pithécanthrope (estimation).........	855	—
Andamans (moyenne des hommes)..	1300	—
Homme de Piltdown (estimation)....	1300	—
Australiens (moyenne des hommes).	1340	—
Nègres d'Afrique —	1477	—
Parisiens —	1550	—
Auvergnats —	1585	—
Esquimaux —	1646	—

Ce résultat surprend d'autant plus qu'il s'écarte vraiment trop des évaluations proposées pour le crâne de Néanderthal. Or, les dimensions de la calotte de ce nom sont si voisines de celles de la calotte du crâne de La Chapelle que le résultat fourni par le cubage direct de ce dernier doit faire naître les doutes les plus sérieux sur les dites évaluations. C'est ce que nous vérifierons tout à l'heure.

Quoi qu'il en soit, l'Homme de La Chapelle avait un encéphale aussi volumineux que celui des races actuelles les plus cultivées. Mais il s'agit ici de la valeur absolue de ce volume. On doit se demander s'il en est de même du volume relatif et, pour cela, chercher à évaluer ce dernier en tenant compte de la grosseur totale de la tête.

Or il est facile de calculer, d'après les formules d'usage courant, ce que devrait être la capacité d'un crâne normal dont les diamètres horizontaux égaleraient ceux du crâne de La Chapelle et dont le diamètre vertical serait avec les premiers dans les mêmes rapports que sur un crâne moderne. On obtient ainsi un chiffre dépassant 2000 centimètres cubes. Certains crânes allemands réalisent presque ces conditions ; tel celui de Bismarck, dont la capacité cranienne a été estimée à 1965 centimètres cubes.

Nous avons vu (p. 194, fig. 119) qu'en superposant les profils d'un crâne de Chimpanzé, du crâne de La Chapelle et du crâne d'un Homme de race blanche, et en ayant soin de ramener les axes des trois crânes à la même longueur, on obtient une figure traduisant clairement ces différences entre les volumes *relatifs* des boîtes encéphaliques.

Ainsi disparaît, ou s'atténue dans de fortes proportions, cette sorte d'anomalie que la grandeur du volume absolu du crâne de La Chapelle paraissait révéler, au regard des nombreux traits d'infériorité morphologique de ce crâne. En réalité, toutes choses égales d'ailleurs, le volume de l'encéphale est peu considérable relativement aux encéphales d'Hommes actuels ayant de grosses têtes.

De plus, il semble que l'exemplaire d'*Homo Neanderthalensis* de La Chapelle-aux-Saints ait appartenu à un individu particulièrement favorisé sous ce rapport. Nous possédons aujourd'hui des moulages de la cavité cérébrale d'autres sujets, notamment des exemplaires de Néanderthal, de Gibraltar, de La Quina. Les mensurations comparées de ces moulages m'ont permis de déterminer leurs volumes et d'obtenir les chiffres suivants :

Néanderthal	1408 centimètres cubes
La Quina	1367 —
Gibraltar	1300

L'Homme de La Chapelle, avec sa capacité cérébrale de 1600 centimètres cubes, est donc très supérieur aux autres termes de la petite série. Nous avons le droit de supposer qu'il réalise un terme voisin du terme maximum, de même que le crâne de Gibraltar représente peut-être le minimum offert par le même type. L'écart entre le maximum et le minimum n'a rien d'anormal ; il ne serait ici que d'environ 300 centimètres cubes, tandis qu'il est de 400 à 500 centimètres cubes dans les races humaines actuelles, sauvages ou civilisées.

La capacité moyenne de l'*Homo Neanderthalensis*, calculée d'après les quatre individus dont nous avons les moulages intracraniens, serait d'environ 1400 centimètres cubes, à peu près comme dans les races actuelles dites inférieures.

Que signifient ces chiffres? Nous donnent-ils la mesure des qualités intellectuelles ou psychiques de nos Hommes fossiles? Rien n'est moins certain.

On sait, en effet, que le volume de l'encéphale peut varier énormément dans une série d'Hommes récents choisis parmi les plus éminents : de 1320 centimètres cubes (l'anatomiste Meckel), ou de 1420 centimètres cubes (Raphaël) à 1950 centimètres cubes (La Fontaine), c'est-à-dire dans le rapport de un à un et demi. Considéré isolément, ce volume ne saurait donc être pris comme critérium de la valeur intellectuelle d'un être humain. On l'a dit depuis longtemps: « Un petit chronomètre est supérieur à un grand réveil » et les grosses têtes ne sont pas toujours de fortes têtes. Comme l'*Homo Neanderthalensis* est un type très différent des types actuels, une de ses caractéristiques paraît être la grosseur de la tête plutôt que le volume de l'encéphale, quelle qu'ait été d'ailleurs la *qualité* de celui-ci.

Il faut se demander si l'organisation ou, plus simplement, la répartition de la substance cérébrale ne présentait pas aussi des différences. C'est ce que va nous apprendre, dans une certaine mesure, l'étude du moulage de la surface endocranienne.

ÉTUDE DU CERVEAU. On ne saurait, au moyen d'un document de ce genre, avoir la prétention de pénétrer tous les secrets de la morphologie cérébrale d'un être quelconque. Les résultats des études qu'on peut effectuer sur des moulages de la cavité cranienne sont comparables à l'idée qu'on se ferait des formes d'une statue dont il serait interdit de soulever les voiles, représentés ici par les méninges séparant, dans le vivant, la substance cérébrale de la surface osseuse endocranienne. Néanmoins, de tels moulages, quand ils sont faits avec toute l'habileté et la précision nécessaires, permettent, par comparaison avec des moulages analogues tirés des crânes de Singes ou d'Hommes actuels, d'arriver à des conclusions intéressantes. Nous possédons aujourd'hui les moulages endocraniens de cinq individus d'*Homo Neanderthalensis* : celui de Néanderthal même, celui de Gibraltar, celui de La Chapelle-aux-Saints, celui de La Quina, celui du Moustier. Leurs caractères généraux sont remarquablement uniformes. La description suivante s'applique surtout au moulage du crâne de La Chapelle, qui est le moins incomplet et le plus habilement exécuté (1).

L'encéphale, dont ce moulage reproduit la forme générale, est, comme le crâne, long, large et surbaissé. Il présente une dissymétrie assez marquée : l'hémisphère gauche du cerveau était légèrement plus développé que le droit, ce qui est d'accord avec l'observation que nous avons faite sur l'inégalité des humérus droit et gauche.

Un des caractères les plus remarquables du cerveau, tel que nous le montre le moulage, est la simplicité, l'aspect grossier des circonvolutions. Les moulages endocraniens d'Hommes actuels présentent généralement des traces de circonvolutions plus nombreuses et beaucoup plus compliquées. C'est aux cerveaux des grands Singes anthropomorphes ou aux cerveaux d'Hommes microcéphales que celui de l'Homme de Néanderthal ressemble le plus à cet égard.

La scissure de Sylvius, qui sépare, dans les cerveaux de Mammifères, le lobe frontal du lobe temporal (fig. 152 et 153), se montre ici béante en avant, ce qui semble indiquer un certain degré d'exposition de la partie du corps strié qu'on appelle *l'insula de Reil*. Cette disposition se voit chez l'Homme actuel, au cours de son développement embryologique ; chez l'adulte, l'ouverture sylvienne se resserre par suite du débordement, de tous côtés, de la matière cérébrale.

L'étude des lobes du cerveau révèle quelques faits importants et, d'abord, en ce qui concerne leur développement relatif.

On est aujourd'hui d'accord pour admettre que les lobes, avec les limites que leur attribuent conventionnellement les anatomistes, sont loin de correspondre exactement à des départements physiologiques. Il est tout de même intéressant de chercher à mesurer, non pas le volume de ces lobes, ce qui serait impossible dans le cas actuel, mais simplement leurs surfaces extérieures par rapport à la surface extérieure totale de l'hémisphère cérébral, et surtout de

---

(1) Voy. pour plus de détails : BOULE (M.) et ANTHONY (R.), L'encéphale de l'Homme fossile de La Chapelle-aux-Saints (*L'A.* XXII, 1911).

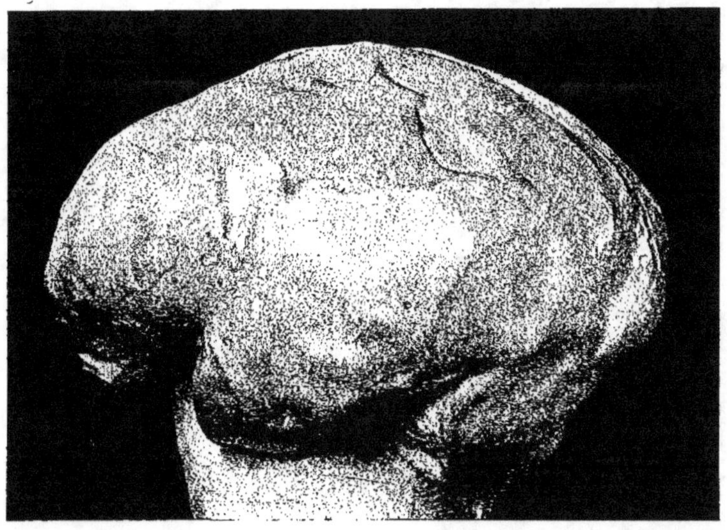

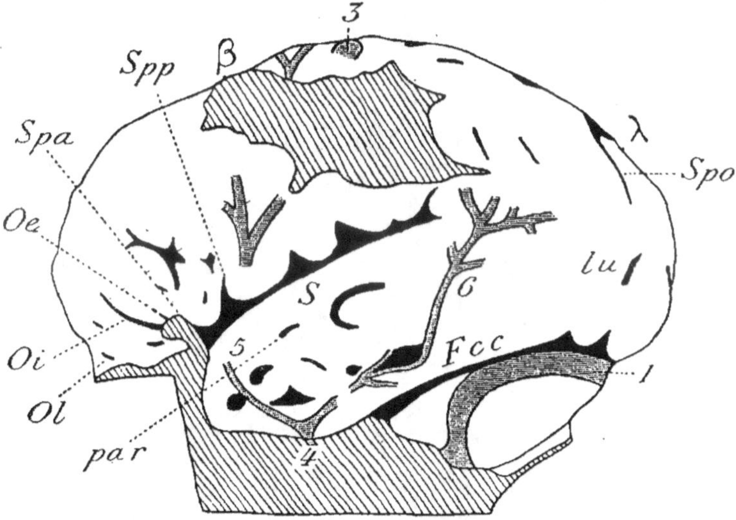

Fig. 152. — Photographie du moulage intracranien de l'Homme fossile de La Chapelle-aux-Saints. Vue latérale gauche.

Fig. 153. — Topographie de la face latérale gauche de l'encéphale. 1/2 de la grandeur
naturelle.

β, bregma ; λ, lambda ; *1*, sinus latéral ; *3*, sinus de Breschet ; *4, 5, 6*, vaisseaux
méningés moyens ; *Fcc*, fente cérébro-cérébelleuse ; *S*, scissure de Sylvius, le long
de laquelle se voient les incisures pariétales de Broca ; *Spa*, branche présylvienne
antérieure ; *Spp*, branche présylvienne postérieure ; *Spo*, scissure pariéto-occipitale ;
Ol, sillon olfactif ; *Oi*, sillon orbitaire interne   *Oe*, sillon orbitaire externe ; *par*, sillon
parallèle ; *lu, sulcus lunatus.*

comparer ces résultats avec ceux fournis par des moulages similaires de Singes anthropomorphes et d'Hommes actuels.

M. Anthony et moi avons ainsi obtenu un certain nombre de données numériques dont la discussion ne saurait trouver place ici, mais dont on peut résumer la signification en disant que le développement relatif des lobes, chez nos Hommes fossiles, n'était pas celui que présentent les Hommes actuels. La différence est surtout marquée pour le lobe fontal. Chez les Singes anthropoïdes, la surface extérieure de ce lobe représente 32 p. 100 environ de la surface totale de l'hémisphère cérébral correspondant. Chez les Hommes actuels, la proportion est en moyenne d'environ 43 p. 100. Chez l'Homme de La Chapelle-aux-Saints, elle est d'environ 36 p. 100. Au point de vue du développement relatif de son lobe frontal. surbaissé et rétréci, l'Homme fossile se place donc entre les Singes anthropoïdes et les Hommes d'aujourd'hui, et même plus près des premiers que des seconds.

Les circonvolutions frontales se distinguent assez bien, au moins vers leurs parties inférieures. La troisième circonvolution frontale. très nette, avait un large *cap* (1), mais elle était beaucoup plus simple que chez les Hommes actuels. Il semble notamment qu'elle n'ait pas eu de *pied*, c'est-à-dire de repli supplémentaire rattachant le cap à la frontale ascendante, ou qu'elle n'ait eu qu'un pied très réduit. Par suite du faible développement du lobe frontal, le cap de la troisième circonvolution paraît, comme chez les Anthropoïdes, occuper une situation beaucoup plus antérieure. Ce sont là des caractères primitifs et pithécoïdes, car un anatomiste anglais, Cunningham, a pu affirmer que le grand développement de la troisième circonvolution frontale est plus caractéristique des Singes que des Hommes.

Les lobes temporaux et pariétaux n'offrent ici rien d'important à signaler. Les lobes occipitaux, relativement très développés. dépassent et surplombent le cervelet beaucoup plus que chez les Hommes actuels. Par l'ensemble de leurs caractères, notamment par la présence d'un *sulcus lunatus*, ou « sillon du singe », bien marqué, ils se rapprochent beaucoup de ceux des Anthropomorphes.

---

(1) Le *cap* est la partie du lobe frontal comprise entre les deux branches antérieures de la scissure sylvienne dites *branches présylviennes* (*Spa* et *Spp* de la fig. 153).

Le cervelet est remarquable par la faible saillie des lobes cérébelleux latéraux, séparés par une laige fente, au fond de laquelle le lobe médian, ou *vermis*, devait être à découvert comme chez les Singes. Dans sa région antérieure, le cervelet était au contraire relativement plus développé et plus saillant que chez les Hommes, se rapprochant encore, par ce caractère, de celui des Singes.

La moelle allongée devait avoir une disposition plus oblique d'avant en arrière que chez les Hommes modernes et moins oblique que chez les Singes, même les Anthropoïdes. Ce caractère est conforme à ce que nous a appris l'étude du squelette, notamment la direction de la portion cervicale de la colonne vertébrale.

PHYSIOLOGIE CÉRÉBRALE. — Les faits anatomiques exposés ci-dessus permettent, dans une certaine mesure, de se faire une idée des fonctions cérébrales de l'*Homo Neanderthalensis*.

Si le volume considérable de son encéphale peut constituer un argument en faveur de l'intelligence de cet Homme, l'aspect grossier, la simplicité générale du dessin des circonvolutions indiquent, au contraire, des facultés intellectuelles rudimentaires. Le développement relatif des diverses parties de la substance grise parle dans le même sens.

Flechsig a montré que les différentes régions de l'écorce cérébrale se divisent, au point de vue physiologique, en deux groupes. Les unes constituent les territoires sensitivo-moteurs, en rapport avec les divers organes périphériques de la sensibilité et du mouvement ; les autres constituent les « zones d'association », où les sensations se condensent et s'élaborent et où les mouvements se règlent Ce seraient « les centres intellectuels et les véritables organes de la pensée ».

Chez les Mammifères les plus inférieurs, les centres d'association feraient à peu près défaut. Chez les Singes, leur importance est déjà considérable et leur développement à peu près égal à celui des centres sensitivo-moteurs. Chez l'Homme, où l'intelligence est à son maximum, ils arrivent à occuper les deux tiers du manteau (1).

On a délimité approximativement, sur la face externe du cerveau humain, trois principaux centres d'association s'intercalant

---

(1) Voy. l'excellent Traité de Physiologie de GLEY, 4ᵉ éd. Paris, 1919, p. 1080.

avec quatre zones sensitivo-motrices. Si l'on rapproche ces faits de ceux que nous a fournis l'étude des lobes du cerveau chez l'*Homo Neanderthalensis*, nous constatons que la zone visuelle (lobe occipital) était relativement plus développée et que le premier centre d'association était bien mal partagé puisque ce centre correspond à la région antérieure du lobe frontal ici particulièrement réduite.

Or, s'il est une notion acquise en matière de physiologie cérébrale, c'est que les parties antérieures des lobes frontaux sont indispensables à la vie intellectuelle. Ses lésions ne retentissent ni sur la sensibilité, ni sur la motricité, mais occasionnent des troubles intellectuels ; d'après le D Toulouse (1), l'atrophie bilatérale des lobes frontaux entraîne toujours la démence ou le gâtisme.

« Dans la progression des hémisphères cérébraux à travers les époques géologiques, a écrit le Dr Houzé (2), c'est le lobe frontal, siège des associations les plus compliquées et des combinaisons mentales les mieux appropriées, qui a grandi. Chez l'Homme, il a acquis une telle prééminence qu'il a rendu inutiles les adaptations défensives (*Homo nudus et inermis*). Le lobe frontal est devenu l'arme la plus redoutable de l'attaque et de la défense ».

Il est donc probable que l'*Homo Neanderthalensis* ne devait posséder qu'un psychisme rudimentaire, supérieur certainement à celui des Singes anthropomorphes, mais notablement inférieur à celui de n'importe quelle race actuelle. Il n'avait sans doute qu'un rudiment de langage articulé. Au total, l'encéphale de cet Homme fossile est déjà un encéphale humain par l'abondance de sa matière cérébrale. Mais cette matière n'offre pas encore l'organisation supérieure qui caractérise les Hommes actuels.

CONCLUSIONS

La longue description qu'on vient de lire peut être résumée sous une forme concise, qui sera comme la diagnose du type humain fossile de Néanderthal :

---

(1) TOULOUSE (D^r), Le cerveau, Paris, 1901, p. 123.
(2) HOUZÉ (D^r), Les étapes du lobe frontal (*Institut Solvay, Sociologie*, 1910).

DIAGNOSE DU TYPE
DE NÉANDERTHAL.

Corps de petite taille, très massif. Tête très volumineuse, à partie faciale très développée par rapport à la partie cérébrale. Indice céphalique moyen. Crâne très aplati ; arcades orbitaires énormes formant un bourrelet continu ; front très fuyant ; occiput saillant et comprimé dans le sens vertical.

Face longue, proéminente, avec des os malaires plats et fuyants, des maxillaires supérieurs dépourvus de fosses canines et présentant la forme d'un museau. Orbites très grandes, rondes. Nez saillant, très large. Espace sous-nasal vaste.

Mâchoire inférieure robuste, sans menton, à larges branches montantes, à région angulaire tronquée.

Dentition volumineuse ; morphologie des arrière-molaires ayant conservé des traits primitifs.

Colonne vertébrale et os des membres présentant de nombreux caractères pithécoïdes et dénotant une attitude bipède ou verticale moins parfaite que chez les Hommes actuels. Jambes très courtes.

Capacité encéphalique moyenne d'environ 1 400 centimètres cubes. Conformation cérébrale présentant de nombreux caractères primitifs ou simiens, notamment dans la grande réduction relative des lobes frontaux et le dessin général des circonvolutions.

Il importe d'observer que les caractères physiques du type de Néanderthal sont bien en harmonie avec ce que l'archéologie nous apprend de ses aptitudes corporelles, de son psychisme et de ses mœurs. Il n'est guère d'industrie plus rudimentaire et plus misérable, avons-nous dit, que celle de notre Homme moustiérien. L'utilisation d'une seule matière première, la pierre (en dehors probablement du bois et de l'os), l'uniformité, la simplicité et la grossièreté de son outillage lithique, l'absence probable de toutes traces de préoccupations d'ordre esthétique ou d'ordre moral s'accordent bien avec l'aspect brutal de ce corps vigoureux et lourd, de cette tête osseuse, aux mâchoires robustes, et où s'affirme encore la prédominance des fonctions purement végétatives ou bestiales sur les fonctions cérébrales.

COMPARAISON AVEC
LES TYPES ACTUELS.

Une étude comparative de la morphologie des divers groupes humains actuels confirme dans l'opinion que nous sommes en présence d'un type tout à fait spécial, très différent, non seulement des races dites supérieures, mais encore des Esquimaux, des Fuégiens, des Boschimans, des Pygmées, africains ou asiatiques, des Veddahs, des Polynésiens, des Mélanésiens et même des Australiens desquels on a voulu souvent les rapprocher (1).

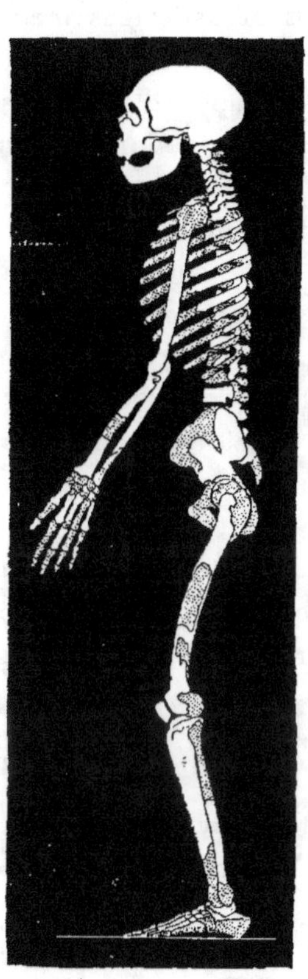

Fig. 154. — Squelette de l'Homme fossile de La Chapelle-aux-Saints reconstitué et vu de profil. 1/15 environ de la grandeur naturelle.

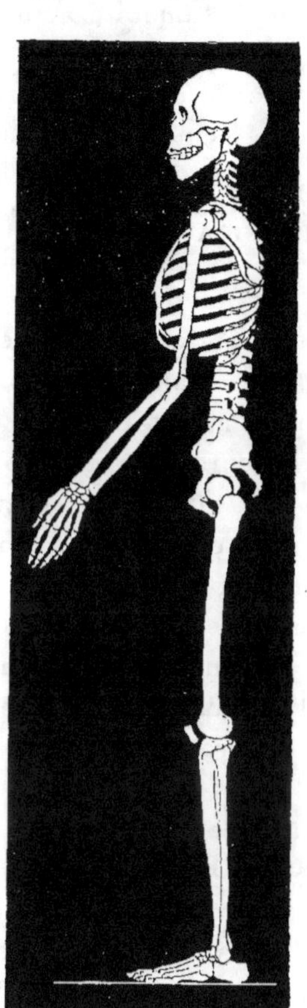

Fig. 155. — Squelette, vu de profil, d'un Australien. 1 15 environ de la grandeur naturelle.

Le squelette de ce dernier type et celui de l'Homme de Néanderthal sont aussi dissemblables que possible (fig. 154 et 155). Il n'est plus permis de soutenir que les Australiens descendent de nos Moustiériens. L'idée de ce rapprochement ne serait probablement

____

(1) Ces comparaisons sont détaillées dans ma monographie, *loc. cit.*

pas venue à l'esprit des premiers observateurs si, au lieu de n'avoir qu'une simple calotte cranienne, ils avaient pu examiner un crâne complet avec sa face. Tout ce qu'on peut admettre, à cet égard, c'est que le groupe des Australiens, l'un des moins évolués certainement de l'Humanité actuelle, est moins éloigné que les autres des formes primitives et qu'il doit avoir, par suite, quelques traits communs avec celui de Néanderthal. Nos Moustiériens menaient peut-être la même vie errante que les Australiens actuels.

SON RANG DANS LA CLASSIFICATION.   L'Homme de Néanderthal représente donc un type nouveau dans la famille des Hominiens. Doit-il y constituer un genre à part ou doit-il entrer dans le genre *Homo* ?

On a prétendu, à l'époque même ou l'on ne connaissait qu'une partie de son crâne, que l'Homme fossile de Néanderthal différait génériquement des Hommes actuels. Plus tard, Sergi a créé pour ce type le genre *Palœoanthropus*, Bonarelli a voulu le désigner sous le nom de *Protanthropus* et Ameghino, considérant l'Homme de Néanderthal comme l'ancêtre ou le précurseur du genre *Homo*, l'a appelé *Prothomo*.

A mon avis, l'Hominien du type de Néanderthal est bien un *Homo*. Comme il s'agit d'une créature qui nous ressemble beaucoup, l'opinion que j'exprime est généralement adoptée, même par les naturalistes enclins à multiplier les genres. Il n'en serait probablement pas ainsi s'il s'agissait d'un Félin, d'un Ruminant ou d'un Singe !

Il reste à décider si cet Homme fossile représente une espèce, ou une race, ou simplement une variété distinctes de l'Homme ou des Hommes actuels. La plupart des anthropologistes parlent généralement de la *race de Néanderthal*. Mais on a créé aussi de nombreuses désignations spécifiques. L'une d'elles est déjà fort ancienne : *Homo Neanderthalensis* ; les autres sont plus récentes : *Homo primigenius*, *Homo Europœus*, *Homo Krapinensis*, *Homo Mousteriensis*, *Homo antiquus*, etc.

Si nous raisonnons en polygénistes, il saute aux yeux que le type de Néanderthal représente une nouvelle espèce, facile à distinguer de toutes les autres. Si nous croyons, au contraire, à l'unité spécifique des Hommes actuels, cette conclusion ne s'impose pas avec la même évidence ; elle découle pourtant des observations suivantes.

Un premier fait est que le type fossile diffère beaucoup plus de tous les types d'aujourd'hui que ceux-ci ne diffèrent entre eux. On constate, entre les termes extrêmes de la série des crânes actuels, toutes les formes de passage, tandis que cette série se sépare nettement du groupe des crânes fossiles par une sorte d'hiatus correspondant à une véritable rupture morphologique.

Un second point, c'est que les différences ostéologiques, existant entre notre Homme fossile et le bloc des Hommes actuels, sont beaucoup plus importantes que les différences invoquées par les mammalogistes pour séparer les diverses espèces des genres de Mammifères. A cet égard, le type de Néanderthal représente bien une espèce différente de l'*Homo sapiens* collectif, actuel ou fossile, parce qu'il offre un certain nombre de caractères constants, et qui ne se rencontrent, normalement et simultanément, dans aucune race ou espèce humaine d'aujourd'hui. La plupart de ces traits distinctifs ont une valeur morphologique, et par suite taxonomique, supérieure à la valeur de ceux qu'on utilise en mammalogie pour la classification des formes d'un même genre. Chacun d'eux suffirait presque, à lui seul, pour légitimer une distinction spécifique s'il s'agissait d'un Mammifère n'appartenant pas au genre *Homo*.

Nous pouvons nous placer à un troisième point de vue.

Les paléontologistes, obligés d'étudier les êtres à la fois dans l'espace et dans le temps, ne sauraient avoir exactement la même conception de l'espèce que les zoologistes ne les étudiant que dans l'espace. Dans l'impossibilité où ils se trouvent de donner des noms différents à toutes les nuances évolutives, que révèlent les incessantes modifications des formes de vie et qu'ils suivent dans le temps, les paléontologistes estiment qu'il faut réserver les noms nouveaux aux changements qui marquent un degré ou, qu'on me passe l'expression, un *cran* nouveau dans l'échelle évolutive de ces formes, ou encore un anneau bien distinct dans la série de leurs enchaînements.

Or le type humain fossile que nous avons étudié répond idéalement à cette conception que se font de l'espèce les paléontologistes transformistes. Personne ne saurait mettre en doute que ce type ne représente un degré de l'échelle humaine morphologiquement inférieur à tous les échelons de l'Humanité actuelle, qu'il ne marque un cran bien nettement séparé du cran supérieur. La longue série

16

de traits primitifs ou pithécoïdes, qui sont inscrits sur chaque élément de son squelette, ne peuvent s'interpréter que comme les marques d'un stade évolutif moins avancé que celui où nous voyons l'Humanité actuelle, et la différence est telle qu'elle justifie pleinement, d'après le principe posé, une distinction au titre spécifique.

Quel nom doit recevoir cette espèce ?

Une expression très employée est celle d'*Homo primigenius*, qui paraît être due à Wilser (1) et que la notoriété de l'anatomiste allemand Schwalbe semble avoir en quelque sorte imposée. Elle doit être rejetée. Elle a d'abord le très grave inconvénient d'affirmer ou de préjuger ce qui est certainement une erreur, car le type de Néanderthal se saurait être considéré comme la forme tout à fait primitive du genre *Homo*. Elle évoque le souvenir d'une confusion analogue et tout aussi grossière, qui a fait appliquer au Mammouth, le dernier venu et le plus spécialisé des Éléphants, le vocable ridicule d'*Elephas primigenius*.

Elle doit être abandonnée pour une autre raison. Les conventions établies par les Congrès internationaux de Zoologie veulent que la dénomination légitime d'une espèce soit celle qui lui a été appliquée en premier lieu. Or, dès 1864, un savant anglais, King (2) a créé l'expression d'*Homo Neanderthalensis* pour désigner la calotte cranienne et les autres ossements fossiles découverts à Néanderthal et qui restent les pièces types de l'espèce nouvelle. En toute justice c'est celle qu'il faut adopter. Les dénominations d'*Homo antiquus*, *Homo incipiens*, *Homo Europœus*, *Homo Spyensis*, *Homo Mousteriensis*, *Homo Krapinensis*, *Homo Breladensis*, proposées par divers auteurs, doivent tomber en synonymie.

ESPÈCE ARCHAÏQUE ET DISPARUE. — Que l'*Homo Neanderthalensis* soit une espèce aux caractères archaïques, cela ressort nettement de l'ensemble de sa morphologie. Les nombreux traits pithécoïdes qu'il a conservés sont autant de souvenirs, encore très vivaces, d'un état ancestral.

Sans doute quelques-uns de ces traits ne sont peut-être pas des traits primitifs, mais plutôt la conséquence d'adaptations physio-

---

(1) WILSER. Menschenrassen und Weltgeschichte (*Naturw. Wochenschr.*, XIII, 1, 1898).

(2) KING, The reputed fossil Man of the Neanderthal (*Quart. Journ. of Science*, 1864, p. 96).

logiques spéciales. La distinction est souvent très difficile ; si plusieurs traduisent simplement des phénomènes de convergence, il n'est pas douteux que la plupart ont une valeur généalogique réelle.

Il y a tout lieu de croire que l'*Homo Neanderthalensis* est une espèce plus archaïque encore que ne l'indique l'âge géologique des restes que nous en possédons.

Nous savons, en effet, que des Hommes d'une organisation relativement supérieure, ascendants directs de diverses formes de l'*Homo sapiens*, ont coexisté de très bonne heure en Europe avec le type de Néanderthal. Nous avons vu, en retraçant l'historique des principales découvertes de la Paléontologie humaine, que plusieurs d'entre elles, se rapportant à des crânes ou à des squelettes moins primitifs, avaient été considérées comme ayant une antiquité géologique très reculée : l'Olmo, Galley-Hill, Denise, Clichy, Grenelle, Ipswich, etc. J'ai cru devoir rejeter ces découvertes parce qu'elles n'offrent pas des garanties géologiques suffisantes. Mais nous avons d'autres preuves de la coexistence de l'*Homo Neanderthalensis* et des ancêtres de l'*Homo sapiens*. Les premiers Hommes de l'âge du Renne, les premiers des Aurignaciens, qui ont succédé brusquement dans nos pays aux Moustiériens, étaient des Hommes du type dit de *Cro-Magnon*, c'est-à-dire, nous allons le voir, des Hommes extrêmement voisins de certaines races d'Hommes actuels, et qui s'opposent aux Moustiériens autant par la supériorité de leur culture que par la supériorité ou la diversité de leurs caractères physiques. Or, ces « *Cro Magnon* », qui semblent remplacer brusquement les Néanderthaliens dans notre pays, devaient exister antérieurement quelque part, à moins d'admettre une mutation trop importante et trop brusque pour ne pas être absurde.

Les découvertes de Grimaldi prouvent également que l'*Homo Neanderthalensis* n'était pas la seule forme d'humanité vivant sur la terre vers le milieu des temps pléistocènes, car les squelettes inférieurs de la Grotte des Enfants ne sauraient être d'un âge géologique bien différent de celui de notre Homme de la Corrèze. Or, ces Négroïdes de Grimaldi rentrent déjà nettement dans le bloc de l'*Homo sapiens*. Leur existence dans notre pays, à une époque si reculée, en juxtaposition avec la forme beaucoup plus primitive de Néanderthal, montre que l'*Homo Neanderthalensis* ne saurait être l'ancêtre de l'*Homo sapiens*, puisque les deux espèces ont eu des représentants contemporains. L'origine de l'*Homo sapiens* doit être cherchée dans un passé beaucoup plus lointain que nous ne pouvions le supposer *a priori*.

Quant à l'*Homo Neanderthalensis*, tout porte à croire qu'il remonte à une époque géologique plus reculée que le Pléistocène moyen ; qu'il occupait, en même temps que la faune dite du Mammouth, dont il faisait en quelque sorte partie, de vastes territoires de l'Europe occidentale et méridionale, mais qu'à côté de lui, sur d'autres territoires, en compagnie d'une faune probablement un peu différente, vivaient déjà des types humains plus évolués, représentant les ancêtres directs de l'*Homo sapiens* actuel. En contraste avec ces derniers, l'*Homo Neanderthalensis* nous apparaît comme une forme attardée, un survivant des prototypes ancestraux.

Que savons-nous de ces formes ancestrales ?

Les comparaisons que nous pouvons faire avec des types plus anciens sont malheureusement bien peu nombreuses. Les seuls fossiles d'Hominiens, d'une époque géologique incontestablement antérieure à celle de l'*Homo Neanderthalensis*, sont la mâchoire de Mauer et les ossements de Piltdown.

Les mandibules d'*Homo Neanderthalensis* se rapprochent de la mandibule d'*Homo Heidelbergensis* par la forme générale, la robustesse, les dimensions, de sorte que si l'on articule la mâchoire de Mauer au crâne de La Chapelle, l'aspect général de la tête osseuse est peu changé. Certes, des différences subsistent, mais les ressemblances sont telles qu'elles peuvent faire croire à une parenté étroite, sinon directe, entre les antiques possesseurs de ces mâchoires. Comme le type de Néanderthal ne peut être qu'une survivance, d'ailleurs évoluée, d'un type plus primitif encore, il est très possible que la mâchoire de Mauer, d'un âge géologique beaucoup plus reculé, ait appartenu à un représentant de ce type plus primitif, qui se serait modifié lentement, à la suite de changements de milieu et de climat et peut-être, comme le veulent Keith, Sera, Larger, sous des influences pathologiques.

Quant aux ossements de Piltdown, rien n'autorise le moindre rapprochement ; ni la mandibule qui, nous l'avons vu, est d'un

Chimpanzé, ni la calotte cranienne qui, par l'ensemble de ses traits : front bien accusé, effacement des arcades orbitaires, morphologie du temporal, se rattache plus directement à l'ascendance de l'*Homo sapiens* qu'à celle de l'*Homo Neanderthalensis*.

Cette dernière espèce, dont les origines sont, de toutes façons, très archaïques, s'est éteinte sans laisser de postérité. Elle est doublement fossile : parce qu'elle remonte à une époque géologique antérieure à l'époque actuelle et parce que nous ne lui connaissons pas de descendants à partir du Pléistocène supérieur. A l'époque moustiérienne, elle représentait un type attardé, à côté des ancêtres directs de l'*Homo sapiens* ; elle était, par rapport à ces derniers, ce que sont aujourd'hui les races dites inférieures par rapport aux races supérieures. Peut-être peut-on aller jusqu'à dire qu'elle était une espèce dégénérée.

A l'époque moustiérienne, cette survivance devait toucher à sa fin, car le type de Néanderthal semble disparaître brusquement. Les Aurignaciens et les Magdaléniens, qui lui ont succédé chez nous, en diffèrent par une organisation très supérieure, et je ne crois pas, contrairement à ce qu'on a dit parfois, qu'on ait trouvé de véritables formes de transition, ni dans le Paléolithique supérieur, ni dans le Néolithique, ni à l'époque actuelle.

Y a-t-il eu simple déplacement, migration, ou bien extinction sur place ? Je l'ignore. Nous avons vu qu'il est impossible d'indiquer, parmi les nombreux groupes ethniques actuels, celui qui pourrait être considéré comme le descendant des Néanderthaliens.

L'objection principale qu'on peut faire à cette manière de voir est l'existence, proclamée maintes fois, de crânes « néanderthaloïdes » trouvés dans des sépultures préhistoriques, historiques, ou actuelles de nos pays. Nombreux sont les anthropologistes qui ont décrit et figuré de telles pièces. Aujourd'hui il n'est pas de collection importante qui ne possède au moins un spécimen de ce genre. Or, le plus « néanderthaloïde » de ces crânes ne présente qu'un très petit nombre des caractères du type de Néanderthal, ordinairement une forte saillie des arcades orbitaires et une certaine fuite du front. La face est toujours très différente, le menton toujours bien accusé. En réalité, tous ces « Néanderthaloïdes » ne sont que des faux Néanderthaliens, c'est-à-dire de véritables *Homo sapiens*, remarquables par la présence accidentelle de quelques traits morphologiques exagérés normalement chez l'Homme de Néanderthal.

L'apparition ou la réapparition, à l'état sporadique, de ces caractères sont généralement considérées comme des phénomènes ataviques. Cela ne veut pas dire que l'*Homo sapiens* descend en ligne directe de l'*Homo Neanderthalensis*. On peut admettre que les caractères en question sont vraiment primitifs, qu'ils ont fait partie du fonds commun des lointains ancêtres de ces deux espèces. Chez l'*Homo Neanderthalensis*, beaucoup plus près de ses origines, ils se sont conservés; chez l'*Homo sapiens*, plus évolué, ils ne réapparaissent plus qu'accidentellement.

Enfin, on ne saurait affirmer qu'il n'y a jamais eu infusion de sang néanderthaloïde, par voie d'hybridation, dans d'autres groupes humains appartenant au rameau ou à l'un des rameaux de l'*Homo sapiens*. Mais cette infusion n'a pu être qu'accidentelle et sans grande influence puisque aucun type humain actuel ne saurait être considéré comme un descendant direct, même modifié, du type de Néanderthal.

CHAPITRE VIII

LES HOMMES DE L'AGE DU RENNE

Nous savons qu'aux points de vue géologique et paléontologique,
le Pléistocène supérieur est difficile à séparer nettement du Pléistocène moyen (V. p. 53). La distinction est relativement claire et facile,
du moins dans nos pays, quand on se place au point de vue anthropologique.

L'AGE DU RENNE. Pour les archéologues préhistoriens, le Pléistocène supérieur, c'est
le *Paléolithique supérieur*, très différent, par son outillage, du
Paléolithique inférieur ; c'est aussi l'époque ou *l'âge du Renne*.
Cette dernière expression traduit un fait ethnographique plutôt
qu'un fait paléontologique, car les ossements de Renne sont déjà
fréquents dans les dépôts moustiériens. Elle veut dire d'abord que
cet animal est maintenant très abondant ; elle signifie surtout : âge
pendant lequel le Renne a joué un grand rôle dans la vie des
Hommes auxquels il fournissait la nourriture, la vestiture et la matière première d'une grande partie de son industrie.

Armes et instruments sont plus abondants, beaucoup plus variés,
plus perfectionnés qu'à l'époque moustiérienne. Aussi les archéologues, mieux documentés, ont-ils cherché depuis longtemps à établir
des divisions dans l'âge du Renne, d'après les diverses modalités de
ce matériel. Nous savons déjà qu'ils distinguent aujourd'hui trois
étages successifs : l'*Aurignacien*, le *Solutréen*, le *Magdalénien*, suivis
de l'*Azilien*, étage de transition confinant à l'époque *néolithique*,
c'est-à-dire aux temps *actuels* des géologues.

Malgré les différences qui servent de base à ces divisions, l'âge du
Renne présente un ensemble de caractères qui lui impriment une
grande unité et qui marquent un progrès considérable sur le monde

moustiérien. C'est qu'il y a aussi un véritable contraste entre les Hommes de l'ancien et du nouveau Paléolithique !

Les découvertes de squelettes humains nous mettent maintenant en présence de types vraiment supérieurs. La plupart ont un corps plus élégant, une tête plus fine, un front droit et vaste. Ils ont laissé, dans les grottes qu'ils habitaient, tant de témoignages de leur habileté manuelle, des ressources de leur esprit inventif, de leurs préoccupations artistiques et religieuses, de leurs facultés d'abstraction qu'ils méritent vraiment le glorieux titre d'*Homo sapiens* !

Chacun de ces types a bien sa physionomie propre, mais simplement au même titre que les diverses races d'aujourd'hui et, dans l'ensemble, ils ne diffèrent pas plus des Hommes actuels que ceux-ci ne diffèrent entre eux. Nous sommes arrivés à un moment à partir duquel l'évolution physique de l'Humanité peut être considérée comme terminée ; le problème des origines humaines perd son caractère zoologique pour devenir purement anthropologique et ethnographique.

Rien n'est plus attachant d'ailleurs que l'étude de ces Hommes de l'âge du Renne, des monuments qu'ils nous ont laissés, des mœurs ou coutumes que ces monuments nous révèlent ou nous font pressentir. Elle a déjà fourni la matière de nombreux ouvrages ou mémoires du plus haut intérêt, mais dont le résumé ne saurait trouver place dans ce livre, écrit à un point de vue surtout paléontologique. Il faut cependant dire l'essentiel (1).

PRODUITS INDUSTRIELS. — Les Hommes de l'âge du Renne habitaient de préférence les cavernes ou les abris sous roche. Ils se livraient surtout à la chasse et à la pêche. Ils avaient des relations commerciales fort étendues. Leurs pierres taillées n'ont plus la lourdeur et l'uniformité de celles des époques précédentes. Les armes, destinées à être emmanchées, sont fines, élégantes, parfois admirablement travaillées suivant une technique des plus habiles (fig. 156-158). L'outillage est

---

(1) La bibliographie, très considérable, est essentiellement française. On la trouvera, en partie, dans l'ouvrage déjà cité plusieurs fois de S. Reinach, Antiquités nationales, I. Epoque des Cavernes ; dans Déchelette, Manuel d'archéologie préhistorique, I. — Consulter aussi : Mortillet (G. et A.), Le Préhistorique et Musée préhistorique. — Cartailhac (E.), La France préhistorique, et surtout la collection des *Matériaux* et de *L'Anthropologie*. — Voir, un peu plus loin, quelques indications relatives à l'art de l'âge du Renne.

non moins léger, très varié de formes, adapté à des buts multiples : couteaux, grattoirs, perçoirs, burins, scies, etc., dont les types évoluent sans cesse. On trouve ces silex taillés par centaines et par milliers, pêle-mêle avec les débris de cuisine, dans les anciens foyers des grottes ou abris sous roches.

La pierre n'était plus la seule matière première. Nos industrieux troglodytes savaient traiter de diverses manières l'ivoire des

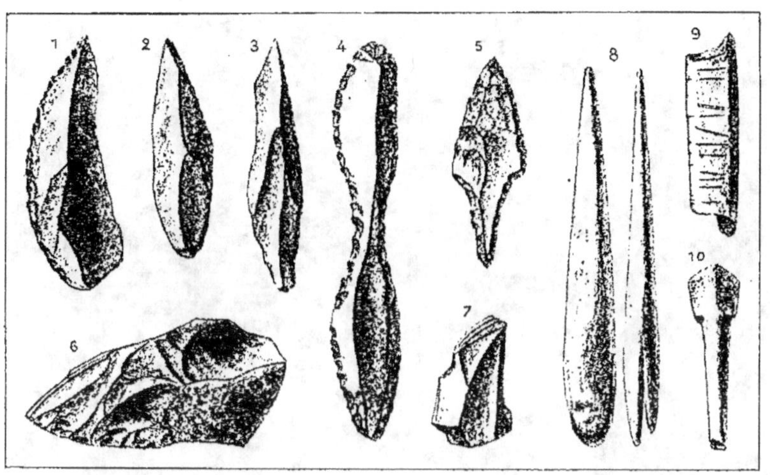

Fig. 156. — Objets caractéristiques de l'Aurignacien.

1, 2, pointes de silex à dos arqué et retouché (type dit « de Châtelperron) » ; *3*, lame de silex à tranchant abattu par des retouches (pointe « de la Gravette ») ; *4*, lame à encoches retouchée sur tout son pourtour ; *5*, silex taillé en pointe à soie ; *6*, grattoir caréné ; *7*, burin dit « busqué » ; *8*, pointe de trait en os et à base fendue ; *9* et *10*, objets en os (D'après H. Breuil).

défenses de Mammouth, les bois des Rennes ou les os de toutes sortes d'animaux. Ils en faisaient des poignards, des pointes de sagaies ou des flèches pour la chasse, des harpons pour la pêche, des propulseurs pour lancer leurs traits, etc. Ils en fabriquaient aussi des instruments d'un usage domestique : spatules, lissoirs pour préparer les peaux de bêtes, aiguilles percées d'un chas pour coudre leurs vêtements de fourrures, etc.

C'est ce matériel archéologique qui permet aux archéologues d'établir leurs divisions (1).

______

(1) Voir surtout : Breuil (H.), Les subdivisions du Paléolithique supérieur et leur signification (*Congrès intern. de Genève*, 1912). C'est Cartailhac et Breuil qui ont démontré l'existence et la grande importance de l'Aurignacien, d'ailleurs pressenties par E. Lartet.

SUBDIVISIONS.   Dans les assises inférieures (*Aurignacien*) persistent encore les formes
du Paléolithique ancien, même les silex amygdaloïdes. Mais
des formes nouvelles apparaissent. Les lames allongées, plus fré-
quentes, sont soigneusement retouchées sur leurs bords qui
portent souvent des encoches. Il y a des burins d'une forme spéciale
dits *busqués*, et des grattoirs épais, massifs, dits grattoirs *carénés*.

Fig. 157. — Silex solutréens, soigneusement taillés en feuilles de laurier, feuilles de
saule, pointes à cran, double perçoir. 1/2. Grotte du Placard (Charente). Galerie
de Paléontologie du Muséum.

L'os est maintenant largement utilisé. On trouve de nombreuses
baguettes ornées de stries, ou de « marques de chasse », des pointes
de trait aplaties, souvent à base fendue, des sortes d'épingles grossières (fig. 156).

Le *Solutréen*, qui vient ensuite dans quelques localités, se signale
par un travail extrêmement habile et soigné de la pierre. Les types
caractéristiques sont : les pointes étroites, dites « feuilles de saule »,
les pointes plus larges, dites « feuilles de laurier » et les pointes à
cran. Ces armes sont fabriquées avec art, au moyen de retouches
savantes, longues et régulières, qui recouvrent souvent les deux faces

du silex (fig. 157). Ce sont là de beaux objets, précurseurs des merveilleux silex, têtes de lances, pointes de flèches, poignards du Néolithique scandinave, portugais, égyptien, etc. L'industrie de l'os s'enrichit de nouvelles formes de sagaies à base pyramidale, d'objets variés en ivoire ; les premières aiguilles à chas apparaissent.

Pendant le *Magdalénien*, l'outillage lithique, loin de se perfec-

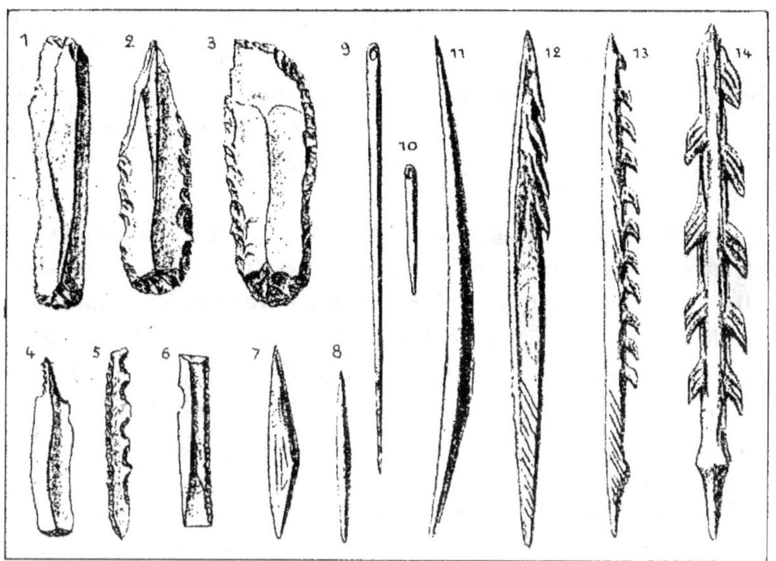

Fig. 158. — Objets caractéristiques du Magdalénien.

1, lame de silex terminée en double grattoir ; *2*, lame taillée en burin droit à son extrémité supérieure et en grattoir à son extrémité inférieure ; *3*, grattoir et burin dit en « bec de perroquet » ; *4*, petit silex à la fois perçoir et grattoir ; *5*, lame dont un bord a été abattu par de fines retouches et dont l'autre bord porte des encoches régulières ; *6*, petite lame à tranchant abattu *7*, pointe de sagaie à base en biseau ; *8*, poinçon en os : *9* et *10*, aiguilles en os, avec chas ; *11*, pointe de sagaie en os, à biseau et de forme arquée : *12*, harpon en bois de Renne, avec barbelures à peine indiquées (type primitif) ; *13*, harpon à un seul rang de barbelures ; *14*, harpon à double rang de barbelures.

tionner, comprend d'innombrables silex généralement de petite taille souvent à peine retouchés, mais extrêmement divers : lames, grattoirs, burins variés, perçoirs, scies, etc. Parfois un même silex est adapté à plusieurs usages : il est grattoir par un bout, burin ou perçoir par l'autre bout. Par contre, l'industrie de l'os est extrêmement diversifiée ; les sagaies sont nombreuses et variées, souvent décorées de dessins, les aiguilles abondent et aussi les harpons, qui commencent par de simples baguettes osseuses à encoches, et deviennent des engins barbelés d'abord à un seul rang, puis à deux rangs de barbelures (fig. 158).

Il faut bien se garder de partager l'idée trop simpliste de quelques préhistoriens, qui veulent voir dans cette succession, établie dans nos régions par la combinaison de données empruntées à de nombreux gisements, une évolution régulière de l'industrie du Paléolithique supérieur. Ces subdivisions ne sauraient avoir le caractère général qu'ils veulent leur attribuer. Tout paraît démontrer, au contraire, que les gisements de chaque pays, et même de chaque province, nous présentent, avec un fonds archéologique commun, tels et tels caractères ethnographiques particuliers, qui ne sont que des *facies* locaux.

« Il devient de plus en plus évident, a écrit l'un des hommes qui connaissent le mieux le Paléolithique supérieur, que ce qu'on a pris d'abord pour une série continue, due à l'évolution sur place d'une population unique, est au contraire le fruit de la collaboration successive de nombreuses peuplades réagissant plus ou moins les unes sur les autres, soit par une influence purement industrielle ou commerciale, soit par l'infiltration graduelle ou l'invasion brusque et guerrière de tribus étrangères » (1).

L'avenir de la science est principalement dans l'établissement de cette paléogéographie ethnique, beaucoup plus compliquée certainement que nous ne pouvons le supposer aujourd'hui. Déjà, à l'exemple de Breuil, on peut discerner deux vastes provinces du Paléolithique supérieur que l'on pourrait appeler, l'une *méditerranéenne* et l'autre *atlantique*.

LES PREMIERS ARTISTES.

Les Hommes de l'âge du Renne avaient aussi le goût de la parure : ils utilisaient des dents de fauves tués à la chasse (fig. 172, p. 263), des coquilles, des pierres percées, etc. pour en faire des trophées, des colliers, des bracelets, des amulettes. Doués d'un sentiment exact et profond de la nature, très sensibles à la beauté, ils ont été de véritables artistes, les *premiers artistes*, des milliers d'années avant les Chaldéens, les Egyptiens ou les Egéens.

C'est sur notre territoire que la plupart des merveilleux témoi-

---

(1) Breuil (H.), *Les subdivisions...*, p. 169.

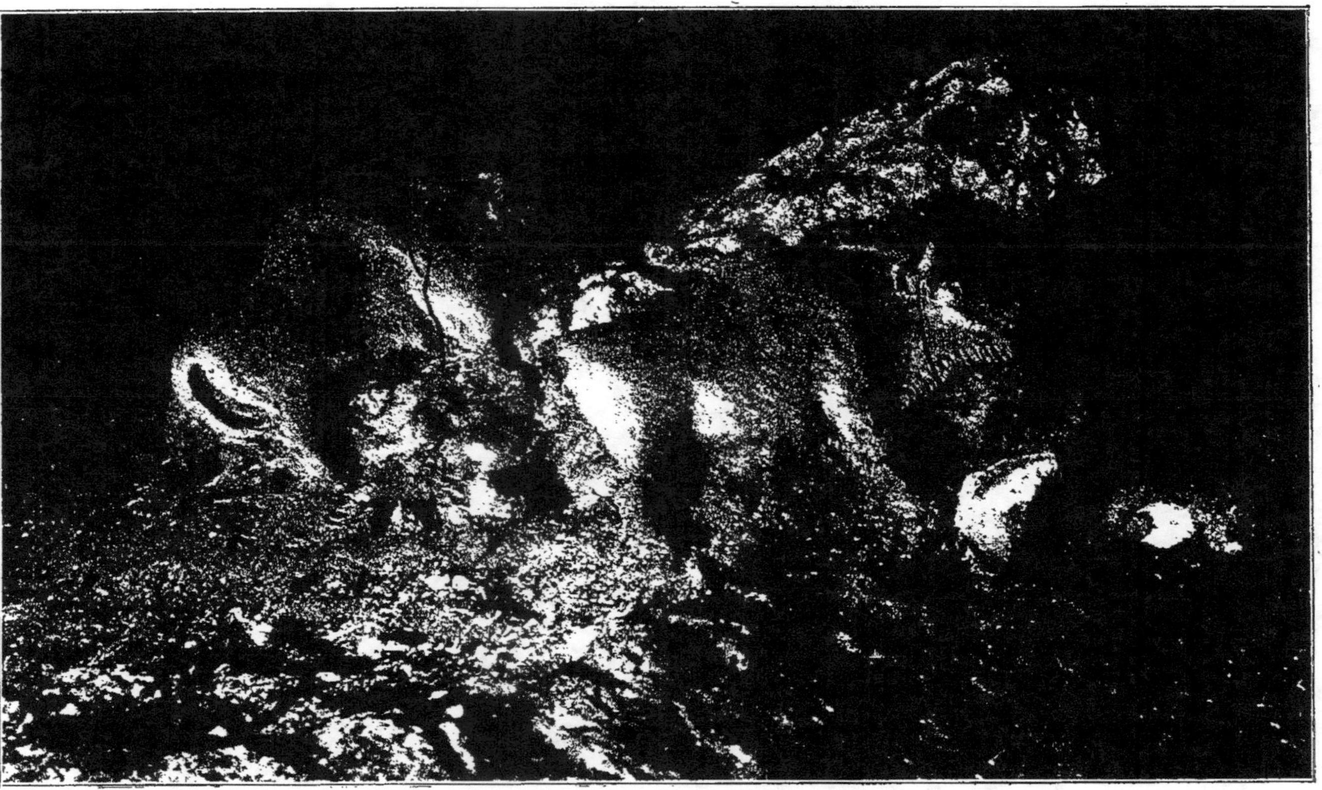

Fig. 159. — Bisons d'argile de la caverne du Tuc d'Audoubert (Ariège). 1/9 environ de la grandeur naturelle.
Photographie de M. Max Bégouen.

gnages de cette première floraison des arts plastiques ont été trouvés, et par des Français. Après les noms d'Edouard Lartet, de Vibraye, celui de Piette restera toujours attaché à l'histoire de l'art quaternaire. Depuis la mort de Piette, les mémorables découvertes ou travaux de Rivière, Cartailhac, Capitan, Peyrony, Lalanne, Bégouen et surtout de Breuil ont enrichi l'archéologie préhistorique d'une foule de monuments du plus grand intérêt et encore trop peu connus du monde des artistes ou du public éclairé (1).

Toutes ces productions, de valeurs très diverses, depuis les gribouillages indéchiffrables jusqu'aux purs chefs-d'œuvre, montrent que les Hommes de l'âge du Renne devaient avoir de nom-

Fig. 160.
Portrait d'Édouard Piette.

breux loisirs, comme toutes les populations à peu près exclusivement chasseresses. Pendant ces loisirs, ils s'exerçaient à tous les genres,

Fig. 161. — Rennes en ivoire de Bruniquel, au British Museum. 1/2 environ de la grandeur naturelle. (D'après H. Breuil.).

s'attachant à reproduire la figure des êtres qui vivaient autour d'eux, soit par la sculpture, soit par la gravure, soit par la peinture.

---

(1) Ouvrages les plus importants, en dehors des Manuels et des Revues : LARTET (E.) et CHRISTY (H.), *Reliquiæ aquitanicæ*, 1865-1875. — GIROD (P.) et MASSÉNAT (E.), Les stations de l'âge du Renne dans les vallées de la Vézère et de la Corrèze, 1888-1900. — PIETTE (E.), L'art pendant l'âge du Renne, 1907. — La belle série des grandes monographies publiées par l'Institut de Paléontologie humaine (Fondation Albert Ier, prince de Monaco) sous le titre général de : *Peintures et gravures murales des Cavernes paléolithiques*, notamment : Altamira par CARTAILHAC (E.) et BREUIL (H.) ; Font-de-Gaume, par CAPITAN (L.), BREUIL (H.) et PEYRONY (D.) ; Cavernes cantaliques, par ALCALDE DEL RIO, BREUIL et LORENZO SIERRA ; etc. — Dans ces dernières années, la *Comisión de Investigaciones paleontologicas y prehistoricas* de Madrid a publié de beaux mémoires de CABRÉ, PACHECO, OBERMAIER sur l'art rupestre espagnol. — Enfin S. REINACH nous a donné un très utile « Répertoire de l'art quaternaire » (Paris, 1913), avec bibliographie complète de chaque production.

L'ivoire de Mammouth et les pierres tendres leur servaient de
matière première pour la sculpture ; ils savaient aussi modeler avec
de l'argile. Ils gravaient sur des os quelconques, sur des bois de

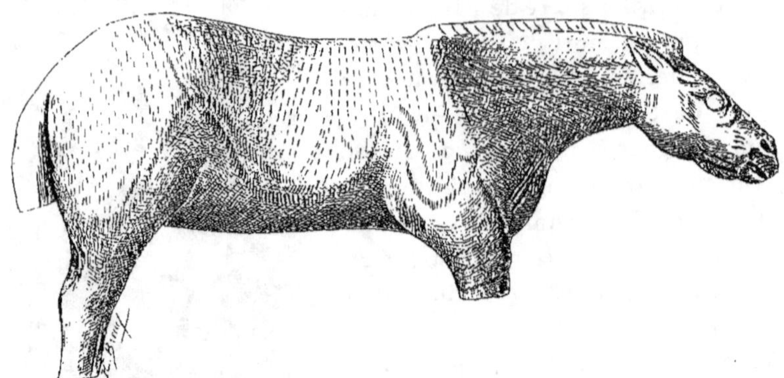

Fig. 162. — Statuette d'Équidé en ivoire. Grotte de Lourdes. 4/3 environ de la
grandeur naturelle.) D'après PIETTE (dessin de H. BREUIL).

Renne, sur des cailloux roulés de la rivière voisine. Souvent ces
objets sont de véritables feuillets d'album où se groupent, s'entre-
mêlent, se superposent de nombreux croquis ; d'autres fois ils

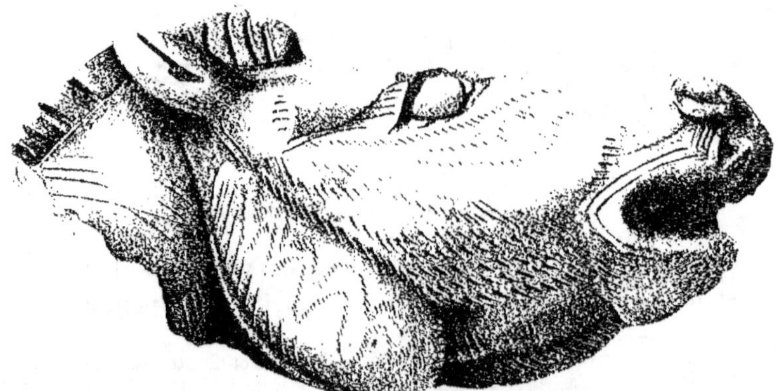

Fig. 163. — Tête de Cheval sculptée, en bois de Renne, de la grotte du Mas
d'Azil (Ariège). Collection Piette, au Musée de Saint-Germain. Au double environ
de la grandeur naturelle. (D'après PIETTE).

n'offrent qu'un sujet ou un petit nombre de sujets, d'exécution particulièrement soignée. Presque tous les objets domestiques, d'un
usage courant, étaient décorés d'ornements ou de figurations d'êtres

animés. Mais, à côté de cet art *mobilier*, il y avait un art *pariétal*.
Nos troglodytes sculptaient, gravaient et peignaient de grandes fi-

Fig. 164. — Têtes de Chamois et de Blaireau (?) gravées sur un morceau de bois de Renne de la grotte de Gourdan. 5/6 environ de la grandeur naturelle. Collection Piette au Musée de Saint-Germain. (D'après Piette).

gures sur les parois des cavernes obscures. On a retrouvé les godets et les ocres polychromes de ces peintres primitifs, les lampes rudimentaires au moyen desquelles ils s'éclairaient.

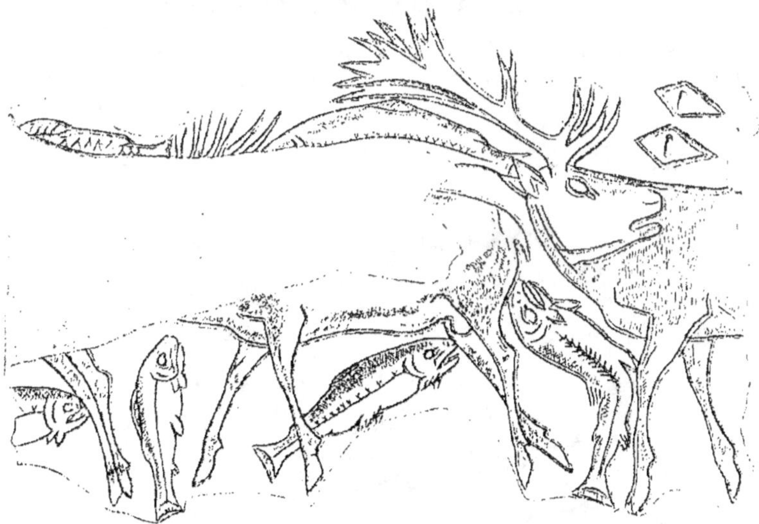

Fig. 165. — Cerfs et Saumons gravés autour d'un andouiller de Cerf, de la grotte de Lorthet (Hautes-Pyrénées). Collection Piette au Musée de Saint-Germain. Réduit d'environ 1/4 et déroulé sur un plan. (D'après Piette).
Remarquer, en haut et à droite, deux losanges centrés par une petite ligne verticale et qui représentent peut-être la signature de l'artiste.

Parmi toutes ces productions, beaucoup témoignent d'un véritable sens esthétique, d'un réalisme savant, d'une technique très sûre, d'une grande fermeté d'exécution. Ce sont souvent des chefs-d'œuvre

Fig. 166. — Renne gravé sur pierre de la grotte de Limeuil (Dordogne). 2/3 de la grandeur naturelle. Photographie obligeamment communiquée par MM. Bouyssonie et Capitan.

pleins de mouvement et de vie : représentations de Mammouths aux

Fig. 167. — Bison « bondissant », peinture polychrome du plafond de la caverne d'Altamira (Espagne). Longueur de l'animal : 1 m. 55. (D'après Cartailhac et Breuil).

longs poils et aux défenses recourbées, Rhinocéros aux contours

Fig. 168. — Biche polychrome, avec petit Bison noir, de la caverne d'Altamira.
Longueur de la biche : 2 m. 20. (D'après Cartailhac et Breuil).

Fig. 169. — Cerfs rouge et noir peints sur un rocher de Calapata, près de Cretas,
dans le Bas-Aragon (Espagne), 1/5 environ de la grandeur naturelle. (D'après Breuil
et Cabré Aguila).

massifs, Chevaux de fière allure, Sangliers hirsutes, Ruminants innombrables aux formes élégantes, Ours au front bombé, Félins au corps souple, etc. La frise de Chevaux sculptés en grandeur naturelle sur la paroi rocheuse de l'abri de Laussel (Dordogne), les Bisons modelés en argile du Tuc d'Audoubert (Ariège), les peintures polychromes de la caverne d'Altamira (Espagne) — « Salon carré » de la peinture paléolithique — sont, parmi tant d'autres, des témoignages extraordinairement impressionnants de la supériorité intellectuelle et de la maîtrise manuelle de ces très vieux artistes. J'ai groupé ici quelques chefs-d'œuvre en divers genres ; ils donneront une idée de la perfection de l'art paléolithique (fig. 159 et 161-169).

Nos troglodytes vivaient pourtant dans une nature ingrate. Par certains côtés leur existence matérielle était bien misérable : ils ignoraient même la poterie. Braves contre les Lions et les Ours des Cavernes, ils étaient cependant de mœurs paisibles et douces ; ils avaient le sens du mystère car leurs cavernes ornées semblent avoir joué le rôle de sanctuaires où ils devaient se livrer à des pratiques magiques (1) ; ils avaient des préoccupations religieuses, car leurs sépultures témoignent de rites funéraires et d'un véritable culte des morts. Nous pouvons donc être fiers des attributs spirituels et moraux de ces lointains ancêtres. Nous allons voir que par leurs caractères physiques, ils se relient non moins étroitement à l'Humanité actuelle.

---

(1) Avec M. Salomon Reinach, beaucoup de préhistoriens croient que l'art de l'âge du Renne n'était nullement désintéressé ; qu'il avait, avant tout, un rôle pratique, en rapport avec des opérations magiques. Je ne saurais partager complètement cette opinion.

La vérité des dessins, la pureté des lignes, l'élégance des attitudes ne sauraient s'expliquer par de simples pratiques de magie. De mauvais dessins, des croquis enfantins, de simples schémas, comme ceux que font tant de sauvages actuels, auraient suffi. Il n'est pas possible que telle figure, gravée avec un souci des formes, une sûreté et une délicatesse de burin vraiment extraordinaires, n'ait pas été exécutée avec amour par son auteur, et celui-ci n'a pu arriver à une telle perfection, à une telle maîtrise qu'après des études désintéressées. Toute personne, ayant une pratique suffisante des arts du dessin et ayant pris le temps d'étudier les chefs-d'œuvre paléolithiques, ne saurait être d'un avis différent. L'hypothèse des pratiques magiques pourra suffire à des savants ; je ne crois pas qu'elle soit exclusivement acceptée par des artistes. Je n'hésite pas à avouer que je crois à l'hypothèse de l'art pour l'art, sans refuser d'ailleurs un certain rôle aux pratiques magiques. Mais, en fait, l'art stylisé, schématique, correspondant le mieux à ce rôle, est plus récent que l'art vraiment paléolithique, lequel n'est d'abord que réaliste. A ses véritables débuts, beaucoup plus lointains, l'art n'est probablement qu'une manifestation particulière d'un esprit général d'imitation déjà si développé chez les Singes.

HISTORIQUE. — C'est aux Anglais que revient le mérite d'avoir exhumé et placé dans un musée le premier squelette humain de l'âge du Renne. Ce squelette, aux os coloriés en rouge, la fameuse *Red Lady of Paviland*, fut retiré de la caverne Paviland (Pays de Galles) par Buckland en 1823 et déposé au musée d'Oxford où il est resté longtemps oublié. Dans ces dernières années, M. Sollas (1) nous a appris que la « Dame rouge » était probablement un homme, dont le squelette, dépourvu de crâne, date de l'Aurignacien et présente les caractères de la race dite de Cro-Magnon, comme l'avaient pensé de Quatrefages et Hamy.

Le crâne trouvé en 1833 par Schmerling dans la caverne d'Engis (Belgique), et qui a été étudié par les meilleurs anthropologistes du siècle dernier, est généralement attribué aujourd'hui au Néolithique.

Peut-être y avait-il, parmi les squelettes découverts en 1852, dans la célèbre grotte d'Aurignac (Haute-Garonne), des restes humains contemporains des foyers de l'âge du Renne, comme l'a cru Edouard Lartet. Nous n'avons plus les moyens de nous en assurer.

La célèbre station de Solutré (Saône-et-Loire), découverte en 1866, a livré à plusieurs de ses explorateurs un grand nombre d'ossements humains. Malheureusement on a affaire ici à des inhumations d'époques diverses et il n'est pas facile de séparer les ossements quaternaires des squelettes plus récents. De Quatrefages et Hamy ont cru pouvoir estimer à une quinzaine le nombre de crânes humains de Solutré qui seraient contemporains du Mammouth et du Renne, six seulement de ces crânes se prêtant à des recherches détaillées (2). Leur morphologie n'est pas très homogène et, tout en présentant quelques caractères du type de Cro-Magnon, ils en diffèrent assez pour qu'on soit porté, aujourd'hui plus que jamais, à faire des réserves sur leur âge (3). Le gisement de Solutré demande de nouvelles et plus méthodiques recherches.

Les découvertes suivantes sont autrement importantes.

---

(1) Sollas (W. J.), Paviland cave (*Journal of the Royal Anthrop. Institute,* XLII, 1913).

(2) Voir, pour la bibliographie des découvertes anciennes, les *Crania ethnica* de ces deux savants.

(3) Arcelin (A.), Les nouvelles fouilles de Solutré (*L'A.*, 1, 1890).

CRO-MAGNON.

LAUGERIE.

DURUTHY.

Cro-Magnon est un lieu-dit de la commune de Tayac, près des Eyzies (Dordogne). En 1868, lors de la construction du chemin de fer de Périgueux à Agen, les ouvriers trouvèrent, sous un rocher formant abri, les restes de cinq squelettes humains, disposés au-dessus de foyers renfermant de nombreux ossements d'animaux, des silex taillés, une multitude de coquilles marines. Prévenu à temps, un géologue expérimenté, Louis Lartet, fils d'Edouard Lartet, se rendit aux Eyzies, pour continuer les fouilles et se livrer à l'étude scientifique du gisement (1).

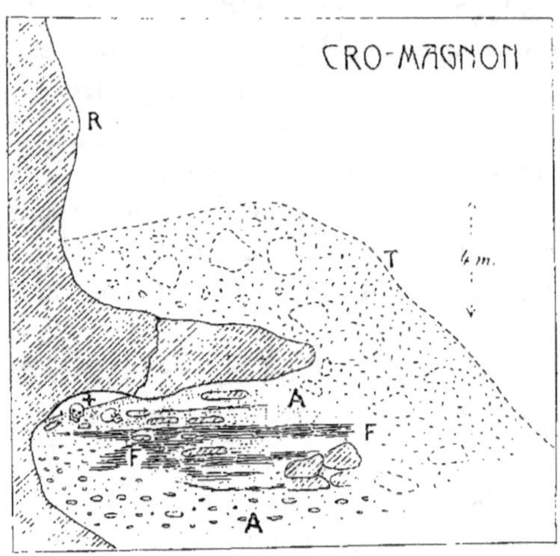

Fig. 170. — Coupe de l'abri de Cro-Magnon.
(D'après Louis LARTET).

R, falaise de calcaire crétacé formant abri ; T, ancien talus : A, dépôts de remplissage de l'abri ; F, foyers de l'âge du Renne ; +, ossements du vieillard.

Les ossements humains étaient groupés au fond de l'abri, dans des conditions évoquant l'idée de sépultures. Avec eux on recueillit, en effet, de nombreuses coquilles percées d'un trou de suspension et d'autres objets préparés pour composer des colliers ou autres parures. Les squelettes, étudiés d'abord par Broca, Pruner-Bey, puis par de Quatrefages et Hamy, furent considérés par ces derniers anthropologistes, comme les prototypes d'une race fossile nouvelle : la *race de Cro-Magnon* (2).

L'antiquité de ce gisement, solidement établie par L. Lartet, ne pouvait faire l'objet d'un doute à la simple inspection de la coupe, puisque le dépôt des ossements humains était forcément antérieur à la formation de l'énorme masse d'éboulis ayant recouvert et, pour

(1) LARTET (L.), Une sépulture des troglodytes du Périgord (*Bull. de la Soc. d'Anthrop. de Paris*, III, 1868 ; *Annales des Sciences naturelles*, 5e Série, t. X ; *Matériaux*, 1869).
(2) *Crania ethnica.*

ainsi dire, scellé l'abri préhistorique (fig. 170). Elle fut pourtant vivement discutée, surtout [par G. de Mortillet, qui s'est toujours

refusé à croire que les Hommes fossiles aient pu avoir le culte des morts. Et comme son autorité était considérable parmi les préhistoriens, ceux-ci se rangèrent presque tous à son opinion, malgré les protestations de quelques savants de premier ordre, comme de Quatrefages et Hamy, malgré aussi toute la série d'autres découvertes qui parlaient dans le même sens.

C'est ainsi qu'en 1872 un archéologue de Brive, Massénat,

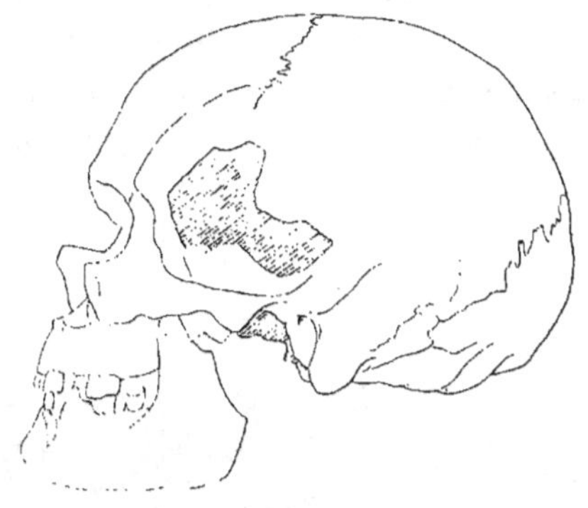

Fig. 171. — Profil du crâne de Laugerie-Basse. 1/4 de la grandeur naturelle (D'après Hamy).

faisant des fouilles à Laugerie-Basse, en face de Cro-Magnon, sur la rive opposée de la Vézère, rencontra, au sein d'un puissant dépôt archéologique de l'âge du Renne, un squelette humain, également accompagné de coquilles marines. M. Cartailhac, appelé par Massénat, admit que l'homme avait été écrasé par la chute du bloc sous lequel il gisait (1). La question de sépulture ne se posant pas, l'âge paléolithique du squelette ne fut pas mis en doute. Les ossements,

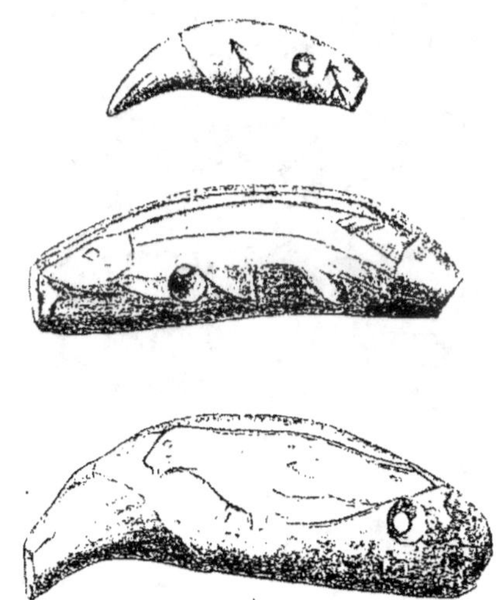

Fig. 172. — Dents d'ours décorées de gravures (pointes de flèches, poisson, phoque) et percées d'un trou de suspension, de la grotte Duruthy, près de Sorde (Landes) (D'après Louis Lartet

---

(1) MASSÉNAT (E.), LALANDE (P.) et CARTAILHAC (E.), Un squelette humain de l'âge du Renne à Laugerie-Basse (*Matériaux*, VII, 1872). — HAMY (E. T.), Description d'un squelette humain fossile de Laugerie-Basse (*Bull. de la Soc. d'Anthrop. de Paris*, 1874).

fort détériorés, furent étudiés par Hamy qui les rapporta à la race
de Cro-Magnon (fig. 171).

Quelques mois après, Louis Lartet et Chaplain-Duparc, explorant
l'abri sous roche Duruthy, à Sorde (Landes), trouvèrent, à la base
des dépôts, dans un milieu paléolithique, un squelette humain aux
éléments épars, écrasés, accompagnés d'objets de parure (1). Cette

Fig. 173. — Les Rochers rouges, ou *Baoussé Roussé*, à Grimaldi, près de Menton.
Vue générale des grottes.

fois, ce ne sont plus des coquilles, mais une quarantaine de canines
d'Ours et trois canines de Lions, presque toutes percées d'un trou
de suspension, ornées de gravures (fig. 172) et « réparties en deux
groupes inégalement distants du crâne, comme si l'un avait constitué
un collier et l'autre une ceinture ». Malgré leur mauvais état de
conservation, Hamy put établir la ressemblance des ossements
humains avec ceux de Cro-Magnon.

---

(1) LARTET (L.) et CHAPLAIN-DUPARC, Une sépulture des anciens trogledytes des
Pyrénées (*Matériaux*, IX, 1874).

GROTTES DE GRIMALDI. De cette même année 1872 datent les premières découvertes d'Hommes fossiles dans les grottes dites de Menton, ou des Baoussé Roussé, ou de Grimaldi (1).

Ces grottes étaient au nombre de neuf (l'une d'elles a été complètement détruite). Relativement peu profondes, sauf celle du *Prince*, elles s'ouvrent toutes largement sur la mer bleue, dans un paysage enchanteur (fig. 173). Aussi ont-elles été fréquentées de tout temps, et nombre d'archéologues y firent, avant 1872, des fouilles d'ailleurs superficielles. A cette époque, M. E. Rivière, fixé à Menton, entreprit des recherches plus approfondies. Ses observations et ses récoltes furent facilitées par les travaux exécutés pour la construction de la voie de Marseille à Gênes, laquelle, longeant le pied des escarpements, entamait les talus d'éboulis et perçait en tunnel les Rochers rouges.

Le 26 mars 1872, M. Rivière rencontra un squelette humain dans la grotte dite *du Cavillon*, au-dessous d'un placage de stalagmite. C'est le fameux « Homme de Menton », aujourd'hui exposé dans la galerie d'anthropologie du Muséum (fig. 174). L'année suivante, trois nouveaux squelettes furent exhumés de la grotte dite de *Baousso da Torre*. En 1874 et 1875, M. Rivière retira deux squelettes d'enfants de la grotte n° 1, appelée depuis, pour cette raison : *Grotte des Enfants* (fig. 175, p. 269).

Fig. 174. — « L'homme de Menton », trouvé par M. Rivière. — Galerie d'Anthropologie du Muséum.

Toutes ces dépouilles humaines se présentaient dans des conditions

(1) Les *Baoussé Roussé*, ou *Rochers rouges*, sont bien dans le voisinage de Menton, mais en Italie, sur le territoire de la commune de Grimaldi, de sorte que la désignation la plus exacte pour les excavations naturelles dont ces rochers sont creusés est : *grottes de Grimaldi*.

rappelant les observations déjà faites en Dordogne. Là comme ici les squelettes étaient accompagnés de toute une série d'objets, et notamment d'une quantité de coquillages ayant fait partie de parures ou de vêtements. Rivière eut le mérite de comprendre et d'affirmer qu'il s'agissait de sépultures paléolithiques. Il fut combattu par la plupart des préhistoriens, ayant à leur tête Gabriel de Mortillet. Les découvertes ultérieures, dont je parlerai dans un instant, ont prouvé qu'il ne s'était pas trompé (1).

CHANCELADE.   En 1888, deux archéologues périgourdins, MM. Féaux et Hardy, fouillant un abri sous roche à Raymonden, commune de Chancelade, près de Périgueux, trouvèrent un squelette humain sous les foyers inférieurs d'âge magdalénien, c'est-à-dire de la partie supérieure de l'âge du Renne. La position repliée, « forcée », du squelette indiquait une sépulture intentionnelle. Comme à Menton, le cadavre avait dû être saupoudré d'ocre rouge. Le squelette, exhumé avec précaution, fut étudié par le Dr Testut (2) qui en fit le type d'une race nouvelle dite : *race de Chancelade*. Il est actuellement au Musée de Périgueux.

BRÜNN. PREDMOST.   Les limons quaternaires qui portent la ville de Brünn, en Moravie, sont explorés depuis longtemps pour leur richesse en ossements d'animaux et en silex travaillés. En 1891, ils livrèrent un squelette humain gisant à 4 m. 50 au-dessous de la surface du sol, en compagnie de quelques débris de Mammouth et de Rhinocéros. Ce squelette, détruit en partie au moment de sa découverte, dit Obermaier (3), avait été richement paré ; on recueillit autour de lui plus de six cents morceaux de coquilles de Dentales, autrefois enfilées en collier ou en plastron, des disques de pierre percés ou décorés, une figurine humaine en ivoire. Quelques ossements gardaient encore les traces d'une coloration rouge intense (4). Il s'agit donc encore ici d'une véritable sépulture. Le crâne, mal conservé, est dolicho-

---

(1) Rivière (E.), De l'antiquité de l'Homme dans les Alpes-Maritimes. Paris, 1887.
(2) Testut (L.), Recherches anthropologiques sur le squelette quaternaire de Chancelade (*Bull. de la Soc. d'Anthrop. de Lyon*, VIII, 1889).
(3) Obermaier (H.), Les restes humains quaternaires dans l'Europe centrale (*L'A.*, XVI, 1905 et XVII, 1906). Nombreuses références bibliographiques sur Brünn, Prednost et autres localités analogues.
(4) Makowsky (A.), Der Mensch der Diluvialzeit Mährens. Brünn, 1899.

céphale ; certains anthropologistes le rattachent au type de Cro-Magnon, d'autres l'en distinguent.

Toujours en Moravie, la localité de Predmost, près de Prerau, possède une importante station paléolithique incluse dans un manteau de graviers et de limons qui enveloppe le rocher « Hradisko ». Des fouilles, pratiquées de temps à autre, depuis 1880, ont livré une faune pléistocène, de caractère froid, et si riche que le Mammouth y est représenté par les restes de 800 à 900 individus. Cette station a livré en outre un outillage de silex comprenant plus de 30.000 pièces, toute une industrie en ivoire, en os, en bois de Renne et des œuvres d'art, notamment une curieuse statuette en ivoire représentant un Mammouth.

Quelques débris humains furent aussi trouvés à diverses époques (1). En 1894, Maschka découvrit une grande sépulture renfermant quatorze squelettes complets et les restes de six autres individus (2). Les corps étaient protégés par une sorte de rempart de pierres. Le squelette d'un enfant avait un collier formé de quatorze petites perles ovales en ivoire. Cette sépulture serait antérieure à la principale couche archéologique, d'âge solutréen. Les crânes sont dolichocéphales ; les crânes masculins ont de fortes arcades orbitaires ; les os longs dénotent une grande taille (1m.80). Il n'y a là rien de néanderthaloïde, comme on l'a prétendu. La « race de Predmost » ne représente qu'une variété d'*Homo sapiens* ; elle doit rentrer, d'après Szombathy (3), dans le type de Cro-Magnon.

LES HOTEAUX. — L'ordre chronologique des découvertes nous ramène en France. Il y a, dans l'Ain, près du village de Rossillon, au moulin des Hoteaux, une grotte avec foyers de l'âge du Renne. En 1894, MM. Tournier et Guillon (4) mirent à jour une sépulture dans le plus ancien de ces foyers. Les ossements du squelette étaient enveloppés d'ocre rouge. Le mobilier accompagnant la sépulture se composait d'une dent de Cerf percée d'un trou de suspension, de

---

(1) Maschka (K.), Der diluviale Mensch in Machren, 1886. — Kriz (M.), Beiträge zur Kenntnis der Quartärzeit in Mähren, 1903.
(2) *L'A.*, XII, 1901, p. 147.
(3) Szombathy (J.), Un crâne de Cro-Magnon trouvé en Moravie (*L'A.*, X I, 1901, p. 150). Ce crâne, provenant d'une caverne près de Lautsch, appartient incontestablement à la race de Cro-Magnon. Mais son âge a été discuté.
(4) Tournier (Abbé) et Guillon (C.), Les hommes préhistoriques dans l'Ain. Bourg, 1895.

silex taillés et « d'un bâton de commandement » d'âge magdalénien. Le squelette est celui d'un jeune garçon de 16 à 18 ans. L'exposé de ces faits raviva les discussions entre les partisans et les adversaires des sépultures paléolithiques. L'accord ne pouvait se faire qu'à la suite de nouvelles et décisives découvertes ; celles-ci ne se firent pas longtemps attendre.

GROTTES DE GRIMALDI.
NOUVELLES EXPLORATIONS.

L'exploration des grottes de Grimaldi, ou de Menton, ne cessa pas après les travaux de M. Rivière. Divers archéologues entreprirent quelques recherches, notamment dans la cinquième caverne, dite *Barma grande*. Un collectionneur des plus actif, Julien, y trouva un squelette humain en 1884. Malheureusement ce squelette fut détruit en presque totalité, à la suite d'une querelle entre l'inventeur et le propriétaire du gisement. Le crâne put être reconstitué ; il est aujourd'hui au Musée de Menton. Cette grotte de la Barma grande paraît avoir été la plus intéressante et la plus riche du groupe de Grimaldi. Son propriétaire, le carrier Abbo, l'a démolie en partie par l'exploitation d'une carrière de pierre de taille. Ses travaux de fouilles, malheureusement dépourvus de tout caractère scientifique, lui ont fourni plusieurs squelettes humains dont l'étude a été faite par le Docteur Verneau (1).

Ces trouvailles d'Abbo à la Barma grande alimentèrent de nouvelles discussions. Elles dureraient probablement encore sans une intervention aussi généreuse qu'éclairée.

Le Prince Albert Ier de Monaco, dont la noble curiosité scientifique s'exerce dans toutes les directions, s'était déjà intéressé aux grottes de Grimaldi. Dès 1883, il avait travaillé lui-même et avec beaucoup de méthode dans la Barma grande. En 1895, désireux, sinon de résoudre, du moins de préparer la solution des importants problèmes qui se posaient aux Baoussé Roussé, le Prince ordonna des travaux d'exploration systématique. Les fouilles, conduites avec patience et une rare habileté par M. le chanoine de Villeneuve, aidé de M. Lorenzi, portèrent d'abord sur la grande grotte dite du Prince, alors à peu près intacte. Elles fournirent d'intéressants résul-

---

(1) VERNEAU (R.), Nouvelle découverte de squelettes préhistoriques aux Baoussé Roussé, près de Men'on (*L'A.*, III, 1892).

lats aux points de vue géologique et paléontologique. Grâce à elles nous sommes aujourd'hui en possession de renseignements précis

Fig. 17 . — Vue de la Grotte des Enfants, aux Baoussé Roussé.

sur la succession des événements aux temps quaternaires dans cette partie de la Côte d'Azur. Les ossements d'animaux fossiles, retirés des 4000 mètres cubes environ de matériaux de remplissage de cette caverne, sont innombrables ; mais on ne rencontra pas un seul débris humain et ce fut une déception, car on avait beaucoup compté sur la grotte du Prince pour arriver à fixer définitivement l'âge des divers squelettes d'Hommes fossiles trouvés dans les grottes voisines et sur lesquels on avait tant discuté.

Le Prince décida alors de porter ses chantiers sur d'autres points. La grotte des Enfants (fig. 175) n'avait été qu'imparfaitement fouillée. Les travaux de M. Rivière s'étaient arrêtés à 2 m. 70 de profondeur, tandis qu'au-dessous de ce niveau, les dépôts de remplissage restés intacts avaient encore une épaisseur de près de 8 mètres. Ici les recherches eurent le plus grand succès au point de vue anthropologique, puisque quatre squelettes humains y furent découverts, à trois niveaux différents. Comme on recueillit en même temps beaucoup d'ossements d'animaux et que la stratigraphie de la grotte put être faite avec précision, l'âge géologique des squelettes humains fut facile à établir d'une manière incontestable. Appelé par la confiance du Prince à collaborer à son œuvre, mes observations géologiques et paléontologiques ont pu fournir une base chronologique solide à mes amis MM. Cartailhac et Verneau, chargés de faire l'étude archéologique et anthropologique des gisements (1).

Le principal résultat de ces observations est que tous les squelettes humains sont bien pléistocènes et qu'ils remontent au plus vieil âge du Renne. Contrairement à ce qui avait été affirmé antérieurement, le Renne a fait partie de la faune pléistocène de la Côte d'Azur ; j'ai retrouvé ses ossements associés à ceux de ses compagnons ordinaires de la faune froide, superposée, ici comme ailleurs, à la faune chaude plus ancienne.

Les nouveaux squelettes exhumés de la grotte des Enfants avaient été l'objet de véritables sépultures avec des dispositifs rappelant ceux des squelettes découverts antérieurement : coquilles percées, objets d'ornementation, os colorés en rouge, etc. Le Dr Verneau a reconnu que les deux squelettes du niveau le plus inférieur représentaient une race particulière qu'il a nommée : *race de Grimaldi.* Les squelettes des niveaux supérieurs, comme ceux décou-

---

(1) Les Grottes de Grimaldi (Baoussé Roussé). Historique et Description, par L. de VILLENEUVE. Géologie et Paléontologie, par M. BOULE. Anthropologie, par R. VERNEAU. Archéologie, par E. CARTAILHAC. 2 vol. Monaco, 1906-1919.

verts par Rivière, Jullien, Abbo, rentrent tout à fait dans le type de Cro-Magnon. Ces précieux documents, ainsi que tous les produits des fouilles du Prince de Monaco, ont été réunis et sont aujourd'hui exposés au public dans le Musée anthropologique de Monaco placé sous la direction de M. de Villeneuve.

COMBE-CAPELLE.

OBERCASSEL.

En 1910, le marchand d'antiquités Hauser trouva un squelette paré de coquilles marines dans le gisement de Combe-Capelle (Dordogne). Ce squelette fut acquis par le Musée

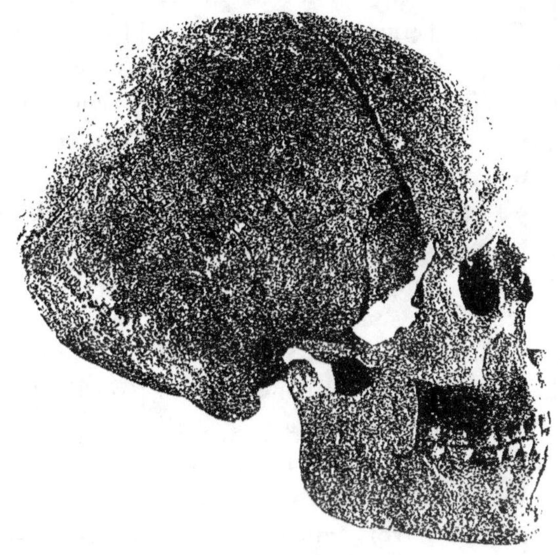

Fig. 176. — Tête osseuse de Combe-Capelle (D'après KLAATSCH).

de Berlin dont Hauser était le pourvoyeur. On a voulu en faire le type d'une espèce spéciale sous le nom d'*Homo aurignacensis* et l'anthropologiste allemand Klaatsch a émis à son sujet les hypothèses les plus extravagantes (1). En réalité, il s'agit encore d'une variété de la race de Cro-Magnon, présentant, d'après Giuffrida-Ruggeri, quelques caractères éthiopiques (fig. 176).

En 1914, le physiologiste allemand Verworn a publié la découverte d'une double sépulture, un squelette d'homme et un squelette de femme, effectuée dans un foyer de l'âge du Renne à

(1) KLAATSCH (H.) et HAUSER (O.), *Homo aurignacensis Hauseri* (*Praehistorische Zeitschrift*, I, 1910). — KLAATSCH (H.), Die Aurignac-Rasse und ihre Stellung im Stambaum der Menschheit (*Zeitschrift für Ethnologie*, 1910).

Obercassel, près de Bonn. Ces squelettes, accompagnés de quelques os gravés, de style magdalénien, avaient été coloriés en rouge. Ils présentent les principaux caractères de la race de Cro-Magnon, avec quelques traits du squelette de Chancelade (1).

Tels sont les principaux documents que nous possédons pour étudier les Hommes fossiles du Pléistocène supérieur. J'aurais pu décrire quelques autres trouvailles, mais, ou bien elles consistent en fragments osseux peu susceptibles de fournir des renseignements précis, ou bien elles se présentent dans des conditions de gisement assez obscures. On peut citer celles de Bruniquel (Tarn-et-Garonne), de La Madeleine (Dordogne), de Gourdan (Haute-Garonne), du Placard, près de Vilhonneur (Charente), de Freudenthal et de Kesslerloch, près de Schaffouse (Suisse), de la caverne du Prince Jean près de Lautsch (Moravie).

Il faut ajouter à cette documentation ostéologique celle que nous apportent maintenant les œuvres d'art représentant des figurations humaines et que nous étudierons à part.

En ce qui concerne les squelettes, dont nous allons d'abord nous occuper, les opinions des anthropologistes sont assez divisées. Les uns ne voient, dans tous ces Hommes de l'âge du Renne, que des variétés d'une même race d'*Homo sapiens*. D'autres seraient portés à distinguer autant de types particuliers que de spécimens. Je pense que la vérité est entre les deux. Tout ce matériel ostéologique peut, en somme, se ramener à trois types ou races, fort voisines les unes des autres au point de vue zoologique. Nous allons les étudier successivement et dans leur ordre chronologique : les Négroïdes de Grimaldi, du plus vieil âge du Renne ; la race de Cro-Magnon et ses variétés, de l'Aurignacien ; le type de Chancelade, du Magdalénien.

RACE DE GRIMALDI

SON AGE GÉOLOGIQUE.   Comme son nom l'indique, cette race a été établie par le professeur Verneau d'après des documents provenant de l'une des grottes de Grimaldi, la grotte des Enfants. Les squelettes humains,

---

(1) VERWORN (M.), BONNET et STEINMANN, *Diluviale Menschenfunde in Obercassel bei Bonn* (*Die Naturwissenschaften*, juillet 1914).

trouvés dans cette excavation par M. de Villeneuve, gisaient à trois niveaux. Les deux squelettes supérieurs appartiennent, comme les squelettes des autres grottes, comme le fameux « Homme de Menton », à la race de Cro-Magnon dont nous ferons bientôt l'étude. Les deux squelettes de la race de Grimaldi gisaient à un niveau inférieur. Découverts le 3 juin 1901, ils furent exhumés soigneuse-ment et transportés au Musée de Monaco.

Il importe de se ren-dre compte exactement des circonstances de ce gisement. La fig. 177 montre la coupe des ter-rains de remplissage de la grotte des Enfants, telle que j'ai pu l'établir d'après les indications de M. de Villeneuve et d'après mes observations personnelles. Ce rem-plissage se compose de toute une série de cou-ches, superposées sur 10 mètres d'épaisseur et principalement dues à des apports humains, de

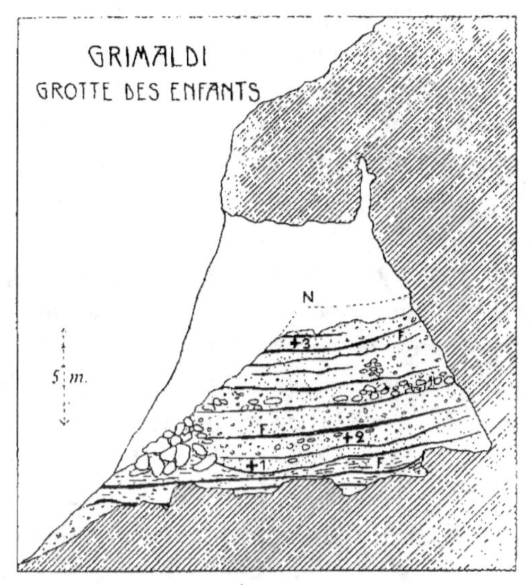

Fig. 177. — Coupe de la Grotte des Enfants.

N, niveau primitif du sol ; F, foyers ; + 1, point où gisaient les Négroïdes, +2, + 3, points où gi-saient les squelettes du type de Cro-Magnon.

cendres mélangées avec quelques cailloutis provenant de la dé-sagrégation des parois rocheuses ; les foyers distingués par les explorateurs ne sont que des zones plus cinéritiques que les zones voisines. La totalité de ce remplissage est pléistocène, car le Renne a laissé des restes osseux jusque dans les couches tout à fait supérieures. Ce premier résultat, auquel conduit l'étude de la faune, est des plus important au point de vue de la solution du problème, tant discuté, de l'âge des squelettes humains de l'en-semble des grottes de Grimaldi.

Les couches les plus profondes, reposant sur le plancher rocheux de la grotte et renfermant le Rhinocéros de Merck, m'ont paru devoir être considérées comme formant le passage du Pléistocène inférieur au Pléistocène moyen. Les squelettes de Négroïdes, situés à 8 m. 50 de profondeur dans un foyer qui surmonte directement ces dépôts, appartiendraient donc au Moustiérien et c'est la conclusion à laquelle je m'étais d'abord arrêté. Or, comme nous avons affaire ici à un type humain tout à fait distinct de celui de Néanderthal et offrant, avec certaines races africaines de l'*Homo sapiens*, beaucoup de traits communs, cette coexistence en Europe occidentale, à une même époque géologique, de deux formes humaines si différentes serait un fait très important.

Mais il y a lieu de faire quelques réserves. Il résulte en effet des observations consignées dans le journal des fouilles de M. de Villeneuve, que les Négroïdes reposaient dans une fosse de 0 m. 75 environ de profondeur. Ils n'étaient donc pas contemporains du foyer au niveau duquel on les a rencontrés, et que j'ai cru devoir considérer comme remontant au Pléistocène moyen, mais plutôt d'un foyer supérieur qui limitait supérieurement la fosse et dont l'industrie est déjà nettement aurignacienne d'après M. Cartailhac. Les Négroïdes seraient donc des Aurignaciens, tout comme les Hommes de Cro-Magnon. Au changement assez subit, que les archéologues les mieux informés constatent aujourd'hui entre les industries moustiérienne et aurignacienne, correspondrait donc un changement anthropologique non moins important et cela paraît aller mieux ainsi.

Il ne faut pourtant pas se payer de mots. Il n'en reste pas moins établi que les squelettes de Négroïdes remontent aux débuts de l'âge du Renne, à une époque qui confine au Moustiérien si elle ne se confond pas avec ce dernier. La race que ces squelettes nous révèlent est donc nécessairement beaucoup plus ancienne ; elle devait être florissante quelque part, dans une région différente de celle qu'occupait l'*Homo Neanderthalensis*, et notamment sur la Côte d'Azur où l'*Homo Neanderthalensis* n'est peut-être jamais parvenu. La culture aurignacienne, d'origine probablement méditerranéenne ou africaine, est peut-être ici plus ancienne qu'en France. Si donc nous étudions la race de Grimaldi dans ce chapitre, consacré aux Hommes du Pléistocène supérieur et avec lesquels elle forme d'ailleurs un bloc, celui de l'*Homo sapiens fossilis*, j'aurais pu tout aussi bien en parler à propos du Pléistocène moyen.

LES SQUELETTES.

Nous venons de voir que les squelettes de Négroïdes avaient été l'ob-

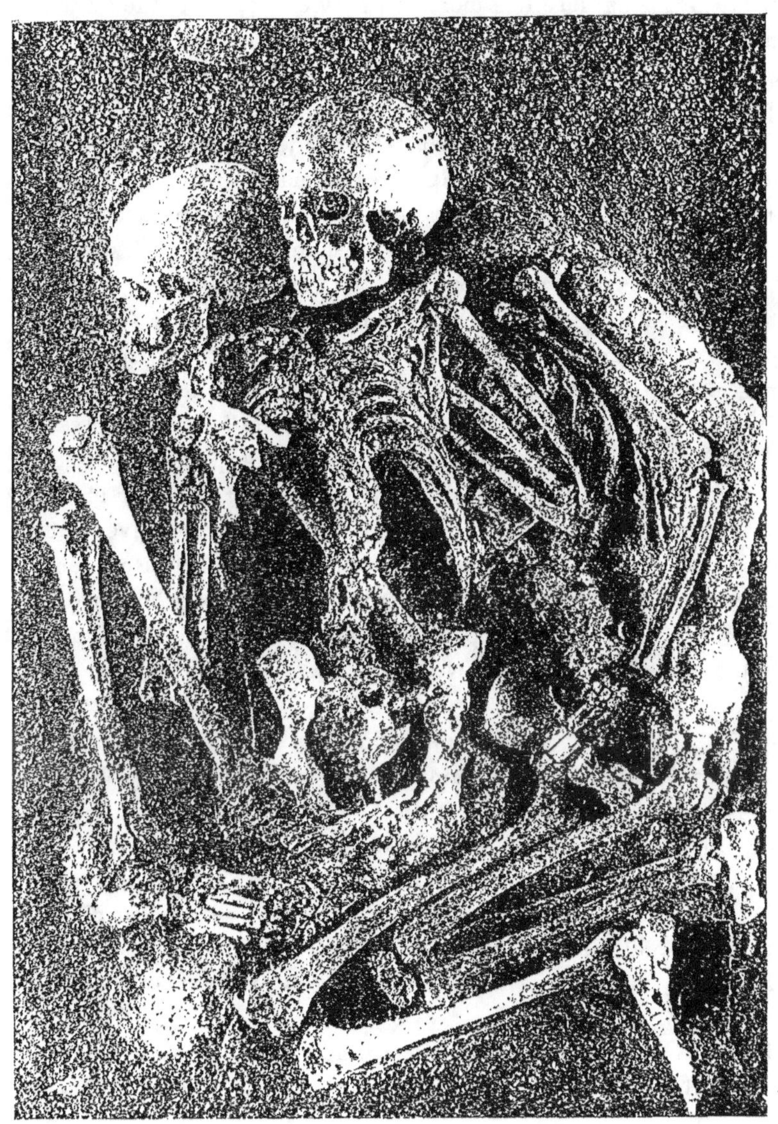

Fig. 178. — Les deux squelettes de Négroïdes découverts par M. de Villeneuve dans la Grotte des Enfants. — Musée d'Anthropologie de Monaco. (D'après Verneau).

jet d'une sépulture. Le premier est celui d'une vieille femme, le second, celui d'un jeune homme de 15 à 17 ans. Ils gisaient côte à côte, le corps ramassé, les membres inférieurs fortement repliés (fig. 178) à la manière des momies péruviennes. Le crâne du jeune homme était protégé par une sorte de caisson formé de blocs non équarris. On a retrouvé les restes d'une coiffure et de bracelets en coquillages de Nasses.

D'après le professeur Verneau (1), dont je résume ici les importantes études, « ces deux vieux êtres humains diffèrent sensiblement de ceux qui leur ont succédé [dans la même grotte, c'est-à-dire ceux du type de Cro-Magnon] et ils présentent entre eux les ressemblances les plus frappantes ». Ces deux sujets, au lieu d'atteindre la taille très élevée des autres troglodytes des Baoussé Roussé, ne dépassaient guère la moyenne des Français de notre époque (1 m. 56 pour l'adolescent, 1 m. 60 pour la vieille femme).

Quand on compare les dimensions des os de leurs membres, on voit qu'ils avaient les jambes très longues par rapport aux cuisses et les avant-bras très longs par rapport aux bras ; que leur membre inférieur était extrêmement développé en longueur relativement au membre supérieur. Or, de telles proportions reproduisent, en les exagérant, les caractères que présentent les Nègres d'aujourd'hui. De là une première raison pour considérer ces fossiles comme des Négroïdes sinon comme des Nègres.

LES CRANES.　　　　Ces affinités nigritiques sont également indiquées par les caractères céphaliques. Les têtes sont volumineuses ; les crânes sont très allongés, hyperdolichocéphales (indices = 68 et 69) et offrent, vus d'en haut, un contour régulièrement elliptique où s'effacent les bosses pariétales (fig. 179). Ces crânes sont aussi très hauts, de sorte que leur capacité est au moins égale à la moyenne des Parisiens de notre époque : 1 580 centimètres cubes pour le jeune homme, 1375 centimètres cubes pour la vieille femme. Les apophyses mastoïdes sont petites.

La face est large mais peu élevée, tandis que le crâne est démesurément allongé d'avant en arrière, on dit que la tête est disharmonique (2).

---

(1) VERNEAU (R.), *loc. cit.* Les Grottes de Grimaldi, t. I, fasc. I, Anthropologie.
(2) Pour qu'il y ait *harmonie*, il faut que l'allongement vertical de la face accompagne l'allongement du crâne.

Le front est bien développé, droit, les arcades orbitaires sont peu saillantes, Les orbites sont larges, basses, subrectangulaires ; leur bord inférieur est renversé en avant,

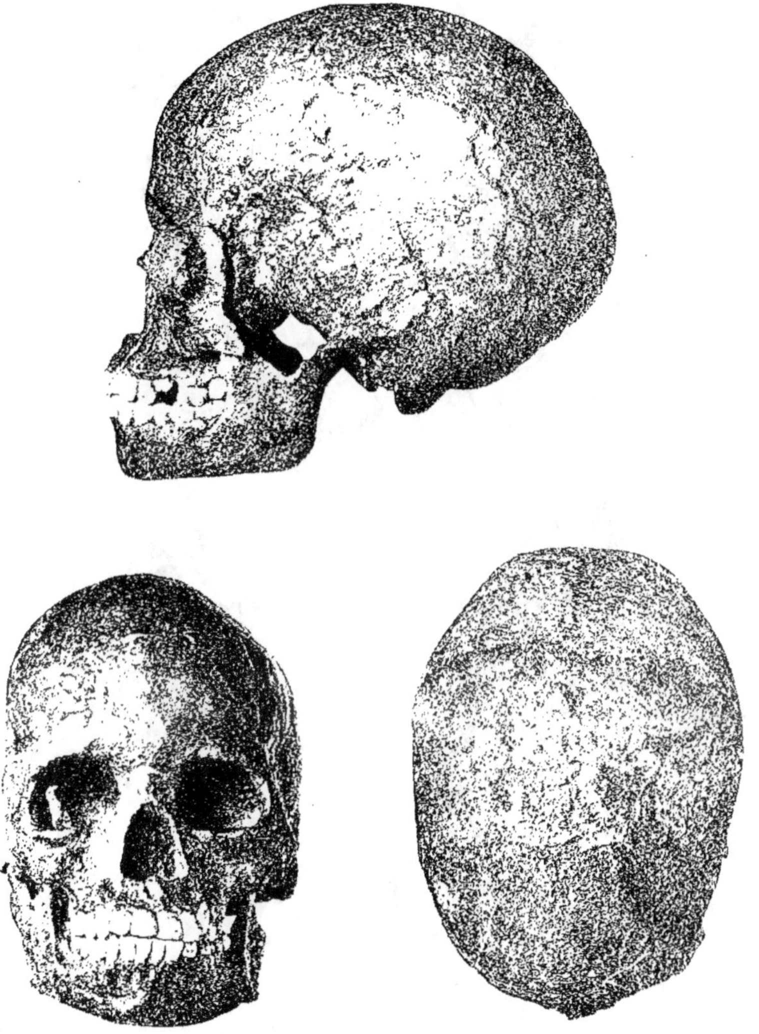

Fig. 179. — La tête osseuse du jeune sujet négroïde de Grimaldi, vue de profil, de face et d'en haut. 1/3 de la grandeur naturelle. (D'après Verneau).

Le nez, déprimé à sa racine, est très large (platyrhinien). Le plancher des fosses nasales se relie à la face antérieure du maxillaire par une gouttière de chaque côté de l'épine nasale, comme chez les Nègres, au lieu d'être délimité par un bord aigu comme dans les races blanches. Les fosses canines sont profondes.

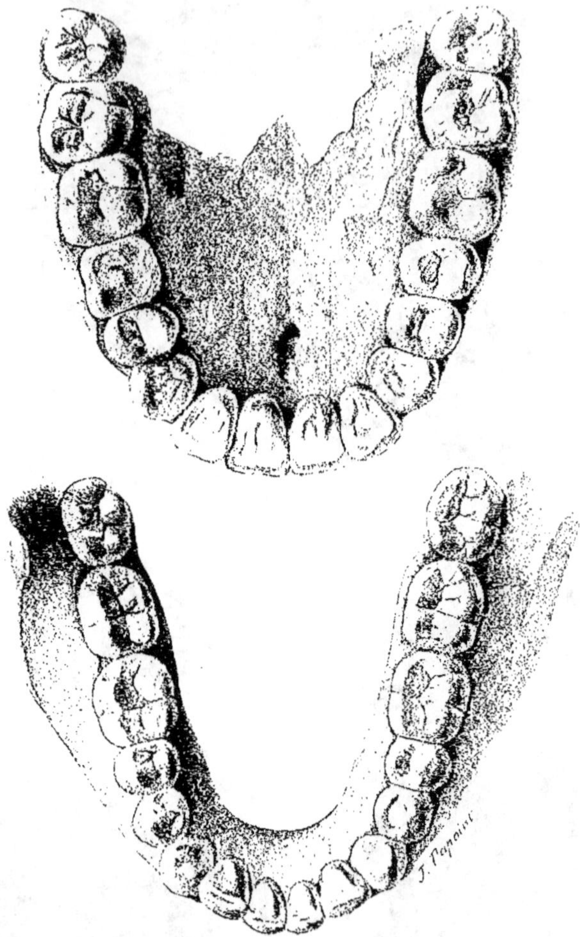

Fig. 180 et 181. — Mâchoire supérieure et mâchoire inférieure du jeune sujet négroïde de Grimaldi. Grandeur naturelle. (D'après Albert GAUDRY).

Le maxillaire supérieur se projette en avant d'une façon très marquée. Ce prognathisme affecte surtout la région susnasale ou alvéolaire. La voûte palatine, peu développée en largeur, est très profonde (fig. 180).

La mandibule est robuste, le corps est très épais ; les branches montantes sont larges et basses. Le menton est peu accentué ; un fort prognathisme alvéolaire, corrélatif du prognathisme supérieur, lui donne un aspect fuyant très prononcé (fig. 181).

La plupart de ces caractères du crâne et de la face sont sinon nigritiques, du moins négroïdes. Plusieurs peuvent être considérés comme inférieurs au point de vue morphologique.

DENTITION.
———————

La dentition du jeune sujet a été étudiée par Albert Gaudry. Cette dentition frappe d'abord par son volume considérable. Ses plus grandes ressemblances sont avec celle des Australiens, laquelle

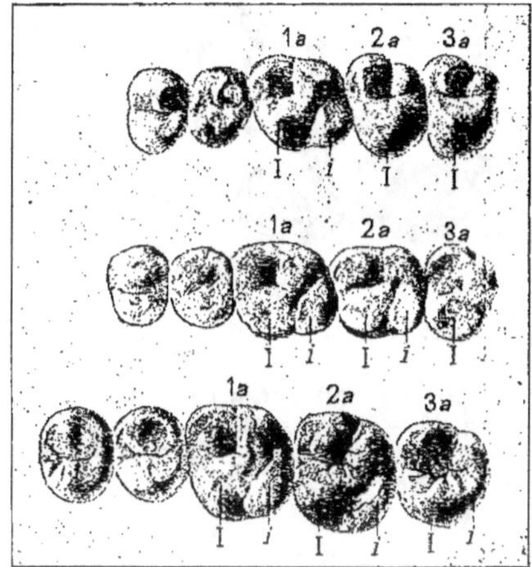

Fig. 182. — Comparaison des molaires supérieures gauches du jeune Négroïde, d'un Australien et d'un Français. Grandeur naturelle. (D'après A. GAUDRY).

1 a, 2 a, 3 a, première, deuxième, troisième arrière-molaires ; I, denticule interne du premier lobe ; *i*, denticule interne du second lobe, présent à toutes les molaires du fossile.

a conservé beaucoup de caractères primitifs. Les arcades dentaires sont moins largement ouvertes et moins divergentes que dans les races supérieures. Les bords alvéolaires sont plus allongés ; le développement des dents et de leurs denticules est lui-même en proportion de cet allongement. De sorte que la morphologie des molaires a conservé quelques caractères pithécoïdes comme celle des types fossiles que nous avons déjà étudiés, comme celle des Primitifs actuels à dentition massive. Toutes les arrière-molaires supérieures ont quatre denticules bien développés, même la dernière qui, chez les

races civilisées, n'en a que trois (fig. 182). Toutes les molaires inférieures ont cinq denticules bien distincts, même les 2e et 3e, qui n'en
ont ordinairement que quatre chez les races blanches (fig. 183).

Albert Gaudry (1), en étudiant cette dentition, fut frappé du rétré-

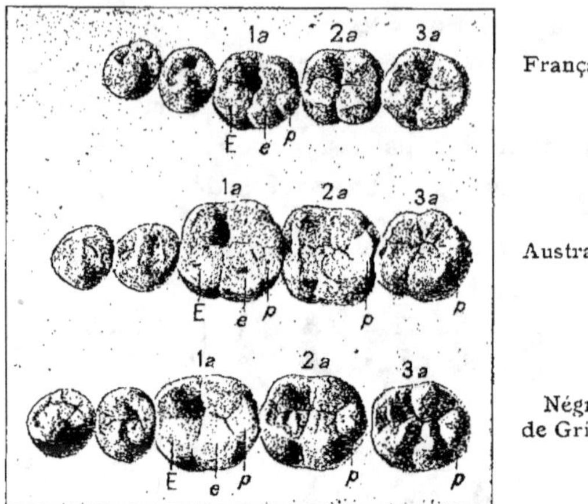

Fig. 183. — Comparaison des molaires inférieures gauches du jeune Négroïde, d'un
Austral en et d'un Français. Grandeur naturelle. (D'après A. Gaudry).

1 a, 2 a, 3 a, première, deuxième, troisième arrière-molaires ; E, denticule
externe du premier lobe ; *e,* denticule externe du second lobe *p,* denticule postérieur présent à toutes les arrière-molaires de l'Australien et de l'Homme fossile, et
particulièrement développé chez ce dernier.

cissement de la mandibule dans sa partie antérieure, au niveau des
prémolaires et des canines (fig. 181). Il y vit un indice d'infériorité en rapport avec le fort prognathisme de la mandibule et
ayant comme conséquence de laisser à la langue peu de place pour
se développer et se mouvoir en avant librement.

OS DES MEMBRES.   Nous avons vu que les proportions
des membres et de leurs divers segments
sont des proportions de Négroïdes. M. Verneau a reconnu que
« par la verticalité de ses ilions, par la courbure de sa crête
iliaque, par les dimensions réduites de sa grande échancrure sciatique, le bassin de la vieille femme se distingue du bassin de l'Européenne moderne et rappelle, au contraire, celui de la Négresse. »

Les fémurs ont leur diaphyse assez fortement recourbée et les

---

(1) Gaudry (A.), Contribution à l'histoire des Hommes fossiles (*L'A.* XIV, 1903).

tibias présentent une certaine rétroversion de leur tête supérieure. Ces caractères, que nous avons étudiés chez l'*Homo Neanderthalensis*, sont ici beaucoup moins accusés.

AFFINITÉS
ET SURVIVANCES.

En somme, les squelettes les plus anciens de la grotte des Enfants nous mettent en présence d'un type humain se laissant facilement comparer à des types actuels et notamment à des types nigritiques ou négroïdes. Il serait intéressant d'aller plus loin que n'a osé le faire M. Verneau, avec une prudence bien compréhensible, et de chercher à préciser ces comparaisons avec des types actuels. J'ai été beaucoup frappé, pour ma part, des ressemblances que présentent les Négroïdes de Grimaldi avec le groupe de populations de l'Afrique du Sud, Boschimans et Hottentots. Les comparaisons que j'ai pu faire avec les éléments dont je disposais, notamment avec le squelette de la Vénus hottentote, m'ont conduit à noter par exemple la même dolichocéphalie, le même prognathisme, la même platyrhinie, le même développement de la face en largeur, la même forme de la mandibule, le même macrodontisme. Les seules différences résident dans la stature et, peut-être, la hauteur du crâne. Le professeur Sollas, d'Oxford, a, de son côté, présenté des observations analogues (1).

Ce rapprochement, entre deux groupes d'êtres humains si grandement séparés aujourd'hui dans le temps et dans l'espace, semble confirmé, nous le verrons bientôt, par l'examen des statuettes féminines et stéatopyges que nous ont livrées quelques gisements du plus vieil âge du Renne.

M. Verneau a recherché les survivances de la race de Grimaldi aux diverses époques préhistoriques. Il a d'abord comparé ce type à celui de Cro-Magnon qui lui a succédé sur place : « Au premier abord, dit-il, les deux races paraissent bien différentes l'une de l'autre ; mais quand on examine les détails, on voit que rien ne s'oppose à ce qu'il y ait des liens de parenté. » M. Verneau déclare même que les Négroïdes de Grimaldi « ont pu être les ancêtres des Chasseurs de l'âge du Renne. »

Mon savant collègue et ami s'est livré à une longue et laborieuse enquête pour retrouver, parmi les populations préhistoriques et mo-

---

(1) Sollas (W. J.), Ancient Hunters, 2ᵉ éd., Londres, 1915.

dernes, des survivances ou des réapparitions des types de Grimaldi.

« En Bretagne, comme en Suisse et dans le Nord de l'Italie, il a vécu, à l'époque de la pierre polie, à l'âge du bronze et pendant le premier âge du fer, un certain nombre d'individus qui se distinguaient par quelques traits de leurs contemporains », notamment par la dolichocéphalie de leur crâne, un prognathisme parfois énorme, un nez large, à gouttière. Il s'agit de cas d'atavisme partiel pouvant aller dans certains cas (crâne néolithique breton de Conguel) à l'atavisme complet. Deux individus néolithiques de Chamblandes (Suisse) sont négroïdes, non seulement par leurs crânes, mais encore par les proportions de leurs membres. Diverses tombes liguriennes et lombardes de l'âge des métaux ont aussi livré des traces d'un élément négroïde.

« Tous ces faits, dit M. Verneau, démontrent que nos deux Négroïdes de Grimaldi sont bien les représentants d'une race qui a joué un rôle important dans l'Europe occidentale. S'il s'agissait simplement d'individus erratiques, échoués accidentellement aux Baoussé-Roussé, on ne verrait pas leur influence se faire sentir, par atavisme, à l'époque néolithique et pendant les premiers âges des métaux, depuis la péninsule armoricaine jusqu'en Suisse et dans tout le Nord de l'Italie » (1).

Ce n'est pas seulement dans les temps préhistoriques que la race de Grimaldi aurait fait sentir son influence. M. Verneau a pu observer, soit sur des crânes modernes, soit sur des sujets vivants du Piémont, de la Lombardie, de l'Emilie, de la Toscane, de la vallée du Rhône, de nombreux caractères de la vieille race fossile. La persistance ou la réapparition de ces caractères, que les anthropologistes connaissaient depuis longtemps mais qu'ils n'arrivaient pas à comprendre, s'expliquent par des faits d'atavisme. « Pour qu'on découvre encore aujourd'hui tant de traces d'un type ethnique à caractères rappelant ceux que j'ai observés sur la race de Grimaldi, déclare M. Verneau, il a fallu forcément que cette race fût représentée autrefois, dans nos contrées, par tout un groupe. » Et il ajoute : « On doit donc admettre qu'un élément à peu près nigritique a vécu

---

(1) Depuis la publication du mémoire de M. Verneau, d'autres squelettes de Négroïdes ont été signalés dans le Néolithique de l'Illyrie et des Balkans. Les statuettes préhistoriques, datant de l'âge du cuivre, de Sultan Selo (Bulgarie), représenteraient des Négroïdes (D'après ZUPANIC, *Les premiers habitants des pays Yougo-Slaves, Revue anthropologique*, 1919, p. 32).

dans l'Europe sud-occidentale vers le Quaternaire moyen, entre la race de Spy et celle de Cro-Magnon. »

RACE DE CRO-MAGNON

Cette race tire son nom de la localité où furent trouvés, dans les circonstances rapportées plus haut, les restes de cinq cadavres humains : un vieillard, deux hommes adultes, une femme et un fœtus. Ces restes, d'abord étudiés par Broca et Pruner-bey (1), représentent les prototypes de la race humaine fossile distinguée, caractérisée et dénommée par de Quatrefages et Hamy (2).

Nous avons vu comment des découvertes effectuées dans diverses régions ont révélé l'existence de cette race sur une grande étendue du territoire européen, et dans des conditions archéologiques dénotant des procédés de sépulture ou des rites funéraires d'une assez grande uniformité. Parmi ces découvertes, les plus importantes sont représentées par la série des dix squelettes exhumés successivement de plusieurs grottes des Baoussé-Roussé. Les premiers de ces squelettes, découverts par Rivière, furent étudiés par de Quatrefages et Hamy. Les suivants, découverts à la suite des travaux d'Abbo et des fouilles du Prince de Monaco, ont fait l'objet d'une monographie magistrale par M. Verneau.

Il est aujourd'hui facile de caractériser la race de Cro-Magnon par quelques traits généraux. Des différences s'observent bien, suivant les divers gisements ou les diverses régions, mais ces différences rentrent dans les limites de celles qui existent actuellement entre les individus ou, tout au plus, les variétés d'une même race.

SQUELETTES DE CRO-MAGNON. — Prenons d'abord comme types, les pièces mêmes de Cro-Magnon et notamment la tête osseuse du vieillard, qui présente les caractères de la race d'une manière particulièrement nette, plutôt exagérée (fig. 184).

Le crâne est dolichocéphale (indice céphalique = 73,7), volumineux (sa capacité = 1590 centimètres cubes). La voûte cranienne est élevée, *hypsicéphale*. Vue d'en haut, la boîte cérébrale présente un

---

(1) Dans les *Reliquiæ aquitanicæ. — Bull. de la Soc. d'Anthrop. de Paris*, 1868.
(2) *Crania ethnica.*

contour pentagonal, dû surtout à la forte saillie des bosses pariétales. C'est la forme *dolichopentagonale* de quelques anthropologistes. De profil, on voit le front s'élever au-dessus d'arcades sourcilières

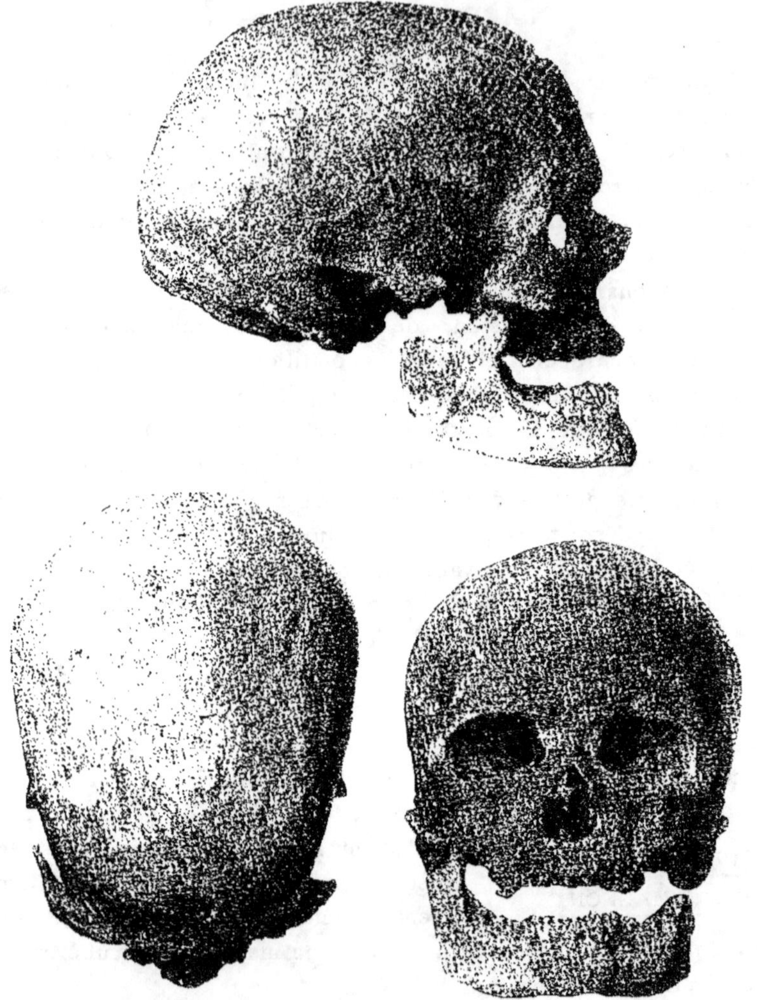

Fig. 184. — La tête osseuse du « vieillard » de Cro-Magnon, vue de profil, d'en haut et de face. 1/3 de la grandeur naturelle. Galerie d'Anthropologie du Muséum.

relativement peu saillantes ; puis la voûte se développe suivant une courbe régulière dans les régions antérieure et moyenne, tandis que la région pariéto-occipitale forme un vaste méplat auquel succède la saillie de la nuque. « Ainsi, dit de Quatrefages, chez ce sauvage contemporain du Mammouth, le crâne présente à un haut degré tous les caractères regardés comme les indices d'un développement intellectuel des plus avancés (1). »

La face, non moins remarquable, est relativement basse et très large, tandis que le crâne est étroit et long. La tête est disharmonique (V. note p. 276). Au-dessous du frontal, large et haut, avec voussure médiane, s'ouvrent des orbites également très larges, à bords presque rectilignes, dessinant un contour subquadrangulaire. Les pommettes sont fortes et saillantes. Par contre, le nez est étroit, long, fin, *leptorhinien* ; les os nasaux se projettent en avant. Le maxillaire supérieur, rétréci au niveau des arcades dentaires, présente un prognathisme assez prononcé. La voûte palatine est relativement étroite, peu profonde, avec une saillie médiane.

La mâchoire inférieure est robuste, avec un menton triangulaire, massif, proéminent.

Les os longs accusent une taille très élevée (1 m. 82) et une conformation athlétique ; les empreintes musculaires sont vigoureuses. Aux fémurs, la ligne âpre se développe de manière à former une sorte de pilastre saillant. Le tibia est aplati en lame de sabre (tibia *platycnémique*). Ce caractère, absent chez l'Homme de Néanderthal, paraît être assez général dans la race de Cro-Magnon.

SQUELETTES DE GRIMALDI. — Les recherches de M. Verneau sur la belle série de squelettes des Baoussé-Roussé lui ont permis d'acquérir de nouvelles données. Il a pu étudier neuf crânes, huit masculins, un féminin, se rattachant tous au type de Cro-Magnon (fig. 185). Ces crânes présentent une certaine variabilité, mais les différences ne dépassent pas, dit M. Verneau, les variations individuelles qu'on peut rencontrer dans des groupes relativement homogènes.

Toutes les têtes osseuses sont remarquables par leur volume considérable tenant en partie à la haute taille des individus. Il y a constamment une disharmonie frappante entre le crâne, dolichocéphale, et la face, à la fois basse et large. Le méplat pariéto-occipital, constaté sur les crânes de Cro-Magnon, existe toujours. La face offre, chez tous les sujets, les caractères essentiels du type : dila-

---

(1) Quatrefages (A. de), Hommes fossiles et Hommes sauvages. Paris, 1884, p. 65.

tation transversale due au développement des pommettes et des arcades zygomatiques, orbites rectangulaires, nez leptorhinien, etc. La mandibule, robuste, a un menton proéminent, de forme triangulaire.

Mais à ces caractères généraux s'ajoutent ici quelques particularités constituant une variante du type. Les bosses pariétales sont moins accusées et, par suite, la forme pentagonale du crâne, vu d'en haut, s'altère ; l'occiput est moins proéminent ; le progna-

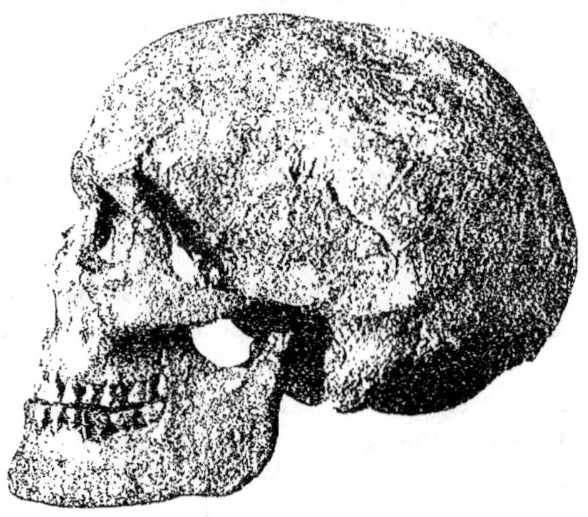

Fig. 185. — Tête osseuse du grand sujet masculin de la Grotte des Enfants vue de profil. 1/3 de la grandeur naturelle. (D'après VERNEAU).

thisme sous-nasal tend à disparaître. « Ces particularités, dit M. Verneau, ne sauraient, en aucune façon, autoriser à séparer les hommes des Baoussé Roussé du type de la Vézère... Le vieillard de Cro-Magnon présente ce type à l'état d'exagération. Parmi les crânes que les anthropologistes s'accordent à classer dans le même groupe, il s'en rencontre qui offrent les atténuations que je viens d'indiquer. »

Grâce aux nombreux documents dont il pouvait disposer, le Dr Verneau a pu reprendre le problème de la stature des Hommes du type de Cro-Magnon. Broca avait estimé la taille du vieillard à 1 m. 80. M. Rivière avait attribué, aux trois sujets adultes dont il avait trouvé les squelettes, une taille variant de 1 m. 85 à 2 m. 05. D'après Verneau, ces chiffres sont trop élevés.

Ceux qu'il a obtenus varient de 1 m. 79 à 1 m. 94 pour cinq sujets masculins adultes ; ils donnent une moyenne de 1 m. 87. Les troglodytes de Grimaldi restent donc, après cette rectification, des hommes de très haute stature (fig. 186).

Mon savant collègue a montré qu'ils étaient en même temps fort robustes ; qu'ils offraient un allongement très notable de l'avant-bras par rapport au bras et surtout de la jambe par rapport à la cuisse ; que leur membre supérieur était très long par rapport au membre inférieur ; que leur tronc était d'une largeur remarquable au niveau des épaules. « Par les proportions de leurs membres, dit M. Verneau, aussi bien que par le développement transversal de leur cage thoracique dans sa partie supérieure, les Hommes de Grimaldi s'éloignent des Européens modernes et se rapprochent des races nigritiques. »

Par contre, le bassin n'a rien de nigritique. « Le beau développement de ses ailes, l'harmonie de ses courbes en font, au contraire, un bassin aussi élégant que celui des Blancs qui ont le plus évolué. »

Les fémurs offrent ici, comme à Cro-Magnon, des traits d'une

Fig. 186. — Squelette du grand sujet masculin découvert par M. de Villeneuve dans la Grotte des Enfants. Musée de Monaco. (D'après Verneau).

remarquable vigueur. La ligne âpre, large et saillante, mérite vraiment le nom de colonne et s'accompagne toujours d'une *fosse hypo-*

trochantérienne. Cette disposition morphologique entraîne un certain aplatissement antéro-postérieur de la diaphyse au-dessous des trochanters, c'est-à-dire de la *platymérie.*

Les tibias sont également robustes : leurs diaphyses sont plus ou moins aplaties transversalement. Ce caractère de la *platycnémie,* peu sensible sur quelques os, est, sur d'autres, aussi accusé que chez le vieillard de Cro-Magnon.

Les mains sont grandes, en rapport avec l'ensemble du squelette ;

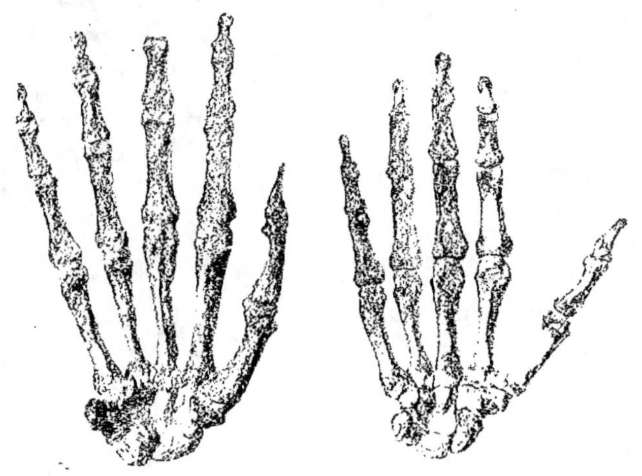

Fig. 187. — Main du grand sujet de la Grotte des Enfants et main d'un sujet moderne de 1 m. 67 photographiées à la même échelle. 1/3 de la grandeur naturelle. (D'après Verneau).

les métacarpiens sont relativement plus allongés et les doigts relativement plus courts que chez un Français moderne (fig. 187). Ces caractères se retrouvent exactement sur les empreintes de mains de la caverne de Castillo, dans les Pyrénées cantabriques (1). Les pieds étaient remarquables par la longueur du talon.

AUTRES DOCUMENTS. VARIÉTÉS DU TYPE. — Des restes osseux de la race de Cro-Magnon ont été recueillis sur beaucoup de points de l'Europe occidentale. De Quatrefages et Hamy lui ont rattaché un grand nombre de trouvailles en dehors de celles de Cro-Magnon et de Menton : sque-

____

(1) Sollas (W. J.), Cro Magnon Man ; imprint of his hand (*Nature* du 7 mai 1914).

lette de Paviland (Angleterre) ; crânes d'Engis et d'Engihoul (Belgique) ; crânes plus ou moins complets d'Aurignac, de la Madeleine, Grenelle, Bruniquel, Laugerie-Basse, Solutré, Gourdan en France. Il faut ajouter aujourd'hui un crâne de la grotte du Placard à Vilhonneur (Charente), le squelette des Hoteaux (Ain), celui de Combe-Capelle (Dordogne), les squelettes de Brünn, de Predmost et le crâne de Lautsch (Moravie) ; les squelettes d'Obercassel (Allemagne).

Cette longue liste donne lieu à plusieurs observations. En premier lieu, les circonstances stratigraphiques des gisements, la véritable antiquité de certains de ces documents ostéologiques se présentent dans des conditions obscures ou ne sont pas suffisamment établies. En second lieu, beaucoup de ces trouvailles consistent en de simples fragments de crânes ou de mandibules insuffisants, à mon avis, pour autoriser un classement dans des limites aussi étroites que celles d'une race. En troisième lieu, les pièces dont l'antiquité est le mieux démontrée et dont l'état de conservation est

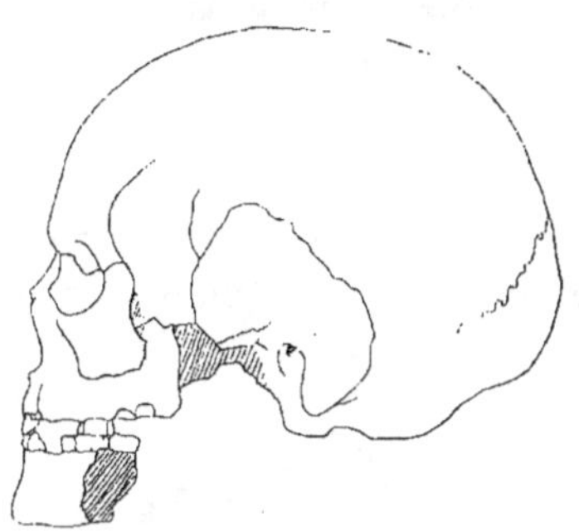

Fig. 188. — Profil d'un crâne de la grotte du Placard. 1/4 de la grandeur naturelle. (D'après HAMY).

le plus satisfaisant, s'écartent souvent assez notablement du type même de Cro-Magnon et accusent ainsi une fort grande variabilité de ce type. Tel le crâne du Placard (fig. 188), qui s'en éloigne par un indice céphalique presque sous-brachycéphale (1). Les crânes de Solutré, considérés comme remontant vraiment à l'âge du Renne, sont encore moins homogènes. Les squelettes d'Obercassel sont d'une taille plus petite.

Les différences peuvent être encore plus marquées. C'est ainsi que plusieurs anthropologistes considèrent les crânes ou squelettes de Brünn et de Predmost comme représentant une race particulière, la race solutréenne, juxtaposée vers l'Orient à la race occidentale et méridionale de Cro-Magnon. Ici les crânes sont remarquables par

---

(1) HAMY (E. T.), Nouveaux matériaux pour servir à l'étude de la Paléontologie humaine (*Congrès intern. d'Anthrop.*, Paris, 1889).

19

leur fortes arcades orbitaires, ce qui les a fait rapprocher, à tor d'ailleurs, de l'*Homo Neanderthalensis*, dont ils sont, en réalité, très différents. D'après Giuffrida-Ruggeri (1), le crâne de Combe-Capelle, plus dolichocéphale, plus prognathe et plus platyrhinien, présente des affinités éthiopiques.

En somme, au point de vue ostéologique, les vrais Cro-Magnon peuvent être considérés comme un type moyen, autour duquel gravitent déjà des variations dues probablement à l'influence des divers milieux géographiques et peut-être aussi à des croisements. Mais l'ensemble forme vraiment un bloc. Il s'agit d'une belle race, ayant joué, comme l'a dit Quatrefages, un rôle considérable dans le temps et dans l'espace.

SURVIVANCES. — Elle n'a pas disparu de nos contrées avec la fin des temps quaternaires. Non seulement, comme nous le verrons plus tard, elle s'est continuée pendant le Néolithique, mais encore elle apparaît sporadi-

Fig. 189. — Type de Cro-Magnon ayant persisté dans la Dordogne. (D'après des photographies du Dʳ COLLIGNON).

quement, de nos jours, dans diverses régions de la France, et notamment en Dordogne, d'après le Dʳ Collignon (fig. 189). M. Verneau a pu suivre la race de Cro-Magnon à travers l'Espagne ; elle se rencontre dans des sépultures d'autant plus récentes qu'on s'avance davantage vers le Sud.

---

(1) Giuffrida-Ruggeri, Quatro crani preistorici dell' Italia meridionale e l'ori gine del Mediterranei (*Archivio per l'Anthr. e la Etnol.*, XLV, 1916).

Broca avait remarqué l'existence d'affinités morphologiques entre les Basques, les Kabyles et les Guanches. De Quatrefages et Hamy ont établi que bon nombre de caractères craniométriques des troglodytes du Périgord se rencontrent chez les Kabyles purs, et ces caractères ont été relevés sur les restes recueillis dans des sépultures préhistoriques de l'Algérie.

Mais c'est parmi les Guanches des Canaries que se serait le mieux conservé le type de Cro-Magnon. Cette assertion, due à de Quatrefages et Hamy, a été confirmée par les recherches de Verneau dans l'archipel canarien où le fonds de la population est constitué par l'élément guanche ; que ce dernier dérive de la race de Cro-Magnon, cela est démontré par des ressemblances craniennes touchant parfois à l'identité. Verneau a retrouvé, chez les insulaires actuels, jusqu'à des ustensiles jadis employés par nos antiques chasseurs de la Dordogne.

RACE DE CHANCELADE

LE GISEMENT.

La découverte déjà mentionnée de Raymonden, près de Chancelade, a été faite et exploitée dans de bonnes conditions scientifiques. Le gisement s'est montré des plus riche en objets archéologiques et artistiques. La faune, déterminée par A. Gaudry, comprend, entre autres espèces intéressantes, le Phoque du Groënland. Le squelette humain fut étudié par le professeur Testut, de l'Université de Lyon. Tout ce précieux matériel est conservé au Musée de Périgueux, bien organisé par M. Féaux, l'un des heureux explorateurs de Chancelade (1).

La coupe du gisement est des plus simple : trois foyers magdaléniens,

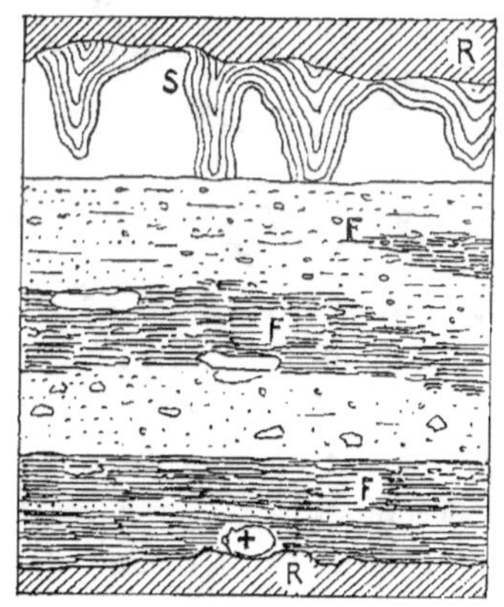

Fig. 190. — Coupe de l'abri de Chancelade (D'après Féaux).

R, rocher, sol et plafond de l'abri ; F, foyer ; +,crâne humain ; S, stalactites.

(1) HARDY (M.), La station quaternaire de Raymonden (*Bull. de la Soc. histor. et archéol. du Périgord*, 1891). — TESTUT (L.), *loc. cit.* — FÉAUX (M.), Catalogue du Musée du Périgord. Périgueux, 1905.

alternant avec des cailloutis ou des limons et superposés sur une épaisseur totale d'environ 1 m. 60. Le foyer inférieur s'étendait directement sur le roc et le squelette humain gisait à sa partie inférieure (fig. 190).

Le cadavre, trouvé le 1er octobre 1888, reposait sur le côté gauche. Les bras étaient relevés ; la main gauche était placée au-dessous de la tête, la droite sous le côté gauche du maxillaire inférieur ; les membres inférieurs avaient été fléchis ; les pieds se trouvaient ainsi ramenés vers la partie inférieure du bassin et les genoux arrivaient au contact des arcades dentaires. Une telle position forcée rappelle celle de certaines momies péruviennes et M. Testut a émis l'opinion que l'Homme de Chancelade « pourrait bien, lui aussi, subissant un traitement analogue, avoir été replié sur lui-même, solidement ficelé avec des cordes ou des lianes flexibles et peut-être même cousu en quelque sac en peau de bête, tout cela pour réduire son corps au minimum de volume et lui faire occuper le plus petit espace possible. Un pareil mode de sépulture se retrouve chez un grand nombre de peuples anciens ou modernes, et notamment chez les Esquimaux actuels. »

Comme dans les sépultures de Menton, le cadavre paraît avoir été saupoudré de fer oligiste, qui avait coloré en rouge, non seulement les os, mais aussi les terres voisines.

Voici les principaux résultats de l'étude anthropologique du Dr Testut.

LE SQUELETTE. Le squelette est celui d'un homme mort à l'âge de 55 à 65 ans. Cet homme était de petite taille, 1 m. 50 d'après Testut, 1 m. 59 d'après Rahon, soit d'environ 1 m. 55. Par ce premier caractère il s'éloigne considérablement du type de Cro-Magnon.

L'état de conservation de la tête osseuse laissait à désirer. Elle a été reconstituée avec soin (fig. 191). Le crâne est fortement dolichocéphale (indice céphalique = 72) et remarquablement haut. Sa capacité, évaluée à 1710 centimètres cubes, dépasse de beaucoup la moyenne des crânes actuels, même des Européens.

« Vu de profil, le crâne de Chancelade présente tous les caractères propres aux races supérieures. » Au-dessus d'arcades sourcilières peu saillantes, le front, bombé et large, s'élève d'abord presque verticalement ; la ligne de profil s'incline ensuite en

arrière et se continue par une courbe régulière. Les bosses pariétales sont très accentuées. La région occipitale est disposée en façade.
Les apophyses mastoïdes présentent un développement remarquable.

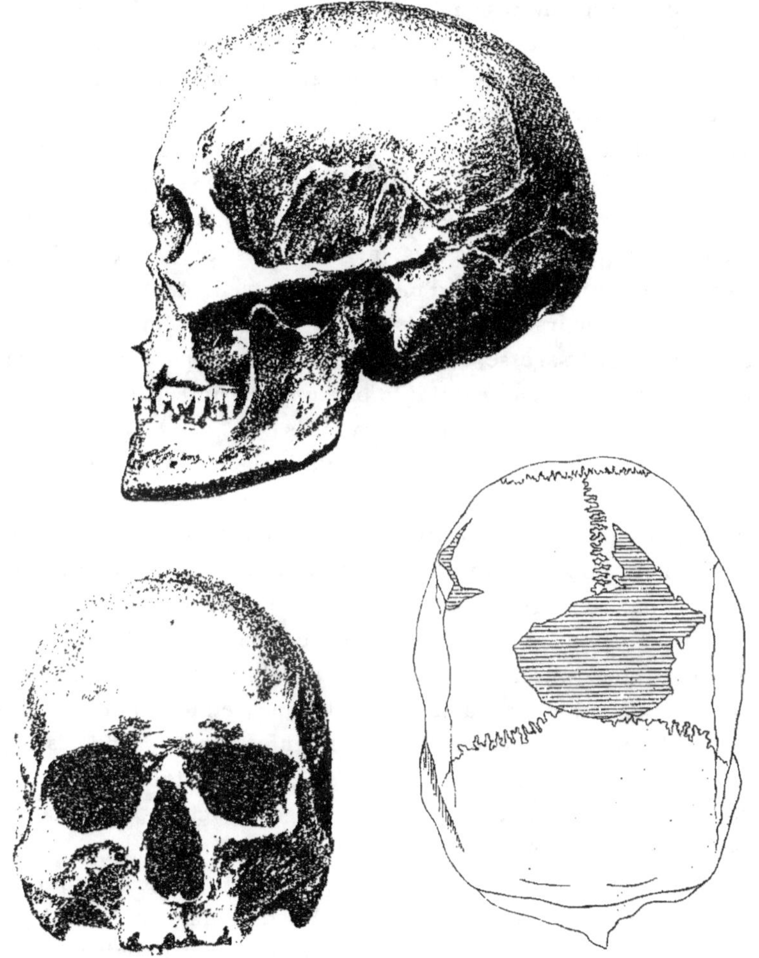

Fig. 191. — Le crâne de Chancelade, vu de profil, de face et d'en haut. 1/3 de la
grandeur naturelle. (D'après le Dr Testut).

Vu en avant, le crâne est caractérisé par la hauteur du front,
par la surélévation de sa partie médiane, qui donne à l'ensemble un
aspect ogival.

La face est à la fois très large et très haute : le crâne serait donc harmonique. On se rappelle que les crânes disharmoniques du type de Cro-Magnon ont une face large mais basse.

Les pommettes sont fortes et saillantes. Les orbites sont grandes, hautes. Le nez est long, étroit (leptorhinien). Les maxillaires supérieurs n'offrent aucun prognathisme sous-nasal. Leurs bords alvéolaires, dépourvus de dents, circonscrivent une voûte palatine relativement étroite, de forme elliptique et non parabolique comme dans le type de Cro-Magnon.

La mandibule est remarquable par son étroitesse, en rapport avec l'allongement général du crâne, par sa robustesse et par le développement en largeur de ses branches montantes. Le menton forme une saillie à la fois très large et très proéminente. Tout l'aspect extérieur témoigne d'un développement considérable des muscles masticateurs. Les dents molaires étaient fortes ; la dernière, une dent de sagesse, était plus volumineuse que les premières et séparée de la branche montante par un long intervalle. Ce sont là, nous le savons, des caractères primitifs.

Les membres supérieurs étaient relativement longs, plus longs que ceux des Européens modernes, plus longs même que ceux des Nègres. Leurs os, massifs, trapus, comme tout l'ensemble du squelette, dénotent une constitution vigoureuse et une forte musculature : c'est ainsi que, à en juger d'après leurs insertions, les muscles sus-épineux, sous-épineux, le deltoïde, le grand pectoral, le grand dorsal et le grand rond, tous muscles qui s'attachent à l'humérus et qui jouent un rôle important dans l'action de grimper, étaient particulièrement développés. De même, au membre inférieur, le grand fessier, les muscles postérieurs de la cuisse et, en général, tous les muscles postérieurs de la jambe, qui sont les agents actifs de la station debout et de la marche.

Les fémurs sont un peu plus incurvés que chez les Européens actuels. Ils présentent, comme ceux de Cro-Magnon, une ligne âpre disposée en colonne, ou pilastre, et une fosse hypotrochantérienne. Les tibias ont leurs extrémités supérieures assez fortement déjetées en arrière, ce qui avait pour conséquence « dans la station debout, la saillie des genoux plus proéminente en avant que dans nos races modernes ». Ces tibias ont leur corps aplati dans le sens transversal, ils sont légèrement platycnémiques.

L'Homme de Chancelade avait de grands pieds, lesquels, dans

l'attitude ordinaire, étaient reportés en dedans. Le premier métatar-
sien, correspondant au gros orteil, s'écartait notablement du deuxième, un peu comme chez les Singes et tout à fait comme chez

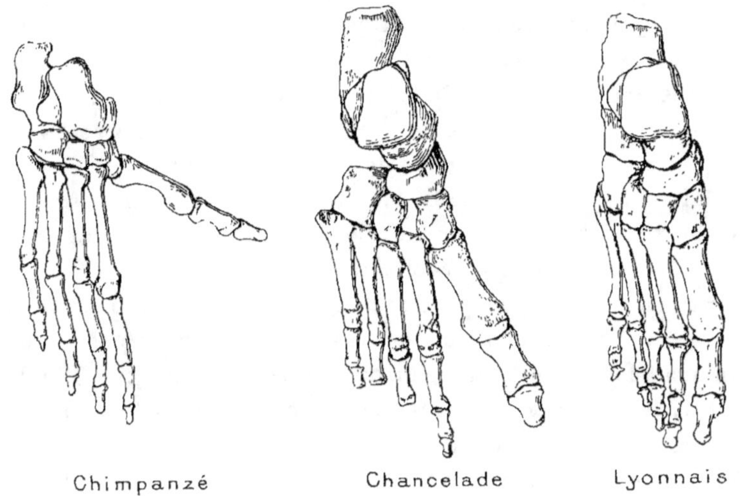

Fig. 192. — Squelette du pied d'un Chimpanzé, de l'Homme de Chancelade et d'un
Homme actuel (Lyonnais). 1/4 environ de la grandeur naturelle (D'après TESTUT).

l'*Homo Neanderthalensis*. Le pied de notre Homme fossile pouvait vraisemblablement, comme on l'observe encore chez quelques peuplades sauvages, jouer le rôle d'une pince et saisir des
objets entre les deux premiers orteils (fig. 192).

COMPARAISONS.   Il semble que nous soyons très
pauvres en représentants de la race
fossile de Chancelade. Hervé a montré qu'on pouvait lui rapporter les crânes de Laugerie-Basse, rangés par de Quatrefages et
Hamy dans le type de Cro-Magnon. Le squelette du troglodyte de
Sorde reproduirait aussi ces ressemblances. Même le crâne féminin
du Placard, malgré sa sous-brachycéphalie et ses affinités étroites
avec les crânes féminins de la race de Cro-Magnon, devrait, d'après
M. Hervé, augmenter le petit groupe de Chancelade et affirmer
l'homogénéité des Magdaléniens (1). Les squelettes, également

---

(1) HERVÉ (G.), La race des troglodytes magdaléniens (*Revue de l'Ecole d'Anthrop.*,
III, 1893).

magdaléniens, d'Obercassel, bien qu'étant du type de Cro-Magnon, présenteraient quelques traits du squelette de Chancelade.

Tout cela porte à penser que les deux types de Cro-Magnon et de Chancelade ne sont pas très différents. C'est en effet une opinion que partagent beaucoup d'anthropologistes. Pourtant le Dr Testut a bien fait ressortir les dissemblances.

Tandis que le chasseur de Rennes de Chancelade était de toute petite taille, 1 m. 50 environ, le célèbre vieillard de Cro-Magnon atteignait une taille presque gigantesque. Leurs crânes ont une face large, mais tandis que la face de Cro-Magnon est très réduite dans le sens vertical, celle de Chancelade est remarquablement haute ; l'écart est considérable. Les orbites du vieillard de Cro-Magnon ont la forme de deux rectangles très allongés dans le sens transversal ; celles de l'Homme de Chancelade affectent la forme d'un quadrilatère où la hauteur diffère peu de la largeur. Evidemment l'aspect général de ces deux troglodytes du Paléolithique supérieur devait être fort différent.

Il n'en est pas moins vrai cependant qu'il y a, entre les trois types que nous venons de décrire, Négroïdes de Grimaldi, Hommes de Cro-Magnon et Homme de Chancelade, un certain nombre de traits communs et fondamentaux, attestant à la fois, comme je l'ai déjà dit, l'unité et la variabilité de l'*Homo sapiens fossilis*.

Le Dr Testut a parfaitement mis en lumière la ressemblance du squelette de Chancelade avec le squelette des Esquimaux de l'Est, qui vivent encore à l'état sauvage dans les glaces du Labrador et du Groënland et qui représentent, à tous égards, une race très ancienne. « Comme l'Homme de Chancelade, les Esquimaux sont franchement dolichocéphales ; comme lui, ils ont le crâne élevé, la crête sagittale saillante, la face à la fois très large et très haute, les orbites à peu près arrondies. Nous savons aussi que les Esquimaux ont une grosse tête et sont de petite taille... »

Ce rapprochement, tiré de l'anthropologie anatomique, confirme celui que les préhistoriens Hamy, Gervais, Dupont ont établi depuis longtemps, en se basant sur l'archéologie, l'ethnographie et sur la ressemblance des milieux physiques. Dès 1870, Hamy avait dit des Hyperboréens actuels qu'ils « paraissent voisins des troglodytes quaternaires de nos pays. Ils continuent de nos jours, dans les régions circumpolaires, l'*âge du Renne* de France, de Belgique et de Suisse, avec ses caractères zoologiques, ethnographiques, etc. » (1).

Cette thèse, soutenue par Pruner-bey, Boyd-Dawkins, Hervé, a été reprise récemment par le professeur Sollas d'Oxford. Pour ce savant, quand on étudie les Esquimaux actuels, leurs mœurs, leur outillage, leurs essais artistiques, on se trouve en présence d'un ensemble de faits en faveur d'une véritable parenté admirablement confirmée par le squelette de Chancelade. La race de Cro-Magnon aurait eu autrefois avec la race de Chancelade des rapports analogues à ceux qu'on observe aujourd'hui entre les Algonkiens et les Esquimaux. Les Paléolithiques auraient gagné peu à peu les régions circumboréales par le détroit de Behring et les îles Aléoutiennes (2).

Ce n'est pas l'opinion de quelques anthropologistes des États-Unis, Boas, Chamberlain (3), qui considèrent les Esquimaux comme une race d'origine américaine. Loin d'être venue de l'Asie septentrionale, elle serait partie d'un centre ancien, dans l'intérieur du Canada, pour se répandre vers les régions maritimes qu'elle occupe aujourd'hui. Ce serait ainsi l'Amérique qui aurait peuplé ou repeuplé, à un certain moment, une partie de l'Ancien Monde. Cela est fort possible, mais cela ne va pas à l'encontre des rapprochements qu'on peut faire entre certaines populations de notre âge du Renne et les Esquimaux actuels, car il semble bien, en dernière analyse, que toutes les populations du Nouveau-Monde lui soient venues de l'Ancien et qu'avant d'être des Américains, les Esquimaux aient dû être d'abord des Asiatiques et peut-être aussi des Européens du Nord. De Quatrefages se plaisait à répéter que les Cro-Magnon avaient dû avoir les plus grands rapports avec les Peaux-Rouges.

On a cherché à expliquer les ressemblances ethnographiques par l'analogie des conditions d'existence et l'emploi des mêmes matériaux, bois de Renne, os, ivoire. Il y aurait, dans ces similitudes, un simple phénomène de convergence étranger à toute filiation directe. Mais comment expliquer de la même manière les similitudes physiques et mentales ?

---

(1) HAMY (E.-T.), Précis de Paléontologie humaine, p. 366.
(2) SOLLAS (W.-J.), Ancient Hunters, pp. 513-516.
(3) CHAMBERLAIN (A.-F.), Quelques problèmes ethnographiques et ethnologiques de l'Amérique du Nord (*L'A.*, XXIII, 1912).

Je ne citerai que pour mémoire la thèse inverse de « l'invasion esquimaude » de Girod (1). C'est le cas de citer ici l'expression populaire : « Il ne faut pas mettre la charrue devant les bœufs. »

LES FIGURATIONS HUMAINES

Nous devons maintenant interroger les œuvres d'art contemporaines des Hommes dont nous avons étudié les squelettes. A en juger d'après la fidélité de beaucoup de dessins d'animaux, cette nouvelle source d'informations devrait nous être d'un grand secours. Les artistes de l'âge du Renne, en effet, ont parfois sculpté ou gravé les portraits de leurs semblables. Malheureusement, ils étaient malhabiles en ce genre, surtout les graveurs. L'ensemble des figurations anthropomorphes de l'art quaternaire forme déjà une série assez importante au point de vue du nombre et de la variété des sujets traités, mais cette série contraste, par l'incorrection ou la maladresse évidente; du dessin, avec la collection des figurations animales, d'ailleurs autrement nombreuse et où abondent les chefs-d'œuvre. La plupart des portraits gravés ou sculptés des Hommes fossiles ne sont, le plus souvent, que des caricatures enfantines, et beaucoup de ces personnages humains paraissent affublés de masques d'animaux qui nous cachent leurs traits réels. A moins qu'il ne s'agisse d'une œuvre d'art de qualité vraiment supérieure, à laquelle, par suite, on peut se fier, il faut être prudent dans l'interprétation de certains traits ou contours qui, loin de traduire des caractères morphologiques réels, peuvent n'être que le fait d'une exécution maladroite.

Ces réserves faites, examinons les principaux documents.

L'âge du Renne correspond à une longue durée, au cours de laquelle l'art a évolué tout comme l'industrie. Piette et Breuil ont étudié cette évolution (2). Piette pensait que la sculpture en ronde-bosse a précédé la sculpture en bas-relief, laquelle serait elle-même antérieure à la gravure. Breuil a montré que cette conception n'est exacte que dans les grands traits, en ce qui concerne l'art mobilier, et moins exacte encore pour l'art pariétal. Il n'en reste pas moins que

---

(1) Girod (P.), Les invasions paleolithiques dans l'Europe occidentale. Paris, 1900.
(2) Breuil. (H.), L'évolution de l'art quaternaire et les travaux d'Edouard Piette (*Revue archéol.*, 1909).

les sculptures sont plus nombreuses pendant le vieil âge du Renne (Aurignacien) et que les gravures ont atteint leur développement maximum, en quantité comme en qualité, pendant les dernières phases de cet âge (Magdalénien).

SCULPTURES AURIGNACIENNES.

Quoi qu'il en soit, les dépôts aurignaciens de divers pays, fort éloignés les uns des autres, nous ont livré un certain nombre de statuettes ou de bas-reliefs très réalistes.

Ce sont d'abord les objets en ivoire de Mammouth retirés par Piette (1) de la grotte de Brassempouy (Landes) et dont les principaux sont reproduits ici (fig. 193).

Voici, avec une tête de jeune femme, dite figurine à la capuche, des statuettes mutilées représentant des torses et des corps de personnages féminins ou masculins. L'une de ces statuettes, dite *Vénus de Brassempouy*, ou *La poire*, a dû être un beau morceau, à en juger par les finesses du modelé des parties intactes. Une autre, considérée par Piette comme un manche de poignard, est un corps féminin remarquable par l'exubérance de ses formes. Une troisième « Vénus » est d'un galbe plus élégant. La *figurine* à la ceinture représente probablement le bas du corps d'un personnage masculin.

Ce sont ensuite les statuettes dites « de Menton » ou mieux de Grimaldi. Le collectionneur Julien les a trouvées à divers reprises dans la Barma Grande. Leur authenticité, longtemps discutée, est aujourd'hui admise par toutes les compétences. Elles ne sont plus en ivoire, mais en une roche tendre, ou stéatite (2). Je reproduis ici les plus intéressantes d'après des photographies qu'a bien voulu me communiquer M. S. Reinach (fig. 194). Avec une ébauche fort grossière d'une tête et une statuette masculine, il y a cinq statuettes féminines à peu près complètes, toutes remarquables par le grand développement des seins, des hanches et des parties génitales.

Deux découvertes non moins intéressantes ont été faites il y a une dizaine d'années. En 1909, Szombathy (3) a publié la photo-

---

(1) Piette (E.), La station de Brassempouy et les statuettes humaines de la période glyptique (*L'A.*, VI, 1895).

(2) Reinach (S.), Statuette de femme nue découverte dans une des grottes de Menton (*L'A.*, IX 1898). — Piette (E.), Gravure du Mas d'Azil et statuettes de Menton (*Bull. de la Soc. d'Anthrop. de Paris*, 1902).

(3) Szombathy (J.), Die Aurignacienschichten im Loess von Willendorf (*Korrespondenzblatt der deuts. Gesells. für Anthrop.*, XL, 1909).

graphie d'une curieuse figurine trouvée dans des foyers aurignaciens du lœss de Willendorf, à 20 kilomètres de Krems (Basse-Autriche).

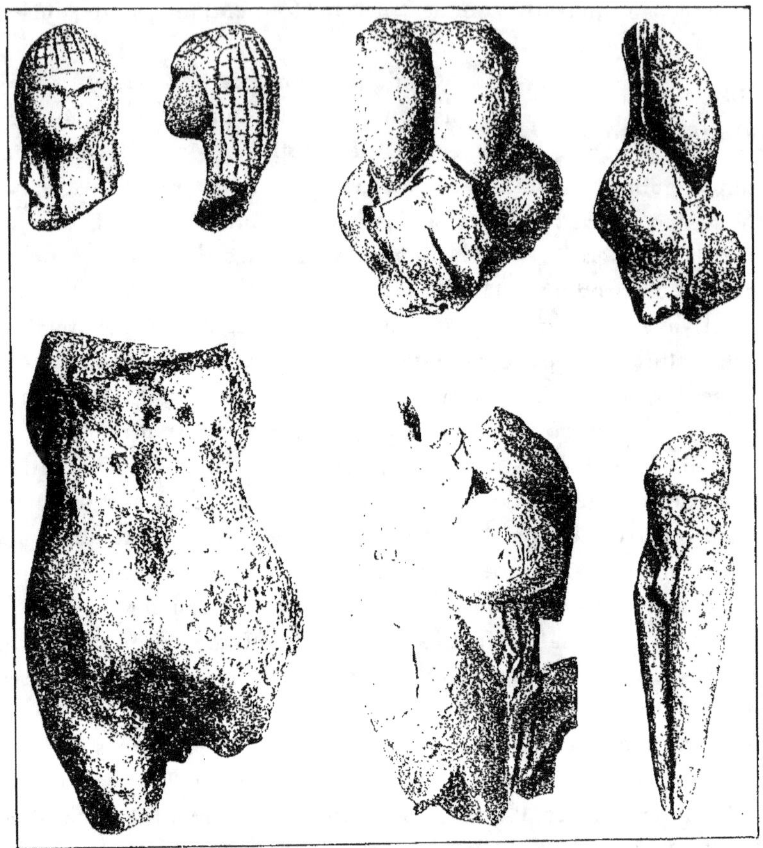

Fig. 193. — Statuettes en ivoire de la caverne de Brassempouy. (D'après PIETTE).
En haut, à gauche, « figurine à la capuche », légèrement réduite. En haut, à droite, corps féminin mutilé. vu de face et de profil, aux 4/5 environ de la grandeur naturelle. En bas, à gauche, corps féminin dit « manche de poignard ». aux 4/5 En bas, au milieu, la « Vénus de Brassempouy, réduite de 1/4. » En bas, à droite, figurine « à la ceinture », réduite de 1/5.

La statuette, de 0 m. 11 de hauteur, a été sculptée dans un morceau de calcaire. Sa surface a gardé quelques traces d'une peinture

---

Légende de la figure 194.

1, statuette féminine, vue de face et de profil ; 2, statuette féminine, vue par sa face antérieure et sa face postérieure ; 3, statuette féminine vue par sa face postérieure et de profil ; 4, tête négroïde vue de face et de profil ; 5, statuette masculine vue de profil ; 6, statuette féminine vue par sa face postérieure et de profil ; 7, femme boschimane actuelle, vue de profil.

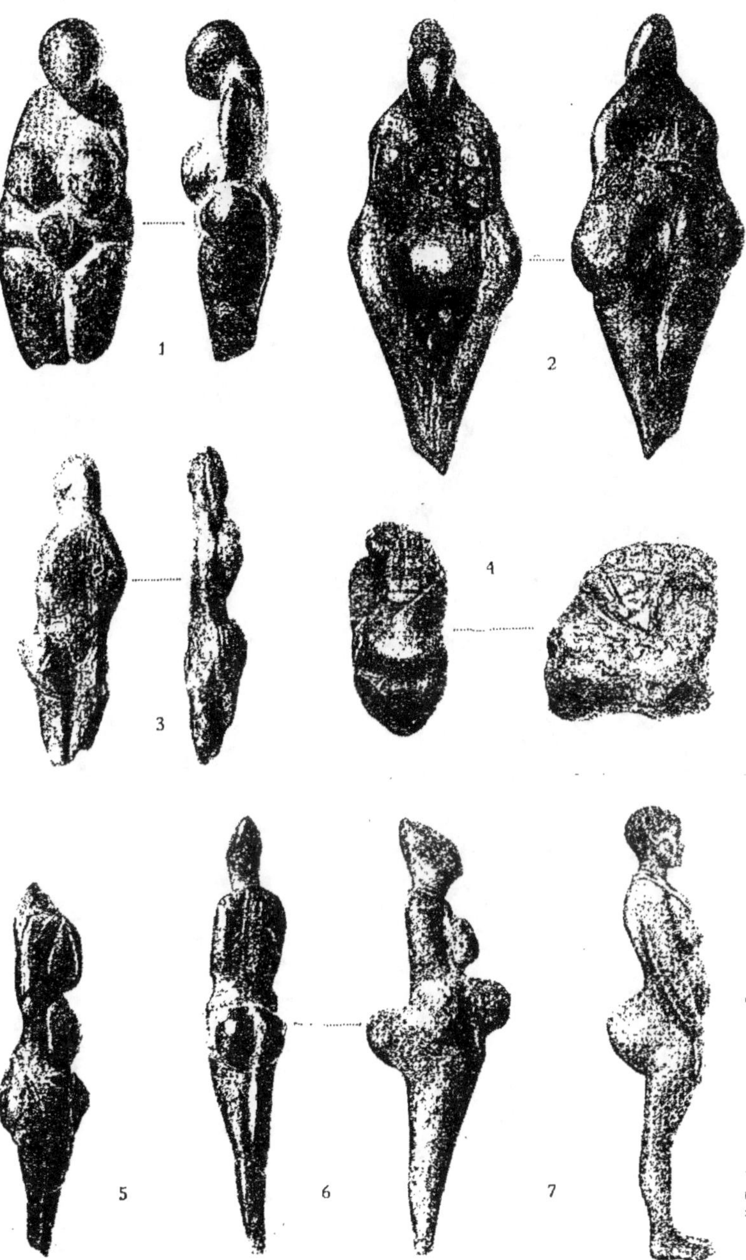

Fig. 194. — Statuettes en stéatite dites de « Menton ou des grottes de Grimaldi ». Grandeur naturelle. D'après des photographies. Musée de Saint-Germain.

rouge. Elle représente une femme nue, aux proportions massives, aux seins énormes, au ventre proéminent, aux hanches rebondies (fig. 195). La tête est couverte d'une chevelure figurée par des traits concentriques, recoupés de traits perpendiculaires aux premiers. Cette chevelure cache à peu près complètement le visage, dont aucune partie n'est indiquée. Les bras, extrêmement grêles, ornés de bracelets, sont repliés sur la poitrine. Les cuisses et les jambes sont grosses, courtes, adipeuses. Les parties génitales sont traitées

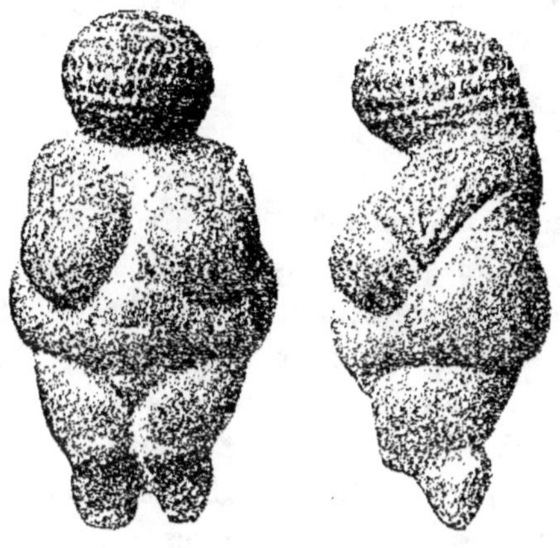

Fig. 195. — Statuette de Willendorf, vue de face et de profil. 1/2 de la grandeur naturelle. Photographie d'un moulage.

avec précision. L'ensemble est très réaliste, la facture des plus habile.

Deux ans après, en 1911, le Dr Lalanne (1), qui fouillait depuis quelques années le vaste gisement de Laussel (Dordogne), y découvrit un très curieux bas-relief représentant deux personnages couchés et opposés l'un à l'autre (scène de parturition ou plutôt d'accouplement). L'année suivante, trois autres bas-reliefs furent mis à jour ; un quatrième fut volé au Dr Lalanne par son chef de chantier, et vendu au Musée de Berlin par l'entremise du professeur M. Verworn, de Bonn. Je reproduis ici les deux plus belles de ces sculptures.

---

(1) Lalanne (G.), Bas-reliefs à figurations humaines (*L'A.*, XXII, 1911 et XXIII, 1912).

Le premier bas-relief est d'une exécution très habile. Il mesure 0 m. 46 de hauteur et représente une femme nue tenant dans sa main droite une corne de bison (fig. 196). La tête n'est figurée que par un vague contour. Par contre, le reste du corps est soigneusement traité. Nous retrouvons ici des seins volumineux, allongés, pendants, un ventre fort, mais d'un joli modelé, avec plis graisseux et un mont de Vénus bien dessiné. Les hanches sont robustes, avec saillies iliaques et saillies fémorales bien distinctes ; l'ensemble est charnu et adipeux. Les cuisses sont fortes, les jambes fines et cour·tes. Les bras sont fins, bien modelés ; les doigts de la main sont indiqués. Toute la surface de ce bas-relief, en dehors de la tête qui semble avoir été écrasée, est finement travaillée et même polie, on y voit encore quelques traces de peinture rouge.

Le second, plus mutilé, représente encore une femme nue. La tête est vaguement travaillée ; la chevelure est traitée comme celle des statuettes féminines de Brassempouy et de Villendorf. Les seins, très gonflés, ressemblent à ceux du bas-relief précédent ; le ventre, saillant, se termine, vers le bas, par une saillie triangulaire. Les hanches devaient être énormes, mais elles sont très détériorées, ainsi que l'origine des cuisses. On distingue encore une partie des bras.

Le troisième bas-relief, de 0 m. 40 de hauteur, représente un homme vu de trois quarts et contrastant, par ses formes sveltes, avec les formes massives des femmes (fig. 197). Malheureusement, cette œuvre d'art est encore incomplète. Il y manque la tête, la plus grande partie des bras et les pieds. Les proportions en sont élégantes. Le tronc et les reins sont cambrés, les jambes sont disposées comme si le personnage tirait de l'arc. Deux traits parallèles dessinent une ceinture autour de la taille.

Ce petit bloc de productions artistiques, provenant de contrées fort éloignées les unes des autres et sensiblement du même âge, correspondant à la phase la plus ancienne de l'âge du Renne (Aurignacien), est remarquable par un ensemble de traits qui lui donnent une physionomie générale assez uniforme et comme un véritable air de famille témoignant de la sincérité des artistes. Ces statuettes ou ces bas-reliefs doivent donc traduire assez fidèlement les caractères généraux de la plastique des modèles. On peut se fier, dans une certaine mesure, aux renseignements qu'ils nous apportent.

Fig. 196. — Bas-relief de Laussel représentant une femme nue, vue de face, 1/4 environ de la grandeur naturelle. (D'après G. LALANNE).

LEUR INTERPRÉTATION. Je dis : « dans une certaine mesure », parce qu'on est allé parfois trop loin dans leur interprétation, par exemple lorsque Piette a voulu calculer l'indice céphalique de sa figurine à la capuche de Brassempouy.

Voici ce qu'on peut reconnaître d'une façon positive.

Presque partout la tête est à peine ébauchée ; la chevelure est souvent représentée et toujours par le même procédé de traits en quadrillé, aussi bien à Willendorf qu'en Dordogne, que sur la Côte d'Azur, qu'aux Pyrénées. On peut interpréter ce figuré, qui se retrouve dans l'art égyptien primitif, soit comme une chevelure tressée en lanières ou disposée en éléments courts, en petites touffes comme chez les races nègres ou négroïdes actuelles, et notamment chez les Boschimans et Hottentots dont les cheveux sont disposés en petits paquets, soit comme une résille analogue aux résilles de coquillages qu'on a reconnues sur plusieurs squelettes de Grimaldi, les deux cas ayant pu être réalisés.

Les traits du visage sont partout sacrifiés ou grossièrement représentés, même à la figurine à la capuche de Brassempouy. Le Docteur Lalanne a cru voir, sur ses bas-reliefs, des visages allongés, des pommettes saillantes, des mentons pointus. Cette interprétation peut être admise sans inconvénients, car, dans ces termes vagues, elle n'est pas en grande contradiction avec les caractères ostéologiques des crânes contemporains. D'autre part, la tête de Grimaldi a vraiment un aspect négroïde.

Les corps féminins sont courts, massifs ; les seins volumineux, longs, cylindriques, pendants ; le ventre est proéminent, avec des plis graisseux surplombant parfois le pubis. Les hanches sont très développées, d'une adiposité pouvant aller jusqu'à une véritable stéatopygie ; les cuisses sont également charnues, avec, parfois, des bourrelets graisseux ; des jambes grêles leur font suite. Les membres antérieurs conservent au contraire une certaine finesse. Les parties sexuelles sont toujours fortement accusées ; le mont de Vénus est vaste, bien délimité. On peut, avec Piette, reconnaître sur « la Poire » un développement des nymphes (*labia minora*) analogue au tablier des Boschimanes.

Le système pileux paraît avoir été bien fourni sur des régions du corps où il est aujourd'hui très réduit.

RESSEMBLANCE AVEC
LES BOSCHIMANS.

Plusieurs auteurs, après Piette, ont rapproché cet ensemble de caractères de ceux que nous offrent aujourd'hui ou nous offraient naguère les femmes boschimanes, dont la stéatopygie est classique depuis les études de Cuvier sur la « Vénus hottentote » du Muséum. Les figurations masculines quaternaires concordent également avec la morphologie générale des Boschimans mâles, au corps élancé. Avec le Dr Lalanne en France, le professeur Sollas en Angleterre, M. Péringuey au Cap, etc., j'ai eu plusieurs fois l'occasion d'insister sur ce rapprochement dont l'intérêt paraît considérable.

Nous savons aujourd'hui que l'ethnographie des peuplades de l'Afrique du Sud présente de grandes similitudes avec l'ethnographie de nos populations de l'âge du Renne. Sans parler de l'outillage de pierre qui, nous le verrons plus tard, offre de remarquables analogies, Péringuey nous a appris que, dans certaines sépultures du littoral sud-africain, « à industrie aurignacienne ou solutréenne », des rangées de disques en coquille d'œuf d'Autruche, des rondelles d'os ou de coquillages perforés pour être enfilés, accompagnent des squelettes de femmes et d'enfants; l'un de ces colliers, ajoute le savant Directeur du Musée du Cap, rappelle tout à fait ceux des squelettes de Menton (1).

L'art pariétal boschiman ressemble extraordinairement à celui de nos cavernes. Comme en France et en Espagne, les représentations d'animaux sont de qualité supérieure aux représentations humaines, et beaucoup de ces dernières ont des masques d'animaux, avec une longue queue. Les deux centres sont reliés par une longue traînée d'œuvres d'art, de la France au Cap par l'Espagne, l'Afrique du Nord, le Soudan, le Tchad, le Transvaal. Cette traînée, déjà presque ininterrompue, nous porte à considérer le continent africain comme un centre d'importantes migrations ayant pu jouer, à certains moments, un grand rôle dans le peuplement de l'Europe méridionale. Enfin, il ne faut pas oublier que les squelettes de Négroïdes de Grimaldi offrent beaucoup de ressemblances avec les squelettes des Boschimans.

Il est difficile, dans l'état actuel de nos connaissances, de décider

____

(1) Péringuey (L.), The Bushman as a Palæolithic Man (*Transactions of the Royal Society of South Africa*, V, 1915).

Fig. 197. — Bas-relief de Laussel représentant un homme. 1/3 environ de la grandeur naturelle. (D'après G. Lalanne).

si les Boschimans descendent de nos Aurignaciens ou si ces derniers
descendent des ancêtres des Boschimans, lesquels sont considérés
par tous les anthropologistes comme représentant le résidu d'une
race très ancienne. Mais on ne saurait nier, je pense, la parenté de
ces deux groupes si éloignés à la fois dans le temps et dans
l'espace. Le plus raisonnable, semble-t-il, est d'admettre qu'ils
descendent d'un tronc primitif et commun, qui a dû se développer
vers le Centre ou le Nord du continent africain, et dont les branches
ont évolué dans diverses directions, à la fois géographiques et
morphologiques, tout en gardant un fonds commun de survivances
ethnographiques. En tous cas, un pareil ensemble de données con-
cordantes paraît dépasser la portée d'une explication basée simplement sur des phénomènes de convergence.

FIGURATIONS
MAGDALÉNIENNES.

Jetons maintenant un coup d'œil sur
les représentations anthropomorphes se
rapportant à une époque plus récente,
à la partie supérieure de l'âge du Renne, ou Magdalénien. Leur valeur, au point de vue anthropologique, est des plus médiocre, comme
on peut en juger d'après les exemples que je reproduis ici et qui sont
parmi les meilleurs ou les moins mauvais (1).

Les deux statuettes, l'une de Laugerie-Basse (collection de
Vibraye au Muséum) l'autre du Mas d'Azil (collection Piette à
Saint-Germain) rappellent certaines idoles, fétiches ou amulettes
des peuples sauvages et ne sauraient passer pour des portraits. La
première, dite « Vénus impudique », en ivoire (fig. 198, n° 3), diffère notablement des statuettes aurignaciennes par ses formes
plus élancées. La seconde, taillée dans la racine d'une incisive de
Cheval, est une œuvre encore plus grossière (fig. 198, n° 1) ; Piette
a donné beaucoup trop d'importance à l'étude de sa physionomie

Une autre production de Laugerie-Basse est une gravure en léger
relief, au champlevé, représentant une femme enceinte à côté des
jambes postérieures d'un Renne (n° 2). C'est « la Femme au Renne »
de l'abbé Landesque. L'auteur de cette gravure était certainement
fort habile, car les jambes du Renne sont parfaitement traitées. Le
corps de la femme est d'un dessin tout à fait médiocre. Comme il
est infiniment probable que les deux sujets ont été gravés par le

---

(1) Voir PIETTE, L'art pendant l'âge du Renne.

même artiste, nous avons là une nouvelle preuve de l'inaptitude des dessinateurs de l'âge du Renne à reproduire le corps humain. La femme est parée d'un collier et de bracelets. Le seul renseignement anthropologique intéressant a trait au développement du système pileux, nettement indiqué sur toute la surface abdominale.

Les gravures au trait sont encore plus mauvaises ou plus rudimentaires. Telle celle découverte par E. Lartet à la Madeleine et qui représente un homme entre deux chevaux (n° 7). Telle la fameuse « Chasse à l'Aurochs », trouvée par Massénat à Laugerie-Basse et où l'Aurochs est beaucoup mieux dessiné que l'Homme au crâne ridiculement pointu (n° 6). G. de Mortillet lui trouve pourtant un « air aussi gai qu'intelligent ». D'autres dessins sont plus grotesques encore ; tel l'être bizarre gravé sur une rondelle osseuse du Mas d'Azil et dans lequel Piette a voulu voir un Singe à cause de son visage en museau (n° 5). Il est probable qu'ici, comme à Gourdan (n° 4), à Marsoulas (n° 8), à Altamira et ailleurs, il s'agit d'un Homme qui porte un masque à tête d'animal, soit pour se livrer à des danses ou à certaines cérémonies, soit pour approcher plus facilement le gibier, comme le font encore ou le faisaient naguère diverses populations sauvages : Australiens, Boschimans, etc. Il y a aussi de simples caricatures rappelant les images enfantines.

L'Espagne a fourni aux laborieuses investigations de Breuil et de ses émules de Madrid (1) de nombreuses représentations humaines peintes sur rochers. Les fresques d'Alpera, de Cogul, de Minateda (fig. 199), etc., si curieuses à tant d'égards, sont plus intéressantes pour l'ethnographe que pour l'anthropologiste. Breuil affirme qu'elles sont le produit d'un art « qui s'est développé parallèlement

---

(1) Breuil (H.) et Cabré (J.), Les peintures rupestres du bassin inférieur de l'Ebre (*L'A.*, XX, 1909). Id. et Serrano (P.), Les abris del Bosque à Alpéra (*L'A.*, XXII', 1912). Breuil (H.), Les roches peintes de Minateda, Albacete (*L'A.*, XXX, 1920).

Légende de la figure 198.

1, incisive de cheval dont la racine a été taillée en personnage féminin, du Mas d'Azil (Ariège) ; 2, gravure sur bois de Renne dite « la Femme au Renne », de Laugerie-Basse (Dordogne) ; 3, la « Vénus impudique » de Laugerie-Basse, sur ivoire ; 4, gravure sur bois de Renne, de Gourdan (Haute-Garonne) ; 5 gravure en rondelle d'os, du Mas d'Azil ; 6, portion de la gravure sur bois de Renne dite « Chasse à l'Aurochs », de Laugerie-Basse ; 7, gravure sur bois de Renne, de La Madeleine ; 8, gravures sur une paroi de la grotte de Marsoulas (Haute-Garonne). — Les n°s 1, 2, 4 à 7 d'après Piette ; le n° 3 est une photographie de l'original, au Muséum : le n° 8 d'après Breuil.

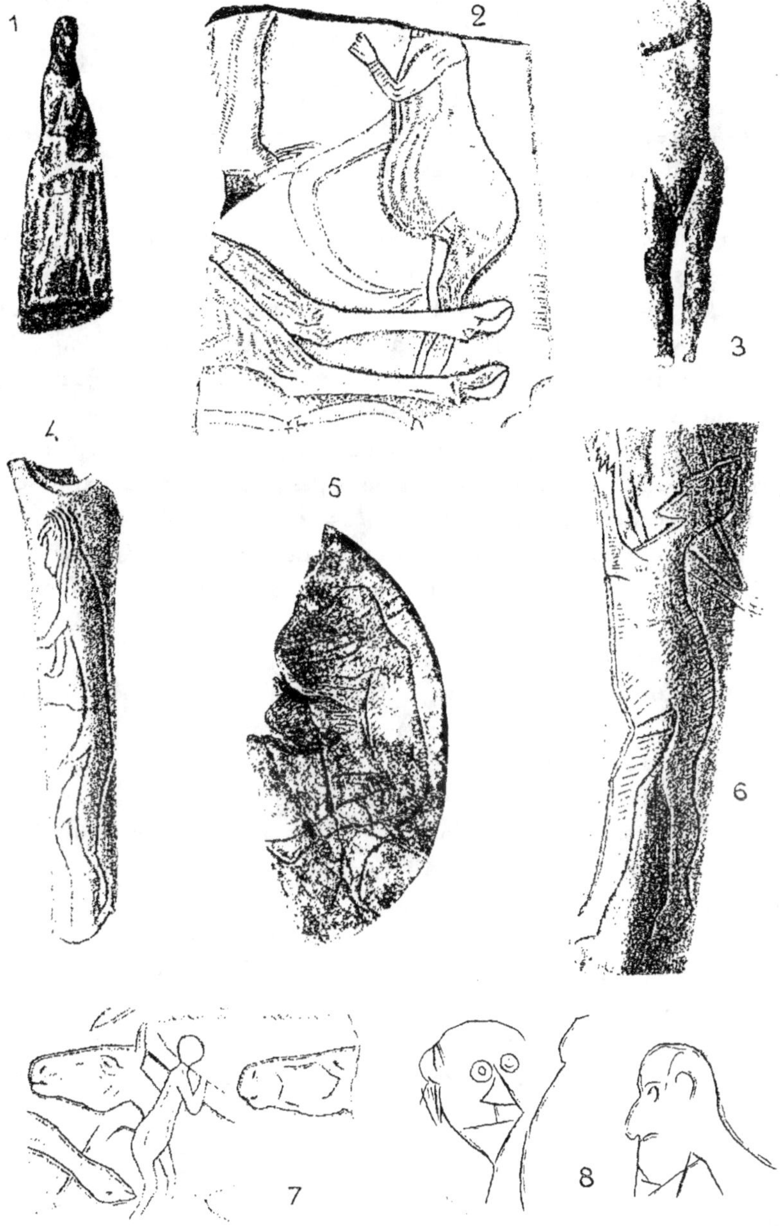

Fig. 198. — Figurations humaines magdaléniennes.

à celui de notre âge du Renne » et il note leur ressemblance étroite avec les rochers peints de l'Afrique du Sud.

CONCLUSIONS.   En résumé, dans nos régions, les Hommes du Pléistocène supérieur, c'est-à-dire de l'âge du Renne, réalisent un type nouveau, infiniment supérieur aux types antérieurs et rentrant, par tous ses caractères, dans le bloc universel des *Homo sapiens* actuels. Leurs traits généraux sont assez uniformes pour que certains anthropologistes soient portés à les grouper sous l'appellation commune de *race de Cro-Magnon*. Mais il y a aussi une certaine diversité de caractères, qui s'accorde bien avec la longue durée de l'âge du Renne et avec les mouvements des populations que les variations de l'industrie nous font aussi entrevoir.

Nous avons distingué assez facilement, et sans recourir à des procédés d'analyse trop subtils, trois types principaux qui paraissent s'être succédé sur notre territoire : Grimaldi, Cro-Magnon et Chancelade. Ces trois types nous apparaissent comme des variétés, échelonnées dans le temps et plus ou moins différenciées, d'une forme générale, dolichocéphale, largement disséminée et dont nous ignorons encore l'origine ou simplement la provenance. Ce qui est extrêmement intéressant, c'est qu'ils présentent des affinités avec chacune des trois grandes divisions des Hommes actuels : Nègres, Blancs et Jaunes. A chacune des populations qui s'y rattachent correspondent une industrie et un art assez spéciaux, bien que, dans son ensemble, l'âge du Renne tout entier constitue un bloc fort homogène et qui paraissait, jusqu'à ces temps derniers, très isolé dans le temps et dans l'espace.

Aujourd'hui, on ne peut s'empêcher de faire des rapprochements entre les Hommes du premier âge du Renne, c'est-à-dire les Aurignaciens, ou les premiers tout au moins de ces Aurignaciens, avec certains groupes actuels et l'on est conduit ainsi à admettre qu'ils sont d'origine africaine. La présence et la persistance d'une abondante industrie aurignacienne en Afrique et surtout dans l'Afrique du Nord (où elle est désignée par les termes d'industrie *capsienne*, ou *gétulienne*) ; la chaîne ininterrompue, à travers tout le continent noir, du Nord au Sud, d'un art pariétal ou rupestre ; les ressemblances vraiment extraordinaires qui existent entre l'art des Africains du Sud et notre art préhistorique ; la constatation, due aux remar-

Fig. 159. — Panneau extrait de la frise de Minateda (Espagne), figurant un combat et divers sujets appartenant à d'autres époques antérieures et postérieures. 1/6 environ de la grandeur naturelle. (D'après H. BREUIL).

quables travaux de Breuil, de termes de passage observés en Espagne de l'art aurignacien et magdalénien à l'art moins naturaliste et plus schématique de régions plus méridionales, et aussi avec l'art néolithique de Suse ; tout cela plaide en faveur de notre hypothèse, tout cela concorde à rompre l'isolement de notre âge du Renne et à nous faire admettre de grandes relations avec des pays et des populations dont la préhistoire commence à peine à se dévoiler.

Les Négroïdes de Grimaldi sont certainement des Africains, ce qui n'est pas en contradiction formelle avec l'opinion de M. Verneau qui les considère comme autochtones, car l'autochtonie a toujours un commencement.

Les Cro-Magnon se seraient constitués dans les pays méditerranéens et largement développés dans l'Europe occidentale et méridionale. S'ils ne correspondent plus exactement à aucun groupe ethnique actuel, leurs divers traits se retrouvent encore çà et là de nos jours, avec plus ou moins de netteté, dans les populations de beaucoup de pays. Ils semblent représenter un ancien fonds qui n'est pas encore épuisé.

Les Chancelade nous montrent un groupe déjà évolué dans une direction assez différente, probablement sous un ciel plus septentrional. Ils seraient venus supplanter plus ou moins les Cro-Magnon vers la fin du Pléistocène et se seraient plus tard retirés vers le Nord, à l'aurore des temps actuels, et en même temps que le Renne, sous la poussée de nouveaux envahisseurs.

Nous ne devons pas nous dissimuler que ces conclusions sont encore vagues et bien peu certaines. Il faudra leur faire subir l'épreuve de nouvelles fouilles, et celles-ci devront être entreprises avec la vision bien nette des grands problèmes anthropologiques à résoudre et non pas seulement dans le but de rassembler des collections d'objets archéologiques.

CHAPITRE IX

DES HOMMES FOSSILES AUX HOMMES ACTUELS

Nous venons de voir que les Hommes de l'âge du Renne appartiennent déjà, physiquement et psychiquement, à l'Humanité actuelle. Celle-ci était donc nettement et depuis longtemps constituée dès l'aurore de la période géologique moderne, ou *holocène* (V. p. 51) et le rôle de la Paléontologie prend fin. C'est maintenant aux anthropologistes et aux archéologues que revient la tâche de poursuivre l'étude des groupements humains à travers les innombrables déplacements et transformations qui ont précédé les événements historiques relatés dans les vieux textes.

DIFFICULTÉ DU SUJET. Cette liaison - - des temps paléolithiques aux temps néolithiques, des temps néolithiques aux âges des métaux, ou temps dits *protohistoriques*, et de ceux-ci aux temps historiques — embrasse une foule de problèmes des plus difficiles. A l'heure actuelle, ces problèmes ne sauraient être abordés, timidement, que dans l'Europe centrale, occidentale et méridionale, les seules régions sur lesquelles nous ayons d'assez nombreuses données. En outre, pour les périodes relativement récentes de notre préhistoire, comme pour les périodes plus anciennes, géologiques, nous ne pouvons guère connaître que les aboutissants des phénomènes, car leurs origines ou leurs points de départ se trouvent, au moins pour la plupart, dans des contrées plus lointaines, encore à peu près inexplorées à notre point de vue. La lumière dont s'éclaireront un jour les grandes questions soulevées par l'étude des temps préhistoriques ne nous viendra qu'après une connaissance suffisante de l'Asie et de l'Afrique. Ces deux continents représentent, pour les paléontologistes, les grands laboratoires de vie de l'Ancien Monde. Ils ont dû être aussi les grands centres d'élaboration des Humanités successives, depuis les types les plus primitifs, encore voisins de l'animalité, jusqu'à ceux qui ont vu se lever l'aurore des grandes civilisations (1).

Ce livre étant essentiellement paléontologique, je pouvais donc le clore dès maintenant et négliger tout ce qui a trait aux âges néolithiques et des métaux, lesquels, s'ils représentent pour les historiens une préhistoire, ne sont pour les paléontologistes que la fin d'une histoire, celle de l'évolution des Hominiens. Il m'a semblé cependant que ce serait une déception pour beaucoup de mes lecteurs de ne pas trouver ici un résumé des données acquises sur le passage des vagues Humanités géologiques à l'Humanité historique. Et je me suis décidé à écrire ce chapitre pour tâcher de relier « les deux bouts de la chaîne », sans trop réfléchir aux difficultés de toutes sortes que j'allais rencontrer. Donner une énumération, dresser un étalage, plus ou moins méthodiques ou d'un caractère plus ou moins artificiel, des faits d'observation ou des monuments, les ranger géographiquement ou par catégories objectives est relativement facile. Faire la synthèse de toutes ces données éparses pour arriver à reconstituer une série d'événements, et cela dans un sentiment de naturaliste, est autrement périlleux. En m'excusant de l'avoir tenté, je tiens à proclamer que je suis le premier à sentir toute la hardiesse et toute l'insuffisance de l'essai que je vais présenter.

UNE ÉTUDE PRÉLIMINAIRE. RACES ET PEUPLES. — Avant de reprendre le fil chronologique de la préhistoire humaine où nous l'avons laissée, je dois, pour faciliter la suite de son exposé, résumer l'état de nos connaissances anthropologiques sur les populations actuelles de l'Europe auxquelles cet exposé doit aboutir.

Je viens d'écrire : connaissances *anthropologiques*. C'est que, en effet, historiens et géographes ne considèrent que des peuples ou des nationalités, tandis que les anthropologistes, naturalistes avant tout,

---

(1) En m'exprimant ainsi, je prends les choses en grand, je les considère en naturaliste. Les mouvements des marées humaines ont été, pour le cul-de-sac de la péninsule européenne, des mouvements de flux, des mouvements centripètes. Mais ces mouvements ont été suivis parfois de mouvements de reflux, de mouvements centrifuges. Ces derniers, d'étendue plus limitée, ne s'observent directement que dans les temps protohistoriques ou historiques, quand les populations européennes furent arrivées à un degré de culture relativement supérieur.

ne doivent s'occuper que des *races*, ce mot étant pris dans son vrai sens, le sens biologique, général, le sens physique, celui d'une variation de l'espèce plus ou moins fixée par l'hérédité, et non dans le sens littéraire, qui est le plus souvent un sens métaphorique.

Il y a déjà longtemps qu'en France de bons esprits, dans le camp des historiens comme dans celui des naturalistes, ont insisté sur ce que la confusion des mots : race, peuple, nation, langue, culture ou civilisation, présente d'extrêmement fâcheux. Pourtant la distinction et l'emploi bien approprié de ces différentes expressions n'ont pas encore pénétré dans le public même éclairé. C'est véritablement à tort et à travers qu'aujourd'hui encore, les auteurs les plus éminents ou les plus académiques, quand ils traitent des groupements humains, se servent du mot *race* dans un sens totalement faussé, alors qu'ils s'exprimeraient plus correctement en parlant de leurs Chevaux ou de leurs Chiens.

Il faut bien se pénétrer que la *race*, représentant la continuité d'un type physique, traduisant les affinités de sang, représente un groupement essentiellement naturel, pouvant n'avoir et n'ayant généralement rien de commun avec le peuple, la nationalité, la langue, les mœurs qui répondent à des groupements purement artificiels, nullement anthropologiques, et ne relevant que de l'histoire dont ils sont des produits. C'est ainsi qu'il n'y a pas une race bretonne, mais un *peuple* breton ; une race française, mais une *nation* française ; une race aryenne, mais des *langues* aryennes ; une race latine, mais une *civilisation* latine. De Quatrefages a écrit : « Un peuple change de langue, de mœurs, d'industrie, parfois au bout d'un temps relativement court ; il ne peut perdre avec la même rapidité sa taille, sa couleur, la forme de son crâne » (1). Il en résulte que les cartes, essentiellement multicolores et changeantes, des peuples, des nations ou des langues peuvent n'avoir et n'ont, presque toujours, aucune ressemblance avec une carte des races.

---

(1) Un exemple de l'extraordinaire confusion pouvant résulter d'une terminologie purement littéraire nous est offert par l'emploi du mot *Celte* désignant, pour les uns un langage, pour d'autres une civilisation spéciale ; employé souvent, à tort ou à raison, comme synonyme de Gaulois ; représentant, dans l'esprit de certains auteurs, le type blond de grande taille, à crâne allongé du Nord ; devant s'appliquer, d'après d'autres auteurs, au type brun, de petite taille, à crâne rond du Plateau central ou des Alpes. Le mieux, pour les anthropologistes, est d'abandonner cette expression aux archéologues et aux historiens. « Les noms ethniques sont la peste de l'anthropologie », a dit, avec raison, Salomon Reinach.

Celle-ci est d'ailleurs très difficile à établir, à cause des multiples mouvements de peuples dont toute l'Europe a été le théâtre depuis la fin des temps paléolithiques et à cause des innombrables croisements de toutes sortes qui en ont résulté (1).

« L'anthropologiste qui entreprend l'histoire des races humaines, a dit encore de Quatrefages (2), a devant lui une tâche essentiellement semblable à celle du zootechniste qui cherche à faire connaître les races d'une de nos espèces domestiques. » Il faut ajouter qu'ici le problème est encore plus difficile, parce que les croisements se sont faits au hasard et non plus sous l'influence d'une sélection raisonnée. Le brassage a été à la fois plus intense et plus désordonné. De sorte qu'en anthropologie, plus qu'en zootechnie et en Europe plus qu'ailleurs, la race ne saurait plus guère représenter qu'une abstraction, un type en quelque sorte idéal, autour duquel se groupent des variations résultant des combinaisons ou plutôt des juxtapositions de caractères empruntés aux divers éléments primitifs. « Ni le type, ni la race ne sont, dans l'état actuel de l'Humanité, des réalités objectives », a dit Topinard (3). Mais cela ne veut pas dire que la recherche de ce type physique idéal soit une entreprise purement chimérique. On peut encore l'observer sur des individus ou des lots d'individus restés plus voisins des souches originelles, soit qu'ils aient échappé, par leur isolement, aux influences extérieures, soit qu'ils réalisent une combinaison de caractères dominants semblable à celle du type idéal (4).

Pratiquement, on peut qualifier de races les groupes humains qui présentent en commun les mêmes caractères physiques, choisis parmi les plus importants : taille du corps ; forme du crâne, de la face ; couleur des yeux, des cheveux.

---

(1) Il n'est pas douteux que de grands mouvements de peuples se soient produits pendant le Paléolithique et qu'ils aient été, en grande partie, corrélatifs des mouvements de faunes, car l'Homme était, à ces époques reculées, moins indépendant qu'il ne le fut plus tard de l'influence des phénomènes physiques. Mais nous n'avons pas encore les moyens de reconstituer ces mouvements. Avec le Néolithique, qui est beaucoup plus près de nous, les grandes migrations nous apparaissent plus nettement. Grâce au développement de son industrie, l'Homme s'affranchit alors beaucoup plus facilement des conditions physiques ; ses déplacements en masse ne relèvent plus guère que de sa volonté ou de celle de ses dirigeants.

(2) Quatrefages (A. de), Histoire générale des races humaines, p. 188.

(3) Topinard (P.), L'Homme dans la Nature, p. 43.

(4) Il faut distinguer, en effet, la permanence des types de la permanence des caractères, celle-ci étant bien plus fréquente que celle-là.

LES RACES DE L'EUROPE. Depuis un demi-siècle, les anthropologistes se sont livrés à de laborieuses enquêtes pour retrouver ou reconstituer les types physiques primitifs, représentant en Europe le fonds commun recouvert aujourd'hui par des alluvions ethniques successives et de plus en plus remaniées. Des milliers d'individus vivants ou de squelettes ont été examinés, étudiés, mesurés dans le but d'établir pour chacun d'eux les affinités de sang, la parenté naturelle. En France, Broca, de Quatrefages et Hamy, Topinard, Collignon, Deniker ont publié à ce sujet d'importants travaux. L'Angleterre, l'Allemagne, l'Italie, la Scandinavie ont été l'objet de recherches analogues (1). L'anthropologiste américain Ripley a écrit sur « Les races de l'Europe » un livre de premier ordre, illustré de nombreuses cartes. Comme celles de Deniker, ces cartes offrent un bariolage de teintes ou de figurés qui reflètent bien, à première vue, l'étonnante complexité de la mosaïque humaine en territoire européen.

Les conclusions de nos anthropologistes les plus éminents diffèrent entre elles par le nombre des divisions ou des subdivisions adoptées, par la terminologie employée et par quelques autres détails d'ordre secondaire, mais elles s'accordent dans la distinction de trois groupes principaux également admis par le suédois Retzius. Ces trois grandes subdivisions de l'espèce ou de la race de l'*Homme blanc* (2), les seules qu'il soit utile d'examiner pour le but que nous poursuivons, sont les suivantes :

Homo sapiens albus.	Dolichocéphales (tête allongée)	blonds, de grande taille. 1. *Nordicus.*
		bruns, de petite taille. 2. *Mediterraneus.*
	Brachycéphales (tête ronde), bruns, de petite taille.................	3. *Alpinus.*

RACE NORDIQUE. Le premier de ces types est caractérisé par un crâne allongé, dolichocéphale, une face longue, étroite, un nez droit, mince, aquilin, une grande taille, des yeux bleus, des cheveux blonds, une peau rosée.

---

(1) Voir, pour la bibliographie : DENIKER (J.), Races et peuples de la terre. Paris, 1900 — Et surtout : RIPLEY (W.-Z.), The Races of Europe. Londres, 1900.

(2) Tous les Européens sont des Blancs, sauf les Lapons ils appartiennent tous à l'*Homo sapiens albus* (V. p. 73). C'est ce groupement, espèce ou race, peu importe, qu'il s'agit de subdiviser en races ou sous-races.

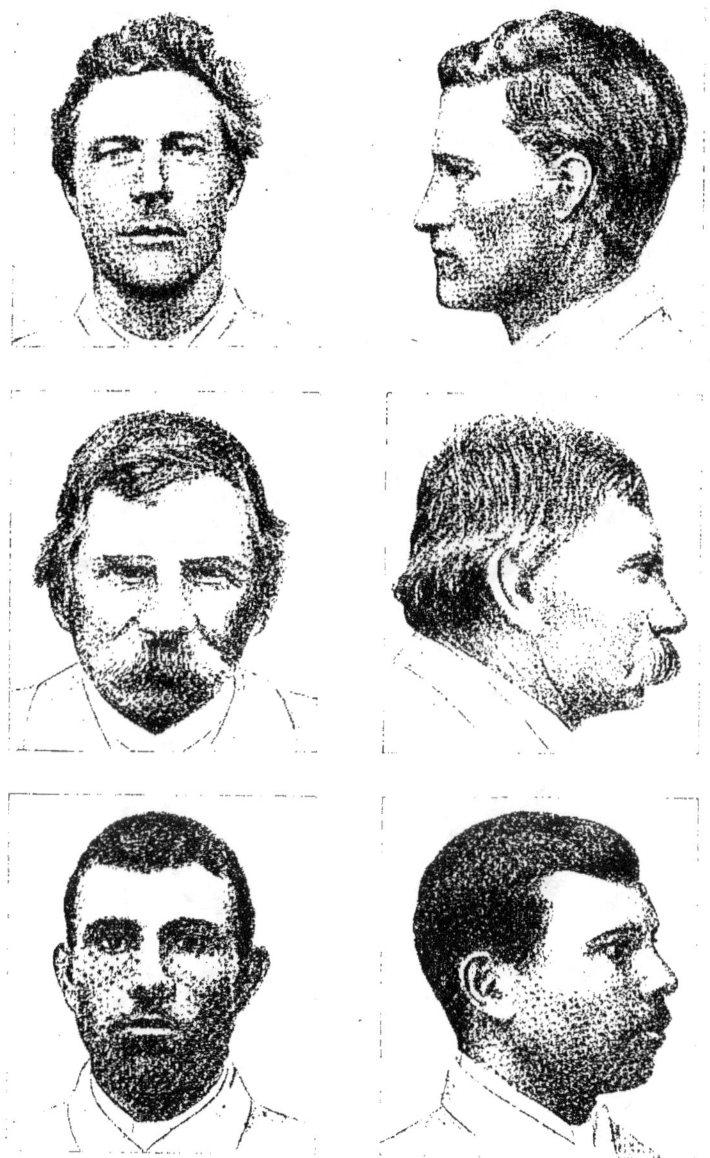

Fig. 200. — Représentants des trois types physiques européens,
vus de face et de profil.
En haut, race *nordique* (Norvégien). Au milieu, race alpine (Autrichien). En bas,
race méditerranéenne (Sicilien). (D'après RIPLEY).

Il est répandu actuellement dans le Nord de l'Europe, autour de la mer du Nord et de la Baltique, en Écosse, dans le Nord et l'Est de l'Angleterre, l'Est de l'Irlande, dans les Flandres, en Hollande, au Danemark, dans l'Allemagne du Nord, les provinces baltiques de la Russie, le littoral finlandais et surtout en Norvège et en Suède. On le rencontre également, moins pur ou à l'état d'îlots sporadiques, sur une large bande entourant extérieurement l'aire précédente, notamment, en ce qui concerne notre pays, dans le bassin de la Seine, en Normandie, dans le Sud-Ouest.

Ce type est celui que le grand naturaliste suédois, Linné, avait sous les yeux quand il a parlé de son *Homo Europaeus*. On pourrait, avec certains anthropologistes, conserver cette expression en la limitant à la fraction humaine que je viens de définir. Mieux vaut, je crois, pour diverses raisons, se servir du terme *nordicus* de Deniker. Et, si l'on voulait désigner correctement ce premier type, dans le sens monogéniste, il faudrait dire : *Homo sapiens albus nordicus*. Pour la commodité du langage, et sans rien préjuger en matière de monogénisme ou de polygénisme, nous dirons simplement : *Homo nordicus*. Mais il est utile de savoir que correspondent plus ou moins bien à cette désignation : la race *scandinave*, la race *teutonique* de Ripley, ou *germanique* de nombreux auteurs, la race *Kymrique* de Broca, l'*Homo indo-europaeus dolichomorphus nordicus* de Giuffrida-Ruggeri, etc.

RACE
MÉDITERRANÉENNE. Le second type est également caractérisé par un crâne dolichocéphale, une face longue et étroite, mais ici la taille est petite ou moyenne, le corps grêle, le nez plus large, souvent retroussé ; les yeux sont très foncés, les cheveux noirs ou bruns ; la peau est basanée.

Il occupe actuellement tout le pourtour et les îles de la Méditerranée : Péninsule ibérique, Sud de la France, Provence, Corse, Sardaigne, Italie au Sud de Rome, Sicile, littoral de la mer Égée, Afrique du Nord. On le trouve, mélangé ou à l'état sporadique, sur le littoral océanique français et dans l'Ouest des Iles Britanniques, notamment dans le pays de Galles.

On le désigne souvent sous le nom très expressif d'*Homo mediterraneus*, correspondant au *rameau méditerranéen* de Sergi, à l'*H. meridionalis* de Wilser, à l'*Homo indo-europaeus dolichomor-*

phus mediterraneus de Giuffrida-Ruggeri, à la race *ibéro-insulaire* de Deniker, aux Ibères des historiens (1).

RACE ALPINE Le troisième type est aussi de taille petite ou moyenne, mais trapu et à tête ronde ; la face est large, arrondie ; le nez est plutôt large, les yeux sont brun clair ou foncé, les cheveux noirs ou châtains.

Pénétrant comme un coin entre les deux autres, il occupe aujour-

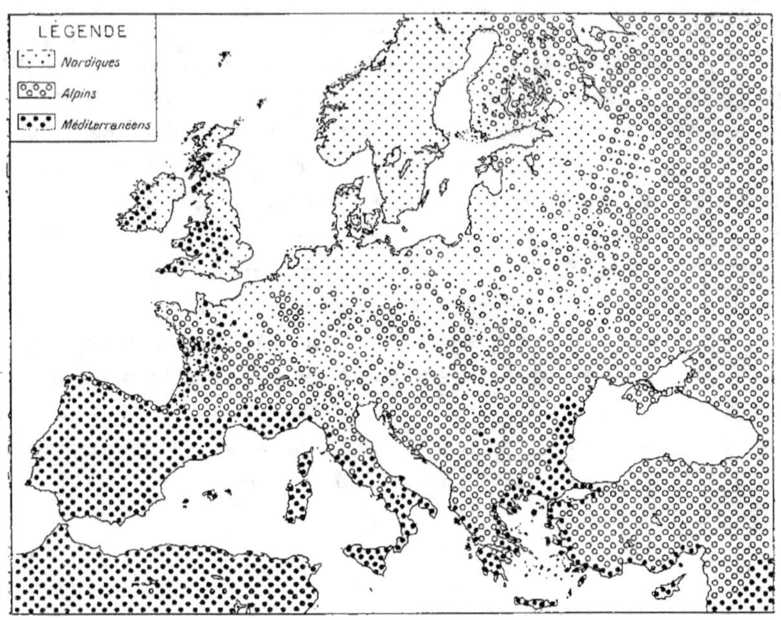

Fig. 201. — Carte très schématique de la distribution des trois principaux types humains européens. (D'après RIPLEY et MADISON GRANT).

d'hui la plus grande partie de la Russie, de l'Asie mineure, des Balkans, de la Bohême, de la Suisse, les Alpes occidentales, le Massif central de la France, la Bretagne, le Sud-Ouest et la côte cantabrique, l'Italie du Nord.

C'est l'*Homo alpinus* des anthropologistes modernes, ou l'*Homo indo-europaeus brachymorphus alpinus* de Giuffrida-Ruggeri, la

____

(1) On peut distinguer, avec Deniker, au titre de sous-race ou de sous-type, un groupement *atlanto-méditerranéen*, mésocéphale et de grande taille, localisé sur quelques points du littoral atlantique et méditerranéen de la France, de l'Espagne et de l'Italie du Nord. Je la mentionne ici parce qu'on a voulu y voir une persistance de la race de Cro-Magnon.

race *occidentale* ou *cévenole* de Deniker, les races *celtique* ou *rhétienne, celto-slave, arverne, laponoïde, arménoïde*, de divers auteurs.

Il va sans dire que cette distribution géographique actuelle des trois principaux types physiques, qu'on est parvenu à dégager du bariolage ethnique européen, n'est que schématique. Leurs limites sont loin d'être tranchées ; il y a des transitions insensibles d'une région à la région voisine ; il y a aussi des pénétrations de toutes sortes, des îlots noyés dans une masse différente. Il y a surtout d'innombrables combinaisons de caractères, produisant des passages graduels d'un type à l'autre, et nous avons vu qu'il ne saurait en être autrement, Mais, pour le but que nous cherchons à atteindre, il faut prendre les choses en grand. A cet égard, j'estime que le dégagement et la mise en lumière de ces trois principaux types physiques constituent une réelle conquête de l'anthropologie européenne.

En somme, comme le montre la carte ci-jointe (fig. 201), leur répartition suit les grandes lignes de la géographie physique de notre continent, tandis qu'elle est tout à fait indépendante de la géographie politique. Les trois dénominations que nous adoptons : *nordique, méditerranéenne, alpine*, traduisent bien cette répartition. Le Nordique est l'Homme des contrées septentrionales, au climat rude, aux horizons embrumés, aux pâles et longues nuits ; le Méditerranéen, des contrées méridionales, est aussi le produit de son milieu au climat chaud, au soleil brillant, à la vie facile ; l'Alpin est le résultat d'une adaptation très ancienne aux régions montagneuses ou ingrates. Chacun de ces trois types physiques présente également des caractères psychiques sur lesquels il n'y a pas lieu d'insister ici et qui ressortiront de la suite de cet exposé.

*
* *

Après cette digression, dont le lecteur ne tardera pas à comprendre toute l'utilité, revenons à notre principal sujet.

PÉRIODE HOLOCÈNE   La période *holocène*, à laquelle nous
SES DIVISIONS.   sommes arrivés, mérite bien l'épithète
d'*actuelle* que les géologues lui donnent également. C'est la même topographie qu'aujourd'hui ; ce sont les mêmes animaux et les mêmes plantes sauvages, auxquels s'ajoutent

maintenant les animaux domestiques et des plantes cultivées. La civilisation nouvelle est vraiment l'aurore des civilisations historiques. Elle coïncide avec l'arrivée en Europe des premiers Hommes à tête ronde, des Brachycéphales.

Les coupures géologiques, paléontologiques et anthropologiques concordent parfaitement et, dès les débuts des études préhistoriques, nous l'avons vu, elles furent comprises et nettement établies. Le Pléistocène des géologues, c'est le Paléolithique des préhistoriens ; l'Holocène des géologues commence exactement avec le Néolithique des archéologues. On le divise de la manière suivante :

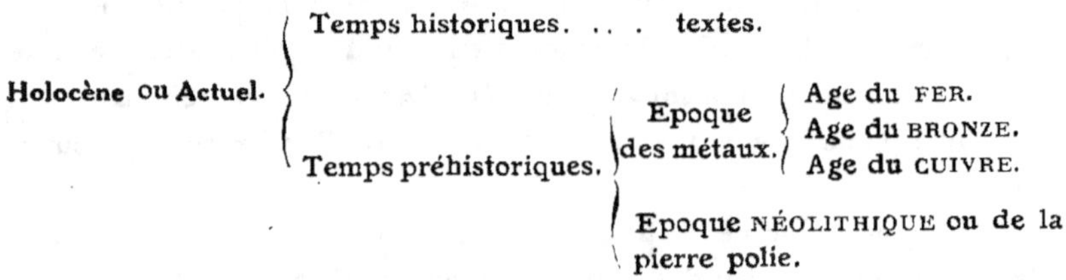

Je sortirais par trop de mon sujet si je m'étendais sur les caractères archéologiques et les subdivisions de ces principales étapes des temps préhistoriques. Je renvoie pour cela aux ouvrages spéciaux, notamment à l'excellent *Manuel* de Déchelette. Il me suffira d'appeler l'attention sur quelques points capitaux.

CHRONOLOGIE COMPARÉE DES TEMPS PRÉHISTORIQUES ET HISTORIQUES. — Et d'abord sur ce fait que les expressions *temps historiques* et *temps préhistoriques* ont une valeur chronologique différente suivant les pays. Pour nous, Français, l'histoire ne commence vraiment qu'avec Jules César, c'est à dire peu de temps avant l'ère chrétienne ; ses débuts sont beaucoup plus tardifs pour les pays du Nord, tandis qu'ils remontent, en Orient, à 6 000 ans environ.

Il en résulte qu'il ne saurait exister forcément, même en Europe, pour les phases préhistoriques de la Pierre polie et des métaux, des concordances chronologiques, entre les modes archéologiques successifs de divers pays, comme celles que nous avons pu admettre, non d'ailleurs sans les plus expresses réserves, pour les temps paléolithiques. C'est ainsi qu'en Orient, le Néolithique, du moins à ses débuts, paraît être contemporain de la fin de notre Paléolithique. Le cuivre, le bronze, le fer ont été connus et utilisés en Egypte

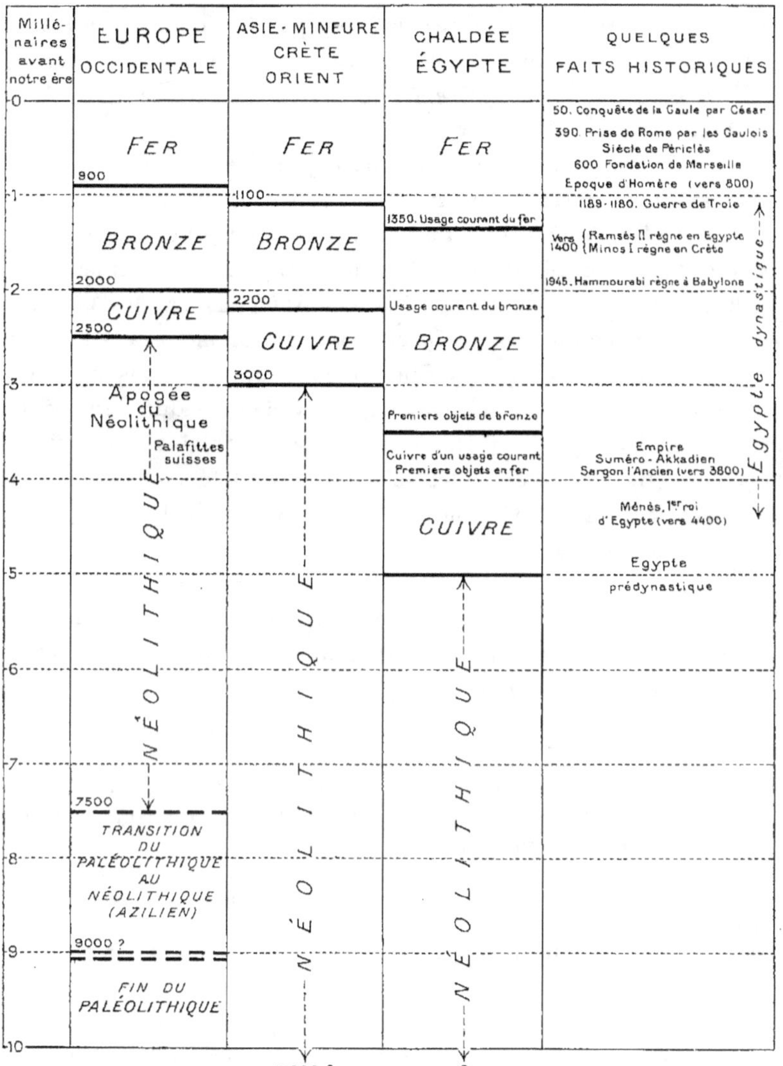

Fig. 202. — Essai de chronologie comparée des temps préhistoriques, proto-historiques et historiques dans l'Europe occidentale, en Orient, en Égypte et en Chaldée.

trente siècles avant leur emploi dans l'Europe centrale. Dans la vallée du Nil, les âges des métaux se confondent pourtant avec l'histoire, tandis que chez nous leur début se perd dans la nuit des temps préhistoriques. Des phénomènes du même genre s'observent encore ou s'observaient naguère sur divers points du globe : en Amérique, aux îles Océaniques, en Australie, où les Européens colonisateurs se sont trouvés en présence de populations restées parfois à l'âge de la pierre.

Le Néolithique représente une phase presque universelle et qui semble avoir eu partout une très longue durée. Montelius le fait remonter en Egypte à 20 000 ans. Arthur Evans croit que ses débuts en Crète datent de 14 000 ans. Dans nos contrées, on peut les fixer à 7 000 ou 8 000 ans. Il y a duré 4 000 ou 5 000 ans, car les âges des métaux, qui ont commencé en Orient 4 000 ans au moins avant notre ère, n'ont pris naissance en Occident que vers 2 500 ans av. J.-C. L'âge du fer, également très ancien en Orient, a duré en Gaule depuis 900 ans av. J.-C. jusqu'à la conquête romaine. Le tableau précédent (fig. 202), dont les éléments ont été empruntés aux meilleures sources (1), résume les principaux faits chronologiques de ce genre (2).

LE NÉOLITHIQUE.

Paléolithique final et Néolithique s'opposent à tous égards, comme le montre le tableau suivant où sont résumées les principales caractéristiques des deux périodes.

PALÉOLITHIQUE FINAL	NÉOLITHIQUE
Climat plus froid que le climat actuel.	Climat voisin du climat actuel.
Faune comprenant encore de nombreuses espèces éteintes ou émigrées.	Faune identique à la faune actuelle.
Hommes dolichocéphales, nomades et chasseurs. Groupements sociaux rudimentaires.	Hommes dolichocéphales et brachycéphales, pasteurs et cultivateurs. Vie sociale plus avancée.
Habitations surtout troglodytiques.	Habitations en plein air : huttes, palafittes.

(1) Nombreuses indications bibliographiques dans le *Manuel* de Déchelette. Communications faites aux sessions de Monaco et de Genève du *Congrès intern. d'Anthrop. et d'Archéol. préhist.* par MONTELIUS (auteur d'importants travaux sur la chronologie de l'âge du bronze), par A. EVANS (le savant explorateur de la Crète), par HŒRNES, etc. Il faut encore citer spécialement : MORGAN (J. de), Recherches sur les origines de l'Egypte, Paris, 1896. Les premières civilisations, Paris, 1909. — DUSSAUD (R.), Les civilisations préhelléniques... Paris, 1914.

(2) A partir des époques marquées par la connaissance des métaux, des dates de chronologie absolue nous sont fournies par les documents historiques de l'Egypte et de la Chaldée. D'après celles-ci, on peut en établir pour d'autres pays, de proche en proche, au moyen de rapprochements archéologiques.

PALÉOLITHIQUE FINAL	NÉOLITHIQUE
Pas d'animaux domestiques ni de plantes cultivées.	Animaux domestiques et plantes cultivées ; céréales, textiles.
Industrie lithique exclusivement taillée. Pas de poterie.	Industrie lithique taillée et polie ; travaux de mines. Poterie. Tissus.
Pas de constructions en pierres.	Architecture primitive, monuments mégalithiques : dolmens, menhirs.
Sentiment artistique profond, dénotant un esprit contemplatif.	Sentiment artistique rudimentaire. Esprit pratique, utilitaire.
Idées religieuses primitives.	Idées religieuses et rites funéraires plus compliqués. Sépultures plus soignées, monumentales.

TRANSITION DU PALÉOLITHIQUE AU NÉOLITHIQUE. — Les contrastes sont donc nombreux et frappants. Comme, dans les gisements archéologiques, les niveaux néolithiques sont souvent isolés des niveaux paléolithiques par l'intercalation d'une couche stérile, dénotant une période plus ou moins longue d'inoccupation, tous les préhistoriens, depuis Edouard Lartet, ont longtemps soutenu que les deux grandes divisions de l'âge de la pierre sont séparées par une lacune, qualifiée parfois d'abîme, et correspondant à une transformation complète, à une révolution. Les plus modérés en cette matière se contentaient de parler d'un simple hiatus dans nos connaissances. « Après l'époque de la Madeleine, disait M. Cartailhac, il y a — dans nos connaissances — une solution de continuité ; une période de transition très longue est encore fort obscure. Et, lorsque nous revenons à la lumière, de grands changements se sont accomplis ; des progrès de premier ordre se sont réalisés, la somme des importations paraît considérable. Ainsi le Renne a disparu absolument ; les animaux domestiques sont abondants, les populations sont sédentaires et pratiquent l'agriculture ; les ustensiles et armes en pierre sont souvent polis, la poterie est connue,... des monuments sont élevés, l'art ne reproduit plus la nature vivante » (1).

En somme, tout le monde avait raison. Il est clair que si le Néolithique indique un ordre de choses tout à fait nouveau, notamment l'arrivée de populations à industrie et mœurs très différentes de celles des derniers Paléolithiques, en vertu du principe géné-

---

(1) E. Cartailhac, *Les âges préhistoriques de l'Espagne et du Portugal*. Paris, 1886, p. 47.

ral de continuité, la lacune ne pouvait exister partout ; un jour ou l'autre, la période de transition apparaîtrait moins obscure. L'hiatus a été comblé en effet, tout au moins en grande partie, par les belles recherches de Piette dans la caverne du Mas d'Azil (Ariège).

Au cours des années 1887-1889, l'éminent préhistorien explora une série de dépôts fluviatiles et archéologiques sur la rive gauche de l'Arize, torrent qui circule dans cette sorte de tunnel grandiose qu'est la caverne du Mas d'Azil. Voici la coupe de ces dépôts, telle que je l'ai relevée avec Piette en 1889. On observait, de haut en bas (fig. 203) :

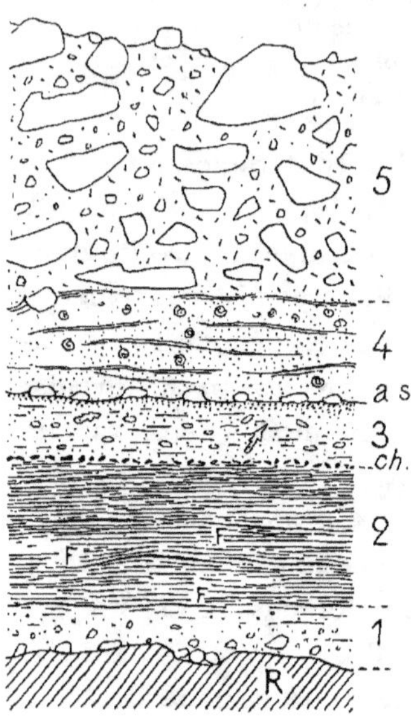

Fig. 203. — Coupe des couches archéologiques de la rive gauche de la caverne du Mas d'Azil (légen e dans le texte).

5. Eboulis et blocs détachés de la voûte de la caverne. On y a trouvé des objets gaulois, des objets de l'âge du bronze et, vers le bas, des haches en pierre polie avec de la poterie néolithique. Epaisseur variable : 2 à 3 mètres.

4. Amas rubanés de cendres, avec lits de charbons et d'innombrables coquilles d'escargots. Instruments en pierre polie, galets usés aux extrémités. Fragments de poteries. Epaisseur variable.

3. Couche de cendres, de terres brûlées, rougeâtres, de charbons, avec faune sauvage actuelle. Cerf élaphe et Castor abondants ; pas la moindre trace de Renne. Harpons plats, perforés, en bois de Cerf (fig. 204). Galets peints (fig. 205) ; quelques galets polis aux extrémités, etc. La partie supérieure constitue un ancien sol (*a s.*), marqué par une ligne de pierres ; à la partie inférieure, lit de charbons (*ch.*). Epaisseur : 0 m. 10 à 0 m. 80.

2. Grand dépôt de limons d'inondations de la rivière voisine, se décomposant en plusieurs centaines de feuillets et coupés par plusieurs lignes cinéritiques. Dans ces foyers, Cerf abondant, Renne rare, harpons en bois de Cerf et en bois de Renne ; aiguilles, gravures artistiques. Epaisseur totale : 3 m. 50 environ.

1. Terre caillouteuse, à peu près stérile, reposant sur la roche calcaire (R) de la caverne. Epaisseur 1 m. 40 environ.

Les couches inférieures, 1 et 2, représentent les derniers dépôts pléistocènes ; elles appartiennent à la fin de l'âge du Renne, au Magdalénien. La formation supérieure, 5, correspond à l'époque actuelle, allant du Néolithique à nos jours. Les couches intermédiaires, 3 et 4, comblent le fameux hiatus du Paléolithique au Néolithique classiques. La couche 4 représente l'aurore du Néolithique. La couche 3, aux galets coloriés, est la véritable couche de transition. Elle correspond à une époque spéciale mérit nt bien le nom d'*Azilienne* que lui a donné Piette (1).

C'est à tort, selon moi, que la plupart des archéologues veulent ranger cet Azilien dans le Paléolithique et l'appeler *Epipaléolithique.* Comme je l'ai montré dès 1889 (2), l'Azilien n'est pas encore du Néolithique, mais ce n'est plus du Paléolithique ; c'est quelque chose à part, d'une physionomie spéciale, qui est une physionomie de transition.

Au point de vue géologique ou stratigraphique, cette transition est évidente ; au point de vue paléontologique, elle n'est pas moins nette, puisque la faune de la couche azilienne, d'où le Renne est absent, est identique à la faune sauvage actuelle et qu'elle ne renferme pas encore traces d'animaux domestiques. Il y a aussi transition — je ne dis pas filiation — au point de vue archéologique, car, à côté d'un outillage de silex rappelant celui du Magdalénien, nous observons les premiers produits d'un polissage de la pierre. S'il subsiste encore des harpons en bois de Cervidés, leur forme et leur substance sont différentes. Il n'y a plus de productions artistiques, le coloriage des galets n'ayant rien de commun avec les

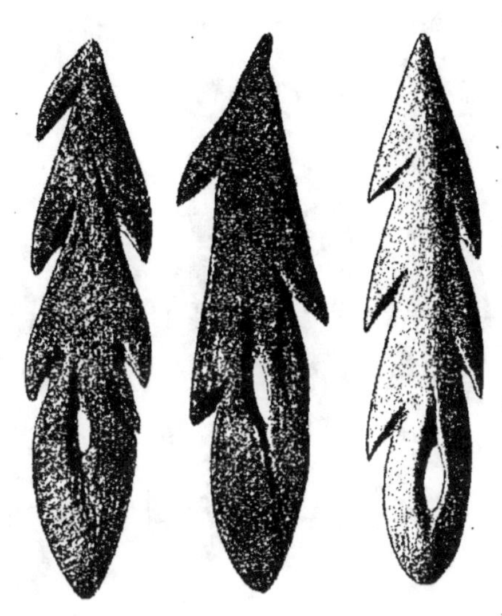

Fig. 204. — Harpons plats en bois de Cerf de la grotte du Mas d'Azil. 3/4 de la grandeur naturelle. (D'après PIETTE).

---

(1) PIETTE (E.), Un groupe d'assises représentant l'époque de la transition entre les temps quaternaires et les temps modernes, (*Comptes rendus de l'Acad. des Sc.*, 25 février 1889). Et nombreux mémoires, notamment dans *L'A.*, VII, XIV.

(2) *Congrès intern. d'Anthrop. et d'Archéol. préhist.* Paris, 1889, p. 209.

peintures paléolithiques. Il serait difficile d'imaginer un ensemble de conditions plus transitoires que celles dont je viens de faire l'énumération. Tout porte à croire qu'il s'agit ici d'un apport méditerranéen.

Les conclusions de Piette furent d'abord assez mal accueillies par les préhistoriens dont elles bouleversaient les idées. Elles ne tardèrent pourtant pas à être confirmées. Les *fossiles caractéristiques*

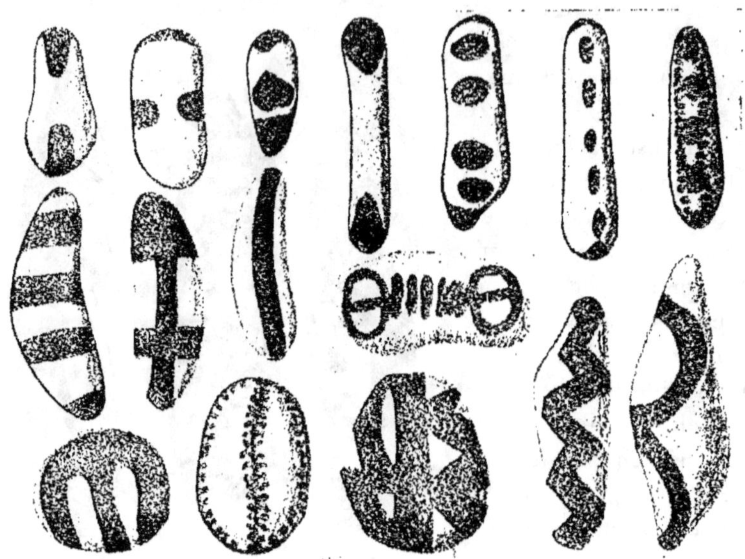

Fig. 205. — Galets coloriés du Mas d'Azil (D'après Piette).

de l'Azilien, harpons plats ou galets coloriés (fig. 204 et 205), se retrouvèrent bientôt dans d'autres gisements des Pyrénées, du Gard, de la Dordogne, en Espagne, en Suisse, en Bavière, en Danemark, jusqu'en Ecosse et peut-être en Russie.

Les traces de la période de transition se rencontrent ailleurs avec un aspect un peu différent.

En France, dans d'autres contrées de l'Europe, en Asie, en Afrique, certaines stations sont caractérisées par un outillage de petits silex — dits silex pygmées — à contours géométriques (fig. 206). MM. de Mortillet considèrent cette industrie, qu'ils nomment *tardenoisienne* (de La Fère-en-Tardenois où elle est bien représentée), comme représentant le

Néolithique inférieur (1). Les préhistoriens les plus compétents s'accordent aujourd'hui à envisager le Tardenoisien comme à peu près synchronique de l'Azilien ou comme un peu plus récent.

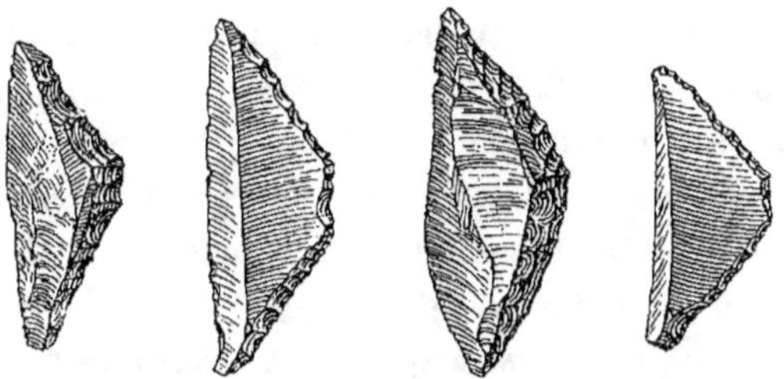

Fig. 206. — Silex tardenoisiens de Valle (Espagne). Au double de la grandeur naturelle. (D'après BREUIL et OBERMAIER).

La parenté étroite de ces deux aspects archéologiques est montrée par la curieuse station de Maglemose dans l'île de Seeland (Danemark), étudiée par M. Sarauw et qui présente, avec les silex géométriques du Tardenoisien, les harpons en bois de Cerf du Mas d'Azil, sans poteries ni haches polies. Comme dans le Midi, cet Azilien du Nord se place exactement, au point de vue géologique, entre la fin du Pléistocène et l'Holocène (2).

D'autre part, on connaît depuis longtemps, sur les littoraux danois, français, portugais, etc., des monticules artificiels composés de terres, de cendres, de foyers renfermant pêle-mêle d'innombrables coquilles marines, des ossements d'animaux, des outils de silex, notamment des *tranchets* (fig. 207), ou en os, de la poterie. Ce sont les emplacements d'anciennes stations, auxquelles les archéologues danois,

Fig. 207. — Tranchet de Camrigny. Grandeur naturelle. (D'après CAPITAN).

qui ont admirablement étudié ceux de leur pays, ont donné le nom de *kjökkenmöddings* (ou mieux *kjökkenmöddingers*), qui

---

(1) MORTILLET (A. de), Les petits silex taillés à contours géométriques... (*Revue de l'Ecole d'Anthrop.*, 1896).

(2) SARAUW (G.-F.-L.) Maglemose (*Prœhistorische Zeitschrift*, III, 1911). Voy. aussi *L'A.*, XXIV, 1913, p. 64.

veut dire *débris de cuisine*. L'industrie de ces curieux gisements est déjà néolithique, mais d'un Néolithique très ancien, car les animaux domestiques ne sont encore représentés que par le Chien (1).

En France, on considère comme appartenant à la plus ancienne phase néolithique une industrie spéciale rappelant celle des kjökkenmöddings. C'est l'industrie dite *campignienne*, parce qu'elle est bien représentée dans les fonds de cabanes de Campigny, près de Blangy-sur-Bresle (Seine-Inférieure). Les instruments caractéristiques sont les tranchets et les pics, sans haches polies, mais avec poteries grossières (2).

Ainsi, l'archéologie préhistorique peut invoquer aujourd'hui de nombreux faits à l'appui de l'existence d'une période de transition de longue durée, aux multiples aspects locaux (3). Sarauw ne distingue pas moins de six phases industrielles allant, en Danemark, de la fin de l'âge du Renne au Néolithique classique. Tout cela paraît impliquer l'introduction dans nos pays d'éléments humains nouveaux et notamment d'apports méditerranéens.

RACES DE L'AZILIEN.
ARRIVÉE DES PREMIERS BRACHYCÉPHALES.

Quelle était ou quelles étaient donc les populations de ces âges intermédiaires ? Nous n'avons malheureusement pas beaucoup de documents ostéologiques pour répondre à cette question.

Au Mas d'Azil, Piette et Cartailhac ont recueilli quelques ossements colorés en rouge dans la couche azilienne. Ils sont trop fragmentaires pour qu'on puisse déterminer les principaux caractères de la race qu'ils représentent.

Il y a à Ofnet, près de Nordlingen, en Bavière, une grotte intéressante qui a été fouillée, en 1907 et 1908, par R. Schmidt. Le remplissage de cette grotte comprenait une série de couches de l'âge du Renne surmontées par un dépôt d'âge azilien. Deux cuvettes ou fosses peu profondes renfermaient, englobés dans une masse d'ocre rouge, un grand nombre de crânes humains munis de leurs mâchoires inférieures et rangés concentriquement les uns près

---

(1) Travaux anciens de STEENSTRUP (J.), WORSAAE. — Bel ouvrage plus récent de : MADSEN, MULLER (S.), NEERGAARD, PÉTERSEN, ROSTRUP, STEENSTRUP (R. J. V.), WINGE (H.), Affaldsdynger fra stenalderen i Danmark. Copenhague, 1900.

(2) SALMON (P.), d'AULT DU MESNIL (G.) et CAPITAN (L.), Le Campignien (*Revue de l'Ecole d'Anthrop.*, 1898).

(3) J. de Morgan donne à cette période le nom de *Mésolithique*.

des autres, comme dans un nid, la face tournée vers le couchant. La grande fosse en contenait 27, la petite 6 (fig. 208). Les crânes de femmes et d'enfants, les plus nombreux, étaient ornés de canines de Cerfs et de coquillages percés semblables à ceux du Mas d'Azil. En dehors de quelques vertèbres cervicales, il n'y avait pas trace des autres parties du squelette, conséquence probable de rites funéraires spéciaux (1).

Vingt crânes ont pu être reconstitués. Ils offrent déjà un extra-

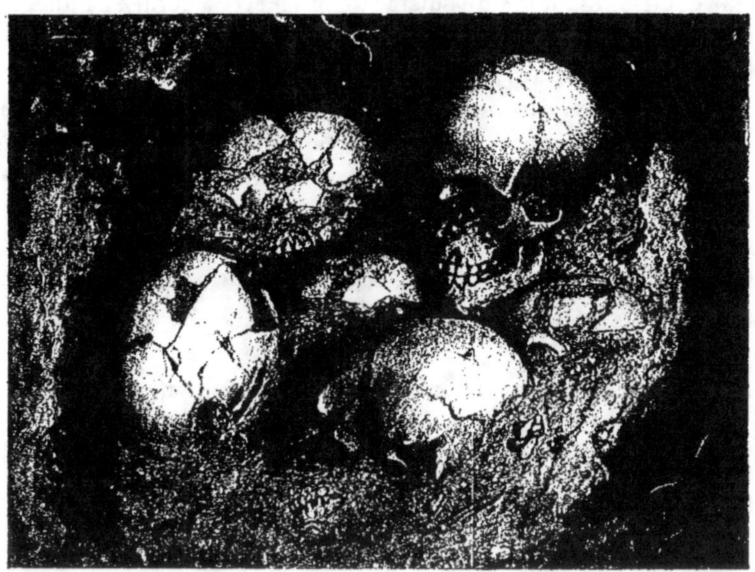

Fig. 208. — Contenu funéraire de la plus petite fosse d'Ofnet. (D'après R.-R. SCHMIDT).

ordinaire mélange de types. Il y a des formes dolichocéphales, des formes brachycéphales et des formes intermédiaires (indices céphaliques de 70 à 89). Les premiers sont à face allongée, harmonique ; ils diffèrent ainsi des dolichocéphales de la race de Cro-Magnon. Schliz les considère comme se rattachant au groupe de l'*Homo mediterraneus*. Les seconds représentent les plus anciens brachycéphales connus d'une façon certaine, les premiers arrivants

(1) SCHMIDT (R.-R.), Die diluviale Vorzeit Deutschlands. Stuttgart, 1912. La 3e partie, anthropologique, par SCHLIZ (A.). Voir aussi : BREUIL (H.), Le gisement quaternaire d'Ofnet (*L'A.*, XX, 1909).

de l'*Homo alpinus*. Les troisièmes seraient déjà des produits de métissage.

La station de Maglemose n'a pas livré de squelettes humains et nous connaissons très mal les Hommes des kjökkenmödings danois. L'hypothèse émise par Osborn (1) que ceux de Maglemose ont dû appartenir à la grande race blonde du Nord, à l'*Homo nordicus*, est donc jusqu'à présent tout à fait gratuite, quoique fort plausible.

Par contre, les débris de cuisine de Mugem (Portugal), à industrie tardenoisienne, sont extrêmement riches en squelettes humains dont l'étude a été faite par M. de Paula (2).

Deux types bien distincts ont été reconnus. Le premier, de beaucoup le plus nombreux, est dolichocéphale, de petite taille (1 m. 60 environ), de faible capacité cranienne ; la face est longue, harmonique, avec un peu de prognathisme sous-nasal. C'est la « race de Mugem » de Quatrefages, mais il semble bien qu'on soit encore ici en présence de très vieux représentants de l'*Homo mediterraneus* et nullement des descendants du type de Cro-Magnon.

Deux crânes seulement sont brachycéphales ; l'un deux, à face large, aux malaires volumineux et saillants, accuse des traits mongoloïdes.

Ainsi, au point de vue anthropologique comme à tous les autres points de vue, les gisements aziliens et tardenoisiens nous offrent des caractères de transition par la persistance de types physiques plus ou moins apparentés aux Hommes de l'âge du Renne et par l'apparition, timide d'abord, puis de plus en plus fréquente, d'un type brachycéphale, nouveau venu dans les contrées européennes. Nous voyons déjà s'esquisser le tableau de distribution des races actuelles européennes, notamment par la diffusion du type méditerranéen. L'examen des documents néolithiques va nous faire assister au développement de ce nouvel état de choses, en nous montrant sa complication croissante et une diversité de types de plus en plus grande suivant les pays.

---

(1) Osborn (H.-F.), Men of the old Stone Age, p. 488.
(2) Dans le beau livre d'Emile Cartailhac, Les âges préhistoriques de l'Espagne et du Portugal. Paris, 1886.

RACES NÉOLITHIQUES.
MISE EN PLACE DES
TROIS GRANDS TYPES.

Malheureusement, ces documents, d'ailleurs fort nombreux, ne sont pas aussi expressifs qu'on le désirerait. Nous avons surtout des crânes, dont les indices ne sauraient toujours suffire à préciser la race. Les squelettes entiers, qui nous permettraient de fixer la taille des populations, sont beaucoup plus rares. Et nous ne pouvons guère rien savoir des caractères tirés de la peau ou du système pileux.

Quand on fait une revision générale des données accumulées par les anthropologistes à grand renfort de chiffres, en négligeant les détails pour ne s'en tenir qu'aux lignes principales, on arrive cependant à dégager deux faits généraux :

1⁾ C'est d'abord la simultanéité de la présence, en tous pays, de types physiques variés : têtes longues, têtes courtes (fig. 209) et têtes de formes intermédiaires (ou *mésocéphales*). Ainsi s'accentue le changement important dans la répartition des types humains, que nous avons vu s'esquisser dans les gisements de transition du Paléolithique au Néolithique.

2o Les proportions relatives de chacun de ces éléments varient avec les régions considérées et ces proportions sont telles qu'elles nous font vraiment assister à la mise en place des principaux types physiques actuels. Encore une fois, et sous cet aspect nouveau, le Néolithique nous apparaît comme l'aurore des temps actuels. Certes, il y aura, dans la suite, de nouveaux et importants changements, mais les grands traits de cette première répartition subsisteront. Voici, en restant sur le terrain purement anthropologique et en évitant de tomber dans le détail des faits archéologiques qui nous entraînerait beaucoup trop loin, quelques renseignements sur les divers pays européens.

En France, notre documentation est fort riche. Il y a plus de vingt ans, Salmon a établi le catalogue de 688 crânes néolithiques découverts sur notre territoire (1). 58 p. 100 de ces crânes sont dolichocéphales ; 21 p. 100 sont brachycéphales ; 21 p. 100 sont intermédiaires. Les dolichocéphales se montrent donc encore en grande majorité, mais il semble bien que le nombre des brachycéphales

---

(1) Salmon (P.), Dénombrement et types des crânes néolithiques de la Gaule (*Revue de l'École d'Anthrop.*, 1896). Voir aussi : Hervé (G.), Les brachycéphales néolithiques, *Ibid.*, 1894 et 1895.

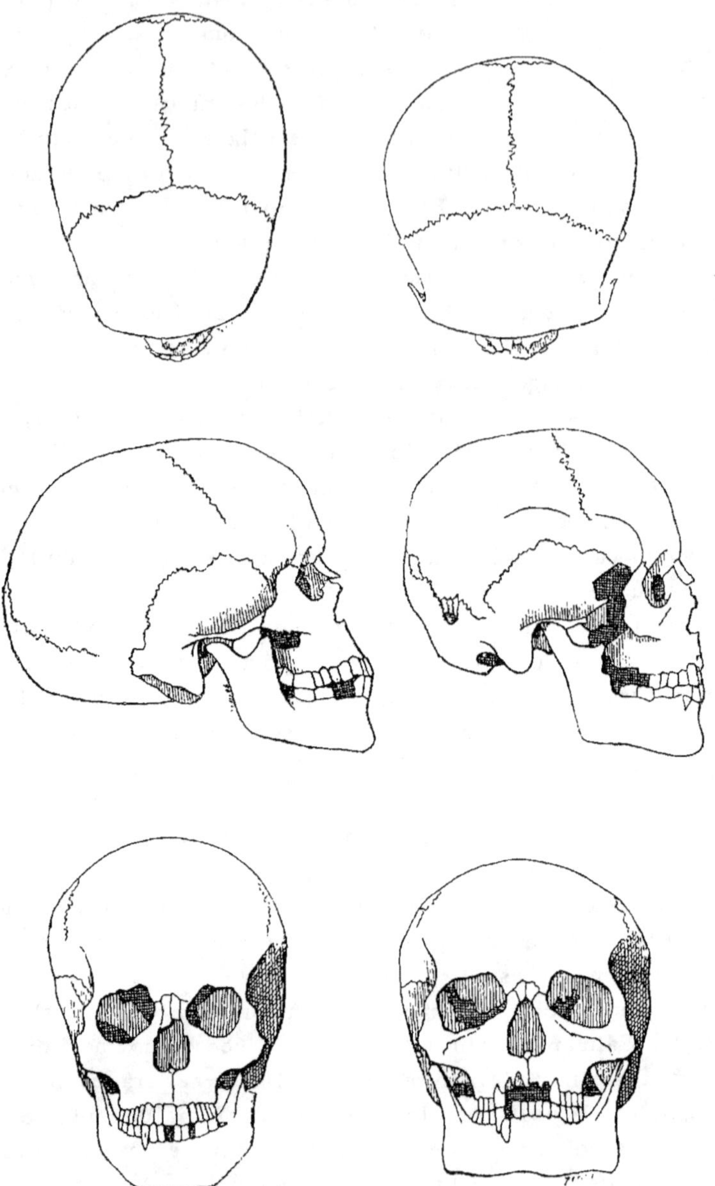

Fig. 209. — Crâne dolichocéphale et crâne brachycéphale vus d'en haut, de profil et de face. Allée couverte des **Murcaux** (Seine-et-Oise). 1/4 de la grandeur naturelle. (D'après le Dr Verneau).

augmente peu à peu, du début à la fin du Néolithique. Ces brachy-céphales se confondent, d'un avis unanime, avec le type de l'*Homo alpinus* que nous avons vu apparaître à Ofnet.

Qu'étaient les dolichocéphales ? Certains se rattachent nettement au type de Cro-Magnon, lequel, loin de disparaître avec la fin des temps paléolithiques, a persisté longtemps dans diverses régions. Dans les Cévennes, par exemple, les très nombreux ossements retirés de certaines grottes sépulcrales de la Lozère par le Dr Prunières montrent qu'au début du Néolithique la population de cette région apparte-nait exclusivement au type de Cro-Magnon. Dans d'autres grottes, on voit apparaître quelques brachycéphales et des produits de métissage.

La contemporanéité de ces brachycéphales et des vieux dolichocéphales pa-léolithiques ne saurait être douteuse puisque

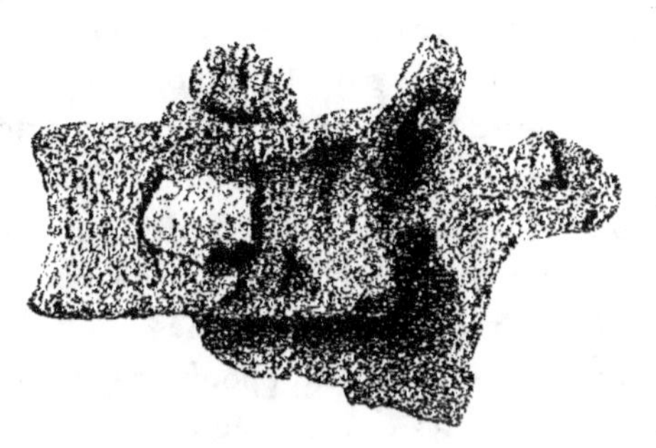

Fig. 210. — Vertèbre humaine, percée d'une pointe de flèche néolithique, d'une caverne de la Lozère. Grandeur naturelle. Collection Pru-nières, à la galerie d'Anthropologie du Muséum.

plusieurs des squelettes exhumés par le Dr Prunières portent encore, dans leurs os, les flèches néolithiques qui les ont percés (fig. 210), et qu'ils avaient dû recevoir des envahisseurs néolithiques dont les crânes se retrouvent dans les dolmens (1). Mais l'invasion de ces territoires montagneux a dû être lente et imparfaite car, d'une manière générale, les crânes brachycéphales néolithiques sont rela-tivement rares dans les Cévennes : il ne deviennent nombreux qu'à l'époque du Bronze. Un peu plus au Sud, à Montouliers (Hérault), les Néolithiques sont encore, d'après M. Mayet, des Cro-Magnon légèrement métissés de brachycéphales (2).

Les grottes artificielles de la Marne, explorées par M. de Baye,

---

(1) Le Dr Prunières a disséminé ses nombreuses notes dans divers recueils, notamment dans celui de l'*Association française pour l'avancement des Sciences*. Les matériaux anthropologiques ont été étudiés principalement par Broca (*Congrès intern. de Bruxelles*, 1872, p. 182). V. aussi Quatrefages (A. de), Hommes fossiles et Hommes sauvages, p. 99 et 105.

(2) Mayet (L.), Les Néolithiques de Montouliers (*L'A.*, XXIII, 1912).

ont révélé la même association. Parmi les crânes étudiés par Broca, de Quatrefages, beaucoup rappellent encore le type de Cro-Magnon ; d'autres sont brachycéphales ; les derniers ont des caractères mixtes résultant de croisements (1).

Dans la grotte Duruthy, à Sorde (Landes ; V. p. 264), les crânes néolithiques de la partie supérieure du gisement sont semblables au crâne de la base du dépôt de l'âge du Renne, tandis qu'à Monaco, les Néolithiques étudiés par M. Verneau (2) sont surtout des brachycéphales accompagnés de rares individus ayant encore des affinités avec les Cro-Magnon si bien représentés dans cette région à l'époque paléolithique.

Avec les dolichocéphales à face courte (disharmoniques), descendants plus ou moins modifiés des Cro-Magnon, d'autres dolichocéphales néolithiques, à face longue, représentent en France un apport nouveau, que nous avons vu commencer dès l'Azilien. Ceux-ci doivent plutôt être rattachés au type méditerranéen qui paraît avoir dominé dès cette époque dans les régions où il règne encore.

En Italie, les crânes néolithiques sont très mélangés, avec prédominance tantôt des brachycéphales, tantôt des dolichocéphales de petite taille. Ce dernier cas s'observe notamment dans le bassin du Pô, où les têtes rondes sont aujourd'hui les plus nombreuses. Mais en Sicile, en Sardaigne, la très grande majorité des crânes néolithiques et de l'âge du bronze ressemblent tout à fait aux crânes des Siciliens et des Sardes actuels (3). Dès les temps préhistoriques les plus reculés, Malte, la Crète étaient aussi peuplées par des Méditerranéens et Sergi affirme que les Égyptiens anciens, identiques aux Libyens, ne sont qu'une branche de la famille méditerranéenne (4).

Nous avons vu apparaître ce même type dans la Péninsule ibérique à l'époque des amas de cuisine de Mugem. M. de Paula, déjà cité à ce propos (p. 338), nous apprend de plus que, dans les cavernes et sépultures néolithiques du Portugal, le type dolichocé-

---

(1) BAYE (de), L'archéologie préhistorique. Paris, 1880. Renferme un travail de BROCA sur les crânes des grottes de Baye — Voir aussi QUATREFAGES (de), Hommes fossiles et Hommes sauvages, p. 107.

(2) VERNEAU (R.) et VILLENEUVE (L. DE), La Grotte des Bas-Moulins (*L'A.*, XII, 1901).

(3) ARDU-ONNIS (E.), Restes humains préhistoriques de la grotte de San Bartolomeo, près Cagliari (*L'A.*, XV, 1904).

(4) SERGI, *Congrès de Moscou*, II, 305.

phale de Mugem est encore prédominant, avec cependant des variations individuelles plus étendues, tandis que, dans certains gisements du même âge, on retrouve le type de Cro-Magnon. La forme brachycéphale de Mugem reparaît également dans quelques stations néolithiques où elle offre tous les caractères des brachycéphales néolithiques de France.

D'autre part, M. Verneau a trouvé des représentants de la race de Cro-Magnon dans le Néolithique d'Oviedo, de Ségovie et en Andalousie. M. Jacques, étudiant les produits des fouilles de M. Siret dans le Sud-Est de l'Espagne (1), a distingué, dans la série de crânes néolithiques et de l'âge du Bronze, un premier groupe rappelant les Cro-Magnon, un deuxième groupe composé de brachycéphales, un troisième groupe ressemblant aux Hommes de Mugem (type méditerranéen), enfin un quatrième groupe qu'il rapproche des Basques espagnols. Au total, dans la Péninsule ibérique, le type dolichocéphale méditerranéen paraît dominer.

En Belgique, en Hollande, mêmes mélanges de têtes rondes, de têtes allongées et de formes mixtes provenant de métissages (crânes de Furfooz). Les dolichocéphales sont rapprochés par les auteurs tantôt du type de Cro-Magnon, tantôt du type méditerranéen (2).

Dans les Iles Britanniques, une distinction très nette a été reconnue depuis longtemps. Les sépultures néolithiques, dans des tumulus allongés (*long barrows*) ne renferment que des crânes dolichocéphales : « A sépultures longues, crânes longs », disent les Anglais. Dès que le bronze apparaît, les tumulus sont ronds et l'élément brachycéphale se montre : « A sépultures rondes, crânes ronds ». Ici, à l'extrême Occident de l'Europe, pour des raisons faciles à comprendre, les premières migrations brachycéphales sont en retard. D'après W. Turner (3), les dolichocéphales néolithiques, de petite taille, à la face longue, au nez étroit, se rattachent probablement au type méditerranéen. Ils jouent encore un rôle impor-

---

(1) Jacques (V.), Les races préhistoriques de l'Espagne, *Congrès de Paris.* 1889, p. 451.

(2) Houzé, Les crânes néolithiques des cavernes d'Hastières (*Bull. de la Soc. d'Anthrop. de Bruxelles*, VIII, 1890). — Fraipont (J.), La Belgique préhistorique et protohistorique (*Bull. de l'Acad. roy. de Belgique*, 1901).

(3) Turner (W.), A contribution to the craniology of the people of Scotland, part II (*Trans. of the Roy. Soc. of Edimburgh*, LI, 1915).

tant dans la constitution ethnique de la Grande-Bretagne et de l'Irlande. Les brachycéphales qui les ont envahis un moment, de taille variable, de face large, appartiennent au stock alpin. Leurs traces sont aujourd'hui presque complètement effacées (1).

En Suisse, les choses se présentent d'une manière assez différente (2). Dans le Néolithique archaïque, les brachycéphales dominent presque exclusivement. Dans le Néolithique moyen, les dolichocéphales ou les mésocéphales balancent peu à peu les brachycéphales. Dans la période de transition de la Pierre polie au Bronze, les dolichocéphales sont prépondérants, d'après Schenk. L'importante série des sépultures de Chamblandes, près de Lausanne, rappelle le type de Cro-Magnon, mais avec une taille petite, et certains caractères la rapprochent des Négroïdes de Grimaldi. Elle nous montre, de plus, un élément nouveau. A côté des squelettes de ces petits dolichocéphales, deux crânes offrent les caractères de la race septentrionale, et M. Pittard nous dit que, vers la fin du Néolithique, arrivent en Suisse des Hommes de haute stature, au crâne allongé, au nez étroit, qu'il est permis de rattacher à l'*Homo nordicus*. Ajoutons qu'on a trouvé au Schweizersbild, près de Schaffouse, les restes osseux de quelques individus de très petite taille, sortes de pygmées auxquels Kollmann a voulu faire jouer un rôle considérable dans l'évolution des races humaines (3), mais qui ne représentent ici, aux yeux de la plupart des anthropologistes, que des nains dont les squelettes gisaient à côté de ceux d'autres individus de taille normale.

Toujours est-il que, dès le Néolithique, ou plutôt dès la fin du Néolithique, la complexité anthropologique actuelle de la Suisse s'annonce nettement. Nous constatons ici, pour la première fois, la présence de représentants des grands dolichocéphales du Nord. Ces derniers vont se montrer de plus en plus nombreux en allant vers l'Europe centrale et septentrionale.

En Allemagne, les Néolithiques sont en effet généralement doli-

---

(1) KEITH (A.), The bronze age invaders of Britain (*Journal of the Anthrop. Institute*, XLV, 1915).

(2) PITTARD (E.), Sur l'ethnologie des populations suisses (*L'A.*, IX, 1898). Deux nouveaux crânes humains de cités lacustres (*Ibid.*, XVII, 1906). — SCHENK (A.), Les sépultures et les populations préhistoriques de Chamblandes (*Revue de l'École d'Anthrop. de Paris*, 1904). La Suisse préhistorique, Lausanne, 1912.

(3) KOLLMANN (J.), Die Pygmaen und ihre systematische Stellung innerhalb des Menschengeschlecht (*Verhand. der Naturforsch. Gesellschaft in Basel*, XVI, 1902).

chocéphales. Dans le Sud-Ouest, d'après Schliz, le type dominant est d'abord à face longue, de type nordique, puis on voit arriver des brachycéphales et des dolichocéphales de type méditerranéen (1). En Bohême et en Silésie, les Hommes de la pierre polie se rattachent ordinairement à la race nordique (2). Il en est de même en Hongrie. D'après Giuffrida-Ruggeri, dans les régions illyriennes et danubiennes, les crânes dolichocéphales sont très fréquents aux époques les plus reculées ; ils diminuent progressivement et disparaissent presque dans beaucoup de régions devant les populations alpines descendues des montagnes dans les plaines (3).

Si nous pénétrons en Russie, nous voyons que dans le Sud-Ouest, en Ukraine, en Volhynie et aussi en Pologne, les dolichocéphales de grande taille prévalent plus ou moins dans les kourganes (ou tumuli) néolithiques. Plus au Nord et à l'Est, on ne trouve plus que des dolichocéphales. Bogdanov a montré que la race la plus ancienne de la Russie centrale (stations des bords du lac Ladoga décrites par Inostranzeff) avait la tête et la face longues comme les peuples actuels de la Suède (4).

Enfin, dans les régions scandinaves et au Danemark, le phénomène est encore plus net. D'après Montelius (5), quelques crânes des sépultures néolithiques sont brachycéphales et conformés comme des crânes de Lapons, mais la plupart ressemblent aux têtes des Suédois actuels. Les squelettes indiquent une haute stature, une complexion robuste. La Scandinavie est déjà occupée par les ancêtres directs des populations actuelles, lesquelles réalisent le mieux le type idéal de l'*Homo nordicus*.

Ainsi, dès la fin du Néolithique, il est possible de reconnaître, dans ses grands traits, la répartition géographique des trois principaux types physiques que les anthropologistes ont su dégager de l'étude des nombreuses variétés ou sous-races dont l'amalgame constitue l'Europe ethnique de nos jours.

---

(1) SCHLIZ (A.), Die vorgeschichtlichen Schädeltypen der deutschen Länder (*Archiv für Anthropologie*, VII, 1909).

(2) RECHE (O.), Zur Anthropologie der jüngeren Steinzeit in Schlesien und Böhmen (*Archiv für Anthrop.*, VII, 1908).

(3) GIUFFRIDA-RUGGERI (V.), Contributo all' antropologia física delle regioni dinariche e danubienne... (*Archivio per l'Antrop. et la Etnol.*, XXXVIII, 1908).

(4) BOGDANOV (A.), Quelle est la race la plus ancienne de la Russie (*Congrès intern. d'Anthrop.*, Moscou, 1912).

(5) MONTELIUS (O.), Les temps préhistoriques en Suède. Trad. française par S. Reinach. Paris, 1895.

AGES DES MÉTAUX.
——————————————

Aux époques métalliques, protohistorique et historique, correspondent d'autres mouvements de populations et d'autres mélanges, qui aboutissent à la complication actuelle.

De l'âge du cuivre (ou *Enéolithique* des Italiens), nous savons peu de chose. Beaucoup de sépultures ou de monuments de la fin du Néolithique doivent lui appartenir.

Avec l'âge du Bronze, la pratique de la crémation se substitue peu à peu, dans beaucoup de régions, à celle de l'inhumation. C'est là une circonstance très défavorable pour les études anthropologiques. D'une manière générale, cet âge du Bronze, dans l'Europe occidentale, notamment en France, peut être caractérisé, au point de vue de l'étude que nous poursuivons, par l'arrivée de vagues nouvelles et massives de peuples brachycéphales. L'industrie du bronze paraît donc avoir été importée chez nous par des Hommes du type alpin, ce qui ne veut pas dire nécessairement qu'ils en aient été les inventeurs (1). Ces nouveaux flots de brachycéphales pénètrent cette fois dans les Iles Britanniques (*round barrows*, à têtes rondes).

D'autre part, les grands dolichocéphales du type nordique survivent en Russie et dans la péninsule scandinave, qui est déjà pour eux une vieille patrie et dont les tombes de l'âge du Bronze renferment encore parfois leurs blondes chevelures. Nous les voyons, en outre, pénétrer largement dans la vallée du Rhin, en Suisse, dans l'Allemagne méridionale, où ils réalisent déjà le type de tombeaux en rangées de l'âge du fer, dits *reihengraeber*.

Vers la fin de l'âge du Bronze, les brachycéphales reparaissent en Suisse et dans le Nord de l'Italie; ils y sont très purs et de nouveau prépondérants.

Par contre, la Méditerranée orientale, la Crète, où fleurit la civilisation égéenne, Malte, la Sicile, l'Italie du Sud, la Péninsule

——————

(1) Le problème de l'origine de la métallurgie est parmi les plus controversés de l'archéologie préhistorique. Rien ne s'oppose *a priori* à ce que la découverte des métaux et de leurs alliages ait pu s'effectuer, d'une manière indépendante, à diverses époques et dans divers pays. Cette hypothèse est cependant difficile à soutenir dans l'état actuel de la science. Tout paraît en faveur d'une origine asiatique (Chypre, montagnes de l'Est de l'Asie antérieure, d'après J. de Morgan, Déchelette). Les dates d'apparition des métaux dans les diverses coutrées de l'Orient et de l'Europe (V. p. 329) montrent que leur diffusion s'est faite, d'une manière générale, de l'Est vers l'Ouest et du Sud vers le Nord. C'est au fur et à mesure que cette diffusion s'étendait que les centres miniers de chaque contrée envahie intervenaient à leur tour pour les nouvelles productions.

ibérique restent acquises à l'élément méditerranéen qui continue à y prédominer largement.

L'âge du Fer (1) correspond à l'expansion maximum de la race nordique : « Un métal nouveau aux mains d'une race nouvelle », disait Hamy (2) en parlant de la France, où les grands dolichocéphales blonds importent la civilisation du premier âge du Fer, dite *Hallstattienne*, du nom de la célèbre nécropole de Hallstatt en Autriche. Les Nordiques pénètrent maintenant partout, le long des grands fleuves, restreignant et isolant ainsi les massifs montagneux brachycéphales. Cette race guerrière et envahissante débarque sur les côtes des Iles Britanniques, s'étale en Belgique et dans le Nord de la France ; toujours attirée par les pays du soleil et du vin, elle gagne l'Espagne par les vallées de la Loire et de la Garonne et l'Italie du Nord par la Suisse. Elle prospère dans la vallée du Danube, qu'elle déborde dans diverses directions, jusqu'en Macédoine, en Grèce, dans l'Asie mineure et peut-être jusqu'au Turkestan et dans l'Inde.

De leur côté, les Brachycéphales, ainsi comprimés, gagnent ailleurs du terrain, notamment en Russie où ils refoulent les Nordiques, et parviennent jusqu'à la côte norvégienne, tandis que les Méditerranéens conservent sensiblement leurs territoires, malgré quelques poussées des avant-gardes nordiques.

LES ANCIENS PEUPLES DE L'HISTOIRE. — Jusqu'à présent toutes ces populations restent pour nous anonymes. On peut maintenant, au moyen des plus anciens textes, d'ailleurs trop souvent confus ou peu précis, essayer d'identifier anthropologiquement les premiers groupements historiques. Mais il faut bien observer que les peuples anciens dont les noms nous sont parvenus, tels les peuples de la plus vieille Gaule, étaient déjà le plus souvent fort hétérogènes au point de vue physique. Camille Jullian, dans son admirable *Histoire de la Gaule*, nous le dit éloquemment : « Il y a, derrière les tribus du VIIᵉ siècle [avant J.-C.], un formidable amas de vies humaines, d'unions sexuelles, de formations et de dislocations d'États, et d'invasions par terre et par mer,

---

(1) L'origine du fer n'est pas moins obscure que celle du bronze. G. de Mortillet la croyait africaine. Les plus vieux objets en fer connus proviennent d'une tombe égyptienne prédynastique ; ils datent, par suite, d'au moins 4 000 ans avant notre ère. Mais nous avons vu qu'avant 1500, il ne saurait être question d'un âge du fer en Egypte.

(2) Hamy (E.-T.), Les premiers Gaulois. (*L'A.*, XVIII, 1907, p. 137).

un enchevêtrement de langues, de types et d'habitudes qui échappe à toute analyse ».

La tâche est donc très difficile, pleine d'embûches. Il est permis cependant de faire quelques rapprochements sur lesquels anthropologistes et historiens peuvent s'accorder, au moins provisoirement et en conclusion de leurs études respectives (1).

On doit rapporter à l'*Homo nordicus* toute la série des peuples qui ont envahi, successivement et périodiquement, pendant une longue série de siècles, la Grande-Bretagne, la France, l'Europe centrale et méridionale. Et, tout d'abord, je pense, la grande majorité des Celtes (2) ou Gaulois, qui ont constitué le puissant empire celtique des préhistoriens et dominé l'Europe. Ce sont eux qui prirent Rome en 390 av. J-C., qui pénétrèrent jusqu'en Thrace d'où, arrêtés un moment par Alexandre, ils envahirent bientôt la Macédoine et la Grèce, dévastant tout sur leur passage, s'emparant des trésors du sanctuaire de Delphes, sous la conduite de leur chef Brennus (en 279) et qui, finissant « par convoiter l'Asie », franchirent les détroits, pour s'installer en Phrygie (Galates).

Plus tard les envahisseurs viennent sûrement du Nord et s'appellent : Belges, Cimbres et Teutons, Germains, Goths, Francs, Normands. Ces peuples représentent autant de poussées nouvelles de la même race à laquelle on peut encore rattacher les Ombriens, les Achéens, les Doriens, les Cimmériens, les Scythes, ces derniers ayant pénétré profondément en Asie, etc.

Il faut attribuer à l'*Homo mediterraneus* les vieux peuples de l'Afrique du Nord : Égyptiens, Libyens ; et aussi les Phéniciens, les Pélasges, les Égéens, les Étrusques, les plus anciens Ligures, les Phocéens de Marseille, les Ibères.

A l'*Homo alpinus* appartenaient les vieux peuples de l'Asie antérieure, Accadiens et Sumériens (?), les Hittites, auxquels il faut peut-être ajouter les Sarmates ; les Slaves, dont les invasions s'étalent du IVe au IXe siècle de notre ère, et qui ont fini, avec les Mongols, par

---

(1) Voir, d'une part : DENIKER, Races et peuples de la terre. — RIPLEY, The races of Europe (riche bibliographie). Et, d'autre part : ARBOIS DE JUBAINVILLE (D'), Les premiers habitants de l'Europe, 1894. — JULLIAN (C.), Histoire de la Gaule, I. — DOTTIN (G.), Les anciens peuples de l'Europe, 1916. — A citer aussi le curieux livre de MADISON GRANT, The passing of the great race. New-York, 1916.

(2) Il ne faut pas oublier que pour la plupart des anthropologistes français, les Celtes sont des brachycéphales. J'ai déjà signalé cette confusion (note de la p. 320). Mais il n'est pas douteux que Celte et Gaulois soient synonymes pour les historiens.

chasser les Nordiques de la plus grande partie du territoire russe.

Encore une fois, ce ne sont et ce ne peuvent être là que des déterminations approximatives, car la plupart des noms qu'on vient de lire s'appliquent à des groupements ethniques déjà mélangés, et qu'on ne peut définir, au point de vue anthropologique, que par l'élément dominant. Tout le monde sait qu'après les premières invasions celtiques, il y eut bientôt des Celtibères, des Celto-Ligures, des Celto-Scythes, des Celto-Thraces, des Gallo-Grecs, etc. Parfois même les vieilles expressions ethniques représentent un mélange plus complexe. Il est clair, par exemple, que l'empire celtique des préhistoriens n'était pas uniquement composé de représentants de l'*Homo nordicus* et que, plus tard, les Gaulois ou Celtes de César englobaient d'autres types que ceux des premiers Gaulois ; les armées de Vercingétorix constituaient des masses humaines très hétérogènes et comprenaient dans leurs rangs des représentants, plus ou moins purs ou plus ou moins métissés, des trois principaux types physiques aujourd'hui fusionnés dans la nation française.

Les invasions mongoloïdes (Huns) d'une part, les invasions arabes (Sarrasins) d'autre part, sont venues plus tard compliquer encore cette extraordinaire mixture humaine, bien qu'elles n'aient laissé dans notre pays que des traces relativement faibles.

ORIGINE DES TROIS GRANDES RACES. Que pouvons-nous savoir ou présumer de l'origine probable des trois grandes races ? Nous avons vu qu'à la fin du Paléolithique les pays de l'Europe occidentale et centrale étaient peuplés par des dolichocéphales, qu'on réunit parfois sous le vocable général de race de Cro-Magnon mais qui, à côté de traits morphologiques communs, présentaient déjà des différenciations notables : Négroïdes de Grimaldi, types de Cro-Magnon, de Chancelade, de Combe-Capelle. On peut puiser dans ce stock, aux caractères encore assez généralisés, pour y chercher les ancêtres des deux groupes de dolichocéphales ultérieurement diversifiés.

L'*Homo nordicus* est un produit du Nord : mais il ne peut avoir qu'une origine européenne et tout au plus asiatique occidentale. Actuellement, son centre de dispersion paraît bien être la Scandinavie. Pure illusion toutefois, car, pendant le Paléolithique, la Suède, recouverte de glaces, était inabordable. Il faut chercher le berceau de la race nordique dans des contrées restées toujours libres de

glaces et nous sommes conduits, par des considérations géologiques
et paléo-géographiques, à ne retenir, comme réalisant cette condition,
que la Russie centrale, méridionale et orientale, avec peut-être la
Sibérie occidentale. Au delà nous nous heurtons aux masses de races
jaunes. Quelques anthropologistes ont pensé que les Cro-Magnon
était les ancêtres des Nordiques (1). Mais ces deux groupes n'ont
en commun que leur grande taille; ils sont très différents à d'autres
égards, et l'on ne saurait les confondre. Giuffrida-Ruggeri croit que
les grands dolichocéphales néolithiques de l'Europe centrale et de
la Russie, vraiment les ancêtres des Nordiques actuels, représentent
« le type Méditerranéen transporté dans le Nord » et modifié par le
milieu. C'est possible, mais peu probable. Les Hommes du type
nordique, ou prénordique, devaient déjà exister quelque part à
l'âge du Renne, et ce ne peut être que dans les régions indiquées
plus haut. Des plaines russes, où ils semblent avoir régné exclusivement pendant le Néolithique, ils ont dû gagner peu à peu, au fur
et à mesure que les glaces se retiraient, les rivages de la Baltique,
le Danemark, la Péninsule scandinave où ils se sont installés
si solidement que ce pays nous donne aujourd'hui l'illusion
d'une patrie d'origine. Il semble bien que les langues aryennes ont
été véhiculées par ces Hommes, et les linguistes, ici d'accord avec les
anthropologistes, ont abandonné les vieilles théories orientales pour
admettre une origine européenne. M. Jullian place également dans
les régions baltiques ce qu'il appelle « le centre religieux des langues
aryennes » (2). L'accord est intéressant à noter.

L'_Homo mediterraneus_ des contrées européennes est un produit
du Midi ; il se rattache au bloc des dolichocéphales bruns qui
occupe l'Afrique du Nord, une grande partie de l'Asie antérieure, les
rivages de la Méditerranée et qui arrive parfois à présenter quelques
affinités éthiopiques sur ses confins avec les races noires (3). Apparentés aux Cro-Magnon aurignaciens, dont l'industrie paraît être
d'origine africaine, ils n'ont pas tardé à s'en différencier suivant les
pays et, dès la période de transition du Paléolithique au Néolithique,
nous constatons la présence dans nos régions d'un type bien voisin
du type actuel. C'est très probablement à l'_Homo mediterraneus_ de

---

(1) WILSER (L.), L'origine des Celtes (_L'A._, XIV, 1903), et d'autres publications du
même auteur.
(2) Communication verbale à l'auteur.
(3) SERGI (G.), The Mediterranean Race. Londres, 1901.

l'Afrique du Nord et de l'Asie antérieure que l'Europe doit l'importation de la civilisation néolithique, des constructions mégalithiques et peut-être aussi la découverte des industries métallurgiques primitives. D'après Giuffrida-Ruggeri, l'*Homo mediterraneus* a dû naître par croisement d'un type équatorial ou proto-éthiopique avec un type plus septentrional comme Cro-Magnon (1). C'est là une pure supposition, car tout porte à croire à la très haute antiquité du type méditerranéen.

L'*Homo alpinus* ne saurait être que d'origine asiatique. Il se rattache à l'immense stock de brachycéphales de l'Asie centrale, lequel comprend à la fois des Blancs et des Jaunes (Mongols). C'est probablement des régions ouralo-altaïques que sont partis les premiers brachycéphales en marche vers l'Europe occidentale. Ils avaient alors quelques caractères mongoloïdes qu'ils semblent perdre peu à peu en avançant vers l'Ouest. Leur migration a dû commencer dès la fin de la période glaciaire, en même temps que celle de la faune des steppes de leurs pays d'origine. Au début, cette migration s'est faite lentement, plutôt par infiltration que par véritable invasion. Plus tard, vers la fin du Néolithique, elle semble avoir été plus massive. Les Hommes bruns, à tête ronde, deviennent brusquement très nombreux dans nos régions à l'âge du Bronze (2). De sorte qu'ils ont servi d'introducteurs et de propagateurs en Occident à la civilisation méditerranéenne qu'ils ont reçue du Sud. Leur répartition actuelle, résultat, nous l'avons vu, de mouvements migratoires multipliés, accuse nettement leur origine. Il forment comme une vaste traînée, très large au départ, c'est-à-dire en Asie, et qui, dirigée de l'Est vers l'Ouest, diminue progressivement et finit en pointe vers la Bretagne française. C'est l'extrémité du coin enfoncé entre le domaine des dolichocéphales blonds du Nord, l'*Homo nordicus*, et celui des dolichocéphales bruns du Sud, l'*Homo mediterraneus* (3).

---

(1) GIUFFRIDA-RUGGERI, Quatro crani preistorici dell' Italia meridionale e l'origine dei Mediterranei (*Archivio per l'Antrop. e la Etnol.*, LXV, 1916).

(2) HERVÉ (G.), L'ethnologie des populations françaises (*Revue de l'Ecole d'Anthrop.*, IV, 1896).

(3) Je dois ajouter que les vues ici exprimees ne sont pas celles de tous les anthropologistes. Il en est qui considèrent les brachycéphales européens comme autochtones. D'après Bogdanow, Ranke, Lissauer, etc., la forme de la tête peut varier assez rapidement sous l'influence des milieux et des conditions géographiques. Pour Giuffrida-Ruggeri, l'*Homo alpinus* n'est pas venu de l'Asie; il s'est développé sur place, dans les contrées montagneuses.

CONCLUSIONS.
____

Tel est, réduit à ses grands traits, le tableau que l'Anthropologie peut essayer de tracer aujourd'hui, avec les faibles ressources dont elle dispose, des mélanges et des transformations subis par les groupements humains qui se sont disputé le territoire européen, depuis la fin des temps paléolithiques. Ce tableau à vol d'oiseau, bien que très schématique, est probablement inexact sur beaucoup de points. A défaut d'autres mérites, il a celui de s'appuyer exclusivement sur la notion de race, dans le sens réel du mot, et nullement dans le sens que lui prêtent encore trop souvent les historiens et même quelques anthropologistes ; il est dessiné dans un sentiment de naturaliste, plus conforme aux lois biologiques et par suite peut-être aussi plus explicatif.

Nous sommes ainsi conduits à voir sous un autre angle, d'un point de vue offrant de nouvelles perspectives, la succession, des événements humains que la préhistoire et l'histoire cherchent à reconstituer. Nous pouvons ainsi mieux apprécier, parmi les multiples facteurs des évolutions des peuples, ceux qui relèvent directement de la biologie générale, notamment la double influence de l'hérédité et des milieux, causes profondes, persistantes et qui restent souvent voilées sous l'accumulation de causes d'ordre plus strictement humain, peut-être d'importance égale, mais certainement plus superficielles, et plus éphémères.

CHAPITRE X

LES HOMMES FOSSILES HORS DE L'EUROPE

Il semblerait qu'après avoir traité des Hommes fossiles de l'Europe, la plus grande tâche restât à accomplir, puisque la superficie de notre continent est bien petite par rapport à la surface totale de la terre ferme. La vérité, c'est qu'en dehors de notre pays et des pays voisins, la Paléontologie humaine est d'une lamentable pauvreté.

Certes, dans le monde entier, on a recueilli les témoignages archéologiques d'un passé antérieur à l'histoire et remontant souvent aux temps géologiques, mais, en dehors de l'Europe, aucune contrée ne nous a livré un ensemble de faits comparable à celui que je viens d'exposer. La plupart des documents archéologiques consistent maintenant en trouvailles isolées, éparses ; ils proviennent de gisements peu étudiés au point de vue stratigraphique ; leur chronologie relative est donc loin d'être établie, sauf dans quelques rares localités. Et c'est ici qu'il y a lieu de redoubler de prudence dans l'interprétation des faits ethnographiques et de se rappeler que ressemblance ne veut pas toujours dire synchronisme ou descendance. Sur certains points d'un continent, l'âge de la Pierre paraît remonter dans le passé aussi loin qu'en Europe ; sur d'autres points du même continent, cet âge s'est continué jusqu'à nos jours.

La documentation paléontologique est encore plus réduite que la documentation archéologique. Nous ne possédons presque rien en fait d'Hommes fossiles. D'assez nombreuses découvertes de crânes ou de squelettes ont été faites, notamment dans les deux Amériques. Elles n'ont pas la haute antiquité et l'importance qu'on avait cru pouvoir leur attribuer : la plupart n'ont pas résisté à la critique, de sorte que l'inventaire de la Paléontologie humaine nous apparaît, en dehors de l'Europe, comme des plus misérable.

Je vais le présenter à grands traits en examinant successivement l'Asie, l'Australie, l'Afrique et l'Amérique.

ASIE ET MALAISIE

Dans toutes les contrées habitables du grand continent asiatique, on observe des monuments des âges de la pierre. Partout il s'y rattache des légendes ou des superstitions ; de même qu'en Europe, les armes de pierre sont regardées comme des produits du ciel, de la foudre, ou sont employées à des pratiques magiques, pour guérir des maladies.

ASIE ANTÉRIEURE. — Les premières trouvailles scientifiques ont été faites dans l'Asie antérieure, dont le littoral n'est que la continuation de notre littoral méditerranéen et où, par suite, il n'est pas étonnant de constater des faits très analogues à ceux de la plus vieille préhistoire européenne.

Dès 1864, Louis Lartet (1) retrouva, dans le Liban, une station préhistorique découverte trente ans auparavant par Botta et dont le contenu, ossements d'animaux et silex taillés, lui rappela tout à fait les stations du Périgord que son père Edouard Lartet commençait alors à faire connaître. Depuis cette époque, la Palestine et toute la Syrie ont été visitées par de nombreux archéologues ; quelques fouilles ont été faites dans des grottes ou des gisements en plein air ; des collections ont été constituées. C'est par centaines qu'on peut compter aujourd'hui les localités préhistoriques déjà repérées ou signalées dans cette région de l'Asie antérieure par Richard, Cazalis de Fondouce, Morestin, Arcelin, Chantre, de Morgan, Zumoffen, Blanckenhorn, Arne, Desribes, Neophytus, etc.

Au point de vue archéologique, on retrouve ici toutes les formes d'armes ou d'instruments de nos âges de pierre : types chelléens ou acheuléens (fig. 211), moustiériens, aurignaciens et même magda-

---

(1) LARTET (Louis), Note sur la découverte de silex taillés en Syrie (*Bull. de la Soc. géolog. de France*, 2ᵉ série, t. X.II, 1865).

léniens ou aziliens. Le Néolithique n'est pas moins riche en haches polies et pointes de flèches semblables aux nôtres **(1)**.

Le Paléolithique en place est, comme en Europe, accompagné d'une faune ancienne, comprenant des espèces éteintes ou émigrées. Les brèches osseuses à silex taillés sont parfois des roches dures comme celles de nos grottes françaises. Dans l'antiquité classique, ces brèches ont fourni des moellons pour construction. Les Romains

Fig. 211. — Silex taillés de Syrie. (D'après F.-J. ARNE).

ont taillé une route à travers les brèches de Ras el Kelb en Phénicie. Dans la plaine de Raphaïm, au Sud de Jérusalem, des silex taillés, chelléens ou acheuléens, se trouveraient dans des graviers anciens. Tout, dans le dispositif géologique, dénote donc qu'il s'agit bien de gisements remontant aux temps pléistocènes.

Quand le Néolithique apparaît, on est en présence de l'état

---

(1) ZUMOFFEN (G.). L'âge de la pierre en Phénicie (*L'A.*, VIII, 1897). La Phénicie avant les Phéniciens. Beyrouth, 1900. — BLANCKENHORN (M.), Ueber die Steinzeit und die Feuersteinartefakte in Syrien-Palestina (*Zeitschrift für Ethnologie*, XXXVII, 1905). — NEOPHYTUS (Frère), La Préhistoire en Syrie-Palestine. (*L'A.*, XXVIII, 1917).

physique actuel. Ce Néolithique, très abondant, n'est pas toujours de surface. Pour le trouver en profondeur, c'est à la base des *tells*, c'est-à-dire des collines artificielles produites par les décombres des villes et villages de l'antiquité classique ou préhistorique, qu'il faut le chercher. Ces faits, et d'autres encore, s'élèvent victorieusement contre les idées surannées des archéologues classiques déclarant que notre Paléolithique ne saurait être plus ancien que les vieilles civilisations de la Chaldée ou de l'Egypte.

Les découvertes, d'abord localisées en Syrie, n'ont pas tardé à s'étendre et à se multiplier. Dès 1878, Cartailhac (1) a pu dresser un inventaire de l'âge de la pierre en Asie. Depuis cette époque, cet inventaire a considérablement grossi. Je ne puis signaler ici que les faits les plus importants.

L'Asie mineure et la Perse, pays de montagnes et de hauts plateaux, en grande partie recouverts de glaces ou de neiges pendant le Pléistocène, se montrent fort pauvres en Paléolithique. J. de Morgan a exploré sans résultats de grandes masses d'alluvions anciennes descendues des montagnes. Mais il a été plus heureux dans les plaines basses, où des stations renferment à la fois du Paléolithique et du Néolithique. Celui-ci s'observe partout, au Sinaï, en Arabie, en Mésopotamie, et jusqu'à Suse où il a été révélé par les belles fouilles de J. de Morgan et de Mecquenem (2).

ASIE CENTRALE. SIBÉRIE. — Dans le Turkestan, les recherches de Pumpelly (3) lui ont permis de retrouver les traces de cinq civilisations successives, allant du Néolithique à nos jours. La plus ancienne daterait de 8000 ans avant notre ère. Dans le Turkestan chinois, le Dr Vaillant a signalé des dessins rupestres et des haches polies.

Vers le Nord, nous aurons à enregistrer en Sibérie diverses découvertes dues aux explorateurs russes. La plus importante est celle d'Aphontova, près de Krasnoïarsk, au Nord du massif de l'Altaï riche en cavernes à ossements. Le gisement décrit par Savenkov, de Baye

(1) Cartailhac (E.), L'âge de la pierre en Asie (*Congrès des Orientalistes*, 3e session, Lyon, 1878).

(2) Morgan (J. de), Les premières civilisations. Paris, 1909.

(3) Pumpelly (R.), Explorations in Turkestan... Washington. Carnegie Institution, 1908.

et Volkov (1), est une station paléolithique en place, dans une terrasse supérieure de l'Iénisséi, à 15 ou 18 mètres au-dessus du fleuve. Les graviers de cette terrasse, utilisés comme ballast, sont surmontés d'un dépôt de limons, ou *lœss*, renfermant une riche faune pléistocène, avec Mammouth, Rhinocéros tichorhine, Renne. Les pierres travaillées se trouvent en abondance à la base des limons, à leur contact avec les graviers. Ce sont des instruments fabriqués avec des galets de quartzite, taillés sur une ou deux faces,

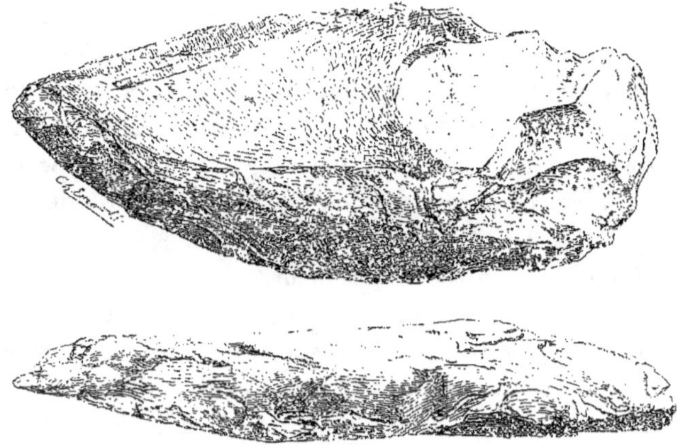

Fig. 212. — Racloir en quartzite d'Aphontova-Gora. Grandeur naturelle. (D'après Dr BAYE et VOLKOV).

suivant les modes moustiérien ou chelléen (fig. 212). Avec ces objets en pierre, il en est d'autres en os, en bois de Renne, en ivoire de Mammouth. Ce niveau, essentiellement paléolithique, analogue au point de vue géologique à nos gisements alluviaux européens, est tout à fait indépendant du Néolithique de la région qui a laissé des témoins caractéristiques dans la terre végétale recouvrant le lœss. Krasnoïarsk, situé par une latitude d'environ 56°, paraît être la station paléolithique pléistocène la plus septentrionale qu'on connaisse. Ici les grandes nappes glaciaires ne se sont pas avancées aussi loin vers le Sud qu'en Europe.

---

(1) SAVENKOV, Sur les restes de l'époque paléolithique dans les environs de Krasnoïarsk (*Congrès intern. d'anthrop. et d'archéol. de Moscou*, t. I, 1892). — BAYE (Baron de) et VOLKOV, Le gisement paléolithique d'Aphontova-Gora (*L'A.*, X, 1899).

Savenkov a relevé, sur des rochers de la Sibérie occidentale, de curieuses gravures et peintures qui sont parfois d'un joli caractère et rappellent alors les produits de notre art paléolithique.

Parmi les autres localités intéressantes de la Sibérie, au point de vue qui nous occupe, on peut encore citer les environs de Tomsk, Irkoutsk, les bords du lac Baïkal. Dans le gouvernement d'Irkoutsk, Vitkovsky a fouillé des tombeaux à mobilier néolithique de caractère archaïque, et dont les cadavres humains avaient été recouverts d'ocre rouge comme ceux de notre âge du Renne. Plus au Nord, dans la Sibérie orientale, près de Olekminsk, les terrains qui bordent la Léna renferment des pointes de flèches en silex, des outils en ivoire de Mammouth, modestes monuments d'un âge de la pierre qui règne encore ou régnait naguère chez les populations circumboréales dont nous venons d'atteindre les territoires.

Revenant vers le Centre du continent, nous avons à signaler les recherches de M. et Mme Torii en Mongolie orientale, couverte d'une incroyable quantité de vestiges et de ruines. Les objets en pierre, haches, couteaux, racloirs, flèches, sont néolithiques. D'après les auteurs, cette région et aussi la Mandchourie, la Corée, le Japon et même la Chine n'auraient pas de Paléolithique. En Asie la période de la pierre polie serait moins nettement séparée de la période de la pierre taillée qu'en Europe (1).

Mais toutes ces contrées sont riches en reliques préhistoriques allant de l'âge de la Pierre à l'âge du Fer. Le littoral de la Mandchourie (Port-Arthur), de l'Amour, du Japon possède de nombreux amas de coquilles et de débris de cuisine analogues à ceux du Danemark. Parfois fort élevés au-dessus du niveau actuel de la mer, ils renferment un outillage néolithique d'un caractère spécial.

Ces mêmes pays, ainsi que la Corée, sont couverts de monuments mégalithiques.

La préhistoire chinoise est encore à peu près inconnue; nous savons cependant qu'elle a connu une phase néolithique.

---

(1) Torii (R.) et Torii (Kimico), Etudes archéologiques et ethnologiques (*Journal of College of Science*, XXXVI. Tokyo, 914).

ASIE MÉRIDIONALE.   L'Asie méridionale est beaucoup plus
riche. Les vieux âges de la pierre y sont
représentés par de nombreux gisements dont quelques-uns remontent à un lointain passé géologique.

Un géologue anglais, Nœtling, a signalé la présence de silex taillés

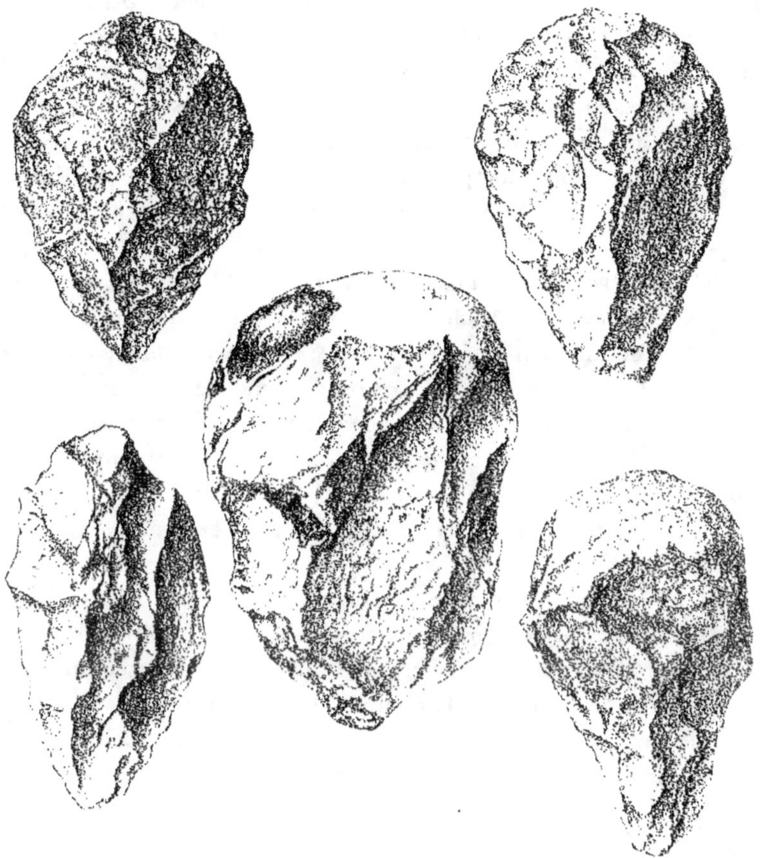

Fig. 213. — Quartzites taillés de l'Inde. (D'après Ball).

dans un conglomérat pliocène de la Birmanie centrale. Ce ne
sont probablement que des éolithes naturels (Voy. p. 129). Mais un
peu partout, dans l'Inde, des pierres taillées de style paléolithique
se rencontrent à la surface du sol. Dès 1866, Foote (1) découvrait

(1) Foote (R. Bruce), Diverses publications, notamment dans le *Congres intern.
d'arch. et d'anthrop.*, 1868, p. 224.

des quartzites taillés en amande dans les dépôts de latérite (1) des environs de Madras, dont la formation remonte au moins aux temps pléistocènes (fig. 213). Depuis cette époque, les trouvailles de ce genre se sont multipliées. Seton-Karr attribue aux quartzites des latérites une antiquité de 250.000 ans.

D'autres pierres taillées ont été trouvées en place dans les alluvions anciennes de nombreux cours d'eau : la Narbada, la Godavery, les affluents de la Kistna, etc., dans une caverne du district de Karnul. La faune qui accompagne les objets est en grande partie composée d'espèces éteintes, et plusieurs de ces espèces remontent aux temps pliocènes. Le problème de l'antiquité de l'Homme se présente donc ici sous le même aspect qu'en Europe (2).

Le Banda, district montagneux du N.-O. de l'Inde, possède des cavernes et abris sous roches où l'on a trouvé des instruments de pierre, notamment de petits silex de forme tardenoisienne (Voy. p. 334) et des dessins à l'ocre rouge analogues à certaines productions de notre âge du Renne. Récemment, des peintures préhistoriques, représentant des scènes de chasse et ressemblant extraordinairement à celles de Cogul (Espagne), ont été découvertes dans une caverne près de Raigarh, dans les provinces centrales de l'Inde anglaise.

La Néolithique se rencontre un peu partout en Asie méridionale. Dans le N.-E. du Béloutchistan, il y a des collines artificielles avec instruments en pierre et armes de bronze. Des haches polies, des pointes de flèches, etc. ont été recueillies en abondance dans l'Inde, la presqu'île Malaise, au Cambodge, au Tonkin, etc. Je ne citerai que pour mémoire les monuments mégalithiques si nombreux dans le Dekhan et qui s'observent jusque dans les montagnes de l'Assam.

L'île de Ceylan a été étudiée, au point de vue anthropologique, par F. et P. Sarasin. On n'y a pas trouvé d'instruments chelléens

---

(1) La *latérite* est une terre rouge, argileuse, produite par la décomposi ion des roches sous-jacentes et très répandue dans les régions tropicales.

(2) BALL (V.), On the forms and geographical distribution of ancient stone implements in India (*Proceed. of the Royal irish Academy*, 1878). — LOGAN, Old chipped siones of India, 190 . — OLDHAM (R. D.), A manuel of the Geology of India. 2° éd., Calcutta, 1893. — FOOTE, The Foote collection of Indian prehistoric and prohistoric antiquities. Notes on their ages and distribution. Madras Museum, 1916.

comme dans l'Inde. Mais ses cavernes, où vivaient et où vivent encore les misérables Veddas, renferment un outillage en quartz, rappelant notre industrie paléolithique de La Madeleine.

Les mêmes explorateurs ont porté leurs investigations sur Célèbes et Sumatra. Ici encore les cavernes ont livré un matériel lithique semblable à celui de Ceylan et comparable à celui de nos grottes de l'âge du Renne. Ces diverses îles auraient été habitées, à une époque reculée, par une race primitive, de petite taille, dont les descendants, plus ou moins métissés, constituent les groupes résiduels des Veddas de Ceylan, des Kubus de Sumatra, des Toalas des Célèbes, des Senois du continent (1).

En somme, le peu que nous savons de la préhistoire asiatique nous permet d'affirmer qu'elle remonte, sur certains points tout au moins, aussi loin dans le passé qu'en Europe. Les quelques faits que je viens d'énumérer montrent déjà une diversité accusant, dans les grandes lignes, une succession d'époques ou d'états comparable à la succession européenne : Paléolithique, du Bronze et du Fer. Il n'y a peut-être pas synchronisme, mais il y a *homotaxie*. Un jour viendra où la science pourra établir, pour chaque grande région de l'Asie, une succession plus détaillée, avec des parallélismes et des synchronismes d'une région à l'autre (2). Tout porte à croire que c'est dans l'Asie occidentale et méridionale, si riches en fossiles tertiaires et quaternaires, que se feront les découvertes les plus précieuses, sinon les plus décisives.

DOCUMENTS OSTÉOLOGIQUES. — Nous connaissons la richesse des dépôts fossilifères des collines sub-hymalayennes, qu'on nomme les Siwaliks, en Mammifères de toutes sortes et notamment en restes de Singes anthropomorphes. Il est surprenant qu'on n'y ait encore trouvé aucun débris osseux pouvant se rapporter à l'Homme ou à son précurseur immédiat. Il est vrai que Pilgrim considère le *Sivapi-*

---

(1) SARAZIN (Paul et Fritz), Ergebnisse naturwissenschaftlicher Forschungen auf Ceylon. Bd. IV. Die Steinzeit auf Ceylon. Wiesbaden, 1908. — Versuch einen Anthropologie der Inseln Celebes, 1905. — Neue lithochrone Funde im Innern von Sumatra. Bâle, 1914.

(2) MITRA (Panchauan), Prehistoric cultures and races of India (*The Calcutta University, Journal of the department of Letters*, 1920). L'impression de ce livre était très avancée quand j'ai reçu ce mémoire, où l'auteur s'efforce de systématiser la préhistoire indienne, depuis les temps les plus reculés, en comparaison avec celle de l'Europe occidentale. Je n'ai pu l'utiliser suffisamment pour la rédaction de ce chapitre, mais je devais le signaler à mes lecteurs.

thecus comme réalisant une forme ancestrale, mais nous avons vu que cette opinion n'est pas fondée (V. p. 87).

Il est à désirer, et il est très possible, que l'avenir nous réserve d'heureuses surprises, car, pour le moment, en dehors du Pithécanthrope de Java, auquel j'ai consacré un chapitre spécial, je n'ai à signaler pour toute l'Asie que deux trouvailles vraiment paléontologiques (1).

Zumoffen a extrait de la grotte d'Antelias, en Phénicie, quelques

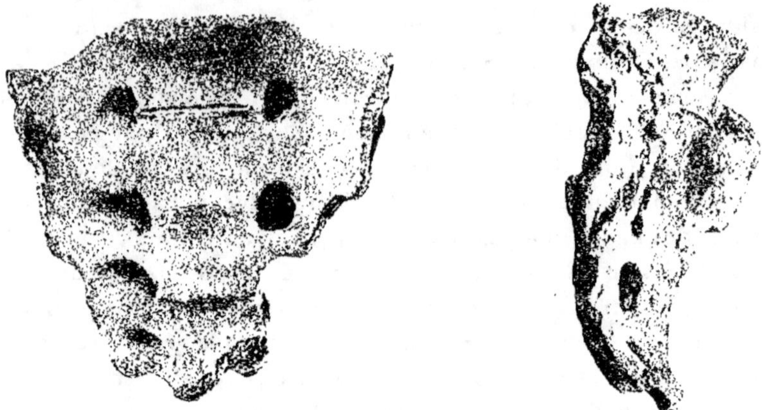

Fig. 214. — Sacrum humain du lœss de Ho-nan. 1/2 de la grandeur naturelle. (D'après Matsumoto).

ossements humains se rapportant à plusieurs individus et peut-être d'âge aurignacien.

En 1915, le paléontologiste japonais Matsumoto (2) a décrit un sacrum humain trouvé dans un dépôt de lœss de Ho-nan (Chine) avec des ossements d'animaux, notamment d'un Éléphant voisin du Mammouth. Les caractères les plus remarquables de ce sacrum seraient une faible courbure et une diminution très graduelle des dimensions des vertèbres sacrées, de la première à la dernière (fig. 214). Il différerait ainsi des sacrums d'Hommes actuels pour se rapprocher du sacrum de l'*Homo Neanderthalensis*. Le principal intérêt de cette découverte consiste dans l'espoir qu'elle

---

(1) Il y a, dans le mémoire de Mitra, cité plus haut, l'indication, sans détails, de crânes humains trouvés par M. Réa à Adichannanliu.

(2) Matsumoto (H.), On some fossil Mammals from Ho-nan, China (*Science Reports of the Tôhoku Imperial University*, 1915).

fait naître pour l'avenir. Elle prouve qu'il y a des restes d'Hommes fossiles dans le Pléistocène chinois.

On a décrit un certain nombre de crânes recueillis dans des sépultures antiques ou des gisements préhistoriques, mais ces documents ne paraissent pas remonter au delà des temps actuels. Ils se rattachent tout au plus au Néolithique. Ils nous apportent cependant une notion intéressante que l'archéologie pouvait nous faire prévoir, c'est que l'Asie, comme l'Europe, a été le théâtre de grands changements de population. La plupart de ces crânes, en effet, appartiennent à des races différentes de celles qui occupent actuellement les pays où ils ont été découverts.

C'est ainsi que deux crânes des stations préhistoriques de la Transbaïkalie sont dolichocéphales; ils rappellent les crânes des kourganes ou tumulus de la Russie méridionale et diffèrent totalement des types brachycéphales actuels de la région.

Les kourganes de la Sibérie, d'âges très divers, renferment des crânes de formes très différentes. Avec des spécimens semblables à ceux des Mongols et des Ostiaks, il y a des formes dolichocéphales analogues à ceux des kourganes russes (1). L'anthropologiste américain Hrdlička (2) croit avoir retrouvé, dans les kourganes de la Sibérie, de la Mongolie et du Tibet, les squelettes des représentants de la race qui a peuplé l'Amérique.

Le Professeur Verneau (3) a décrit trois crânes provenant des dépôts d'allure néolithique d'une caverne du Tonkin. Ces crânes se rapprochent par leur disharmonie de ceux de notre race de Cro-Magnon. Il n'ont pas appartenu à des Mongols, ce sont plutôt des Blancs que des Jaunes.

Enfin, d'après les frères Sarasin, Ceylan, Sumatra, les Célèbes auraient été habitées à une époque reculée par une race primitive, de petite taille, simple variété probablement du type Negrito, sur l'antiquité et l'ancienne extension duquel Quatrefages a tant insisté dans ses écrits.

---

(1) Zaborowski, *Bull. de la Soc. d'Anthrop. de Paris*, 1898.
(2) Hrdlička (A.), *Congrès intern. d'Anthrop. et d'Archéol.* Genève, 1912.
(3) Verneau (Dr R.). Les crânes humains du gisement préhistorique de Pho-binh-Gia, Tonkin (*L'A.*, XX, 1909).

AUSTRALIE

GÉNÉRALITÉS.   L'Australie est le plus petit, mais le plus singulier des continents. Tout y paraît étrange et archaïque aux yeux du naturaliste. Sa végétation de Fougères arborescentes, de Cycadées, d'Araucarias, de Palmiers, de Mimosas, d'Eucalyptus, de buissons épineux, rappelle celle de l'ère secondaire. Dans les mers qui l'entourent, on retrouve les Coraux, les Trigonies, les Nautiles de nos mers jurassiques et crétacées. Dans ses rivières vit encore le *Ceratodus*, ce curieux poisson amphibie qui fut découvert d'abord dans les terrains du Trias européen. La terre ferme est peuplée d'une faune de Mammifères très spéciale, ne comprenant guère, avec le type tout à fait primitif, encore reptilien, des Monotrèmes, que des formes restées presque toutes à l'état de Marsupiaux. Cette faune représente aussi un legs des temps secondaires, d'ailleurs considérablement accru et diversifié. Les populations humaines indigènes appartiennent également à l'une des races actuelles les plus primitives.

La plupart de ces caractères généraux de l'Australie s'expliquent par son histoire géologique et sa paléogéographie. La majeure partie de sa surface est restée émergée pendant les temps primaires et secondaires. L'Australie fut d'abord rattachée à un vaste continent antarctique, comprenant l'Afrique du Sud, Madagascar, l'Inde et que les géologues nomment le *continent de Gondwana*. Celui-ci ne tarda pas à se morceler ; il semble que, pendant la période crétacée, il y ait eu encore quelques communications temporaires avec l'Asie par les terres de l'archipel malais, mais dès la fin du Crétacé ou au début de l'ère tertiaire, l'Australie s'isola dans sa forme générale actuelle. Ainsi furent en quelque sorte emprisonnées, dans l'île immense, la flore et la faune qui régnaient alors dans le monde entier. Comme cet isolement paraît avoir persisté d'une manière plus ou moins parfaite jusqu'à nos jours, le monde organisé de l'Australie a dû continuer son évolution sur place, emprunter très peu au reste du globe et prendre peu à peu son aspect actuel. Cette évolution indépendante, exercée dans un sens très particulier, a produit cette extraordinaire diversité de Mammifères marsupiaux dont quelques-uns atteignaient naguère des tailles gigantesques.

LES AUSTRALIENS
ACTUELS.

Il est bien plus difficile d'expliquer le peuplement de l'Australie par l'Homme ; celui-ci ne saurait être qu'un des derniers venus, à moins de croire, avec Schœtensack, que l'Aus-

Fig. 215. — Différents types de la tribu des Aruntas. (D'après Spencer et Gillen).

tralie est le lieu d'origine de notre espèce, ce qui ne paraît guère admissible (1).

Quand les premiers navigateurs européens débarquèrent en

(1) Schœtensack, Die Bedeutung Australiens für die Heranbildung der Menschen aus einer niederen Form (*Zeitschrift für Ethnologie*, XXXII, 1901).

Australie et en Tasmanie, ils y trouvèrent des Hommes d'un aspect étrange, misérable, aux mœurs de cannibales et ils n'hésitèrent pas à les comparer à des Singes : « Chimpanzés sans queue », disaient des Anglais. Les Tasmaniens n'existent plus ; ils ont été anéantis par la « guerre noire » que leur firent les colons et aussi par l'alcool, la syphilis, la phtisie pulmonaire. Les Australiens sont

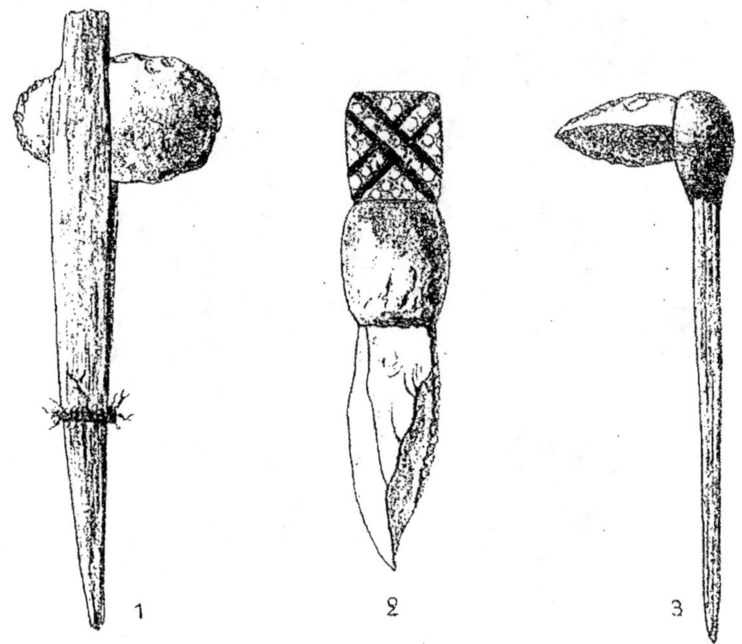

Fig. 216. — Armes de l'Australie centrale (tribu Warramunga).
1, Hache de pierre emmanchée dans une branche d'arbre repliée et serrée au moyen d'une cordelette de cheveux ; 2, couteau de pierre emmanché avec un morceau de bois décoré et maintenu par de la résine ; 3, pic en pierre emmanché dans un morceau de bois fendu et maintenu par de la résine. (D'après SPENCER et GILLEN).

encore nombreux. Ils ont été bien étudiés à tous les points de vue et ils sont loin de nous apparaître aujourd'hui comme les bêtes sauvages dont parlaient les premiers explorateurs (1).

___

(1) Voir surtout SPENCER et GILLEN, The native Tribes of Central Australia. Londres, 1899. The Northern Tribes of Central Australia. Londres, 1904. Across Austral a. Londres, 1912, 2 vol. — SPENCER, Native tribes of the Northern territory of Australia. Londres, 1914. — Voir aussi : BROUGH SMITH, The Aborigenes of Victoria. Londres, 1878. — THOMAS, Natives of Australia. Londres, 1906. — HOWITT, Native tribes of South-East Australia. Londres, 1904, etc.

Malgré de nombreuses différences, correspondant aux diverses régions de l'Australie, les traits communs suffisent pour réaliser un type qui représente un échantillon bien net d'Humanité primitive (fig. 215). Il semble que les Tasmaniens étaient de race plus pure, se rapprochant davantage des premiers arrivants. Les Australiens seraient aujourd'hui des Tasmaniens mêlés de Papous et de Malais

Fig. 217. — Peintures australiennes sur rochers. — En haut, mains en épargne sur couleur blanche et divers signes. En bas (fig. 3), un homme et (f g. 4) des mains rouges unies par un trait et un cercle en rapport avec un boomerang. (D'après MATTHEWS).

de ces métissages résulte la variété assez grande qu'on observe dans les populations actuelles.

On comprend que les anthropologistes aient étudié ces Hommes avec une ardente curiosité, car, par certains de leurs caractères physiques, ils rappellent nos Hommes fossiles et ils vivent dans un état analogue, sinon semblable à celui où devaient vivre nos populations paléolithiques. Leurs armes de pierre ressemblent souvent à nos silex taillés de Saint-Acheul et du Moustier (fig. 216); leurs armes de jet rappellent celles de nos chasseurs de l'âge du Renne (propulseurs); ils ont des objets religieux ou magiques, les

« churingas », qui se laissent comparer aux cailloux peints du Mas d'Azil. Ils ornent leurs abris rupestres ou leurs cavernes de peintures qui ne sont pas sans ressemblances avec celles de nos cavernes préhistoriques ; on y retrouve les mêmes dessins de mains avec parfois les mêmes mutilations des doigts (fig. 217). Ces témoignages matériels d'une culture primitive sont liés à des mœurs, des pratiques sociales, religieuses ou magiques qu'on peut encore étudier sur place et qu'on a voulu, par raison d'analogie, attribuer à nos troglodytes.

De sorte que les préhistoriens se sont attachés à établir de fort intéressants parallélismes entre nos ancêtres paléolithiques et les Australiens actuels. M. Sollas a tracé de ces parallélismes un tableau des plus vivant (1).

La paléontologie humaine devrait donc être particulièrement instructive en Australie. Malheureusement ses données se réduisent encore à bien peu de chose.

Examinons d'abord le côté archéologique.

DOCUMENTS ARCHÉOLOGIQUES. — Les produits d'industries lithiques ne manquent pas en Australie ; ils y sont même très abondants. Tous les musées, notamment celui de Melbourne, sont riches en instruments de pierre, les uns polis, les autres simplement éclatés. On y voit la plupart des types sur lesquels nos préhistoriens d'Europe basent leurs classifications, depuis les « éolithes » jusqu'aux grandes et belles haches polies, en passant par les formes chelléennes, moustiériennes, les lames et couteaux aurignaciens ou magdaléniens, voire même les silex pygmées.

Mais ici ces diverses formes seraient contemporaines ; elles étaient, dit-on, toutes employées au moment de l'arrivée des premiers Européens. Comme on les recueille à la surface du sol, on n'a guère le moyen de distinguer les objets récents

---

(1) SOLLAS (W.-J.), Ancient Hunters and their modern Repr.sentatives, 2e éd., Londres, 1915.

Les parallélismes de ce genre sont toujours des plus intéressants mais, à eux seuls, il ne suffisent pas pour démontrer l'étroite parenté des populations qui les présentent. En réalité, les ressemblances ethnographiques résultent souvent de ce que partout les mêmes nécessités entraînent les mêmes moyens. Que les Australiens rappellent nos Paléolithiques par leur outillage et même leurs mœurs, cela est certain, mais nous savons aujourd'hui, contrairement à ce qu'on a cru longtemps, qu'ils en diffèrent totalement par leurs caractères physiques. (V. p. 239).

des objets plus anciens (1). Peut-être l'examen des patines autoriserait des distinctions, mais je n'ai rien vu, dans les écrits des explorateurs, qui se rapporte à cette question. Et, d'ailleurs, ce moyen ne pourrait fournir que de vagues appréciations.

On a bien signalé une ou deux trouvailles de haches au sein d'alluvions, mais les faits sont rapportés d'une façon peu précise, et il y a lieu d'être sceptique quand on considère, avec Keane (2), que les explorations de graviers aurifères, qui ont porté sur des centaines de milliers de kilomètres carrés, n'ont encore rien livré de démonstratif.

Il y a, sur les côtes orientale et méridionale de l'Australie, de nombreux amas de coquilles et de cendres analogues à nos kjökkenmöddings. On y trouve des pierres et des os grossièrement travaillés, mais pas de poteries ni de pointes de flèches. Comme, d'autre part, l'étendue et la masse de ces monticules artificiels sont parfois considérables, on peut supposer que leur édification a duré longtemps et qu'ils remontent à une certaine antiquité.

L'étude de l'art rupestre conduit aux mêmes conclusions. Les gravures et peintures sont très répandues dans les districts où se trouvent des cavernes et des abris sous roches. Beaucoup de ces figurations, représentant toutes sortes d'animaux et des Hommes, groupés parfois en de véritables tableaux, sont l'œuvre des sauvages contemporains. Mais il en est qui, visiblement, sont plus anciens et Matthews (3) a cru pouvoir distinguer des productions artistiques de deux sortes qui devraient être attribuées à deux races différentes. D'après Basedow (4), les gravures sur rochers des monts Flinders seraient très anciennes, car elles sont aussi patinées que le reste de la roche qui les porte. Elles offrent d'ailleurs un style particulier et les aborigènes actuels de la région supposent qu'elles représentent l'œuvre de leurs ancêtres. En comparant cette patine avec celle de certains monuments égyptiens remontant à 5000 ans, Basedow la trouve au moins aussi développée. De plus, certains dessins

---

(1) Etheridge (R.), Has Man a geological history in Australia? 1890. — Giglioli (E.-H.), Le Eta della Pietra nell' Australasia. 1894. — Klaatsch, Die Steinartefakte des Australier und Tasmanier (*Zeitschrift für Ethnologie*, XL, 1908).

(2) Keane, Ethnology. Cambridge, 1896, p. 95.

(3) Mathews, Rock paintings and carvings of the Australian aborigènes (*Journal of Anthropological Institute*, XXIV, 1895; XXVII, 1898...)

(4) Basedow (H.), Aboriginal rock carvings of great antiquity in South Australia (*Journal of Anthrop. Institute*, XLIV, 1914).

représentent des empreintes de pieds ou de pattes qui ne sauraient guère être attribuées qu'à des animaux disparus : au *Genyornis*, qui était un Oiseau géant, au *Diprotodon*, marsupial gigantesque dont on a retiré des squelettes complets des dépôts du lac Callabonna (fig. 218). Il s'agirait donc ici d'un fait géologiquement ancien.

Il y a quelques trouvailles d'un caractère plus paléontologique.

Un moment, on a cru être en possession de traces irrécusables d'un Homme fossile remontant peut-être aux temps tertiaires. En 1898, Archibald, directeur du musée de Varnambool (Victoria) annonça la découverte d'empreintes de pas sur des plaques de grès d'origine marine et retirées d'une profondeur de 20 à 60 mètres. Ces sables

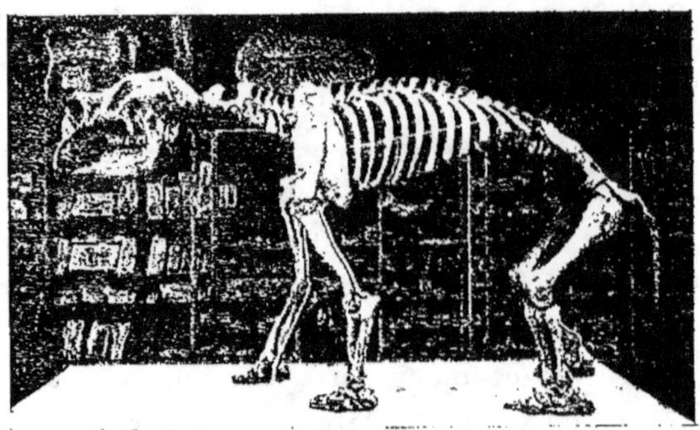

Fig. 218. — Squelette de *Diprotodon australis*, 1/50 de la grandeur naturelle. — Galerie de Paléontologie du Muséum.

concrétionnés représentent une vieille plage sur laquelle ont circulé des Kangourous, des Dingos, des Emous. Au milieu des pistes de ces animaux, d'autres paraissaient pouvoir n'être attribuées qu'à un Homme ayant laissé sur le sable mou, où il aurait marché et se serait assis, les empreintes de ses pieds et de ses fesses. Ces empreintes furent étudiées plus tard par le paléontologiste allemand Branco (1) qui fut frappé de leur étroitesse. Quelques années après, Nœtling (2), au cours d'une excursion en Tasmanie, observa sur la neige des pistes allongées, disposées par paires et ressemblant à s'y méprendre aux traces prétendues humaines des

(1) Branco (W.), Die fraglichen fossilen menschlichen Fussspuren... (*Zeitschrift für Ethnologie*, XXXVII, 1905).

(2) Nœtling (F.), Bemerkungen über die angebliche Menschenspur... (*Centralblatt für Mineralogie*, 1907).

grès de Varnambool. Or, ces pistes, remarquables par leur étroitesse, avaient été faites par des Kangourous. Cette observation paraît bien concluante.

On connaît en Australie, et depuis longtemps, d'assez nombreux gisements d'animaux fossiles remontant au Pléistocène et même au Pliocène : cavernes à ossements, telles que les *Wellington Caves*, ou dépôts alluviaux tels que ceux du lac Callabonna. On a extrait de ces gisements une foule de créatures des plus curieuses, notamment des Marsupiaux géants : *Nototherium*, *Diprotodon* (fig. 218), *Thylacoleo*, mais on n'a jamais trouvé la moindre pierre travaillée avec les débris de ces créatures disparues. Quelques faits permettent cependant de ne pas désespérer. De Vis a reconnu, sur une côte de *Nototherium*, des entailles qu'on peut attribuer à l'action humaine. Le Dingo, ce chien des indigènes, qui a dû arriver en Australie en même temps que son maître, a laissé des débris de son squelette dans ces ossuaires. Enfin une dent humaine a été retirée des dépôts d'une caverne de Wellington (1).

CRANE DE TALGAI.   Les choses en étaient à ce point bien peu satisfaisant quand, en 1914, au moment où éclatait la grande guerre, l'Association britannique pour l'avancement des sciences, réunie à Sidney, était saisie par MM. David et Wilson de la découverte d'un crâne humain fossile, effectuée près de Talgai, dans les Darling Downs, Queensland. Ce document a fait depuis l'objet de diverses communications ; il a été décrit récemment en un mémoire publié par A. S. Smith (2) et dont voici le résumé.

La découverte du crâne remonte à 1884. Il fut trouvé par un vieil ouvrier à une profondeur de 2 m. 50 environ. Le terrain qui le renfermait, déposé par un ruisseau, le Dalrymple Creek, est formé de deux couches. La couche supérieure est une terre végétale, noire, recouvrant une argile brun-rouge à nodules calcaires. Il semble que le crâne ait été extrait du sommet de cette seconde couche. On n'y a pas trouvé d'autres fossiles, mais des ossements de *Diprotodon*, de *Nototherium*, de *Megalania*, etc. ont été retirés des formations toutes semblables d'autres ruisseaux voisins de

---

(1) ETHERIDGE (R.), *Memoirs of the Australian Museum*, 1916.
(2) SMITH (S. A.), The fossil human skull found at Talgai, Queensland (*Philosop. Transactions* de la Société royale de Londres, série B, vol. 208, 1918).

celui de Talgai. Les restes de ces animaux éteints sont dans le
même état de fossilisation que le crâne humain, lequel était tout
incrusté de calcaire ferrugineux, à l'intérieur comme à l'extérieur

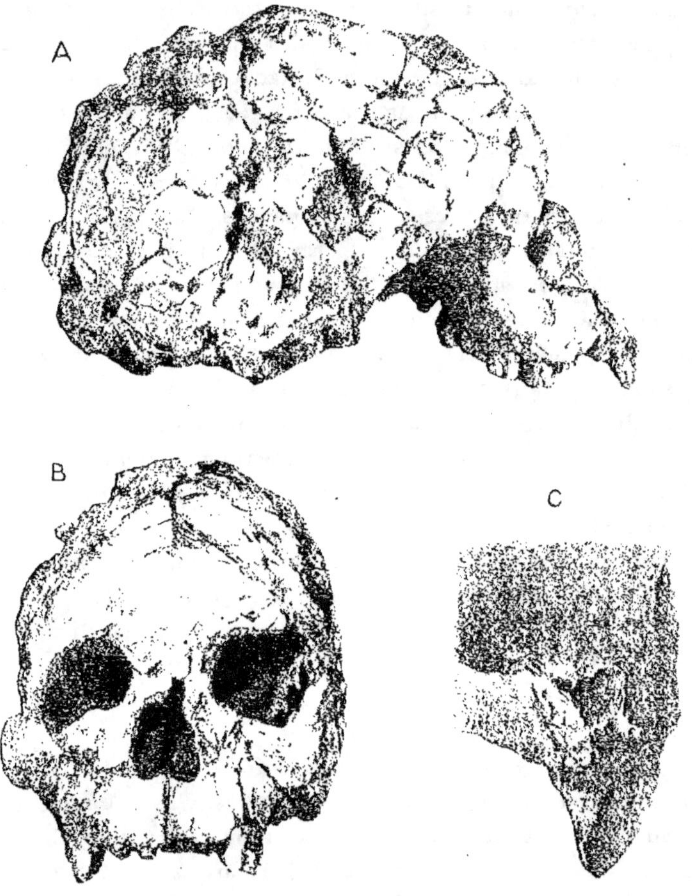

Fig. 219. — Crâne de Talgai. A, vu de profil ; B, vu de face. 1/3 de la grandeur
naturelle ; C, canine supérieure droite, grossie. (D'après A. S. SMITH).

Une fois dégagé et préparé, il apparut encore très fossilisé, mais
tout fracturé et fragile. La partie faciale est mieux conservée que la
partie cérébrale, qui a l'aspect d'une mosaïque de fragments osseux
(fig. 219). La densité d'un morceau de pariétal est de 2,79 ; il ne
contient plus que 3,60 p. 100 de matière organique.

Le crâne a appartenu à un sujet mâle, âgé de 14 à 16 ans. La superposition de ses divers profils et des profils de divers crânes d'Australiens modernes se fait d'une manière extraordinairement exacte. Le crâne de Talgai est donc essentiellement un crâne australien. Smith déclare que s'il avait été trouvé sans sa partie faciale, on n'aurait pas songé à lui attribuer la moindre importance au point de vue anatomique.

La face est, elle aussi, de type australien, mais elle offre des caractères plus primitifs que les crânes modernes. Le prognathisme facial est saisissant. Le front est fuyant mais sans grandes protubérances sourcilières (ce qui tient probablement à la jeunesse du sujet). L'orbite est grande, quadrangulaire ; les os nasaux partent d'une forte dépression ; le plancher des fosses nasales passe graduellement à la surface sus-alvéolaire des maxillaires qui sont volumineux.

La forme du palais est très primitive et les séries de molaires presque parallèles. Les canines sont énormes ; le sommet pointu de leur couronne dépasse de plusieurs millimètres la surface masticatrice générale. Deux facettes d'usure ont été produites par les contacts de la canine et de la prémolaire inférieures (fig. 219, C). La disposition de ces facettes diffère de ce qu'on observe normalement chez l'Homme pour se rapprocher de ce que montrent des crânes de jeunes Orangs et de jeunes Gorilles, bien qu'il n'y ait pas ici de vrai diastème au maxillaire pour recevoir la canine inférieure. Prémolaires et arrière-molaires sont très volumineuses.

La plupart de ces caractères peuvent se retrouver isolément sur des crânes de Tasmaniens ou d'Australiens modernes, mais il ne semble pas qu'ils aient été observés, simultanément et à un tel degré, sur aucun individu.

L'Homme de Talgai est donc du type australien et non du type tasmanien ; il représente un proto-Australien ayant acquis depuis longtemps un cerveau humain mais qui a conservé, dans sa face, un souvenir plus brutal de ses origines. Bien que l'âge géologique du crâne soit difficile à préciser, son état de minéralisation peut le faire considérer comme pléistocène. Ce serait le premier document établissant la haute antiquité de l'Homme en Australie, en dehors peut-être de la molaire humaine trouvée dans la caverne de Wellington (Nouvelles Galles du Sud).

Il reste beaucoup à chercher et à trouver en Australie pour résoudre les importants problèmes anthropologiques qui s'y posent.

AFRIQUE

GÉNÉRALITÉS.   L'Afrique doit avoir joué un rôle aussi important que celui de l'Eurasie en ce qui concerne les origines et l'histoire primitive de l'Humanité.

Les témoignages d'un très long passé se multiplient avec les progrès des explorations. Partout où l'Européen a pénétré, il a rencontré des traces d'un âge de la pierre ; en maints endroits il a recueilli des armes ou des outils semblables à ceux de notre plus vieux Paléolithique. Ici encore, ces objets sont ordinairement dispersés à la surface du sol. Dans les contrées colonisées depuis longtemps, où les études sont plus avancées, on a pourtant observé des gisements profonds, dans des conditions stratigraphiques ou paléontologiques se prêtant à des considérations chronologiques. Leur étude autorise cette conclusion capitale, et qu'on peut étendre à tout le continent, à savoir que la préhistoire africaine paraît être aussi vieille que celle de l'Eurasie.

Je ne saurais, sans m'écarter par trop du sujet principal de ce livre, exposer les découvertes déjà accomplies dans le domaine archéologique, même en les résumant beaucoup. Il y faudrait un volume dont l'intérêt et l'utilité seraient considérables. Il me suffira de donner un bref aperçu des connaissances actuelles en ne signalant que les faits principaux.

A tous égards, l'Afrique du Nord diffère beaucoup de l'Afrique centrale et méridionale, dont la sépare la grande zone désertique du Sahara. Elle ressemble au Sud de l'Europe par sa flore, par sa faune et par ses populations humaines de race blanche. L'Afrique du Nord est plutôt une terre méditerranéenne qu'une terre africaine. « Franchissons les solitudes désertiques, dit Hamy, tout change, plantes, animaux, et le Nègre apparaît. C'est l'Afrique vraie, le grand Continent noir (1). »

Nous savons, par la géologie, la paléontologie, la préhistoire, qu'il fut un temps où cette distinction en régions *holarctique* et *éthiopique* n'existait pas ou qu'elle était moins brutale. C'est peu à peu

---

(1) Voir GSELL (Stéphane), Histoire ancienne de l'Afrique du Nord, t. I. Paris, 1913.

que les différentes contrées africaines ont pris les aspects divers qu'elles offrent aujourd'hui. Avant son dessèchement, le Sahara n'était pas un désert, c'est-à-dire une barrière, mais un pont ; la faune éthiopienne, subtropicale s'étendait sur l'Afrique du Nord (1). L'Homme était partout : des pierres taillées, identiques à celles du plus vieux Paléolithique européen, se retrouvent les mêmes sur une foule de points formant une chaîne à peu près continue de l'extrême Nord à l'extrême Sud du continent.

ÉGYPTE. — C'est dans l'Afrique du Nord que les premières observations ont été faites. L'Egypte a été étudiée par les archéologues dès une époque où la notion de préhistoire existait à peine. En 1867, Worsaee signala les premiers silex taillés. Arcelin, Hamy et Lenormant les rapprochèrent des silex européens ; ils affirmèrent l'existence d'un Paléolithique égyptien bien antérieur aux plus vieux monuments de l'Egypte classique. Delanoue, John Evans, Haynes vinrent appuyer cette conclusion qui fut longtemps combattue par les égyptologues. Ceux-ci, trop impressionnés par le grand nombre de millénaires que représente l'histoire égyptienne et qui comptent à peine pour les géologues, ont longtemps conservé des idées fausses sur les questions d'origine. Pour nier la phase paléolithique, ils s'appuyaient sur le fait, d'ailleurs exact, que l'usage des outils en

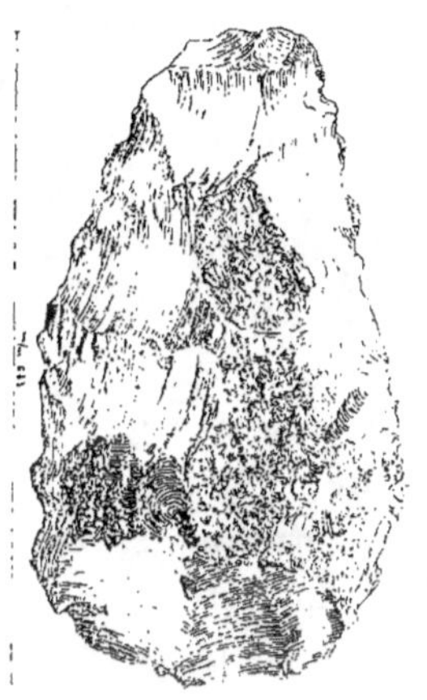

Fig. 220. — Silex taillé du désert d'Egypte. 1/4 de la grandeur naturelle. Collection Seton-Karr au musée de Saint-Germain. (D'après S. Reinach).

silex a duré longtemps après les premières dynasties. Mais il y a silex et silex. C'est principalement à notre éminent compatriote J. de Morgan que revient l'honneur d'avoir établi la distinction et définitivement prouvé l'existence, l'importance et l'antiquité géologique de l'âge de la pierre en Egypte (2).

(1) Boule (M.), Les Mammifères quaternaires de l'Algérie d'après les travaux de Pomel (*L'A.*, X, 1899).

(2) Morgan (J. de), Recherches sur les origines de l'Egypte. L'âge de la pierre et des métaux. Paris, 1896 Voir aussi Cartailhac, L'âge de la Pierre en Afrique (*L'A.*, III, 1892).

Il est vrai que les innombrables silex de formes chelléennes, acheuléennes ou moustiériennes de cette contrée (fig. 220) n'ont pas encore été trouvés en association avec une faune fossile, mais les caractères physiques de ces objets, leur patine, leur distribution topographique ou les conditions géologiques de leurs gisements suffisent à les faire remonter aux temps pléistocènes, c'est-à-dire à une époque où la vallée du Nil n'était pas encore complètement creusée, tandis que les monuments les plus anciens de l'Egypte classique et même de l'Egypte néolithique, ceux de Negadah et d'Abydos, vieux de 6000 ans, correspondent à une époque relativement très récente, pendant laquelle le pays avait déjà exactement sa physionomie actuelle.

Des pierres taillées, d'un aspect et d'un type tout aussi archaïques, ont été recueillies dans le désert libyque et dans la Haute-Egypte.

BERBÉRIE. — L'Afrique mineure, ou Berbérie, a livré depuis longtemps des faits décisifs. En 1875, Bleicher (1) découvrit des pierres taillées suivant le type de Saint-Acheul dans une formation alluviale pléistocène à Ouzidan, près de Tlemcen. Quelques années après, Pomel, Tommasini, Pallary décrivirent le gisement de Palikao (ou Ternifine), près de Tlemcen (2). Là, des pierres taillées par l'Homme, de formes chelléennes et moustiériennes, se rencontrent, avec de nombreux ossements de Mammifères disparus ou émigrés, notamment avec ceux d'une espèce éteinte, *l'Elephas àtlanticus*. Le gisement d'Aboukir, près de Mostaganem, la riche station du lac Karâr, toujours dans la province d'Oran, se présentent dans des conditions paléontologiques analogues (3).

En 1887, le Dr Collignon (4) observa, aux environs de Gafsa (Tunisie), dans des alluvions anciennes, une superposition de plusieurs industries lithiques dont la plus ancienne est identique à notre industrie chelléenne.

Entre temps et depuis, une foule de localités, grottes, abris sous roches ou stations en plein air ont été explorées dans toute l'Afrique

---

(1) In *Matériaux,* X, 1875, p. 196.
(2) *Bull. de la Soc. géolog. de France,* 3e série, t. VII, 1878, p. 44. — *Bull. de la Soc. d'Anthrop. de Paris,* 1883. — *Matériaux* 1888, p. 221.
(3) BOULE (M.), Station paléolithique du lac Karâr (*L A* , XI, 1900).
(4) COLLIGNON (D^r), Les âges de la pierre en Tunisie (*Matériaux,* XXI, 1887).

du Nord. La littérature préhistorique est devenue considérable. Parmi les travaux publiés, on doit citer, pour l'Egypte, ceux de Flinders Petrie, Henri et Jacques de Morgan, Forbes, Bissing, Beadnell, Schweinfurth, Blanckenhorn, etc. ; pour la Libye, ceux de R. Smith ; pour la Tunisie, ceux de Couillault, Schweinfurth, J. de Morgan, Capitan et Boudy, Dr Gobert, Latapie, Raygasse, etc. ; pour l'Algérie, ceux de Pallary, Doumergue, Debruge, Flamand, etc ;

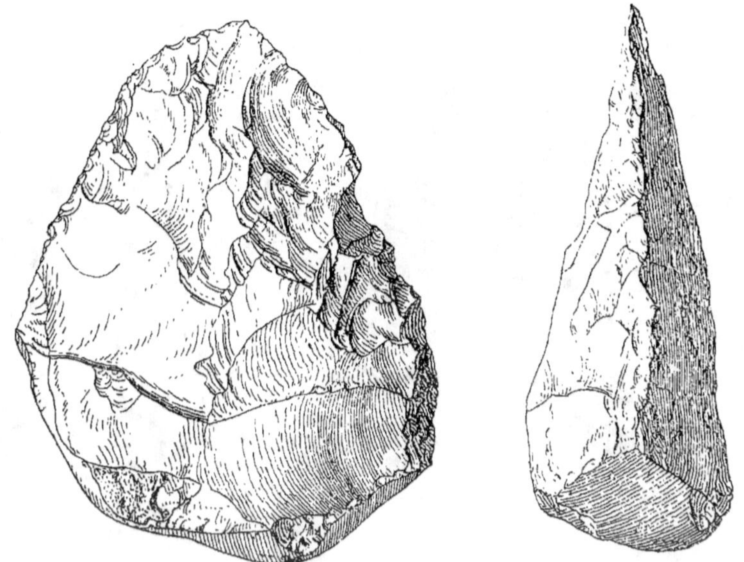

Fig. 221. — Silex taillé de Diabet (Maroc). 3/4 de la grandeur naturelle. (D'après PALLARY).

pour le Maroc, ceux de Pallary, du Dr Pinchon, etc. (1). Il faut signaler surtout l'œuvre d'un modeste instituteur d'Oran, Pallary, qui, après avoir longuement exploré toute la Berbérie, a su grouper les faits observés et en présenter une vue d'ensemble (2).

La phase la plus ancienne du Paléolithique nord-africain ressemble, trait pour trait, au vieux Paléolithique européen et asiatique. Cela paraît impliquer, sinon une unité de race, tout au moins l'existence de relations entre l'Afrique, d'une part, et l'Eurasie,

<hr>

(1) Pour la bibliographie, v. *L'A.*, *passim*.
(2) PALLARY (P.), Instructions pour les recherches préhistoriques dans le Nord-Ouest de l'Afrique. Alger, 1909.

d'autre part, conformément aux données géologiques et paléontologiques. Il est souvent difficile de séparer chronologiquement ce qui revient au mode moustiérien de ce qui revient aux modes chelléen ou acheuléen. Même dans les alluvions anciennes de Gafsa, où la séparation avait paru si nette aux yeux du Dr Collignon, les recherches plus récentes de Couillault et de J. de Morgan ont montré que ces diverses formes sont « intimement » mélangées dans les poudingues pléistocènes comme dans les ateliers de surface. Ce

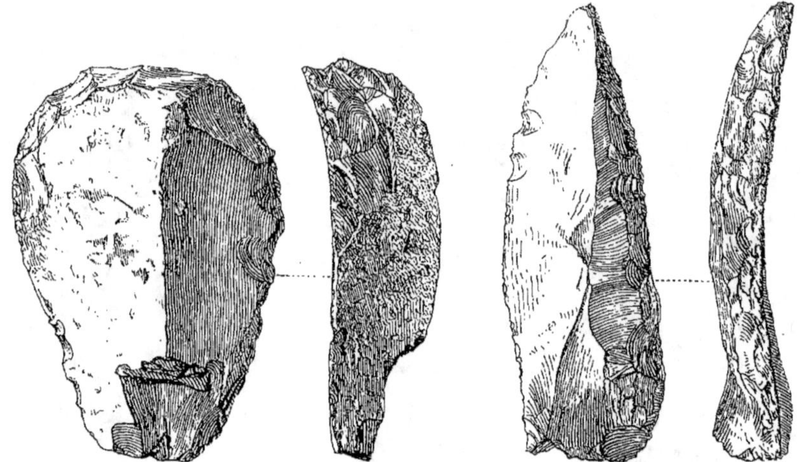

Fig. 222. — Silex taillés des « escargotières » tunisiennes comparables à nos types aurignaciens. 2/3 de la grandeur naturelle. (D'après Pallary).

premier stock archéologique se retrouve parfois, notamment en Algérie, dans les parties profondes du remplissage des grottes. Il est contemporain d'une faune de Mammifères, en partie éteinte, en partie émigrée vers le Sud. Il correspond à un climat plus humide que le climat actuel.

Puis de grands changements ont dû se produire. Les communications intercontinentales du vieux monde ont été plus difficiles. Notre Paléolithique supérieur, avec ses nombreuses subdivisions, est remplacé, en Afrique, par un ensemble archéologique auquel Pallary a donné le nom de *Gétulien*, et que J. de Morgan a appelé *Capsien*. Le Gétulien, ou Capsien, se rencontre soit dans des grottes ou des abris sous roches, soit à la surface du sol, notamment dans ces curieuses stations de la Tunisie dites *escargotières*, dépôts artificiels où abondent les coquilles d'escargots mêlées de cendres, d'ossements d'animaux et de silex taillés. Ceux-ci rappellent l'outillage aurignacien de France (fig. 222) et la ressemblance est parfois telle qu'elle implique nécessairement des relations effectives entre l'Europe et l'Afrique méridionale au cours du Pléistocène supérieur (1). Les grands ponts terrestres, notamment celui qui reliait la Tunisie à la Sicile, n'étaient peut-être pas encore définitivement rompus au début du Gétulien. Il est probable que notre Aurignacien est d'origine africaine. Aurignacien et Gétulien sont deux aspects géographiques d'une même culture méditerranéenne.

L'industrie gétulienne, qui paraissait d'abord localisée en Tunisie, voit son aire de répartition s'étendre tous les jours, depuis le désert libyque jusqu'au Maroc ; on la connaît, soit dans des grottes, soit en surface, en beaucoup d'autres régions du continent et jusque dans l'Afrique du Sud.

L'industrie *ibéro-maurusienne*, ainsi nommée par Pallary parce qu'on la retrouve aussi en Espagne, lui succède en Berbérie. A l'outillage gétulien viennent s'ajouter des silex microlithiques, des broyeurs et des molettes dénotant l'emploi de matières colorantes. Au cours du Gétulien et de l'Ibéro-Maurusien, la faune s'est appauvrie en espèces disparues ; elle renferme encore beaucoup d'espèces aujourd'hui émigrées vers le Sud. Le climat était humide, le pays moins aride qu'aujourd'hui.

L'Ibéro-Maurusien passe insensiblement au *Maurétanien*, avec de nombreux petits silex géométriques semblables à ceux de notre Tardenoisien. Mais il y a déjà des pierres polies et des poteries qui annoncent le Néolithique. Celui-ci, répandu partout, est remarquable par l'abondance et la variété de ses pointes de flèches pédonculées. Il offre parfois, d'après Cartailhac, d'intéressantes ressemblances avec le Néolithique égyptien, lequel se confond en partie avec les premiers âges métalliques.

La préhistoire du Nord de l'Afrique se laisse donc déjà diviser en une succession d'âges comparable à la succession européenne. Le Paléolithique y présente plusieurs phases sucessives d'une grande

---

(1) PALLARY, *loc. cit.* — J. de MORGAN, CAPITAN et BOUDY, Etude sur les stations préhistoriques du Sud tunisien (*Revue de l'Ecole d'Anthrop. de Paris*, 1910). — GOBERT (D^r), Notes et recherches sur le Capsien (*Bull. de la Soc. préhist. de France*, 1910). ID. L'abri de Redeyef (*L'A.*, XXIII, 1912). Introduction à la paléontologie tunisienne. Tunis, 1914.

durée. Les recherches futures permettront d'établir des comparaisons et des rapprochements chronologiques. Dès à présent, l'Afrique du Nord, et particulièrement la Berbérie, nous apparaît comme faisant vraiment partie du monde méditerranéen, par ses antiques populations humaines comme par sa faune, par sa flore et ses aspects physiques. En Egypte la succession est moins satisfaisante. Il y a encore une lacune immense entre le très vieux Paléolithique des plateaux et le Néolithique des vallées, remarquable par l'exceptionnelle beauté de ses silex taillés — formes accomplies de la facture solutréenne — et qui se relie insensiblement aux civilisations des premières dynasties.

SAHARA.   Ce n'est pas sans surprise qu'on constate l'extraordinaire richesse du Sahara en antiquités des âges de la pierre. Depuis que l'abbé Richard a signalé, il y a plus d'un demi-siècle, la présence de silex

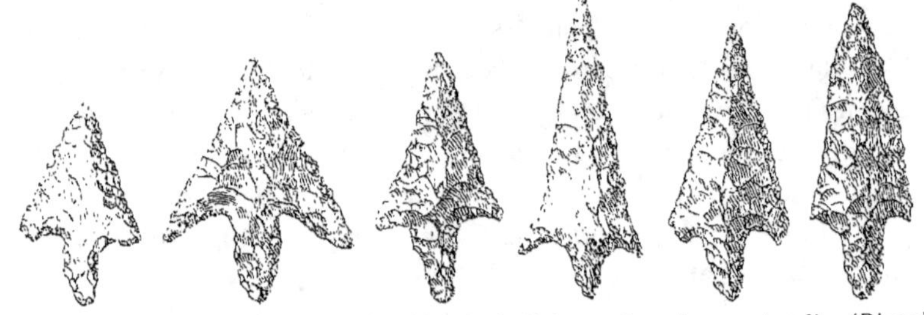

Fig. 223. — Pointes de flèches néolithiques du Sahara. Grandeur naturelle. (D'après E.-F. Gautier).

taillés dans le Sud-Algérien, les trouvailles de ce genre se sont multipliées. Féraud, Thomas, Largeau, Weisgerber, Rabourdin, Foureau, Flamand, Laquière, E.-F. Gautier, Mme Crova, Arnon, de Zeltner, de Saint-Martin, Tarel, Roulet, Noël et d'autres explorateurs ont recueilli un peu partout, dans le vaste désert, d'innombrables pierres façonnées par éclats de diverses manières, et aussi des haches polies, des mortiers, de très belles et très fines pointes de flèches (fig. 223) ; des œufs d'autruche travaillés, découpés en rondelles ; des poteries, etc. Les gisements se rencontrent principalement autour des points d'eau, actuels ou anciens, près des lits de rivières aujourd'hui desséchées, ce qui dénote de grands changements dans la météorologie et les conditions d'habitabilité du Sahara depuis une époque relativement récente.

Le matériel d'aspect paléolithique s'étale évidemment sur de grands laps de temps, bien que les formes les plus diverses s'observent souvent sur les mêmes points et dans un même gisement. Les instruments amygdaloïdes de type acheuléen, d'abord signalés par Rabourdin dans le Sahara algérien, ont été retrouvés sur bien d'autres points. Les collections sahariennes nous offrent aussi des instruments tout semblables à nos silex moustiériens, aurignaciens, tardenoisiens, aux types capsiens de l'Afrique du Nord. Il est possible que les instruments de formes archaïques soient parfois contemporains de l'outillage néolithique, lequel paraît avoir persisté jusqu'à une époque très récente car, d'après Gautier, au Sahara, le Néolithique rejoint l'âge du Fer. Ce pendant, certaines circonstance de gisements, jointes à l'étude des matières premières et des patines, portent à croire que la plupart des « haches acheuléennes » doivent remonter à une haute antiquité géologique. D'ailleurs, malgré quelques variantes, l'âge de la pierre du Sahara ressemble extraordinairement à celui de l'Afrique mineure et présente souvent des affinités égyptiennes.

AFRIQUE MOYENNE. — L'Afrique occidentale et le Soudan ont aussi livré de nombreux documents (1). Hamy a signalé des objets, principalement de facture néolithique, de la Guinée française (grotte de Konakry), de la Guinée portugaise, de la Côte d'Ivoire, de la Côte d'Or, du Gabon.

Le capitaine Duchemin a décrit des tumulus et des mégalithes dans la vallée de la Gambie. De Zeltner a recueilli au Soudan français, dans la vallée du Sénégal, des pierres travaillées, les unes de facture paléolithique, d'autres néolithiques, en gisements superficiels mais généralement distincts. Entre Kayes et Tombouctou, le Dr Decorse a observé et relevé l'emplacement de nombreuses stations de l'âge de la pierre. Le Plateau central nigérien, exploré par le lieutenant Desplagnes, abonde en monuments et objets néolithiques. D'après Welcome, le Soudan méridional ne serait pas moins riche.

Dupont, Cornet, Stainier, Taramelli, Jacques, Delisle, etc. ont décrit de nombreuses séries d'instruments de l'âge de la pierre

---

(1) Bibliographie dans ZELTNER (F. de), Notes sur le Préhistorique soudanais (*L'A.*, XVIII, 1907).

trouvés dans le bassin du Congo (1). Ici, comme dans les autres grandes régions africaines, la matière première, la facture, la forme des armes ou des ustensiles présentent la plus grande diversité. Les types paléolithiques ne manquent pas, notamment les amygdaloïdes ; mais il a été, jusqu'à ce jour, impossible de les séparer chronologiquement du grand ensemble néolithique aux haches polies et aux délicates pointes de flèches. Cependant, d'après Taramelli (2), les caractères des patines et la présence de pierres taillées au sein de couches alluviales paraissent bien démontrer l'antiquité géologique du matériel le plus grossier. Et, de l'avis de tous les auteurs, si l'âge de la pierre a pris fin au Congo, il y a cinq ou six siècles seulement, ses origines se perdent dans la nuit des temps.

Dans l'Afrique orientale, nous avons à signaler les découvertes de Seton Karr et de Paulitchke au pays des Somalis. Les pierres taillées y sont abondantes et John Evans (3) a montré leur similitude avec celles de Saint-Acheul, de Chelles et du Moustier. Mais, ici encore, ces pièces, tout en gisant parfois à une certaine profondeur dans le sol, ne sont pas datées par des fossiles.

Les missions Revoil et du Bourg de Bozas ont rencontré, sur les plateaux éthiopiens, les produits d'une industrie néolithique. Wayland a recueilli des pierres taillées à grands éclats dans la province portugaise du Mozambique.

AFRIQUE MÉRIDIONALE.   Au point de vue archéologique, il reste encore beaucoup de taches blanches sur le Continent noir, notamment dans l'intérieur. Par contre, l'Afrique du Sud, mieux explorée, est aussi beaucoup plus riche.

Les premières trouvailles de pierres taillées remontent ici à plus d'un demi-siècle. Elles n'ont pas tardé à se multiplier. Parmi les nombreuses publications dont elles ont fait l'objet, il faut placer au premier rang, comme ayant un caractère plus synthétique, celles de Péringuey, directeur du South African Museum et celles du géologue anglais Johnson (4).

---

(1) STAINIER (X.), L'âge de la pierre au Congo (*Annales du Musée du Congo*, Bruxelles, 1889).

(2) TARAMELLI (A.), *L'A.*, XII, 1901, p. 411.

(3) EVANS (Sir John), *Proceedings of the Royal Society*, LX, p. 19.

(4) PÉRINGUEY (L.), The Stone ages of South Africa (*Annals of the South African Museum*, 1911).—JOHNSON (J.-P.), The Stone implements of South Africa. Londres, 1907, 2ᵉ éd., 1908. The prehistoric Period in South Africa. Londres, 1910, 2ᵉ éd., 1912. — Voir, dans *L'A.*, XXIII, 1912, p. 513, une liste, dressée par Péringuey, des travaux publiés sur l'âge de la pierre sud-africain.

Les objets d'un âge de la pierre ont été recueillis un peu partout dans la Rhodesia, la vallée du Zambèze, le Transvaal, l'Orange, le Cap. Ils sont, les uns de facture paléolithique, les autres de facture néolithique. Parmi les premiers, nombreux sont les « coups de poing » chelléens (fig. 224), les amandes acheuléennes, les silex ou quartzites taillés sur une seule face suivant le mode moustiérien. Il y a aussi des instruments plus finement travaillés, qu'on peut rapprocher des types aurignaciens ou gétuliens et même, d'après Johnson, des types solutréens.

Les gisements sont ordinairement de surface. Il en est cependant qui plaident en faveur d'une haute antiquité, l'expression étant prise dans son sens géologique. Rupert Jones a décrit des pierres lancéolées extraites des graviers formant terrasse au-dessus du lit actuel de la rivière Embalaan, dans le Swaziland. Leith en a vu provenant des graviers anciens de la Vaal.

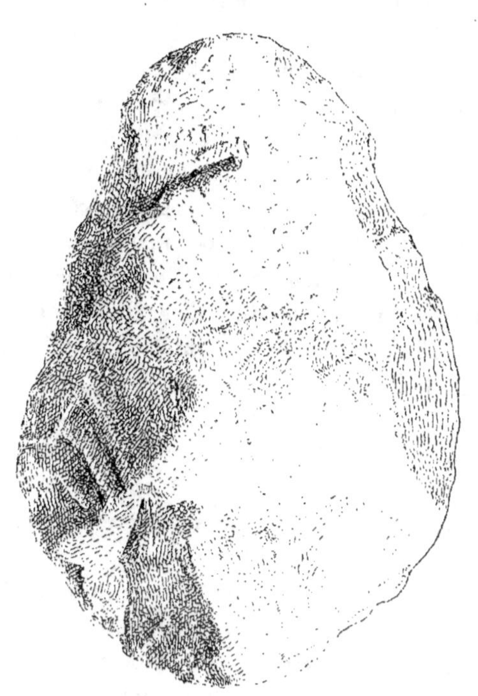

Fig. 224. — Quartzite taillé, de forme chelléenne, de l'Orange. (D'après HAMY).

Feilden a constaté la présence de nombreux instruments en pierre au-dessus et au-dessous des célèbres chutes de Victoria, et en relation avec les graviers des hautes terrasses de la vallée du Zambèze. Le fait que ces alluvions ont été déposées quand le fleuve coulait à 130 ou 150 mètres au-dessus de son lit actuel ne saurait, paraît-il, faire l'objet d'un doute. Lamplugh et Balfour ont confirmé ces observations. Tout porte à croire que les pierres taillées, généralement d'un travail assez grossier, souvent de facture chelléenne et très patinées, datent d'avant le long creusement de la gorge. Pourtant, un autre géologue anglais, Codrington, ne croit pas à une si haute antiquité.

Johnson a trouvé des instruments à la base d'un dépôt lacustre exploité comme terre à briques près de Robinson (Orange). Il a montré que les gisements paléolithiques de l'Orange sont souvent en rapport avec de vieilles terrasses alluviales et il a vu, au sein des graviers conglomérés d'une de ces terrasses, des instruments qu'il n'a pu extraire à cause de la dureté de la gangue. Sur un point, au bord d'un affluent de la Vaal, une basse terrasse renferme, dans ses graviers de base, des types acheuléens, tandis que les couches supérieures contiennent de petits instruments du groupe « Solutré ».

D'après Péringuey, les dépôts diamantifères de la Vaal, à ossements d'espèces éteintes ou émigrées, ont souvent livré des paléolithes et, dans un cas, ces instruments étaient accompagnés d'une molaire de Mastodonte. Si ce genre de Proboscidien n'a pas eu en Afrique une longévité plus grande qu'en Europe, l'observation rapportée par Péringuey reculerait jusqu'au Pliocène l'âge de la pierre en Afrique.

Obermaier a décrit un « coup de poing » typique trouvé en place à 5 mètres de profondeur, dans l'alluvion ancienne d'une rivière du Natal. De tels exemples se sont multipliés dans ces dernières années. Broom a extrait des pierres taillées d'alluvions anciennes renfermant en même temps des ossements d'un Cheval (*Equus capensis*) et de divers Ruminants d'espèces éteintes. Pendant la guerre des Boers, des tranchées, creusées dans les graviers anciens des environs de Pretoria, ont livré, à leur base, des pierres travaillées dans les styles acheuléen et moustiérien.

Les reliques des âges de la pierre se rencontrent ailleurs qu'en plein air ou dans les alluvions. Leith a décrit des grottes et abris sous roche des montagnes de Stornberg (Le Cap), qui lui ont livré un outillage de pierre ; d'autres cavernes, au cap Saint-Blaize, près de la mer, renferment des accumulations de cailloux, de coquilles, d'ossements, de cendres, avec beaucoup de pierres travaillées, souvent avec soin. Ailleurs, sur le rivage, des lambeaux de brèches à ossements et à coquillages contiennent aussi des silex taillés. Des amas de coquilles s'observent sur divers points de la côte Sud ; ils sont riches en quartzites taillés, en débris de coquilles d'Autruche, en aiguilles en os, en tessons de poteries.

Mennel et Chubb ont étudié les dépôts de remplissage d'une caverne de la Rhodesia renfermant à la fois des pierres taillées et des ossements d'animaux fossilisés.

D'après Johnson, l'âge de la pierre, dans l'Orange et dans toute l'Afrique du Sud, daterait d'une époque où le climat était plus humide qu'aujourd'hui. En dehors des « éolithes » de Leijfontein, ce serait d'abord une industrie à caractère acheuléen, aux éléments usés, profondément patinés, souvent en place dans les graviers. Une phase plus récente, qualifiée de « solutréenne », correspondrait aux gisements superficiels, avec silex bien travaillés : lames allongées, grattoirs, silex pygmées. D'autres stations renferment, avec ce bel outillage lithique, des œufs d'Autruche façonnés, incisés, parfois découpés en rondelles, des pierres perforées, etc.

Péringuey distingue, lui aussi, plusieurs époques : 1º Les types chelléens, acheuléens, moustiériens, qui sont ici exactement contemporains, ne peuvent avoir été fabriqués que par des hommes forts et vigoureux. Il est impossible de nier que certaines de ces pièces tout au moins aient une antiquité comparable à leurs pareilles des gisements européens. L'auteur pense que le type chelléen a pris naissance en Afrique, d'où il s'est répandu en Europe et en Asie.

Le deuxième groupe comprend des instruments d'un caractère souvent plus primitif et parfois d'un travail plus fini, avec formes aurignaciennes, solutréennes, magdaléniennes, tardenoisiennes, ces expressions n'ayant plus, bien entendu, aucune valeur chronologique. Il y a aussi d'autres objets : mortiers, meules, poteries, outils en os, objets de parure, souvent en coquilles d'œufs d'Autruche. L'ensemble de cette industrie a duré jusqu'à ces dernières années; on peut la qualifier d'« industrie néolithique sud-africaine ».

Au troisième groupe appartiennent quelques objets d'une technique semblable à celle du Néolithique européen, notamment des petites pointes de flèches à pédoncules et soigneusement retouchées sur les deux faces.

Le problème de l'âge des diverses cultures est rendu difficile, en Afrique du Sud, par la continuité des conditions climatériques et faunistiques. Les deux industries, paléolithique et néolithique, sont en partie contemporaines. Il n'y a ici aucun *hiatus* comparable à ceux qu'on observe en Europe. Mais, dans un même groupe mor-

phólogique, les derniers instruments sont loin d'avoir la patine
et l'aspect antique des premiers. Que les ressemblances entre notre
Paléolithique et celui de l'Afrique du Sud soient très grandes et
qu'elles impliquent, entre les deux continents, d'anciennes et très
étroites relations, cela ne saurait faire l'objet d'un doute. M. Péringuey est convaincu que de telles relations ont dû exister entre nos
populations de l'âge du Renne, aurignaciennes ou solutréennes, et

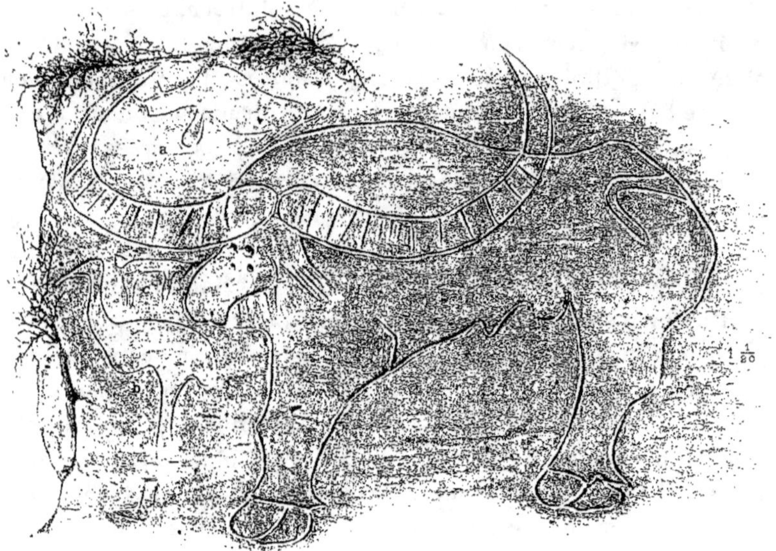

Fig. 225. — Gravure rupestre de l'Algérie représentant un Bubale. (D'après Pomel).

celles de l'Afrique du Sud. Lequel des deux continents est tribu-
taire de l'autre? Il semble bien que nos Aurignaciens soient venus
d'Afrique (V. p. 311).

Quoi qu'il en soit, les Bushmen, ou Boschimans, nous apparaissent
comme des descendants des Hommes du Paléolithique supérieur.
Ces Bushmen sont restés semblables à eux-mêmes jusqu'au moment
de leur extinction finale, laquelle date d'hier.

Cette dernière conclusion est fortifiée par un ensemble de faits
que j'ai laissés de côté jusqu'à présent, dans ce rapide aperçu de l'âge
de la pierre en Afrique, et dont je dois dire maintenant quelques
mots. Il s'agit des figurations rupestres, gravures ou peintures, signalées depuis longtemps sur quelques points très éloignés les uns des

autres du continent africain et qui forment aujourd'hui un réseau
presque continu du Nord au Sud : de la Berbérie (très nombreux
auteurs) à la Haute-Egypte, à la Nubie (et en Arabie), dans tout le
Sahara (Flamand, Gautier), au Nord du Tchad, en Maurétanie,
dans le Niger (Desplagnes, Chudeau), au Soudan (de Zeltner),
dans le pays des Somalis (Carette-Bouvet et Neuville), dans la
région du Victoria-Nyanza (Koch) et enfin dans toute l'Afrique
du Sud (Christol, Holub, Stow, Moszeik, White, Péringuey, Johnson, Theal, etc.).

Le style de ces productions plus ou moins artistiques, leur état

Fig. 226. — Gravures rupestres de diverses localités sahariennes. 1/20 de la grandeur naturelle. (D'après E.-F. Gautier).

de conservation, leur patine plus ou moins profonde, la nature des
animaux figurés, les objets trouvés au pied des rochers gravés permettent de distinguer plusieurs époques. Dans l'Afrique du Nord,
il y a des gravures au tracé large, profond et qui représentent des
espèces éteintes, telles que le grand Bubale (*Bubalus antiquus*)
(fig. 225), ou émigrées (Rhinocéros, Éléphant, Girafe, etc.). Celles-
ci, parfois d'un bon dessin, sont qualifiées de préhistoriques et rapportées au Néolithique, mais rien ne prouve qu'il n'en est pas de
plus anciennes, et Flamand fait remonter aux temps pléistocènes
les figurations de Bubales. D'autres, d'un caractère assez différent,
moins artistiques, de petites dimensions, au pointillé, accompagnées
souvent d'inscriptions, sont beaucoup plus récentes et qualifiées de
libyco-berbères. Beaucoup sont historiques. La distinction est parfois difficile et il a pu y avoir continuité. Flamand a montré la contemporanéité d'une figuration de troupeaux de Bubales antiques et

d'Hommes armés de haches polies. Le Néolithique serait ainsi plus ancien en Afrique qu'en Europe, ce qui ne saurait surprendre.

Les meilleures figurations de l'Afrique du Nord sont loin d'avoir les qualités et la beauté de celles de notre âge du Renne. La comparaison avec notre pays ne pourrait se faire que pour de basses époques, à production décadente, comme beaucoup de celles que Breuil a étudiées en Espagne.

Dans l'Afrique du Sud, les choses se présentent sous un aspect assez différent. Ici encore, certaines gravures ont un aspect récent ; d'autres sont patinées profondément. On a observé jusqu'à cinq

Fig. 227. — Peinture rouge et noire d'une caverne du pays des Baroas et représentant des Bushmen en chasse attaqués par des Cafres. Longueur du tableau : 1 m. 50. (D'après Hamy).

couches de peintures superposées. D'une manière générale, gravures et peintures sont de qualité supérieure au point de vue esthétique, et beaucoup plus semblables, avons-nous dit (p. 308), à celles des cavernes françaises et espagnoles : mêmes préférences pour le choix des modèles, qui sont le plus souvent des animaux, même réalisme, même vérité des attitudes, même habileté du rendu, même technique, même infériorité des figures humaines. Parfois ces productions artistiques de l'Afrique du Sud se disposent en tableaux (fig. 227) ou prennent un aspect hiératique, conventionnel, peut-être idéographique, comme dans certaines localités espagnoles récemment découvertes. Ces œuvres d'art sont généralement attribuées aux Bushmen. Ce n'est pas l'opinion de Péringuey (1) qui les

______

(1) Péringuey (L.), On rock-engravings of animals and the human figure... Deux mém. dans les *Transactions South African Philosop. Society*, 1906 et 1909.

rapporte à la branche hottentote dite des *Strand Loopers*. Personne n'a vu un aborigène actuel en exécuter.

OSSEMENTS HUMAINS.   Autant les produits industriels des Hommes fossiles sont nombreux en Afrique, autant leurs restes corporels sont rarissimes. Les ossements des Africains primitifs nous sont à peu près totalement inconnus.

Dans l'Afrique du Nord, on a exhumé d'assez nombreux crânes ou squelettes de gisements de l'âge de la pierre. Mais la plupart de ces documents se rapportent à la période néolithique. Il n'est pas démontré que les crânes retirés des escargotières soient vraiment gétuliens, c'est-à-dire paléolithiques, car ces buttes artificielles ont généralement servi de cimetières berbères.

Bertholon (1) a cru reconnaître l'existence d'un type néanderthaloïde dans l'Afrique du Nord, notamment en Tunisie, d'où il s'étendrait dans les régions sahariennes. Plusieurs crânes, retirés des couches profondes de l'escargotière de Mechta-Châteaudun (Constantine), représenteraient bien cette « race africaine néanderthaloïde » (2). Or il suffit d'examiner les photographies du mieux conservé de ces documents pour s'assurer qu'il s'agit de ressemblances tout à fait superficielles, et que les crânes de Mechta ne présentent aucun des caractères essentiels de l'*Homo Neanderthalensis*.

Par contre, Delisle a rapporté au type de Cro-Magnon un crâne trouvé par Debruge dans la grotte paléolithique d'Ali-Bacha, près de Bougie. Cette observation s'accorderait bien avec ce que nous savons de la grande diffusion circum-méditerranéenne du type de Cro-Magnon et de sa persistance en Berbérie sous des aspects plus ou moins purs.

M. Pallary a bien voulu m'informer qu'il y a, à la Faculté des sciences d'Alger, toute une série de crânes et autres ossements humains retirés par lui des abris de La Mouillah, près de Lalla Marnia (frontière marocaine). Ces stations sont ibéro-maurusiennes, c'est-à-dire du Paléolithique supérieur et, d'après le Dr Weber, de la Faculté de médecine d'Alger, les crânes seraient négroïdes.

Le musée d'Oran possède plusieurs squelettes avec crânes extraits

(1) BERTHOLON (Dr L.), La race de Néanderthal dans l'Afrique du Nord (*Revue tunisienne*, 1895).

(2) BERTHOLON (D[r]) *in* MERCIER et DEBRUGE, La station préhistorique de Mechta-Châteaudun (*Soc. archéol. de Constantine*, XLVI, 1913).

par Pallary et Tommasini de la grotte des Troglodytes près d'Oran, et d'âge néolithique ancien. D'après le Dr Bloch, ce seraient aussi des Négroïdes.

Bertholon (1) retrouve ces caractères négroïdes « incontestables » sur des crânes des escargotières de Tébessa, notamment sur ceux que le Dr Gobert a retirés de la couche néolithique de l'abri Redeyef. Il s'agirait ici d'Hommes de petite taille.

Bertholon et Chantre (2) arrivent à la conclusion que les Négroïdes ont constitué en Berbérie un substratum ethnique ancien, tandis que les crânes néolithiques sont tantôt de race méditerranéenne, tantôt négroïdes (ou Nubiens).

Fouquet a reconnu, dans de vieilles nécropoles préhistoriques de l'Égypte, l'existence de plusieurs types qui se retrouvent plus tard chez les Égyptiens et chez les Éthiopiens. Elliot Smith (3) nous apprend que ces Égyptiens préhistoriques, ou Préégyptiens, étaient petits, dolichocéphales, moins négroïdes que certains de leurs successeurs et, somme toute, il les rattache, avec Sergi, aux populations méditerranéennes qui, depuis l'Égypte jusqu'à la France et même aux Iles Britanniques, étaient liées par d'étroites affinités. Par contre, je ne sais sur quels faits Sir Harry Johnston base son assertion que la vallée du Nil était peuplée, il y a 20 000 ou 30 000 ans par des hommes du type pygmée africain.

En somme, ce qui paraît le plus clair, c'est que l'Homme fait vraiment partie de la faune mammalogique et qu'il accompagne celle-ci dans sa répartition. Il semble qu'au Quaternaire, des Hommes de race blanche, plus ou moins voisins du type de Cro-Magnon, aient déjà été en possession de l'Afrique du Nord, laquelle était peut-être leur berceau, mais que des Hommes de type négroïde, vraiment africains, se soient souvent avancés vers le Nord — comme les Mammifères leurs contemporains — et soient parvenus à franchir la Méditerranée pour aborder aux rivages de Menton en y apportant l'industrie capsienne ou aurignacienne.

---

(1) BERTHOLON (D^r), Note sur quatre crânes humains trouves par M. Debruge à Tébessa. Sans lieu ni date, probablement 1912. — BERTHOLON *in* Dr GOBERT, L'abri de Redeyef (*L'A.*, XXII, 1912, p. 167).

(2) BERTHOLON (D^r) et CHANTRE (E.), Recherches anthropologiques dans la Berberie orientale, Lyon, 1912.

(3) ELLIOT SMITH (G.), The ancient Egyptians. Londres, 1911.

Des prédécesseurs de ces Hommes, des tailleurs des pierres chelléennes, nous ne savons absolument rien.

De nombreux anthropologistes, se basant principalement sur la linguistique, ont essayé de démêler les populations de l'Afrique centrale et méridionale et de retrouver les divers courants ethniques qui s'y sont superposés. Mais tout cela est assez précaire et ne concerne pas vraiment des Hommes fossiles, sur lesquels nous n'avons que deux documents de valeur inégale.

<u>CRANE D'OLDOWAY.</u> Quelques mois avant la déclaration de guerre, des journaux allemands, anglais et français ont annoncé la découverte d'un très vieux squelette humain dans la région N.-E. de l'Afrique orientale allemande. Le Dr Hans Reck (1), auteur de la découverte, est un géologue missionnaire de l'Institut géologique de Berlin. Au cours de fouilles entreprises dans la gorge d'Oldoway, au bord de la steppe de Seregenti, il trouva, avec beaucoup d'ossements d'animaux, un squelette humain à peu près complet, gisant au sein de tufs volcaniques bien stratifiés, à 3 ou 4 mètres de profondeur. Il se présentait dans les mêmes conditions que les ossements de Mammifères, étant enfermé comme eux dans un tuf de consistance et de dureté telles qu'il fallut employer marteau et ciseau pour l'en dégager. Il ne saurait être question d'une sépulture ; les ossements humains sont aussi vieux que le dépôt qui les renfermait.

La détermination de l'âge du squelette est donc une pure question de géologie et de paléontologie. Il ne semble pas que les Mammifères des divers niveaux des tufs fossilifères soient différents des espèces africaines actuelles. Pourtant, dans l'ensemble, on peut noter des changements de faune correspondant à des changements de climat. L'horizon stratigraphique, d'où provient le squelette humain et où abondent les ossements d'Eléphants, de Rhinocéros, d'Hippopotames, de Crocodiles et de Poissons, indique une région boisée, avec un climat humide qu'on pourrait considérer comme synchronique de la dernière grande époque glaciaire européenne. Le Dr Reck est convaincu que ce niveau remonte à une période géologique antérieure à la période géologique actuelle.

---

(1) Reck (H.), Erste vorläufige Mitteilung über den Fund eines fossilen Menschenskeletts aus Zentralafrica (*Sitzungsberichte der Gesellsc. naturforschender Freunde zu Berlin*, 1914).

Sur les caractères du squelette, nous n'avons encore que peu de détails. Le crâne serait volumineux, dolichocéphale, d'un type franchement négroïde. Il serait muni de 36 dents, dont plusieurs présenteraient des traces d'un limage analogue à celui que pratiquent encore aujourd'hui beaucoup de Nègres. Ce sont là des conditions un peu bizarres. Il faut attendre de nouveaux et plus précis renseignements pour juger de l'antiquité de cette trouvaille et, par suite, de sa valeur scientifique.

CRANE DE BOSKOP. — Toujours en 1914, j'apprenais, par une obligeante communication de M. Péringuey, directeur du musée du Cap, la découverte faite à Boskop, dans le Transvaal, des fragments d'un squelette humain fossile : portions du crâne, mandibules, diaphyses d'os longs. Cette trouvaille fut portée à la connaissance du public par un article imprimé dans le journal anglais *Nature* du 5 août 1915. L'auteur, F. W. Fitzsimons, rapprochait la calotte cranienne de Boskop de celle de Néanderthal. L'examen du moulage qu'avait bien voulu m'envoyer M. Péringuey ne me permit pas de partager cette opinion, d'ailleurs vite abandonnée par les naturalistes du *South African Museum*. En octobre 1915, un de ces naturalistes, M. Haughton, fit devant la *Royal Society of South Africa* une communication dont le texte a paru en 1917 (1).

Il est malheureusement impossible de fixer l'âge des débris humains de Boskop. Ces os, très minéralisés, ont été trouvés en creusant un canal de drainage dans un champ. Le sol de ce champ passe graduellement à un sous-sol latéritique (2) dépourvu d'autres fossiles. Le gisement exact de la calotte cranienne ne peut plus être précisé, et les fouilles pratiquées ultérieurement par le musée du Cap n'ont pas livré d'ossements *in situ*. M. Haughton pense que le crâne se trouvait à environ 4 pieds 6 pouces de profondeur, mais il ignore si cet enfouissement est dû à des causes naturelles ou à l'intervention humaine.

La calotte cranienne est remarquable par son aplatissement et ses grandes dimensions (longueur : 205 millimètres ; largeur :

---

(1) HAUGHTON (S. H.), Preliminary note on the ancient human skull-remains from the Transvaal (*Transactions of the Royal Society of South Africa*, VI, 1917), suivi d'une note de ELLIOT SMITH sur le moulage endocranien de la calotte de Boskop.
(2) Voir p. 360 l'explication de ce mot.

154 millimètres). Son indice céphalique égale 75 environ. La capacité du crâne entier est évaluée à 1 830 centimètres cubes, ce qui est énorme (1).

D'après Haughton, la calotte de Boskop se rapproche beaucoup,

Fig. 228. — Calotte cranienne de Boskop, vue de profil et d'en haut. 1/3 environ de la grandeur naturelle. (D'après HAUGHTON).

par ses caractères, du type de Cro-Magnon : forme générale pentagonale, arcades sourcilières faibles, glabelle saillante, front vertical, même allure de la courbe antéro-postérieure, forte protubérance

____

(1) D'après le paleontologiste Broom, ces chiffres sont encore inférieurs à la réalité ; le crâne aurait 220 mm. de longueur, 160 mm. de largeur, 148 mm. de hauteur. Au si Broom l'attribue à une espèce nouvelle qu'il appelle *Homo Capensis* (*Anthropological Papers American Museum*, 1918).

occipitale. Elle en diffère surtout par la présence d'une dépression, d'une sorte d'ensellure, qui occupe la zone interpariétale et que j'ai observée sur quelques crânes de Nègres de la galerie d'anthropologie du Muséum de Paris, notamment sur le crâne de Namaqua, bien connu de tous les spécialistes.

Le frontal est très étroit. La plus grande partie du temporal droit est conservée ; l'apophyse mastoïde est petite, mais bien détachée ; la région pétreuse est fort développée ; la cavité glénoïde est large, peu profonde ; il y a une apophyse post-glénoïde. Le caractère le plus frappant de cet os est le fort développement de la crête sus-mastoïdienne. Ceci est une morphologie pithécoïde rappelant celle de l'*Homo Neanderthalensis*, tandis que, par sa forme générale, la calotte est comparable aux types Négroïde, Bantou et de Cro-Magnon.

La trouvaille de Boskop comprend aussi les deux branches horizontales d'une mandibule malheureusement détériorée. Ses caractères principaux sont : une grande robusticité, la présence d'un léger menton, de petites fosses digastriques. Il n'y a plus qu'une dent en place, la deuxième arrière-molaire gauche. Sa couronne est mal conservée ; on ne peut savoir si elle a eu le denticule postérieur de beaucoup de types primitifs. Cette mandibule est déjà aussi réduite que celle des Hommes actuels ; elle est plus évoluée que le crâne ; on peut la comparer à celle des Bantous ou des Bushmen.

L'étude des portions de diaphyses d'os longs, très pétrifiées dans un ciment latéritique mais trop mutilées, ne conduit à aucun résultat intéressant.

M. Elliot Smith a étudié un moulage intracranien. Sa forme aplatie et quelques autres caractères suggèrent des rapprochements entre l'Homme de Boskop et le type de Néanderthal. Mais l'aspect et le grand développement des protubérances frontales indiquent des relations plus étroites avec les Hommes fossiles du Paléolithique supérieur européen, dont le type de Boskop représenterait un ancêtre immédiat.

M. Péringuey a examiné quelques morceaux de grès, à bords anguleux, trouvés dans la latérite au voisinage des ossements humains. Malgré quelques apparences favorables, on ne saurait y reconnaître aucune trace de travail intentionnel.

Ici encore, nous sommes en présence d'une découverte incomplète et par suite difficile, dangereuse à interpréter. Si, comme il est permis de le croire, les débris humains de Boskop sont vraiment pléistocènes, ils nous révèlent l'existence, en Afrique, d'un type généralisé, non sans affinités avec certains Hommes de notre Paléolithique, mais déjà bien nettement négroïde. Ils nous fourniraient, en même temps, une nouvelle preuve de la haute antiquité des races humaines dans les pays mêmes où elles règnent actuellement.

LES DEUX AMÉRIQUES

L'histoire du Nouveau Monde ne commence qu'au XVI⁰ siècle. Par contre, sa préhistoire est immense, dans le temps comme dans l'espace. Elle nous est indiquée, en dehors de quelques traditions, par des monuments de toutes sortes et dispersés sur de formidables étendues. Aux yeux des savants, l'Amérique reste cependant le grand mystère qu'elle était à l'époque des *conquistadores*. Malgré des efforts considérables, l'anthropologie, l'ethnographie, l'archéologie américaines — dont l'ensemble constitue aujourd'hui un groupement scientifique spécial, l'*Américanisme* — n'ont répondu jusqu'à présent qu'à des questions secondaires ou de détail. Aucun des grands problèmes qu'elles posent n'est définitivement résolu.

Devons-nous compter avec une ou plusieurs grandes races américaines ? Les populations antérieures à la découverte du Nouveau Monde étaient-elles autochtones ou immigrées ? Et, dans ce dernier cas, d'où venaient-elles ? Faut-il admettre, pour l'Amérique, un ou plusieurs centres spéciaux d'apparition et de développement pour une fraction de l'Humanité ou faut-il croire qu'elle a été peuplée par l'Ancien Continent ? Et, si oui, à quelle époque s'est effectué ce peuplement ?

Je ne saurais ici discuter ces importants problèmes, à la solution desquels doivent contribuer la géologie, la paléontologie, l'archéologie, la linguistique, l'ethnographie. Les travaux publiés dans ces diverses directions constituent aujourd'hui des bibliothèques formidables. Je n'y puiserai que ce qui a trait à l'Homme fossile, mais il me paraît utile, au préalable, d'énumérer simplement quelques propositions qui, sans avoir le caractère de faits bien établis, rallient cependant aujourd'hui la majorité des Américanistes.

Au point de vue anthropologique, on peut dire qu'il y a consentement à peu près unanime à rattacher toutes les populations américaines antéhistoriques, c'est-à-dire ce qu'on veut appeler aujourd'hui les *Amérindiens*, au grand tronc des races jaunes. Et il semble que toutes ces populations soient venues de l'Ancien Monde. Mais leur répartition, depuis longtemps accomplie, sur la surface entière des deux Amériques, les différences physiques, linguistiques ou sociales qu'elles présentent, ou qu'elles ont présentées, portent à penser que le peuplement du Nouveau Continent par l'Ancien doit forcément remonter assez haut dans le passé.

L'archéologie nous apprend en effet que les Indigènes, les Indiens ou Amérindiens, qui vivaient si nombreux en Amérique au début du XVIe siècle, doivent être rattachés à une longue série d'ancêtres, plus ou moins lointains, et auxquels il faut attribuer toutes sortes de monuments : les amas de coquilles et de cuisine qui s'égrènent sur tout le littoral et parfois jusque dans l'intérieur des terres ; les terrassements, tumuli, enceintes, qu'on désigne sous le nom de *mounds*, et qui parsèment toutes les grandes plaines des Etats-Unis ; les curieuses habitations des *cliff-dwellers*, creusées ou accrochées aux grandes falaises verticales du Colorado, de l'Arizona et du Nouveau Mexique ; les *pueblos*, villes et villages en pierre ou en adobe des mêmes régions et de l'Amérique centrale ; les riches et monumentales cités de l'Amérique centrale et du Pérou (1). Les crânes et squelettes humains exhumés de ces divers monuments présentent en effet les principaux caractères des « Indiens » des mêmes régions.

Nous savons aujourd'hui que la civilisation générale de ces Amérindiens, que l'on peut rapprocher, si l'on veut, de notre Néolithique (beaucoup d'instruments en pierre polie, pointes de traits finement taillées, poteries très variées, absence ou rareté des métaux tels que le cuivre), a duré très longtemps, car elle a laissé partout

---

(1) Voir, comme ouvrages d'ensemble : Nadaillac (Marquis de), L'Amérique préhistorique. Un vol. in-8°, Paris, 1883. — Cyrus Thomas, ntroduction to the study of North-American Archæology. Cincinnati, 1898. — Moorehead (W.-K.), The Stone Age in North-America, 1910. — Beuchat, Ma uel d'archéologie américaine, Paris, 1913. — Joyce, South American Archæology, 1912. Mexican Archæology, 1914. Central American Archæology, 1916.

des traces innombrables, et certains amas coquiliers et mounds ont des dimensions si considérables, ou se présentent dans des conditions topographiques telles, qu'ils doivent remonter à une haute antiquité, peut-être à la fin des temps pléistocènes.

Au delà de cette époque, c'est la nuit obscure des périodes géologiques. Ici, comme dans l'Ancien Monde, la question devient un problème géologique et paléontologique, ne relevant plus que des sciences naturelles ; elle rentre ainsi dans le cadre de cet ouvrage.

Je ne saurais décrire, une à une, les fort nombreuses découvertes ou trouvailles invoquées à l'appui de l'existence d'un Homme fossile en Amérique. Beaucoup ne méritent pas de retenir l'attention ; je parlerai des plus importantes, de celles qui sont dignes d'une discussion.

Il est curieux de constater que dès 1840, avant même qu'elle fût complètement résolue en Europe, la question de la coexistence de l'Homme et de grands animaux disparus, tels que le Mastodonte, était déjà posée dans les deux Amériques.

AMÉRIQUE DU NORD

GÉNÉRALITÉS. — Pendant les temps pléistocènes, l'Amérique du Nord ressemblait singulièrement à l'Europe. Des glaciers, rayonnant de trois centres principaux, l'un situé dans le Labrador, le deuxième à l'Ouest de la baie d'Hudson, le troisième sur l'arête des Cordillères, depuis l'Alaska vers le Nord jusqu'au Montana vers le Sud, formaient, par leur coalescence, une immense nappe continentale recouvrant tout le Canada et tout le Nord des Etats-Unis jusqu'à la latitude de 37° environ. L'épaisseur de la glace atteignait, suivant les régions, de 1200 à 3000 mètres.

Les Montagnes Rocheuses, les Cascades, la Sierra Nevada avaient aussi leurs glaciers propres, dont les moraines frontales arrivaient parfois jusqu'aux plaines, tout comme nos glaciers des Alpes ou des Pyrénées.

Sur de nombreux points, les formations morainiques alternent avec des dépôts d'origine différente et renfermant des fossiles. Comme en Europe, on admet en Amérique plusieurs phases d'avancement et de recul des glaciers. Le nombre de ces périodes varie de trois à six, suivant les auteurs.

Ainsi, les temps pléistocènes se présentent en Amérique sous un aspect physique voisin de l'aspect européen. En est-il de même de l'aspect biologique et surtout humain ? Remarquons d'abord que la faune des grands animaux est fort différente dans les deux continents, sauf dans les régions septentrionales où vivaient des espèces.

Fig. 229. — Squelette de *Mastodon americanus*. Musée de Francfort.

circumpolaires telles que le Mammouth. Ailleurs, nous sommes en présence d'un Mastodonte (fig. 229), de plusieurs genres de grands Édentés, *Megatherium*, *Megalonyx*, *Mylodon* venus de l'Amérique du Sud, et d'autres Mammifères différant génériquement ou spécifiquement des formes européennes. Ces dissemblances rendent difficiles les parallélismes entre les divisions des temps quaternaires de nos pays européens et celles que géologues et paléontologistes américains essaient d'établir chez eux.

Quant à l'Homme, les découvertes invoquées en faveur de son antiquité géologique sont fort nombreuses. Mais beaucoup n'ont aucune valeur scientifique et l'accord est loin d'être fait sur celles qui paraissent se présenter dans de meilleures conditions. L'Homme fossile américain a aujourd'hui aux Etats-Unis quelques partisans.

très fermes ; mais il a de nombreux et irréductibles adversaires. Examinons les principales pièces du procès.

On a d'abord cherché à établir la contemporanéité de l'Homme et d'animaux éteints. L'association de haches ou de pointes de traits en pierre avec les ossements de squelettes plus ou moins complets de Mastodontes ou d'Eléphants à été signalée à diverses reprises (1). La première observation de ce genre remonte à 1839. Elle a été suivie de plusieurs autres, bien difficiles à apprécier aujourd'hui. Une des dernières, effectuée par Clarke en 1903, tendrait plutôt à démontrer que le Mastodonte a survécu en Amérique jusqu'à l'aurore des temps modernes (2).

On a trouvé plusieurs fois des reliques humaines mélangées avec des ossements de *Megalonyx*, notamment dans la caverne Big Bone (Tennessee).

Le professeur Martin, de l'Université de Kansas, exhumant des squelettes de *Bison occidentalis* d'un dépôt quaternaire, a recueilli,

Fig. 230. — Pointe en silex trouvée sous l'omoplate d'un *Bison occidentalis*, dans un dépôt argileux pléistocène du Kansas. 4/3 environ de la grandeur naturelle. (D'après WILSON).

sous et contre l'omoplate droite d'un de ces squelettes, une pointe de trait en silex (fig. 230). D'après le paléontologiste Williston (3), cette trouvaille démontrerait la contemporanéité de l'Homme et d'une espèce éteinte de Bison.

---

(1) Voir : WILSON (Th.), La haute ancienneté de l'Homme dans l'Amérique du Nord (*L'A.*, XII, 1901). — OSBORN, The Age of Mammals, 1910, p. 495.

(2) Ce que paraît confirmer, d'une part, l'étude stratigraphique des gisements souvent très superficiel où l'on rencontre ces ossements et, d'autre part, les représentations de ce Proboscidien (confondu avec le Mammouth), sur deux objets gravés trouvés, l'un dans le Delaware et l'autre en Pennsylvanie. Le premier est un fragment de coquille de *Fulgur* ; l'autre est une sorte de pendeloque en pierre (*Lenape stone*). Il est vrai que l'authenticité de ces gravures n'est pas admise par tous les archéologues.

(3) *American Geologist*, XXX, 1902 et *Congrès des Américanistes*, 1902.

OBSERVATIONS
ARCHÉOLOGIQUES.

On s'est ensuite appuyé sur l'archéologie. A côté des innombrables objets en pierre de facture indienne, parsemés à la surface du sol des Etats-Unis, il en est, de fabrication plus grossière et d'aspect plus ancien, qui ressemblent beaucoup aux plus vieux instruments paléolithiques de l'Ancien Monde. La première idée a été de leur attribuer une antiquité analogue. Wilson (1) a soutenu cette thèse avec conviction, en l'appuyant sur une importante collection d'objets de ce genre qu'il avait formée à la *Smithsonian Institution*. Le géologue Winchell (2) est revenu récemment sur ces considérations en étudiant les « paléolithes » du Kansas, qu'il rapporte à quatre périodes successives, dont deux paléolithiques, en se basant principalement sur l'étude des patines.

Il faut convenir que des trouvailles d'instruments au sein de couches géologiques seraient plus démonstratives. Les témoignages de ce genre existent, mais ils ont été vivement discutés.

Il y a d'abord les mortiers, pilons et autres objets trouvés, à une certaine époque, dans les graviers aurifères de la Californie et sur lesquels on a tant écrit. L'origine réelle de ces objets est si douteuse, leurs conditions de gisement sont si obscures, leur ressemblance avec les produits industriels des Indiens actuels est si parfaite que les anthropologistes américains sont aujourd'hui à peu près unanimes à leur refuser une haute antiquité.

Des pierres taillées ont été retirées de diverses formations d'âge nettement pléistocène : alluvions anciennes du Mexique ; dépôts de l'ancien lac Lahontan, dans le Nevada ; graviers ou limons du Minnesota, de l'Indiana, du New-Hampshire, de l'Ohio, du New-Jersey, etc. Toutes ces trouvailles ont été discutées et il semble bien que la plupart d'entre elles soient faciles à critiquer. Je me contente de les signaler (3)

ALLUVIONS
DE TRENTON.

Mais il est un gisement du même genre, celui de Trenton dans le New-Jersey, qui doit nous arrêter plus longtemps, car il a été, il est encore, l'objet de vives discussions. Dès 1875, le Dr Charles

---

(1) Wilson (Th.), La période p léolithique dans l'Amérique du Nord (*Congrès intern. d'Arch. et d'Anthrop.* Session de Paris, 1889).

(2) Winchell (N.-H.), *Ibid.* Session de Genève, II, p. 365 et *Minnesota Historical Society*, XVI, 1913.

(3) Wright (F.), The Ice Age in North America. New-York, 1889. Supplément à la 3ᵉ édit., 1891. — Man and the glacial period. New-York, 1912.

Abbott (1) recueillait, dans les anciennes alluvions du fleuve Delaware, des instruments en pierre (quartzite et argilite) grossièrement
travaillés suivant des formes souvent semblables à celles des silex
paléolithiques européens (fig. 231). Bientôt après, il décrivit cette
« Primitive Industry » en lui attribuant une très haute antiquité.
Les graviers de Trenton résultent du remaniement de moraines de

Fig. 231. — Face et profil d'un instrument en argilite trouvé dans les alluvions de
Trenton, à deux mètres au-dessous de la surface du sol. Grandeur naturelle. (D'après
WILSON).

la dernière extension glaciaire ; ils renferment des ossements de
Mammifères fossiles ; ils sont donc bien pléistocènes. La présence
de pierres taillées au sein de ces alluvions démontre la réalité d'un
Homme paléolithique américain. Cette conclusion d'Abbott paraissait inattaquable ; elle fut d'abord généralement acceptée.

Vers 1890, un fort mouvement de réaction se produisit. Quelques
ethnographes officiels des Etats-Unis, Holmes, Brinton, Mac Gee,

____

(1) ABBOTT (C.-C.), The stone age in New Jersey, 1877. Primitive industry,
1881, etc..

proclamèrent que les prétendus instruments de l'Homme paléolithique, y compris ceux de Trenton, ne sont que des rebuts de fabrication identiques à ceux qui s'observent, en énormes accumulations, autour d'anciennes carrières exploitées par les Indiens. C'était nier du même coup l'antiquité des pierres taillées et soit l'antiquité, soit l'authenticité de leur gisement (1).

En 1893, deux ans après une excursion que j'avais eu le plaisir de faire aux ballastières de Trenton avec Abbott et Wilson, je crus devoir publier les raisons qui me faisaient croire à l'authenticité et à l'antiquité des instruments de formes paléolithiques recueillis par Abbott lui-même dans les graviers de Trenton. Il me parut alors que le procès d'Abbott rappelait un peu celui de Boucher de Perthes (2).

L'opposition reprit de plus belle, si bien qu'en 1897, le géologue Chamberlin, jouant par contre les Elie de Beaumont, alla jusqu'à dire que l'existence de l'Homme paléolithique sur le sol américain ne méritait pas les honneurs d'une discussion.

Mais la thèse d'Abbott gardait quelques partisans fidèles, au premier rang desquels il faut placer le regretté Putnam, directeur du *Peabody Museum* de Cambridge (3). S'étant intéressé dès leur début aux recherches d'Abbott, il avait chargé un de ses collaborateurs, M. Volk, de faire des observations et des fouilles qui ont été poursuivies pendant 22 ans et dont les résultats ont été publiés en un gros mémoire paru en 1911 (4). De son côté, Abbott nous a donné un ouvrage résumant 40 ans de travail sur le terrain (5). Les deux observateurs arrivent, indépendamment l'un de l'autre, sensiblement aux mêmes conclusions, moins simples que celles du début, mais non moins formelles.

Les dernières formations géologiques de la vallée du Delaware sont de trois sortes :

1º Un dépôt superficiel, noir, ou terre végétale (*black soil*), ren-

---

(1) Mc Gee (W.-J.), Palæolithic Man in America (*Popular Science Monthly*, 1888). — Holmes (W.-H.), Are the traces of Man in the Trenton gravels ? (*Journal of Geology*, 1893), *Science*, 1892, 1893, *passim*.

(2) Boule (M.), L'Homme paléolithique dans l'Amérique du Nord (*L'A.*, IV, 1893).

(3) Putnam (F.-W.), Très nombreux articles dans ses *Reports* comme conservateur du *Peabody Museum of Harvard University*, de 1876 à 1910.

(4) Volk (E.), The archæology of the Delaware Valley. (*Papers of Peabody Museum*, V, 191.). Cambridge, 1911. Avec bibliographie.

(5) Abbott (C.-C.) Ten years diggings in Lenâpe land. Trenton, 1912.

fermant de très nombreuses traces de la culture néolithique des Indiens Lenâpé.

2º Cette terre noire recouvre un dépôt jaune (*yellow drift*), limoneux et sableux, renfermant des quartzites et surtout des argilites taillés, caractéristiques de ce niveau, lequel correspond à une culture *prélenâpéenne*, plus primitive que celle des Indiens *Lenâpé*. Les populations qui s'y rapportent étaient peut-être déjà des Indiens, mais elles n'avaient pas de haches polies, elles ne connaissaient probablement pas la poterie. Elles doivent se relier plutôt à l'Homme paléolithique des graviers qu'à l'Homme Lenâpé du sol superficiel.

3º Au-dessous du « drift » jaune viennent les véritables « graviers de Trenton » d'origine fluvio-glaciaire, d'âge pléistocène, et sur lesquels on a tant discuté. C'est là, et là seulement, que se rencontrent non plus les argilites, mais les quartz et quartzites de facture très grossière, discutable même, mais dont la présence *in situ* ne saurait plus être douteuse. Abbott donne à l'Homme fossile qui a fabriqué ces instruments des graviers de Trenton, le nom d'*Homo Delawarensis*.

La question de l'Homme paléolithique américain ne saurait donc être tranchée par une brutale fin de non-recevoir, car, si l'on ne veut pas admettre le caractère artificiel des quartzites des graviers, il semble bien que la formation n° 2, à instruments d'argilite et à ossements de Bœuf musqué, remonte au moins à la fin du Pléistocène. Le seul argument de quelque importance, et d'ailleurs indirect, qu'on puisse encore invoquer contre elle, c'est que les cavernes américaines, si riches, d'une part, en animaux fossiles et, d'autre part, en reliques indiennes, n'ont encore livré aucune trace d'une industrie vraiment paléolithique. Mais ce fait peut s'expliquer de diverses manières. Il ne représente qu'un argument négatif et cent raisons de ce genre ne valent pas un fait positif comme paraît bien être celui de Trenton.

EMPREINTES
DE PAS HUMAINS. — Avant d'arriver aux découvertes d'ossements humains, il faut mentionner les empreintes de pas humains, observées d'abord à Carson (Nevada), ensuite près du lac Managua (Nicaragua). Dans la première localité, il s'agirait simplement de pistes de grands Édentés ; dans la seconde, les empreintes auraient été laissées par des pieds chaussés de mocassins. Ceci est d'autant plus curieux que

le tuf volcanique, sur lequel ces empreintes ont été faites, supporte une couche d'argile à ossements de Mastodontes (1).

DOCUMENTS
OSTÉOLOGIQUES.

L'examen des restes osseux est une tâche difficile et compliquée. Elle nous sera singulièrement facilitée par les études d'ensemble de Hrdlička (2). Cet anthropologiste s'est livré à une revision de toutes les découvertes. Aucune n'a trouvé grâce devant sa critique; tantôt c'est le gisement qui laisse à désirer, tantôt ce sont les ossements qui sont manifestement actuels ; souvent il y a insuffisance à tous égards.

Je ne ferai que citer pour mémoire les trouvailles les plus anciennes, qui sont pour nous des faits perdus, sur lesquels il est aujourd'hui impossible de se prononcer en toute connaissance de cause. Tel, le squelette humain de la Nouvelle-Orléans (1884) ; tel, l'os iliaque de Natchez (Mississipi), qui viendrait d'un dépôt à ossements d'animaux pléistocènes, mais que l'illustre géologue anglais Lyell, après étude sur place, a attribué à une sépulture d'Indien. Il en est de même d'un squelette trouvé par des mineurs à Soda Creek (Colorado) à 22 pieds de profondeur ; de quelques ossements exhumés à Charleston (Caroline du Sud): d'un crâne trouvé dans une fente remplie de terre et de cailloux à Rock Bluff (Illinois), etc. Le fameux crâne de Calaveras se présente dans des conditions tout aussi défavorables (V. p. 123).

D'autres découvertes doivent retenir plus longtemps notre attention.

TRENTON. PEÑON.

C'est d'abord la série d'ossements recueillis à Trenton de 1879 à 1899 par Abbott et Volk. En 1891, j'ai examiné quelques-uns de ces documents au Peabody Muséum. Un morceau de mandibule droite (n° 33327), « trouvé dans les graviers à 16 pieds de profondeur » et d'aspect roulé, m'avait produit une bonne impression, tandis qu'un crâne (n° 14635), dit de « Gaz Work » m'avait paru tout à fait moderne. Hrdlička l'attribue en effet à un Indien.

---

(1) FLINT (D^r), *in* PUTNAM, *Report Peabody Museum*, 1883. — *Science*, 7 mars 1884.
(2) HRDLIČKA (A.), Skeletal Remains suggesting or attributed to early Man in North America (*Smithsonian Institu ion. Bureau of American ethnology*, Bull. 33). Washington, 1907. Recent discoveries attributed to early Man in America (*Ibid.* Bull. 66). Washington, 1918. Ces ouvrages renferment l'historique et la bibliographie complète de chaque découverte.

Il y a deux autres crânes. Le premier, dit de *Burlington County*, a été trouvé accidentellement dans un champ et paraît provenir d'un dépôt alluvial superficiel. Le second, dit de *Riverview Cemetery*, a été recueilli par un fossoyeur, à 3 pieds de profondeur, dans la partie encore inutilisée d'un cimetière. Ce sont là des condition de gisement plus qu'insuffisantes. Or, ces deux crânes sont également remarquables au point de vue morphologique. Peu volumineux, très surbaissés, à face étroite, à grandes orbites, ils dénotent une race humaine toute différente de celle des Indiens. Hrdlička a montré qu'ils ressemblent tout à fait aux crânes « bataves » décrits par divers auteurs allemands et qu'on a voulu parfois rapprocher des Néanderthaliens ; il n'hésite pas à les attribuer à deux vieux immigrants d'origine hollandaise.

En 1899, Volk a retiré lui-même des graviers un pariétal et un fémur humains. Si ces ossements sont réellement contemporains du gravier, ce que Volk affirme, ils appartiendraient au tailleur de quartzites ; ils n'offrent d'ailleurs aucun caractère morphologique spécial.

En 1884, une portion de crâne et quelques autres morceaux d'un squelette furent trouvés dans un tuf calcaire à Peñon, vallée de Mexico. Pour les uns, ce tuf est d'âge pléistocène ; pour d'autres, il est le produit récent d'eaux thermales qui sourdent encore dans le voisinage.

LES « HOMMES DU LŒSS ». En 1902, on découvrit à Lansing (Kansas) un squelette d'homme adulte et une mandibule d'enfant qui gisaient dans un limon, à 20 pieds au-dessous de la surface du sol. La localité a été étudiée par de nombreux géologues également expérimentés. Certains voient dans le limon un vrai *lœss* pléistocène ; les autres le regardent comme de formation récente et dû aux crues de la rivière voisine. Les ossements sont d'ailleurs identiques à ceux des Indiens modernes de cette région des Etats-Unis.

Une butte de terre d'Omaha (Nebraska) a également livré de nombreux ossements humains, en 1894 et en 1906. Les dernières découvertes, de beaucoup les plus importantes, comprennent les restes d'une douzaine d'individus. Elles ont été étudiées par l'auteur des fouilles, Gilder, et par des hommes de science, le géologue Barbour, le paléontologiste Osborn, l'anthropologiste

Hrdlička. Les ossements proviennent de divers niveaux compris entre 0 m. 80 et 2 mètres de profondeur. D'après le professeur Barbour, ceux du niveau supérieur appartiennent à une sépulture, les autres seraient bien de l'âge du limon dans lequel ils sont enfouis. Ils représentent « l'Homme du lœss ».

Hrdlička a combattu ces conclusions. Les conditions de gisement des squelettes, dont plusieurs ont conservé leurs connexions anatomiques, indiquent des sépultures. A tous les niveaux, les ossements ont la même coloration, la même consistance, les mêmes accidents de surface. Aucun ne présente la moindre trace de fossilisation. Ils offrent tous, et sur les mêmes points, des incisions dénotant certains rites funéraires et qu'on retrouve sur des pièces analogues des tumulus de la région. Il est vrai que certains crânes ont des caractères assez extraordinaires : grande épaisseur des os, fortes arcades orbitaires, front bas et fuyant, qui les ont fait comparer, à tort d'ailleurs, aux crânes de Néanderthal et du Pithécanthrope. Ce sont certainement ces caractères qui ont porté à les vieillir, mais Hrdlička a montré que de tels crânes sont assez fréquents dans les *mounds* ou tumuli de la région et que, par tout le reste de leur morphologie, les crânes d'Omaha sont des crânes d'Indiens.

RANCHO LA BREA. — Il y a à Rancho la Brea, près de Los Angeles (Californie), un curieux gisement d'animaux quaternaires, le plus riche probablement des Etats-Unis. Ce gisement est constitué par des lits de bitume pur ou mélangé avec des produits alluviaux. Depuis quelques années, le professeur Merriam, de l'Université de Californie, y a fait d'abondantes récoltes paléontologiques, car les squelettes d'animaux d'espèces disparues, notamment de *Smilodon* (animal voisin de nos *Machairodus*) s'y trouvent par milliers.

En 1914, les journaux américains firent grand bruit de la découverte d'un squelette humain dans les dépôts d'asphalte de Rancho la Brea. La nouvelle causa un vif émoi, car un squelette humain, contemporain des *Smilodon* et autres Mammifères disparus, devait constituer un document de premier ordre, susceptible de jeter une vive lumière sur la question, encore si controversée, de l'Homme fossile en Amérique. Mais, bientôt après, un mémoire du professeur Merriam venait mettre les choses au point. On se trouve encore ici en présence d'un fait sans garanties géologiques suffisantes. A cause de la viscosité de l'asphalte, les gisements de cette matière ne sauraient, en effet, offrir de sécurité au point de vue stratigraphique. Les restes humains ont été trouvés entre 2 et 3 mètres de profondeur, dans une sorte de cheminée remplie d'asphalte, partant d'une grande masse souterraine de la même substance et s'ouvrant à la surface du sol. Ces sortes de remplissages de cavités ou de vides, dans les couches détritiques supérieures de la région, ont pu s'effectuer à diverses époques et peuvent remonter à des âges fort différents.

Au point de vue paléontologique, les choses ne se présentent pas mieux. Les nombreux restes d'animaux, trouvés en même temps que les ossements humains, n'appartiennent pas à la faune pléistocène, déjà classique, de Rancho la Brea, mais à la faune californienne d'aujourd'hui. Le point de vue anthropologique n'est pas plus favorable à la haute antiquité du squelette, car celui-ci ne diffère pas des squelettes d'Indiens du Sud de la Californie. Il ne saurait donc être question, cette fois encore, d'un Homme fossile de l'époque pléistocène.

DÉCOUVERTES DE LA FLORIDE. — Enfin, la découverte la plus récente, annoncée en 1916 et encore très discutée, est celle de Vero (Floride).

Ce n'est pas la première fois qu'il est question d'un Homme fossile de la Floride. Toute une série de trouvailles d'ossements humains ont été faites, de 1852 à 1886, aux bords du lac Monroe et sur la côte Ouest de la péninsule, au Sud de Sarasota, notamment aux abord de la petite ville d'Osprey.

La plupart de ces ossements étaient emballés dans une roche dure, sorte de grès ferrugineux, riche en limonite, et l'analyse chimique indique qu'ils sont fortement minéralisés. Mais le géologue Vaughan a montré que, malgré leur apparence, les dépôts fossilifères sont post-pléistocènes, que les conditions spéciales de fossilisation n'ont ici aucune importance, car elles sont dues à l'action de nombreuses sources d'eau ferrugineuse qui conglomèrent des sables récents et pétrifient rapidement toutes sortes d'objets, notamment des poteries indiennes. D'autre part, les ossements, étudiés par Hrdlička, ne diffèrent pas de ceux des Indiens.

La dernière découverte, effectuée à Vero, sur la côte Est, par le géologue officiel Sellards, a fait l'objet de nombreux rapports émanant des spécialistes les plus autorisés des Etats-Unis.

Le sous-sol de la ville et des environs de Vero est formé en profondeur : 1º par des marnes d'origine marine avec coquilles pléistocènes. Ces marnes supportent : 2º un sable marneux, d'origine fluviatile, avec débris de végétaux et ossements d'animaux terrestres pléistocènes, notamment d'un Éléphant (*Elephas Colombi*). Au-dessus vient : 3º une couche superficielle, également alluviale, mais plus riche en matières organiques (humus) et nettement séparée des deux précédentes. En creusant un canal d'irrigation à travers cet ensemble, on a trouvé les ossements de deux squelettes humains, à 0m.80 environ de profondeur, dans la couche moyenne et à la base de la couche supérieure. La couche moyenne a livré également un éclat de silex et quelques os paraissant travaillés. La couche supérieure, superficielle, est riche en tessons de poteries et en objets travaillés en os ou en pierre. Pour le Dr Sellards, la contemporanéité de l'Homme et d'une faune pléistocène en Floride est nettement établie par ces découvertes. La paléontologiste Hay partage complètement cette opinion, tandis que d'autres spécialistes la combattent plus ou moins vigoureusement.

Parmi les géologues, Vaughan croit que la couche superficielle est d'âge récent et que les restes humains de la couche moyenne n'y sont pas en place. Chamberlin a d'abord pensé que les ossements d'animaux des couches 2 et 3 s'y trouvent à l'état remanié, qu'ils ont été empruntés à des formations plus anciennes. Plus tard, il s'est rallié à une vue de Berry, qui rapporte les plantes fossiles au Pléistocène supérieur, tandis que les débris d'animaux seraient plus anciens. Cette différence s'expliquerait naturellement par le fait d'une survivance, plus longue en Floride que dans les pays du Nord, de la faune des grands animaux pléistocènes. Les couches 2 et 3 seraient donc moins anciennes que ne le croit Sellards, mais l'Homme peut bien avoir été contemporain de leur dépôt. Mac Curdy paraît se rallier à la même explication, les produits archéologiques n'ayant aucun caractère vraiment archaïque.

Hrdlička est catégoriquement négatif. Il ne croit pas à la haute antiquité des ossements humains. L'analyse chimique montre qu'ils sont encore riches en matière organique. Les conditions de gisement répondent bien mieux à l'hypothèse sépulture qu'à toute autre hypothèse. Par leurs caractères anatomiques, ils ne diffèrent pas des ossements d'Indiens. Hrdlička admet cependant qu'ils peuvent dater des premiers temps de l'occupation de la Floride par ces Indiens.

CONCLUSION. Tel est le tableau à peu près complet, quoique sommaire, des faits invoqués à l'appui de l'existence de l'Homme fossile dans l'Amérique du Nord. Comme on vient de le voir, pour quelques savants, la preuve est faite, aussi bien au point de vue anthropologique qu'au point de vue archéologique. Pour d'autres, aucun fait ne serait démonstratif : tout le matériel ostéologique ou archéologique devrait être attribué aux indigènes d'avant la conquête.

Il est difficile à un étranger de prendre parti d'une façon ferme, dans aucun sens, car il ne peut exercer son jugement que sur des faits rapportés par d'autres. Il semble pourtant qu'une opinion moyenne, sinon conciliante, résulte de l'ensemble des données positives acquises à ce jour. Certes, les adversaires de la haute antiquité géologique de l'Homme en Amérique n'ont pas eu de mal à montrer que beaucoup des témoignages invoqués ne résistent pas à la critique et sont sans valeur scientifique, mais il est d'autres témoignages auxquels on n'a pu guère opposer jusqu'ici que des négations ou des raisonnements *a priori*. C'est ainsi que M. Hrdlička part de ce principe que, d'après les lois de l'évolution générale des Mammifères, les Hommes fossiles doivent différer des Hommes actuels. Sans condamner absolument cette manière de voir, il est permis de dire que lorsqu'on refuse toute antiquité géologique à des ossements humains parce qu'ils ressemblent aux mêmes ossements des Indiens, on va beaucoup trop loin ; qu'une telle affirmation repose sur une pétition de principe et que donner à cet argument une importance capitale revient à nier purement et simplement.

Il semble que la divergence radicale d'opinions repose en partie sur un malentendu. Pour qu'un Homme ou qu'un être quelconque soient fossiles, il n'est pas nécessaire qu'ils ne soient plus représentés dans la nature actuelle. Qu'on n'ait pas trouvé en Amérique la moindre trace d'un Homme différant morphologiquement de l'Homme actuel, cela n'est pas douteux et cela ne saurait surprendre les paléontologistes qui savent bien que l'Amérique n'est pas la patrie originelle des Primates supérieurs ; mais la ressemblance des vieux squelettes déjà découverts avec des squelettes d'Indiens ne prouve pas que ces vieux squelettes soient d'âge récent, ou holocène. Si, dans son ensemble, l'Homme américain présente une certaine communauté de traits physiques, cette communauté doit remonter fort loin dans le passé et si l'on admet que l'Amérique a été peuplée par migrations, principalement sinon entièrement aux dépens du grand tronc des Jaunes, l'importance et l'étendue de ces migrations, la mise en place et la différenciation des populations sur toute la surface des deux Amériques ont dû exiger un très grand laps de temps. Or il paraît bien que les pierres taillées de Trenton et de quelques autres localités témoignent de l'existence de l'Homme en Amérique avant l'aurore des temps géologiques actuels. D'autre part, entre toutes les découvertes d'ossements humains, il en est qui se présentent avec de sérieuses garanties d'authenticité et de haute antiquité. Il s'agit de préciser cette antiquité, et c'est ici que les camps extrêmes pourraient se rapprocher. Parmi tant de témoignages, pierres taillées ou ossements humains, aucun ne me paraît pouvoir remonter très loin dans le Pléistocène. On a l'impression que les meilleurs d'entre eux ne sauraient se rapporter qu'à une période finale de cette époque, quelque chose comme notre Paléolithique supérieur ou notre période de transition du Paléolithique au Néolithique. Dans cette hypothèse, tout s'expliquerait d'une façon satisfaisante. Les immigrations en masse, à partir de l'Asie, n'ont pu s'effectuer pendant que les nappes de glaces recouvraient la plus grande partie de l'Amérique du Nord. Elles n'ont été possibles qu'au cours d'une grande période interglaciaire et, plus probablement, après le retrait définitif des glaciers. Dès que les passages furent ouverts, à la suite de ce phénomène, l'Homme a pu s'en servir pour envahir peu à peu ce continent américain où, depuis plus d'un million d'années, aucun animal du groupe des Primates n'avait vécu. Dans l'état actuel de nos connaissances, cette manière de comprendre le problème de l'antiquité de l'Homme en Amérique me paraît être la plus rationnelle. Mais il ne faut pas se dissimuler qu'elle est bien précaire.

AMÉRIQUE DU SUD

GÉNÉRALITÉS.   L'Amérique du Sud, avec son très ancien massif ou Plateau brésilien, avec ses immenses bassins fluviaux, avec ses 8 000 kilomètres de Cordillères, que jalonnent et couronnent d'énormes volcans actifs, réalise, au point de vue physique, une unité continentale très particulière et d'une grande autonomie.

Cette autonomie n'est pas moins marquée au point de vue des phénomènes de la vie. L'Amérique du Sud constitue une des principales divisions biogéographiques du globe, la *région néo-tropicale*. Ses forêts vierges et ses plaines herbeuses offrent, sur de vastes étendues, des associations végétales particulières ; elle a aussi ses formes d'Insectes, de Poissons et de Reptiles ; elle est le domaine d'une multitude d'Oiseaux au plumage éclatant, Colibris, Perro-

Fig. 232. — Squelette de *Megatherium*. Hauteur vraie : 3 m. 60. — Galerie de Paléontologie du Muséum national d'Histoire naturelle.

quets, Coqs de roche, etc. ; elle est la patrie à peu près exclusive des Ouistitis, des Singes à queue prenante, des Chauves-souris vampires, des Sarigues, des Pécaris, des Lamas et surtout des Édentés : Fourmiliers, Paresseux, Tatous.

Cette physionomie spéciale est un legs du passé, car on la voit s'affirmer quand on remonte le cours des âges géologiques. Pendant les temps quaternaires et tertiaires, il y avait, à coté d'Édentés énormes, *Megatherium* (fig. 232), *Mylodon*, *Glyptodon* (fig. 233), qui ont tant étonné les premiers paléontologistes, mais qui ne sont que des formes géantes des Paresseux et des Tatous actuels (1), une foule d'autres Mammifères étranges et si différents de ceux de l'hémisphère boréal qu'il a fallu créer pour eux des ordres spéciaux : tels les *Typotherium*, les *Toxodon*, les *Macrauchenia*... et, plus anciennement, les *Astrapotherium*, les *Pyrotherium*, etc. Par contre, on n'a jamais trouvé, dans les riches gisements fossilifères du Tertiaire de la Patagonie, la moindre trace d'animaux pouvant se rapporter à nos Proboscidiens, à nos Artiodactyles, à nos Ruminants, à nos Solipèdes, à nos Carnassiers placentaires, à nos Singes supérieurs. Vers la fin, pendant le Pliocène et le Pléistocène, il y a bien des Mastodontes, des Tapirs, des Chevaux, des Cerfs, de grands Félins, mais ce ne sont pas des autochtones ; ils sont venus d'ailleurs.

Fig. 233 — Squelette de *Glyptodon*. Longueur vraie : 2 m. 90. — Galerie de Paléontologie du Muséum national d'Histoire naturelle.

principalement de l'Amérique du Nord. Albert Gaudry a pu dire qu'après le début de l'ère tertiaire, l'évolution des Mammifères ne s'est pas faite ici comme dans l'hémisphère boréal.

Il y a là un fait considérable au point de vue de l'histoire paléontologique de l'Homme. Puisque l'Amérique du Sud a toujours été dépourvue de Primates perfectionnés, de Singes supérieurs, ce n'est pas sur ce continent qu'on peut s'attendre à découvrir des représentants des premiers Hommes ou de leurs ancêtres immédiats. Nous allons voir cependant qu'un naturaliste de grand mérite, Ameghino, a édifié tout un système de généalogie humaine en prenant le contre-pied de cette proposition.

L'Amérique du Sud n'a jamais été ensevelie sous les glaces qua-

---

(1) C'est notre grand Cuvier qui a reconnu la vraie nature du *Megatherium*, en étudiant un squelette envoyé à Madrid en 1789. Le roi d'Espagne, Charles III, ordonna alors aux fonctionnaires de la colonie de lui expédier un de ces animaux vivant ou tout au moins empaillé. Ce désir royal ne fut pas réalisé, et pour cause,

ternaires. Celles-ci, même dans le Sud du continent, sont restées localisées dans la chaîne des Andes ou dans son voisinage. Mais les grands phénomènes climatériques des dernières époques géologiques n'y ont pas moins joué leur rôle et laissé d'imposantes traces. Ce sont d'abord, provenant de la démolition de la Cordillère et s'étalant au pied de la chaîne, de vastes amas de dépôts fluvio-glaciaires et torrentiels ; ceux-ci passent peu à peu à des formations qui recouvrent toutes les parties basses du continent d'un immense manteau détritique : sables, argiles, limons, etc. produits soit par les cours d'eau, soit par les ruissellements de pluies diluviennes, soit par des transports éoliens de cendres volcaniques, soit par des incursions momentanées de la mer et souvent par l'action combinée de ces divers facteurs.

LES TERRAINS PAMPÉENS. — Les terrains auxquels appartiennent les dépôts *pampéens*, très analogues en somme à nos limons ou lœss, nous intéressent particulièrement comme ayant fourni la plupart des découvertes anthropologiques dont je dois donner un aperçu.

Tous ces dépôts sont riches en fossiles. Malheureusement, à cause des différences de faunes, qui ont ici un cachet tout spécial, les synchronismes avec l'Amérique du Nord et, plus encore, avec l'Europe, sont difficiles à établir. Les paléontologistes ont d'abord été vivement impressionnés par le caractère étrange et le gigantisme des animaux fossiles découverts dans les dépôts superficiels de l'Amérique du Sud et, par analogie lointaine avec l'Europe, ils ont été portés à vieillir ces dépôts. C'est la direction suivie par le savant argentin Ameghino. Aujourd'hui on est plutôt porté à les rajeunir, ce qui est conforme aux données purement géologiques. Beaucoup des curieuses bêtes fossiles du sous-sol des pampas peuvent avoir vécu jusqu'à une époque relativement peu éloignée de nous. Cela semble même démontré, nous le verrons bientôt, pour quelques-unes d'entre elles.

Les terrains pampéens ont d'abord été considérés en bloc. Puis on a cherché à les diviser en se basant, d'une part, sur leurs caractères physiques, d'autre part, sur leur contenu paléontologique. La division a été poussée à l'excès par Ameghino qui distinguait une douzaine d'étages. Mais de bons géologues, tels que Roth, Steinmann, Burckhardt, Bailey Willis, loin de suivre cet exemple, ne font qu'un petit nombre de coupures dans l'épaisseur des terrains pampéens.

Les premiers observateurs, d'Orbigny, Darwin, croyaient ces terrains de formation récente. Ameghino les vieillissait beaucoup, en faisant remonter les plus anciens jusqu'à la période miocène. Aujourd'hui, géologues et paléontologistes paraissent d'accord pour y voir un complexe allant du Pliocène à l'actuel. Voici comment on peut diviser en quatre étages les terrains superficiels des pampas et résumer les caractères de ces étages (1).

HOLOCÈNE ou RÉCENT...................... *Post-pampéen.*

PLÉISTOCÈNE.......... *Pampéen* { supérieur, *Bonaréen.* / inférieur, *Ensénadéen.*

PLIOCÈNE.......... *Prépampéen* ou *Hermoséen.*

Au-dessous viennent, en Patagonie, des terrains plus anciens, miocènes et oligocènes.

L'*Hermoséen*, bien visible au monte Hermoso, près de la baie de

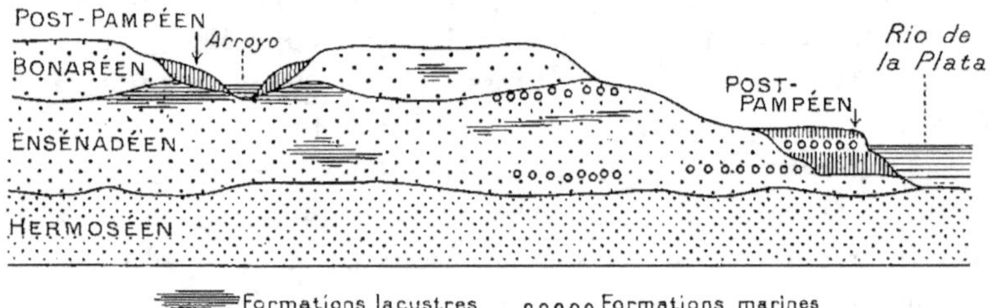

Fig. 234. — Coupe schématique des terrains pampéens entre Buenos Aires et La Plata. (D'après OUTES et BRUCH).

Bahia Blanca, est parfois rattaché au Pampéen, comme Pampéen inférieur ou Prépampéen. Il est formé de couches de couleur brune, pain d'épices, sableuses ou argileuses, et de cendres volcaniques. Ameghino le croit d'âge miocène ; la plupart des géologues l'attribuent au Pliocène.

Le vrai *Pampéen* recouvre l'Hermoséen et constitue presque partout le revêtement de la plaine argentine. D'origine essentiellement

___

(1) La bibliographie est abondante et trop spéciale pour être donnée ici. Je signale simplement aux anthropologis es le clair résumé qu'ils trouveront dans un charmant pe it livre d'OUTES et BRUCH, Los Aborígenes de la República Argentina. Buenos-Aires, 1910.

terrestre, subaérienne, de coloration aux tons chauds, il représente, avec ses concrétions calcaires (*tosca*), une formation analogue à notre lœss, mais on y observe parfois quelques dépôts d'eau douce, des lits de cendres volcaniques et, vers le littoral, des intercalations de sédiments marins. Il se laisse assez facilement diviser en deux étages.

L'étage inférieur, ou *Ensénadéen*, est formé de limons cohérents, compacts, brun clair, avec concrétions calcaires disposées en lits ou ramifiées. Il a 15 à 20 mètres d'épaisseur dans la région de La Plata.

L'étage supérieur, ou *Bonaréen*, est constitué par un limon plus léger, non stratifié, véritable lœss éolien, de couleur jaune, avec concrétions en « poupées ». Ce terme du Pampéen est le plus facile à observer parce qu'il affleure partout sous la terre végétale; son épaisseur peut également atteindre 20 mètres.

Au-dessus du Bonaréen, on observe, sur certains points, quelques terrains qu'Ameghino considérait encore comme pléistocènes, mais qu'il vaut mieux paralléliser avec l'Holocène européen, car ils représentent bien les temps *actuels*. Ce sont des sédiments, de couleur grise, formés dans des dépressions du sol, principalement au bord des cours d'eau. Quelques dépôts témoignent de petites invasions marines ; il y a aussi des dunes littorales.

La Paléontologie montre des transitions insensibles entre ces divers termes stratigraphiques, depuis la faune pliocène de l'Hermoséen jusqu'à la faune exclusivement actuelle du Post-pampéen.

Après ces notions générales, nous pouvons aborder notre sujet principal et, pour rester fidèle à la méthode que j'ai suivie jusqu'ici, j'examinerai d'abord les découvertes d'ordre archéologique, puis les découvertes d'ossements humains.

DOCUMENTS ARCHÉOLOGIQUES. — Toute l'Amérique du Sud est riche en documents archéologiques. Depuis la mer des Antilles jusqu'au cap Horn, elle est couverte de monuments antiques plus ou moins grandioses ou parsemée d'objets de toutes sortes indiquant une longue occupation humaine. Ici, comme dans l'Amérique du Nord, il est très difficile de faire le départ entre ce qui revient aux Indigènes du temps de la conquête et ce qui appartient à leurs lointains ancêtres.

Cependant certaines stations humaines paraissent remonter assez haut dans le passé. Les amas de coquilles et de débris de cuisine (*shell mounds* ou *shell heaps*) sont nombreux, tant sur les rivages du Pacifique (Chili, Pérou) qu'à la Guyane, au Brésil, dans la République argentine, en Patagonie et jusqu'à la Terre de Feu. Dans cette dernière région, où les Indigènes actuels en édifient encore, ils ont été étudiés par Lovisato (1). Leurs dimensions sont parfois considérables (plus d'un kilomètre de longueur) ; les coquilles qu'ils renferment sont plus robustes que celles des mêmes espèces de Mollusques actuels ; il semble que, depuis l'origine de ces monticules, le niveau de la mer se soit déplacé. Toutes ces conditions doivent leur faire attribuer une antiquité relativement considérable, ce qui est très intéressant à cause de leur situation à l'extrême Sud, mais rien ne prouve, comme on l'a prétendu, qu'ils remontent au delà de la période géologique actuelle.

Il en est de même des *paraderos*, emplacements de villages et monticules funéraires des anciens Patagons (2). Leur matériel archéologique comprend de très nombreux objets en pierre, mais si quelques pièces rappellent une facture paléolithique, l'ensemble des couteaux et grattoirs, pointes de flèches, mortiers, pierres polies, poteries, etc. correspond évidemment à la culture néolithique générale des Indiens d'avant la conquête. Il est permis cependant d'invoquer, en faveur d'une certaine antiquité, les changements de climat survenus depuis l'abandon de ces centres d'habitation, dans une contrée aujourd'hui aride et désolée.

Les gisements analogues, dits *sambaquis*, du Brésil peuvent aussi être fort anciens sans, pour cela, remonter au Pléistocène.

Ce sont là des gisements de surface. De nombreuses trouvailles ont été faites au sein même des terrains pampéens. Dans le court exposé que je dois en faire, je les grouperai en quatre catégories : 1º les objets en pierre ; 2º les scories et terres cuites, prétendues traces de foyers ; 3º les os fendus, incisés, travaillés, brûlés, etc ; 4º les autres faits archéologiques de nature à établir la contemporanéité de l'Homme et d'animaux d'espèces perdues.

---

(1) Cité par Keane, Ethnology, p. 96.

(2) Verneau (R.), Les anciens Patagons, Monaco, 1903. — Outes (F.), La edad de la piedra en Patagonia (*Anales del Museo de Buenos Aires*, 1905). Avec un résumé en français et une bibliographie.

<u>MATÉRIEL LITHIQUE.</u>   D'une manière générale, les objets
en pierre sont rares dans l'intérieur
des couches géologiques plus anciennes que les terrains post-pampéens ou récents. Et c'est là un fait significatif, quand on l'oppose à
l'abondance des ossements humains exhumés de ces mêmes terrains.
Outes, dans beau son livre sur « L'âge de la pierre en Patagonie »,
nous apprend que les gisements superficiels d'instruments en pierre
de facture paléolithique sont assez nombreux en Patagonie. Ame -

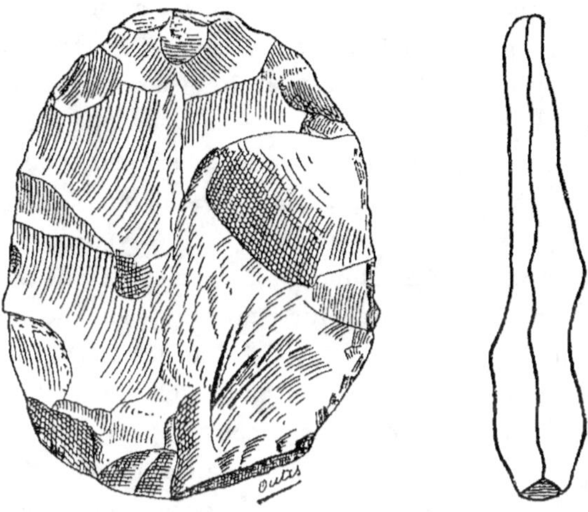

Fig. 235. — Quartz taillé de l'arroyo Observación. 4/5 de la grandeur naturelle
(D'après Outes).

ghino aurait retiré deux quartz taillés d'une couche assez profonde des graviers du ruisseau *Observación* (fig. 235), ce qui permettrait d'attribuer au Pléistocène (Pampéen supérieur) l'ensemble
de cette industrie à pierres ovoïdes, taillées sur les deux faces et
ressemblant beaucoup à celles de Trenton (Etats-Unis). On peut
objecter que l'âge pléistocène des graviers n'est pas démontré, et
que de pareils objets sont nombreux dans les terrains post-pampéens.
  En dehors de ce fait, de beaucoup le plus sérieux, on a signalé
un grand nombre de trouvailles isolées de quartzites et de silex
paraissant présenter des caractères de taille intentionnelle, parfois
même de véritables instruments, dans le Pampéen supérieur, dans
le Pampéen inférieur et même dans l'Hermoséen. Tout cela est peu
démonstratif : ou bien il s'agit de pierres informes, éclatées natu-

27

rellement, ou de simples éclats, ou bien d'objets identiques à ceux des Indiens. Nulle part on n'a trouvé en place un ensemble d'objets lithiques répondant à une station, à un atelier.

Ameghino a décrit une industrie de la pierre éclatée ou fendue, qu'il a attribuée à son *Homo pampaeus* du Pampéen inférieur et qu'il a déclaré être plus primitive que les éolithes d'Europe. Dans l'Hermoséen, considéré par lui, nous l'avons dit, comme d'âge miocène, il a trouvé l'industrie de la « pierre brisée, la plus simple qu'on puisse imaginer ». Toutes ces pierres ne sont pas des éolithes, comme je l'avais d'abord pensé ; les enquêtes faites sur place par Hrdlička et Willis ont montré que le gisement de ces cailloux se trouve dans des dunes de sable récentes et que les cailloux eux-mêmes ne représentent que des rebuts de fabrication de l'industrie des Indiens d'il y a quelques siècles à peine, les auteurs disent même : d'il y a un siècle !

Je dois ajouter qu'Ameghino (1) a signalé des faits du même genre dans des terrains de la Patagonie beaucoup plus anciens, remontant d'après lui à l'Oligocène et même à l'Eocène ! Il s'agirait des instruments rudimentaires fabriqués et employés par les petits Singes de ces époques reculées, prétendus ancêtres des Hominiens !

SCORIES ET TERRES CUITES. — On connaît, depuis longtemps, dans les dépôts pampéens, des scories et des roches dures, rouges, ressemblant à de la brique ou à de la terre cuite. Ce sont ordinairement de petits cailloux, souvent de grandes masses, formant parfois de véritables lits ou couches interstratifiés.

On les regardait, soit comme des matériaux d'origine volcanique, soit comme des produits d'incendies naturels lorsque, en 1875, Ameghino (2), constatant que les terres cuites sont parfois associées à des ossements brûlés ou striés et à des instruments en pierre, les considéra comme des traces d'anciens foyers humains, comme ayant « une origine anthropique ». Depuis cette époque, Ameghino est revenu maintes fois sur ce sujet ; il a décrit une foule de

---

(1) AMEGHINO (F.), Une nouvelle industrie lithique (*Anales del Museo de Buenos Aires*, XX, 1910). — Vestigios industriales in el Eocene, etc. (*Congreso científico internacional americano*, Buenos Aires, 1910).

(2) AMEGHINO (F.), Nouveaux débris de l'Homme et de son industrie... (*Journal de Zoologie*, IV, 1875).

localités, où s'observent scories et terres cuites, à tous les niveaux du Pampéen et même dans l'Hermoséen (1).

L'opinion d'Ameghino a été vivement discutée. On a fait appel au concours des minéralogistes des deux continents. Je ne saurais résumer ici cette longue polémique (2). Voici ce qui me paraît ressortir des diverses enquêtes.

Les dépôts pampéens normaux sont très riches en minéraux d'origine volcanique, ce qui n'a rien d'extraordinaire puisque ces dépôts proviennent de la démolition de la chaîne des Andes. Les scories sont bien d'origine volcanique, mais elles ont subi un transport plus ou moins long. Les terres cuites ont exactement la composition chimique des limons pampéens ; en dehors des cas où il ne s'agit que de morceaux de lœss agglutinés ou concrétionnés, ces terres cuites ont dû subir l'action prolongée d'une haute température (800° à 1000°). Pour les uns, ce seraient des tufs volcaniques ; pour d'autres, des produits d'incendies d'herbes ou de bois, dont les empreintes s'observent encore sur les terres cuites. Mais des incendies de ce genre sont-ils capables de produire de tels résultats? Non, disent certains spécialistes ; oui, affirment d'autres observateurs. En tous cas, la question est de savoir si ces incendies ont été spontanés, allumés par le feu du ciel, ou provoqués par l'Homme. Cette dernière opinion compte peu de partisans parmi les savants qui ont étudié la question sur place.

Je suis frappé, pour ma part, en dehors de la ressemblance des échantillons de scories et de terres cuites que j'ai pu voir avec des produits volcaniques remaniés de notre Massif central, de l'abondance de ces matériaux à tous les niveaux de la grande formation pampéenne (Lehman-Nitsche dit qu' « il s'en trouve à chaque pas »), de l'étendue considérable de leurs gisements, de la régularité stratigraphique de certaines couches à scories ou à terres cuites. Tous

---

(1) Ameghino (F.), La antigüedad del Hombre en el Plata. 2 vol. Paris-Buenos-Aires, 1880-1881. — Contribución al conocimiento de los mamíferos fósiles de la República Argentina. Buenos Aires, 1889. Et surtout : Productos píricos de origen antrópico (*Anales d'l Museo de Buenos Aires*. XIX, 1909). — Énumération chronologique et critique des notices sur les terres cuites et les scories anthropiques (*Ibid.*, 1910).

(2) Voir notamment : Outes (F.), Ducloux (E.-H.) et Bücking (H.), Estudio de las supuestas e corias y tierras cocidas... (*Revista del Museo de La Plata*, XV, 1908). — Bailey Willis, Wright (E.), Fenner (N.), Hrdlička *in* Hrdlička, Early man in South America, Washington, 1912.

ces faits ne s'accordent guère avec la théorie de l'origine humaine. Qu'il reste encore à trouver des explications satisfaisantes de ces phénomènes, c'est certain, mais il semble que la théorie de l'origine « anthropique » doive, d'ores et déjà, être écartée.

OS D'ANIMAUX FOSSILES UTILISÉS, TRAVAILLÉS OU BLESSÉS. — Toute la longue série des os brûlés, éclatés, striés, incisés, polis, « travaillés » recueillis aux divers niveaux des terrains pampéens, même dans l'Hermoséen, et longuement décrits ou figurés par Ameghino (1) ne paraît pas avoir une plus grande valeur démonstrative et peut être mise en général sur le compte de phénomènes naturels (2).

Un certain nombre d'observations ont été présentées en faveur de la contemporanéité de l'Homme et d'espèces disparues. Il y a déjà une quarantaine d'années qu'Ameghino et Roth ont parlé de carapaces de Glyptodontes enfouies dans une position oblique ou renversée, ne pouvant s'expliquer que par l'intervention humaine. Des chasseurs quaternaires, ne trouvant dans les pampas ni cavernes, ni abris d'aucune sorte, se seraient emparés de la carapace d'un Glyptodonte mort. Ils l'auraient vidée, placée horizontalement ou obliquement, puis, en creusant la terre au-dessous, ils auraient obtenu une demeure peu confortable mais pourtant précieuse pour l'époque. Ameghino a vu que le sol était tassé, durci sous certaines de ces carapaces. A côté, il a trouvé, à diverses reprises, des ossements de divers animaux brisés intentionnellement, des charbons, des cendres, des silex paraissant taillés. Enfin nous verrons bientôt qu'un squelette humain a été trouvé sous une de ces carapaces.

On a recueilli plusieurs fois, en contact plus ou moins intime, avec des ossements de grands animaux disparus, *Glyptodon*, *Mylodon Toxodon*, des pierres qui auraient servi à les abattre ou des dents de ces fossiles façonnées en instruments. La plupart de ces trouvailles, dues principalement à Ameghino, sont douteuses. La dernière en date a fait grand bruit et est encore vivement discutée.

En 1914, Carlos Ameghino (3), frère du regretté paléontologiste,

---

(1) Ameghino, La antigüedad del Hombre. .

(2) Voir Lehmann-Nitsche (R.), Nouvelles recherches sur la formation pampéenne et l'Homme fossile de la République Argentine. (*Revista del Museo de La Plata*, XIV, 1907).

(3) Ameghino (Carlos), El femur de Miramar (*Anales del Museo de Buenos Aires*, XXVI, 1915). — Articles dans *Physis*, II et IV, etc.

explorant, près de Miramar, une couche d'âge intermédiaire à l'Hermoséen et au Pampéen inférieur et considérée par lui comme miocène, a trouvé un fémur de *Toxodon* ayant conservé, dans le corps même de l'os, au niveau du grand trochanter, une pointe de quartzite qui l'aurait transpercé. Cette pointe, de la forme moderne dite « feuille de saule », serait le bout d'une lance ayant servi à attaquer l'animal par derrière. Peu de temps après, et non loin du lieu de cette première trouvaille, C. Ameghino et le Dr Keidel ont extrait une portion de colonne vertébrale de *Toxodon* et, enfouies entre les vertèbres, deux pointes taillées en quartzite. Ces découvertes paraissent troublantes au premier abord. Nous ne saurions, en Europe, les critiquer sans voir les pièces et les gisements. Mais elles ont été discutées en Amérique. Tandis que les géologues du Musée de La Plata affirment que les objets étaient en place dans la couche « miocène » et qu'ils sont bien contemporains de cette couche, le colonel Romero (1), pourtant grand admirateur d'Ameghino, déclare qu'ils proviennent des couches supérieures, constituant l'emplacement d'un *paradero* (ancienne station d'Indiens) et qu'ils ne se trouvent aujourd'hui dans la couche tertiaire que par suite de bouleversements et de remaniements subis par celle-ci. Les données archéologiques viennent à l'appui de cette conclusion, car cette même couche tertiaire a livré des pierres taillées, des pierres polies, *bolas* et *boleadoras*, identiques à celles qui servent d'armes de jet aux Indiens. Un excellent ethnographe, Boman (2), rendant compte de ces faits, a écrit : « La difficulté principale consiste en ceci : sans exception, tous les objets exhumés de la couche chapalmaléenne de Miramar sont absolument semblables aux objets similaires que l'on trouve partout à la surface et dans les couches supérieures de La Plata et de la Patagonie. Serait-il donc possible que l'Homme ait vécu dans les pampas, depuis le Miocène jusqu'à la conquête espagnole, sans rien changer dans ses habitudes et sans perfectionner son industrie primitive d'une manière quelconque ? »

D'autre part, la signification du fait archéologique : pointe de flèche dans une vertèbre de Toxodon, n'est pas à l'abri de toute

---

(1) Romero (A.), El *Homo pampaeus*. (*Anales de la Soc. cientifica Argentina*, LXXXVI, 1918).

(2) Boman (E.), Encore l'Homme tertiaire dans l'Amérique du Sud (*Journal de la Soc. des Américanistes de Paris*, t. XI, 1914-1919).

discussion. Il s'agit peut-être d'une supercherie, car le colonel Romero est d'avis que la pointe a été enfoncée dans l'os quand celui-ci était déjà à l'état fossile. Et si, vraiment, flèche et vertèbre sont bien contemporaines, on pourrait encore se demander s'il ne vaudrait pas mieux expliquer le phénomène par un rajeunissement de la disparition des espèces éteintes que par un recul aussi extraordinaire de l'antiquité de l'Homme en Amérique ?

LE NEOMYLODON.

Cette dernière hypothèse peut s'appuyer sur une autre découverte faite dans l'extrême Sud de la Patagonie et à laquelle j'ai déjà fait allusion. Vers 1899, divers explorateurs, Ramon Lista, Moreno, Nordjenskiöld, Hauthal, trouvèrent à Ultima Speranza, dans une caverne dite *cueva Eberhard*, de grands lambeaux de peau remplie d'osselets et garnie de poils d'un animal (fig. 236) qui a reçu divers noms (*Glossotherium*, *Grypotherium*), mais qui paraît bien être le descendant du *Mylodon* d'autrefois, c'est-à-dire un *Neomylodon* (1).

On a aussi recueilli ses excréments. Tous ces restes sont si bien conservés qu'ils ne peuvent provenir que d'animaux morts depuis peu de temps. Ils étaient associés avec des ossements humains dans une couche de « fumier » épaisse de plus d'un mètre, ce qui a fait croire que le *Neomylodon* était domestiqué. D'ailleurs les Indiens ont conservé, dans leurs légendes, le souvenir d'un grand animal velu, armé de fortes griffes, et des chasseurs contemporains ont

Fig. 236. — Morceau de peau de *Neomylodon*, avec poils et ossicules dermiques. Grandeur naturelle. — Galerie de Paléontologie du Muséum.

---

(1) HAUTHAL (R.), ROTH (S.) et LEHMANN-NITSCHE, El mamifero misterioso de la Patagonia (*Revista del Museo de La Plata*, IX, 1899). — LEHMANN-NITSCHE (R.), Zur Vorgeschichte der Entdeckung von *Grypotherium*. (*Naturwissenschaftliche Abhandlungen*, Heft 29, 1901). Avec bibliographie.

prétendu l'avoir vu et suivi dans ses pérégrinations nocturnes. Le monstre serait encore vivant ! Ce qui paraît certain, c'est que ses os portent la trace de la main de l'Homme : « Il semble que les animaux aient été tués par des coups portés sur le crâne au moyen de grosses pierres. Ils auraient été ensuite dépecés et mangés, d'où la très grande fragmentation de leurs os ».

La même caverne a livré des os brûlés et des morceaux de peau d'un Equidé de genre éteint, l'*Onohippidium*. Enfin, Outes déclare que dans la région du rio Salado et de l'arroyo Tapalqué, les os d'une sorte de Glyptodonte (*Dœdicurus*) et du grand tigre *Smilodon* se présentent dans un état de fraîcheur remarquable.

Si des faits de ce genre venaient à se multiplier, ils seraient de nature à rajeunir singulièrement l'ensemble des terrains superficiels de l'Amérique du Sud, notamment des terrains pampéens, ce qui permettrait d'expliquer bien des faits qui paraissent contradictoires et de concilier, dans une certaine mesure, les opinions les plus opposées.

OSSEMENTS HUMAINS. LAGOA-SANTA. — Les découvertes paléoanthropologiques dans l'Amérique du Sud ont été faites, les unes dans les cavernes du Brésil, les autres dans les terrains pampéens de la République Argentine (1). Nous allons les examiner successivement (2).

Lund, naturaliste danois, a consacré 48 ans de sa vie à l'étude de la faune fossile du Brésil. Il disait avoir exploré plus de 800 cavernes de la province de Minas Geraes. De 1835 à 1844, il exhuma des ossements humains de six de ces cavernes. L'une d'elles, située au bord du lac Sumidouro, près de Lagoa-Santa, lui avait livré les restes d'une trentaine d'individus, jeunes et vieux, gisant

---

(1) En dehors de ces territoires, je peux encore signaler deux autres trouvailles. D'abord celle d'une mâchoire inférieure trouvée par le Dr Montané sous un dépôt stalagmitique de la grotte de Sancti Spiritu à Cuba. Cette mâchoire serait dépourvue de menton. Ameghino l'a nommée *Homo Cubensis*.

Ensuite celle d'ossements humains extraits, par une mission scientifique de Yale college à New Haven, de graviers situés près de Cuzco (Pérou). Les savants américains avaient d'abord considéré ces ossements comme d'âge pléistocène. Ils ont ensuite reconnu très loyalement qu'il s'agit simplement d'une sépulture.

(2) Hrdlička (A.), Early Man in South America (*Smithsonian Institution. Bureau of American Ethnology*, n° 52, Washington, 1912). On trouvera dans cet ouvrage, rédigé dans un esprit très critique, avec la collaboration de spécialistes distingués, l'archéologue Holmes, le géologue Bailey Willis, les minéralogistes Wright et Fenner, l'historique et la bibliographie complète de toutes les découvertes.

pêle-mêle avec des ossements d'animaux, d'espèces actuelles et d'espèces éteintes. Lund considéra d'abord ces découvertes comme peu démonstratives en faveur de la contemporanéité de l'Homme et des espèces disparues ; la caverne est sujette à l'envahissement périodique des eaux du lac qui peuvent produire des mélanges et les couches paraissant intactes, vraiment anciennes, ne renferment pas d'ossements humains. Il eut l'impression que l'excavation avait servi de lieu de sépulture. Plus tard, il devient moins hésitant. En 1844, il est presque affirmatif : « L'occupation de l'Amérique du Sud par l'Homme remonte *probablement* aux temps géologiques ». L'étude des crânes lui avait permis d'ajouter : « La race qui occupait alors cette partie du monde était déjà celle que les Européens y ont trouvée au moment de la découverte » (1).

En dehors d'un crâne resté à l'Institut d'Histoire et de Géographie de Rio de Janeiro, la plupart des ossements humains recueillis par Lund furent envoyés à Copenhague où ils se trouvent encore. Ces documents ont été étudiés par de nombreux anthropologistes : Lacerda et Peixoto, Blake, Reinhardt, de Quatrefages, Kollmann, Soren Hansen (2), etc. De Quatrefages (3) a considéré le crâne du Sumidouro comme le type d'une race spéciale, la *race de Lagoa-Santa*, bien caractérisée par la forme à la fois allongée et élevée de la tête. Les Botocudos actuels proviennent de ce type, qui entre également dans la constitution de nombreuses populations de l'Amérique du Sud. Plus tard, Ten Kate a signalé sa présence chez les Indiens de la Basse-Californie Son existence fut également constatée dans les sambaquis du Brésil, dans les vieux cimetières de la Terre de Feu et de la Patagonie (Verneau). En 1908, Rivet (4) l'a retrouvé en Equateur, sur le versant Pacifique. Il a donc joué un grand rôle dans le peuplement primitif de l'Amérique du Sud.

Rivet résume ainsi la diagnose du type de Lagoa-Santa : crâne petit, dolichocéphale, surélevé ; face courte, front large, nez moyen, orbites moyennes, très grande voûte palatine. Vu de face, ce crâne

---

(1) Lund (P.-W.), Lettre à Rafn, du 28 mars 1884 (*Mém. de la Société royale des Antiquaires du Nord*, 1845). Reproduite en partie dans les *Matériaux*, XVII, 1882-1883.

(2) Hansen (Soren), Lagoa Santa Racen (*Museo Lundii*, I, Copenhague, 1888).

(3) Quatrefages (A. de), Introduction à l'étude des races humaines. Paris, 1887.

(4) Rivet (Dr), La race de Lagoa-Santa chez les populations précolombiennes de l'Equateur (*Bull. et Mém. de la Soc. d'Anthropologie de Paris*, 1908).

présente un aspect pyramidal caractéristique, provenant du grand
écartement des arcades zygomatiques (fig. 237). Après de Quatrefages, Rivet revient sur les ressemblances entre les crânes de
Lagoa-Santa et les crânes papous (Mélanésiens), qui lui paraissent

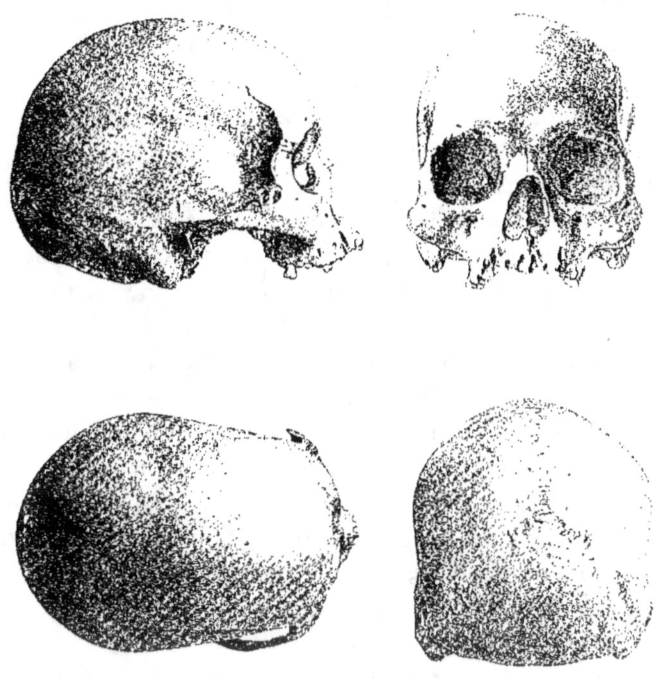

Fig. 237. — Un des crânes humains de la caverne du Sumidouro, vu de profil, de
face, d'en haut et par derrière. 1/4 de la grandeur naturelle. (D'après S. Hansen).

indiquer une parenté étroite. Il admet la possibilité de migrations
mélanésiennes vers les côtes de Californie.

Pour Hrdlička, la présence de 30 individus dans un seul gisement
paraît démontrer qu'il s'agit d'une sépulture. Les crânes possèdent
tous les caractères fondamentaux de la « race américaine ». La
parenté avec les Papous, si elle existe, ne peut être qu'excessive-
ment lointaine.

En somme, dans l'état actuel des choses et en attendant que de
nouvelles fouilles et de nouvelles découvertes dans les cavernes
brésiliennes apportent des faits clairs et précis, il semble bien qu'on

ne puisse refuser une certaine antiquité à la race de Lagoa-Santa, dont l'importance comme fonds ethnique est certaine. Cette antiquité remonte-t-elle jusqu'aux temps pléistocènes? Cela est possible, mais cela n'est pas scientifiquement démontré.

RÉPUBLIQUE ARGENTINE.

AMEGHINO.

Nombreuses sont les découvertes effectuées dans la République Argentine par divers chercheurs, et plus nombreux encore les travaux publiés sur ces découvertes, notamment par Ameghino, Roth, Lehmann-Nitsche, Outes, Mochi, Hrdlička, etc.

Avant d'exposer ces découvertes, je dois présenter, en quelques phrases, le savant qui a joué un rôle de tout premier plan dans les études de paléoanthropologie argentine et dont les découvertes ou les théories ont fait grand bruit dans le public scientifique du monde entier.

Florentino Ameghino, directeur du Musée d'Histoire naturelle de Buenos Aires, mort en 1911, fut un grand travailleur. Il s'était fait connaître de bonne heure par des publications sur la paléontologie et la préhistoire. Après avoir consacré un grand ouvrage à la description des animaux des terrains pampéens, il s'appliqua à l'étude des fossiles plus anciens que son frère, l'explorateur Carlos Ameghino, extrayait pour lui des terrains tertiaires de la Patagonie. Il a fait, dans cette direction, d'importantes découvertes paléontologiques sur lesquelles il n'y a pas lieu d'insister ici.

Dans le domaine de la préhistoire, nous l'avons déjà vu, Ameghino ne fut pas moins actif. Il s'attacha, dès le début de ses recherches, vers 1875, à démontrer l'existence de l'Homme fossile dans l'Amérique du Sud. En 1881, il publia un important ouvrage, en deux volumes, intitulé : La *antigüedad del Hombre en el Plata*, où il exposait une foule d'observations et de faits. Nombreux sont les mémoires qu'il a écrits depuis sur toutes sortes de découvertes, celles que nous avons déjà rapportées et celles dont nous allons parler (1).

----

(1) AMEGHINO a résumé lui-même ses divers travaux dans : Geologia, Paleogeografia, Paleontologia, Antropologia de la República Argentina (n° extraordinaire du journal *La Nacion*, du 25 mai 1910). — AMBROSETTI (J.-B.) a publié une biographie et la liste complète des travaux d'Ameghino (*Anales del Museo de Buenos Aires*, XXII, 1912).

Ameghino avait fini par se convaincre que l'Amérique du Sud
est le pays d'origine de tous les groupes de Mammifères. L'Homme,
lui-même, n'ayant pu apparaître simultanément sur toute la surface de la terre, disait-il, « doit avoir eu un commencement et un
point de départ. Or, comme dans les autres régions de la terre,

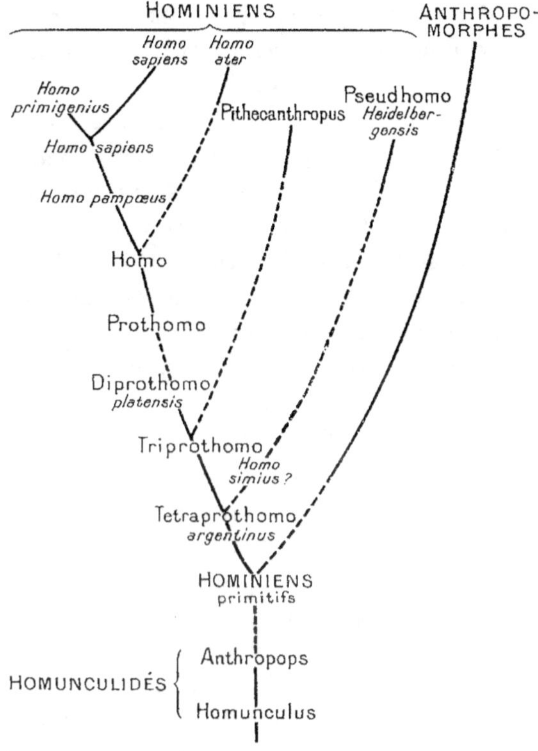

Fig. 238. — La généalogie humaine d'après AMEGHINO.

on n'a pas trouvé d'ossements humains d'âge tertiaire, nous en con-
cluons que l'origine et le centre de dispersion de l'Homme est la
moitié méridionale de l'Amérique du Sud où ses débris fossiles de
l'époque tertiaire se trouvent en abondance ». Cette théorie s'était
cristallisée dans son esprit et il cherchait à faire tourner à son
profit ses nouvelles observations de toutes sortes, soit stratigraphiques, soit paléontologiques, soit archéologiques. Ameghino avait
fini par dresser un arbre généalogique des Hominiens partant de

ses *Homunculidés*, Singes minuscules du Tertiaire inférieur de la Patagonie (Voy. p. 81), pour aboutir au genre *Homo*, en passant par plusieurs genres intermédiaires : *Tetraprothomo*, *Triprothomo*, *Diprothomo*, *Prothomo* (fig. 238). Après avoir imaginé ces formes de transition, Ameghino s'appliqua à les découvrir réellement dans les terrains pampéens.

Passons maintenant en revue les découvertes d'ossements humains en allant des terrains les plus récents aux plus anciens.

DÉCOUVERTES DANS LE PAMPÉEN SUPÉRIEUR.

Aux dépôts du Pampéen supérieur, ou *Bonaréen*, qui affleurent, nous l'avons dit, un peu partout, se rattachent de nombreuses découvertes d'ossements humains.

En 1864, un voyageur naturaliste, Seguin, trouva, sur les rives du *Rio Carcaraña*, au Nord de Rosario, province de Santa-Fé, les débris de quatre squelettes qu'il vendit au Muséum de Paris avec une collection d'ossements fossiles d'animaux de même provenance. Gervais (1) a décrit et figuré neuf dents humaines isolées et quelques pierres taillées, identiques d'ailleurs à celles des Indiens. Cette trouvaille est facile à critiquer. Moreno, Burmeister, Hrdlička nient son antiquité tandis que Ameghino, Roth, Lehmann-Nitsche affirment la contemporanéité des ossements humains et des espèces éteintes du Pampéen supérieur. La découverte de Seguin est la première de ce genre qui ait été faite dans l'Argentine.

Les suivantes, dues à Ameghino, ont été effectuées, en 1870 et 1873, dans une terrasse de la petite vallée de l'*arroyo de Frias*, près de Mercédès. Elles consistent en ossements humains fort détériorés, trouvés avec des débris de Glyptodonte, des os d'animaux perforés, incisés, des pierres taillées, du charbon, etc.

En 1876, Santiago Roth observa d'abord un squelette humain à *Saladero*, près de Pergamino, et dans des conditions qui font soupçonner une sépulture. Cinq ans après, en 1881, Carl Vogt (2) annonça que Roth venait de retirer des dépôts de Fontezuelas, ou Pontimelo, près du rio Arrecifes (province de Buenos Aires), un squelette à peu près complet, de petite taille et gisant sous une carapace conservée de Glyptodon, ou tout au moins à proximité. Le

---

(1) *Journal de Zoologie*, II, 1873.
(2) Vogt (C.), *Bull. de la Soc. d'Anthrop. de Paris*, 1881.

crâne appartient au Musée de Copenhague. S. Hansen l'attribue à la race de Lagoa-Santa et déclare que, d'après la relation même de Roth (1), on ne saurait regarder comme absolument prouvée la contemporanéité de cet Homme et du Glyptodon. Cette opinion, partagée par Hrdlička, n'est pas celle de Lehmann-Nitsche qui croit à l'antiquité du squelette de Fontezuelas.

En 1889, Ameghino rapporta la découverte, dans la même région et dans le même terrain, d'un crâne dit d'*Arrecifes*. Les conditions de gisement sont mal établies ; le crâne, assez fortement minéralisé, est du même type que le précédent (2).

La même année, Ameghino décrivit le squelette dit de *Samborombón*, trouvé par un voyageur naturaliste du Musée de Buenos Aires dans un dépôt lacustre intercalé dans le Pampéen. A un niveau supérieur, on recueillit des restes d'un grand Édenté fossile (*Scelidotherium*). Le squelette humain, actuellement au Musée de Valence (Espagne), présente cette double particularité d'avoir 18 vertèbres dorso-lombaires et le sternum perforé. Kobelt l'a nommé *Homo pliocenicus*.

Le squelette de *Chocori*, décrit par Lehmann-Nitsche en 1907, fut trouvé dix-neuf ans auparavant par un employé du Musée de la Plata, près de l'*arroyo Chocori*, sur le littoral atlantique. Seules, quelques incrustations calcaires plaident en faveur d'une certaine antiquité, qui ne saurait être précisée.

Plusieurs séries d'os humains, recueillis sur divers points des environs d'Ovejero (province de Santiago del Estero) se rapporteraient, d'après Ameghino, à deux races distinctes, dont une race pygmée (1 m. 30), voisine des Négritos d'Afrique et d'Asie. D'une enquête faite sur place par Hrdlička et Willis et au cours de laquelle ces savants ont trouvé eux-mêmes un nouveau squelette, il résulte que ce sont là des sépultures d'Indiens dont les descendants vivent encore aux mêmes endroits. Le matériel ostéologique ne représente pas deux races et ne rappelle en rien les Négritos. Le terrain qui le renfermait est une formation éolienne d'âge récent.

Si nous revenons vers le littoral atlantique de la province de

---

(1) Voir cette relation, texte original et traduction française, dans Lehmann-Nitsche, *Nouvelles recherches....*

(2) Pour cette découverte et les suivantes des terrains pampéens, on trouvera la bibliographie dans les ouvrages de Lehmann-Nitsche et d'Hrdlička.

Buenos Aires, nous aborderons une nouvelle série de trouvailles rendues fameuses par les interprétations d'Ameghino.

C'est d'abord le squelette trouvé en 1910 près de la station de Villanueva, dans une *barranca* (berge) de l'*arroyo Siasgo*, affluent du Rio Salado. Au rapport d'Ameghino, le crâne de ce squelette, très petit, très allongé, très bas dans sa partie antérieure, très élevé dans sa partie postérieure, offrirait ainsi des caractères très primitifs et même simiens. Son possesseur devait tenir la tête inclinée vers le bas, d'où le nom d'*Homo caputinclinatus* qu'Ameghino a donné à cette espèce nouvelle comprenant également le crâne de Samborambón. Malheureusement, Mochi, Hrdlička n'ont vu, dans cette pièce, qu'un crâne d'enfant déformé artificiellement, et Willis déclare qu'il s'agit d'une sépulture dans un terrain récent, d'origine éolienne.

Beaucoup plus au Sud, sur le littoral atlantique, à l'Ouest de Miramar et de l'arroyo de Chocori dont j'ai déjà parlé, coule l'*arroyo del Moro*. Sur sa rive désolée, un marinier exhuma, en 1909, deux squelettes humains. Ameghino les a décrits comme révélant une espèce différente des espèces déjà créées par lui : l'*Homo sinemento*. L'Homme del Moro offrirait un curieux mélange de caractères primitifs et de caractères par lesquels il dépasserait l'*Homo sapiens* dans son évolution. Avec une petite taille et une mandibule sans menton, il aurait présenté une dentition orthognathe sans dent de sagesse. Cette espèce serait éteinte. En réalité, les anthropologistes y ont vu des squelettes de femmes indiennes avec menton peu prononcé, mais réel. Willis regarde le terrain où ces squelettes étaient enfouis comme indépendant du véritable Pampéen et comme étant d'origine récente.

Au total, même d'après Ameghino, tous les Hominiens du Pampéen supérieur appartiendraient au genre *Homo*, mais celui-ci serait déjà représenté par plusieurs espèces.

DÉCOUVERTES DANS LE PAMPÉEN INFÉRIEUR. — Le Pampéen inférieur, ou *Ensanédéen*, est moins riche en documents anthropologiques, ce qui tient évidemment à ce que ses affleurements sont beaucoup moins étendus.

Il faut d'abord signaler le squelette exhumé par Roth, en 1887 près de *Baradero* (localité située sur le Parana à 180 km. environ en amont de Buenos Aires). Ce squelette, mal conservé, est à l'Ecole polytechnique de Zurich. R. Martin ne le trouve pas différent des squelettes d'Hommes actuels de l'Amérique du Sud. Le fait que ses divers éléments avaient gardé leurs connexions anatomiques est favorable à l'hypothèse d'une sépulture.

PROTHOMO.
____
Revenant encore sur le littoral atlantique, nous aurons à enregistrer de nouvelles découvertes qui ont permis à Ameghino d'établir encore une nouvelle espèce d'Homme fossile, l'*Homo pampaeus*. C'est d'abord un crâne trouvé accidentellement en 1888 près de l'arroyo de la *Tigra*, au Sud de Miramar. Ce sont ensuite trois crânes, accompagnés d'autres ossements, qui gisaient à une faible profondeur près de Necochea, dans un terrain considéré comme du Pampéen inférieur (et par suite pliocène) par Ameghino. L'*Homo pampaeus*, caractérisé par un front très fuyant, très surbaissé, très différent ainsi de l'*Homo sapiens*, serait peut-être un véritable *Prothomo*.

L'étude de ces documents par des anthropologistes experts, Lehmann-Nitsche, Mochi, Hrdlička, ne révèle rien de semblable. Les crânes, déformés artificiellement, à la manière des crânes de Patagoniens et de Péruviens récents, ressemblent, par ailleurs, à ceux de Lagoa-Santa. Ils renferment encore beaucoup de matière organique ; leur mode de gisement indique plutôt des sépultures et, d'après Willis, ces sépultures ont été pratiquées dans un dépôt d'âge récent, nullement pampéen. L'*Homo pampaeus* n'a jamais existé que dans l'esprit d'Ameghino.

DIPROTHOMO.
____
L'imagination de ce savant est allée beaucoup plus loin. Au cours de travaux effectués en 1896 dans le port de Buenos Aires, pour l'établissement d'une cale sèche, les ouvriers trouvèrent plusieurs crânes humains.

L'un d'eux, réduit à une portion de la voûte, fut remis longtemps après à Ameghino. Le terrain d'où il a été extrait appartiendrait à l'extrême base du Pampéen et remonterait ainsi, d'après Ameghino, au Pliocène inférieur. Quant à la pièce ostéologique, elle parut, aux yeux du paléontologiste argentin, si différente des types déjà connus qu'il y vit le représentant non seulement d'une espèce nouvelle, mais encore de son genre *Diprothomo* jusque-là hypothétique, et il nomma son nouveau fossile : *Diprothomo platensis* (1).

Cette fois encore, Ameghino s'est gravement trompé. C'est parce qu'il avait mal orienté ce morceau de crâne qu'il lui trouvait d'étranges ressemblances avec celui d'un Singe inférieur ou Arctopithèque. Dès qu'elle est correctement présentée, la calotte crânienne prend tous les caractères de celle d'un Homme actuel. De nombreux anthropologistes (2) n'ont pas eu de peine à le prouver et Schwalbe a montré que le frontal du *Diprothomo* est exactement superposable à celui d'un Alsacien !

L'âge exact du document est plus difficile à établir, car il a passé successivement des mains du terrassier qui l'a trouvé aux mains d'un contremaître, et de celles-ci aux mains de son chef pour n'arriver que trois ans après en la possession d'Ameghino.

TETRAPROTHOMO.   Il me reste à dire un mot de trouvailles plus extraordinaires encore et qui dateraient de l'Hermoséen (Miocène pour Ameghino). Le Musée de La Plata possédait depuis longtemps un atlas ressemblant à un atlas humain, mais de petite taille et de forme trapue. Cet os aurait été extrait de la falaise du monte Hermoso. En 1908, Ameghino (3) le décrivit longuement et en fit le type de son *Tetraprothomo argentinus*. Il y avait été incité à la vue d'un petit fémur provenant de la même localité et qu'il rapportait également au genre *Tetraprothomo* enfin retrouvé.

C'était un nouveau rêve ! Lehmann-Nitsche reconnut immédiatement que l'atlas est plus humain que simien et il l'attribua à un Homme primitif, d'âge tertiaire, l'*Homo neogeus*. Vint ensuite Hrdlička, qui montra clairement, au moyen de nombreuses comparaisons, que toutes les particularités offertes par l'atlas du monte Hermoso l'éloignent considérablement des atlas de Singes et ne s'écartent pas des limites de variations qu'on peut observer sur des atlas d'Indiens modernes.

Quant au fémur, on ne saurait l'attribuer ni à un Homme, ni à

----

(1) AMEGHINO (F.), Le *Diprothomo platensis* (*Anales del Museo de Buenos Aires*, XIX, 1909).

(2) Voir notamment : MOCHI (A.), Nota preventiva sul *Diprothomo* (*Revista del Museo de La Plata*, XVII, 1910). — Appunti sulla Palæontologia argentina (*Arch. per l'Antrop. e l'Etnol.*, XI, 1910).

(3) AMEGHINO (F.), Notas preliminares sobre el *Tetraprothomo argentinus*, un precursor del Hombre (*Anales del Museo de Buenos Aires*, XVI, 1908).

un Primate, mais à un Carnassier et probablement à un Félidé.

Il est vraiment pénible de voir un naturaliste de la valeur d'Ameghino terminer sa carrière scientifique, si méritoire à divers égards, par une série de travaux où se révèlent à la fois une imagination déréglée et une interprétation tout à fait bizarre des données de la morphologie.

CONCLUSIONS. Que conclure de la masse de faits que j'ai cru devoir exposer assez longuement? Une première réponse est facile: les théories générales d'Ameghino sont radicalement fausses et l'on n'a jamais trouvé dans l'Amérique du Sud le moindre débris d'un Hominien fossile différant des Hommes actuels. Peut-on nier également l'existence, à l'époque pléistocène, d'Hommes fossiles ancêtres directs de ces Hommes actuels? Oui, répondent énergiquement beaucoup de savants, notamment Hrdlička et ses collaborateurs des États-Unis. Pour eux, rien, absolument rien, ne permet, à l'heure actuelle, de proclamer l'existence de l'Homme fossile sud-américain. La preuve n'est pas plus faite ici que dans l'Amérique du Nord.

Cette opinion me paraît trop absolue. Il est permis d'être moins catégorique en présence d'arguments si contradictoires. D'une part, en effet, comment ne pas être frappé par le contraste de l'abondance des squelettes humains dans les terrains pampéens et de la pénurie des trouvailles archéologiques en place dans ces mêmes terrains? C'est exactement le contraire de ce qui a lieu en Europe, où les ossements humains vraiment fossiles sont rarissimes par rapport aux innombrables documents archéologiques. Et comment ne pas être impressionné défavorablement par cette constatation qu'en dehors de quelques cailloux cassés ou éclatés, de quelques os fendus ou striés, sans valeur démonstrative, l'industrie des prétendus Hommes fossiles est identique à celle des Indiens modernes? Le fait paraît incompatible avec ce que nous apprennent les autres régions du globe les mieux étudiées, et où l'évolution industrielle dans le temps nous apparaît comme une loi générale.

Mais, d'un autre côté, parmi tant de trouvailles, il en est dont la critique n'est pas facile et qui ont pour elles les témoignages de véritables savants. Comment les rejeter de parti pris, parce qu'elles ne paraissent pas conformes à des idées *a priori*?

28

Que restera-t-il de toutes les « découvertes » d'Ameghino ? Beaucoup moins certainement que ne le croient quelques fervents admirateurs, plus probablement que ne le disent ses impitoyables détracteurs. Il est à souhaiter que les jeunes naturalistes de l'Amérique du Sud apportent un esprit nouveau, dégagé de tous liens antérieurs, à la solution des problèmes si intéressants qui se posent dans leur pays.

Pour le moment, et pour dire le fond de ma pensée, il semble bien que dans l'Amérique du Sud, comme dans l'Amérique du Nord, l'Homme est beaucoup plus ancien que ne le croient beaucoup d'anthropologistes et qu'il faut faire remonter le peuplement du Nouveau Monde au moins à l'aurore des temps géologiques actuels.

CHAPITRE XI

CONCLUSIONS GÉNÉRALES

Nous venons de faire l'inventaire des principales acquisitions de la Paléontologie humaine et de l'Archéologie préhistorique. Il nous faut maintenant résumer ces données, en essayer une synthèse provisoire, afin de voir dans quelle mesure elles éclairent les grandes questions de l'origine et de l'évolution de l'Humanité.

**
* *

Les naturalistes ont su de très bonne heure — dès Aristote — que le corps humain présente de grandes ressemblances avec le corps des autres Mammifères, et surtout avec le corps des Singes; ils n'ont pas hésité à classer l'Homme à côté de ces derniers, en établissant d'ailleurs qu'il est supérieur à tous ses voisins de la même case zoologique, qu'il est le premier des Primates, c'est-à-dire le « Premier des Premiers ».

Quelques savants, il est vrai, humiliés d'un tel voisinage et s'appuyant sur les caractères tirés de l'intelligence et de la religiosité, ont voulu situer l'Homme non seulement au-dessus, mais encore en dehors de tous les autres êtres vivants, et créer, pour réfugier sa « majesté menacée », la « sphère nébuleuse » d'un *règne humain*, mais il a été facile de montrer que rien n'est moins rationnel, et l'on peut dire, avec Darwin, que « si l'Homme n'avait pas été son propre classificateur, il n'eût jamais songé à fonder un ordre séparé pour s'y placer ».

Avec les progrès de la Zoologie et de l'Anatomie comparées, les rapports morphologiques de l'Homme et des autres Primates se sont précisés. Buffon nous a d'abord appris que, par son organisation corporelle, l'Homme diffère moins des Singes anthropoïdes que ceux-ci ne diffèrent des Singes inférieurs. Cette proposition, nettement formulée un siècle plus tard par Huxley, reprise et développée par Broca dans son excellent mémoire sur *l'Ordre des Primates*, a été confirmée depuis par de nombreux travaux, portant non seulement sur le squelette, mais encore sur les parties molles des Primates : système musculaire, système nerveux, organes des sens, viscères, dentition, organes génitaux, spermatozoïdes, système pileux, lignes papillaires des extrémités, etc.

On a pu évaluer numériquement les affinités relatives de leurs divers groupes et établir une gradation basée sur la quantité des caractères humains présentés par chacun d'eux. C'est le Chimpanzé qui, d'après Keith, a les plus nombreux points de ressemblance avec l'Homme. Le Gorille suit le Chimpanzé de très près. L'Orang d'abord, le Gibbon ensuite, sont plus éloignés. Les autres Singes ferment la marche.

Les études embryologiques, intervenant à leur tour, ont accentué ces rapprochements, en montrant que beaucoup de différences, présentées par les Hommes et les Singes adultes, s'atténuent ou même disparaissent quand on étudie les embryons (1) ; elles ont ainsi conduit à admettre des *descendances* à partir d'ancêtres communs.

D'autres phénomènes ne peuvent également s'expliquer qu'en supposant des rapports généalogiques plus ou moins directs. Ce sont d'abord les *anomalies*, c'est-à-dire certaines dispositions morphologiques, accidentelles chez l'Homme et qui se retrouvent, à l'état normal, chez des animaux ses voisins. D'abord considérées comme de simples curiosités, elles ont apparu, à la lumière de la théorie de l'évolution, comme des phénomènes de régression ou, si l'on préfère, d'atavisme, comme des retours anormaux à un état de choses ancien et normal chez les ancêtres communs. Ces anomalies sont innombrables et portent sur tous les systèmes organiques ; elles ont fourni aux anatomistes la matière d'importants travaux.

Tels sont aussi les vrais « organes rudimentaires », dispositions morphologiques qui, normales et bien développées chez d'autres

----

(1) Telle est, pour ne citer qu'un exemple, celle qui a trait à l'os inter-maxillaire, dont l'existence a été longtemps méconnue chez l'Homme, ce qui pouvait passer pour un caractère distinctif, mais dont l'embryologie nous a révélé la présence, avec ses caractères simiens, chez les embryons humains n'ayant pas plus de deux mois et demi.

Mammifères, où elles remplissent une fonction plus ou moins importante, se sont réduites chez l'Homme au point de devenir physiologiquement inutiles. La signification et l'importance théorique de ces organes rudimentaires ont été bien mises en évidence par Darwin. Ils fournissent les plus forts arguments que l'anatomie comparée, livrée à elle-même, puisse faire valoir en faveur de la théorie transformiste en général, et de la descendance animale de l'Homme en particulier.

La physiologie a également apporté sa contribution. Il y a aujourd'hui une biochimie comparée, d'après laquelle chaque catégorie d'êtres possède une spécificité chimique accompagnant sa spécificité morphologique et la distinguant, comme cette dernière, des catégories voisines. Les très curieuses expériences faites, dans ces dernières années, d'après la méthode des sérums précipitants, par de nombreux physiologistes ont permis de préciser, d'une façon aussi merveilleuse qu'élégante, les degrés de consanguinité des divers Primates. La parenté des Hommes s'affirme surtout avec les Singes anthropomorphes, notamment avec le Chimpanzé. Elle est bien moins étroite avec les autres Singes de l'Ancien Monde, tels que le Macaque, et encore plus éloignée avec les Platyrrhiniens du Nouveau Monde.

La pathologie comparée parle dans le même sens : ce sont nos plus proches voisins au point de vue morphologique qui prennent nos maladies infectieuses avec le plus de facilité.

Voilà pour le côté physique ou corporel. Mais il y a le côté moral ou spirituel, dont l'extrême importance ne saurait être mise en doute et sur lequel il faut bien s'expliquer.

Depuis que la psychologie a perdu son caractère scolastique pour devenir scientifique, c'est-à-dire physiologique, la grande barrière qu'elle avait cherché à établir entre l'Homme et les « bêtes » s'est bien abaissée. Il n'est plus permis de soutenir que les facultés mentales sont essentiellement différentes chez les divers êtres vivants. Il n'y a que des différences de degré, et leur mécanisme est partout le même. On parle aujourd'hui couramment de « psychologie comparée », de « psychologie animale », et même de « psychologie cellulaire », ce qui eût fait bondir la plupart des professeurs de philosophie qui préparaient au baccalauréat la jeunesse de mon temps. On a écrit des livres du plus haut intérêt sur l'origine de l'intelligence sur la vie psychique des animaux, sur l'évolution mentale. On peut assister, en effet, au développement progressif des phénomènes psychiques dans chacun des grands groupes zoologiques, et ce développement se fait parallèlement à celui des centres nerveux, instruments même du psychisme. On observe une chaîne continue de phénomènes, depuis les premières manifestations d'une conscience à peine ébauchée jusqu'aux opérations mentales les plus compliquées (1).

De même que le cerveau humain est beaucoup plus volumineux que le cerveau de l'Anthropoïde le plus élevé, de même l'intelligence humaine est très supérieure à l'intelligence du Singe, mais toutes les manifestations de la première se retrouvent, à un degré moindre simplement, chez la seconde. Et les différences s'atténuent encore plus lorsqu'on compare les Singes actuels les plus intelligents aux Hommes actuels les plus près de l'état de nature. Agassiz lui-même a déclaré qu'il ne saurait dire « en quoi les facultés mentales d'un enfant diffèrent de celles d'un jeune Chimpanzé ».

La raison humaine n'est donc pas une création spéciale, une apparition brusque; elle s'est constituée peu à peu. L'étroite solidarité ancestrale de l'Homme et des autres Primates réapparaît ici, dans le domaine spirituel, comme dans le domaine corporel.

Il n'est pas jusqu'au langage articulé dont les rudiments ne se retrouvent chez beaucoup d'animaux, en particulier chez les Oiseaux, capables d'associer certains sons, c'est-à-dire certains signes vocaux, avec certains actes ou certains objets. Quant à nos voisins, les Singes, la constitution de leur cerveau, de leur larynx, de leurs muscles génio-glosse et génio-hyoïdien est telle qu'on peut affirmer qu'il leur manque bien peu de chose, au point de vue organique, pour assurer l'exercice d'une fonction qui a dû se développer peu à peu chez l'Homme avec son intelligence, et suivant un mécanisme que physiologistes et linguistes commencent à comprendre et à reconstituer. C'est l'intelligence animale qui a préparé l'éclosion du

---

(1) On a longtemps opposé, d'une façon irréductible, la « raison humaine » et « l'instinct animal ». Mais tous les naturalistes psychologues reconnaissent aujourd'hui avec Darwin, E. Perrier, Romanes, Bouvier, etc. qu'il faut, de toute nécessité, placer des opérations intelligentes à l'origine des instincts et que ceux-ci ne sont que des « habitudes héréditaires », une sorte de raisonnement automatisé, dont les exemples ne manquent pas, même chez l'Homme. Ceci ne me paraît d'ailleurs pas inconciliable avec la théorie de Bergson sur la dualité et l'indépendance de l'intelligence et de l'instinct.

langage et c'est le langage qui a permis le magnifique développement de l'intelligence humaine.

En somme, les données acquises sur les Primates actuels par les diverses branches de la Biologie peuvent se résumer ainsi :

1º L'Homme est un Primate, le plus élevé des Primates. Il est beaucoup plus voisin des Singes anthropomorphes que ceux-ci ne sont voisins des autres Singes.

2º Le développement individuel de l'Homme montre que ses divers systèmes et organes passent par des phases transitoires correspondant à l'état définitif de formes animales inférieures (ontogénie, répétition de la phylogénie).

3º Les *anomalies* de ses divers systèmes anatomiques ne sont bien souvent que des réapparitions de traits morphologiques de ces types inférieurs, et beaucoup des *organes*, dits *rudimentaires*, ne peuvent s'expliquer que dans l'hypothèse de l'évolution ; ils représentent des souvenirs d'états ancestraux.

4º L'Homme est très supérieur aux Singes les plus élevés par le volume et l'organisation de son cerveau. Il en résulte que la production physiologique la plus noble de ce cerveau, c'est-à-dire l'intelligence, est ici également très supérieure. Mais il n'y a qu'une différence de degré et non d'essence. Nous pouvons dire, en paraphrasant et en complétant la phrase par laquelle Darwin termine son admirable livre sur la *Descendance de l'Homme*, que celui-ci conserve encore, dans son système spirituel comme dans son système corporel, le cachet indélébile de son origine inférieure.

Les embryologistes ont voulu aller plus loin ; ils ont essayé de reconstituer les diverses étapes évolutives de l'Homme, en se basant sur le parallélisme de l'ontogénie et de la phylogénie. Hæckel s'est rendu célèbre par la hardiesse avec laquelle il a abordé et suivi cette voie qui l'a conduit à écrire son *Anthropogénie*. Si la tentative est honorable, elle apparaît aussi comme téméraire, aux yeux surtout des paléontologistes qui savent, par l'histoire généalogique d'autres groupes zoologiques, combien il est facile de se tromper en essayant de telles reconstitutions, sans avoir les documents matériels suffisants (1).

---

(1) Si l'on voulait démontrer combien l'induction est dangereuse en pareille matière, on pourrait comparer la liste des caractères qu'Abel HOVELACQUE (Notre ancêtre, *Revue d'Anthrop.*, t. VI, 1877, p. 62-96) attribue *théoriquement* aux Hommes fossiles,

Aussi les opinions exprimées sont-elles des plus diverses. Et d'abord sur la question de savoir s'il y a unité ou pluralité d'origine; si le genre *Homo* ne renferme qu'une espèce provenant d'une seule forme ancestrale ou s'il compte plusieurs espèces dont chacune doit avoir son ascendance spéciale (1). Ensuite, sur le degré de parenté de la branche humaine, quel que soit son degré de ramification, avec les autres branches du grand tronc des Primates (2).

Les divergences de vues, de la part de savants également expérimentés, sont considérables. Elles prouvent évidemment que, pour cette reconstitution de la généalogie humaine, comme pour tout ce qui a trait à l'évolution des êtres organisés en général, le dernier mot doit rester à la Paléontologie quand cette science est en mesure de parler clairement. Les plus fins travaux anatomiques, les comparaisons les plus approfondies, les raisonnements les plus ingénieux sur la morphologie des êtres actuels ne sauraient avoir la valeur démonstrative des documents tirés de la roche où ils sont enfouis et disposés dans leur ordre chronologique même. Ces documents d'archives d'un nouveau genre, ces pièces anatomiques conservées depuis des millénaires ou des centaines de millénaires, réalisent, sous des formes concrètes, palpables et mesurables, les modalités transitoires, les divers anneaux d'un enchaînement reliant des types organisés et dont les termes extrêmes paraissent au premier abord et sont, en effet, très différents.

La découverte matérielle et l'étude de ces formes ancestrales fossiles sont précisément le but de la Paléontologie et particulièrement, dans le cas qui nous occupe, de la Paléontologie humaine. On ne saurait trop répéter que l'origine de l'Homme est un problème

---

avec la liste des caractères reconnus réellement depuis, notamment sur l'*Homo-Neanderthalensis*. Voici quelques-uns des caractères énumérés par Hovelacque : capacité cranienne petite ; présence d'une crête pariéto-occipitale ; division de l'os malaire ; soudure précoce des os nasaux ; épine nasale peu prononcée ; ptérions en X ou retournés ; grand prognathisme alvéolo-sous-nasal ; canine forte ; cubitus incurvé ; tibia platycnémique ; avant-bras très long par rapport au bras... C'est tout simplement du *pithécomorphis* i.e.

(1) C'est la théorie dont le plus notoire défenseur est aujourd'hui G. Sergi : Le origine umane, 1913. L'evoluzione organica e le origine umane, 1914, etc.

(2) Est-il encore utile de faire observer que l'idée d'un rapport généalogique direct entre l'Homme et les Singes actuels est abandonné depuis longtemps — s'ils l'ont jamais eue — par tous les vrais naturalistes ? On ne la trouve plus que chez des écrivains tout à fait étrangers à la science ou dans les sermons de quelques curés de campagne. Mais il faut, de toute nécessité, attribuer aux Hommes et aux Singes une origine commune. Les divergences d'opinion ne peuvent s'exercer que sur la manière de comprendre la ramification du tronc commun.

dont la solution ne peut être attendue que de la Paléontologie. L'importance capitale des études sur les fossiles, les bénéfices qu'on doit en retirer nous sont prouvés par les magnifiques résultats de la Paléontologie animale.

*
* *

Certes, l'Anthropologie, nous venons de le voir, doit beaucoup à la Zoologie, mais il faut convenir que cette dernière science nous montre sous un faux jour la place de l'Homme dans la Nature puisqu'elle en a fait une créature assez isolée parmi les Primates, au même titre — quoique à un degré moindre — que le Cheval parmi les Périssodactyles, l'Éléphant parmi les Proboscidiens, le Chameau parmi les Ruminants, etc. Puisque la Paléontologie a rompu l'isolement de ces animaux en les rattachant à d'autres par des formes intermédiaires et en découvrant leur généalogie à partir de formes généralisées, il y avait lieu d'espérer qu'elle romprait, ou du moins atténuerait également l'isolement de l'Homme, qu'elle nous ferait retrouver les principaux termes évolutifs de la généalogie humaine. Cela s'est-il produit ?

Jusque vers la fin du siècle dernier, les naturalistes philosophes, que préoccupait le mystère des origines humaines, ne pouvaient guère s'appuyer sur l'étude des fossiles. Les documents de ce genre étaient trop rares et trop incomplets : quelques débris de Singes bien voisins des espèces actuelles ; un plus grand nombre de restes humains ne dévoilant pas de différences importantes avec les Hommes actuels et seulement une calotte cranienne, offrant, il est vrai, quelques caractères pithécoïdes, mais doublement discutée, dans son antiquité et dans sa nature, normale pour les uns, pathologique pour les autres.

Nos connaissances paléontologiques se sont accrues depuis. Nous mettent-elles, dès maintenant, en possession des principaux stades évolutifs de la branche humaine ? Pour répondre à cette question, il faut d'abord rappeler les conclusions du chapitre de ce livre relatif aux Singes fossiles.

Nous avons vu d'abord l'ordre des Primates prendre naissance, comme tous les autres ordres de Mammifères, dès le début de l'ère tertiaire. Le groupe zoologique dont l'Homme fait partie n'est donc pas le couronnement tardif et magnifique d'une série unique, et d'ailleurs imaginaire, de l'ensemble des Mammifères. Ses premiers représentants se séparent, dès l'Éocène inférieur, d'une foule de créatures voisines, mais qui marquent, elles aussi, des tendances vers d'autres ordres de Mammifères. Ce n'est pas parce qu'ils sont, pris en bloc, les plus intelligents des Mammifères que les Primates auraient dû apparaître les derniers, comme on a pu le croire long-temps. Leur différenciation première, effectuée dans un sens parti-culier, remonte aussi haut dans le passé que les différenciations premières, effectuées dans des sens différents, des Pachydermes, des Ruminants, des Solipèdes, des Carnivores, etc. Et ceci est du plus haut intérêt au point de vue de la philosophie naturelle.

Nous avons vu ensuite des représentants des divers groupes actuels se succéder chronologiquement, dans un ordre conforme à leur hiérarchie zoologique : d'abord des Lémuriens, puis des Singes à queue, puis des Anthropomorphes. Malheureusement la pénurie et l'état fragmentaire des documents paléontologiques n'ont pas permis, jusqu'à présent, une étude comparative suffisante pour préciser les liens de parenté qui ont uni entre eux les Singes fossiles ; nous n'avons, sur ce point, que de vagues indications. Il apparaît cependant que les diverses branches de l'arbre des Primates aient eu des origines très anciennes, qu'elles aient com-mencé à se différencier de bonne heure, au moins dès les temps oligocènes. Le Propliopithèque du Fayoum peut passer pour un type primitif et généralisé d'Anthropomorphe, voisin, s'il ne la réalise pas, de la forme synthétique qu'on peut théoriquement placer à la base de la branche des grands Singes, et dont les Gibbons actuels paraissent procéder assez directement par l'intermédiaire des Plio-pithèques miocènes.

Tandis que les Singes à queue se multipliaient sous des formes diverses, en se répandant sur de vastes surfaces de l'Ancien Monde, la branche Anthropomorphe se divisait à son tour en plu-sieurs rameaux, d'abord assez voisins les uns des autres pour qu'on ait du mal à les distinguer d'après les quelques débris que nous en possédons, puis se séparant de plus en plus et se multipliant pour donner, d'une part, des formes qui sont manifestement les ancêtres des types actuels et d'autre part des formes spéciales, parfois très différenciées et très robustes, et qui sont mortes sans laisser de postérité. La fréquence relative de leurs restes dans les formations fossilifères des Siwalik nous porte à croire que l'Asie méridionale a été sinon le centre principal, du moins un des centres principaux d'habitat, de multiplication et de différenciation de ces vieux Anthropomorphes, dont les uns présentent des affinités avec les Orangs actuels, d'autres avec le groupe Gorille-Chimpanzé, tandis que d'autres encore réalisent des formes indépendantes et éteintes. Parmi ces dernières, le curieux Sivapithèque se signale par quelques traits particuliers qui l'ont fait rapprocher des Hominiens. En réalité, jusqu'à présent, nous n'avons pas trouvé ou nous n'avons pas su distinguer, dans cette série, malheureusement trop petite, de fossiles trop fragmentaires, celui qui pourrait passer pour avoir appartenu à une forme préhumaine. Le Pithécanthrope lui-même, auquel on veut conférer cette dignité parce que son crâne offre vraiment des caractères exactement intermédiaires entre le crâne d'un grand Anthropomorphe tel que le Chimpanzé et celui d'un Homme inférieur, nous a paru devoir être plutôt considéré comme une forme spécialisée et de grande taille d'un rameau de la branche anthropoïde indépendante du véritable rameau humain.

Tout ce qu'il est donc permis d'affirmer, c'est que l'histoire, pourtant si incomplète et si décousue, des Singes fossiles diminue beaucoup, grâce au Pithécanthrope, l'intervalle morphologique séparant les Singes actuels des Hommes actuels.

D'autre part, l'histoire des Hommes fossiles contribue de la même manière à rapprocher plus étroitement le rameau humain des rameaux simiens. Bien qu'elle ne soit qu'à ses débuts, la Paléontologie humaine a déjà fait d'importants progrès. Nous connaissons aujourd'hui au moins deux types d'Hominiens fossiles qui, par leurs caractères ostéologiques, se placent nettement au-dessous des types actuels et présentent un ensemble de traits morphologiques par lesquels ils s'éloignent moins des Singes que le bloc des Hommes actuels (1).

C'est d'abord l'*Homo Heidelbergensis*, qui remonte à l'aurore des

---

(1) Après ce que j'ai dit, dans le cours de cet ouvrage, des *Tetraprothomo, Diprothomo*, etc., je n'ai pas à revenir sur les raisons qui me font laisser de côté les Hommes fossiles de l'Amérique du Sud et les idées d'Ameghino à leur sujet. Quelques pièces des terrains pampéens peuvent bien remonter à une ertaine antiquité, le mot étant pris dans un sens archéologique plutôt que géologique, mais leur morphologie n'apporte aucune contribution pouvant servir à la discussion du problème qui nous occupe.

temps quaternaires. Sa mandibule, le seul débris que nous en connaissions, présente un étonnant mélange de caractères humains et de caractères s'miens. Si, de cette mâchoire, on n'avait trouvé que les dents, on n'eût pas manqué de les attribuer à un Homme ne différant, par aucun caractère important, de certaines races de l'*Homo sapiens*. Si, par un accident quelconque, la mandibule avait été privée de ses dents, on n'eût pas hésité à en faire le type d'un genre nouveau de Singe anthropoïde. Cet exemple de la mise en défaut de la fameuse loi de corrélation des caractères de Cuvier est particulièrement instructif, puisqu'il a trait à un document paléontologique réalisant l'intermédiaire en quelque sorte idéal d'une structure de Singe à une structure humaine. Malheureusement ceci ne s'applique qu'à une très petite fraction du squelette. Le jour où l'on découvrira un crâne complet ou des os des membres, les paléontologistes seront appelés à faire des constatations du plus haut intérêt et peut-être tout à fait imprévues.

On a d'abord pu penser que l'*Eoanthropus Dawsoni*, de Piltdown, réalisait un second type très primitif, à cause, non de son crâne, qui ne diffère guère d'un crâne d'Homme moderne, mais à cause de sa mandibule Toutefois, les caractères pithécoïdes de cet os sont si différents de ceux de la mâchoire d'Heidelberg et tellement semblables à ceux d'une mâchoire de Chimpanzé que l'opinion de plus en plus adoptée par les zoologistes et les paléontologistes est que cette mandibule a vraiment appartenu à un Chimpanzé.

Nous avons encore et surtout l'*Homo Neanderthalensis*, peut-être descendu de l'Homme d'Heidelberg, peut-être issu d'une forme inconnue et encore plus archaïque. Son étude morphologique est aujourd'hui très avancée. Nous savons qu'il réunit, dans l'organisation de son squelette et de son encéphale, non seulement la plupart des caractères pithécoïdes épars chez quelques représentants de l'Humanité actuelle, mais encore plusieurs traits d'infériorité inconnus chez ces derniers.

On avait toujours considéré les Hominiens comme formant soit une famille, soit un ordre, soit même une classe ou un règne à part, situés très au-dessus des autres Primates. A ce groupe, d'ordre supérieur, ne correspondait jusqu'à présent que le seul genre *Homo*, lequel ne comprenait lui-même, aux yeux de beaucoup d'anthropologistes, que la seule espèce *Homo sapiens*.

Les découvertes paléontologiques, en diminuant la distance qui sépare l'Homme des animaux ses plus proches voisins, ont diminué l'isolement qu'on a toujours voulu lui imposer. Cet isolement, dans lequel on ne voyait pas le moindre de ses attributs, ne manquait pas de grandeur et de noblesse aux yeux des personnes qui se plaçaient aux points de vue religieux ou métaphysique.

Aujourd'hui, sans parler du genre *Pithecanthropus*, rangé par beaucoup de savants parmi les Hominiens, Bonarelli a créé, peut-être avec raison, le genre *Palæoanthropus* pour la mâchoire d'Heidelberg, et le type de Néanderthal représente également, aux yeux de plusieurs naturalistes, un genre spécial. En tous cas, il est difficile de nier encore qu'il y ait eu plusieurs espèces d'*Homo* et que les *Homo Heidelbergensis* et *Neanderthalensis* ne soient très distincts du bloc des *Homo sapiens* fossiles ou vivants.

Cette conclusion ne saurait surprendre les naturalistes qui, partisans de la théorie de l'évolution, ne peuvent se refuser à l'appliquer à tous les êtres vivants, à l'Homme aussi bien qu'à ses voisins les Singes et aux autres Mammifères. Mais il ne s'agit pas ici de théorie. Ce sont les faits qui ont une valeur démonstrative. La Paléontologie nous met en présence de données *matérielles* nouvelles pour l'histoire naturelle du groupe zoologique humain, et ces données nous montrent clairement que l'évolution de ce groupe s'est faite de la même manière que l'évolution des autres groupes de Mammifères.

Les origines humaines doivent être reculées dans un passé géologique beaucoup plus lointain qu'on ne le suppose ordinairement. La Paléontologie générale nous le suggère, car le problème des origines des diverses formes de vie est bien plus souvent reculé que résolu. La Paléontologie humaine nous apprend en outre que, dès le Pléistocène moyen au moins, il existait d'autres types humains que ceux d'Heidelberg et de Néanderthal et que ces types se rapprochaient déjà singulièrement de l'*Homo sapiens*. Ces derniers fossiles représentent probablement les ancêtres directs des Hommes actuels ; ils forment, dès ces temps reculés, un rameau particulier, depuis longtemps distinct du rameau dont l'*Homo Neanderthalensis* représente l'extrémité aujourd'hui desséchée.

Le fait que l'*Homo Neanderthalensis* a existé concurremment avec des ancêtres de certains *Homo sapiens* et cet autre fait qu'il paraît s'être éteint sans laisser de postérité sont d'accord avec ce qui tend à devenir une loi paléontologique, à savoir que le développement des êtres ne s'est pas accompli aussi simplement qu'on avait pu le croire aux débuts de la science ; que les séries unilinéaires nous apparaissent comme de plus en plus rares ; que, si elles existent, il est extrêmement difficile de les retrouver ou de les poursuivre très longtemps.

Chaque groupement d'êtres voisins les uns des autres par l'ensemble de leurs caractères morphologiques, groupement familial, ou générique, ou spécifique, peut être comparé à un arbre ou à un buisson plus ou moins touffu, et dont chaque branche, rameau ou ramuscule représente soit un genre, soit une espèce, soit une race. Le développement de chacune de ces divisions a été plus ou moins vigoureux ; sa durée a été plus ou moins longue. Les formes actuelles ne sont que les épanouissements, les dernières floraisons de quelques rameaux terminaux dont le plus grand nombre sont morts et devenus fossiles.

Le groupe humain n'a pas fait exception. Il a dû se diviser de bonne heure en plusieurs branches, celles-ci en rameaux et ces derniers en ramuscules. Si nous parlons en polygénistes, nous dirons que certains de ces rameaux ou de ces ramuscules sont arrivés jusqu'à l'époque actuelle ; si nous parlons en monogénistes, nous dirons que le bloc de l'*Homo sapiens*, avec ses diverses races, ne forme qu'un seul rameau. Mais ce que nous ne savions pas, il y a quelques années, et ce que nous a appris depuis la Paléontologie humaine, c'est qu'à côté de ces rameaux encore vigoureux et pleins de sève, la branche humaine a émis autrefois des rameaux aujourd'hui desséchés, et dont nous commençons à retrouver les floraisons fossilisées au sein des couches géologiques.

La souche originelle du genre *Homo* doit ainsi plonger ses racines dans un passé beaucoup plus ancien qu'on ne l'avait supposé *a priori*. On m'a parfois reproché, dans certains milieux, d'être l'adversaire passionné de l'Homme tertiaire. Cette accusation s'accorde bien mal avec ce que j'ai écrit maintes fois. Je suis convaincu qu'un être, déjà en possession des principaux attributs physiques sinon psychiques des Hominiens, a dû exister quelque part pendant le Pliocène et peut-être pendant le Miocène. Par contre, j'estime qu'aucune des découvertes matérielles invoquées à l'appui de cette existence n'est démonstrative. Aucune trouvaille ostéologique, effectuée dans un milieu prétendu tertiaire, ne saurait résister à la critique et, sur ce point, il faut reconnaître que tout le monde est à peu près d'accord. J'ai lutté contre la théorie des éolithes, non pas que celle-ci me parût invraisemblable, mais parce qu'une longue expérience géologique m'avait démontré qu'il est souvent impossible de distinguer des pierres éclatées, taillées, « retouchées » par des actions purement physiques, de certains produits d'un travail intentionnel rudimentaire. En pareille matière, l'évidence doit être éclatante. Or j'estime que, jusqu'à ce jour, il n'existe aucune démonstration solide de l'existence d'un être humain dans nos pays avant l'aurore des temps quaternaires. Demain nous fournira peut-être le témoignage irréfutable. Sachons attendre.

*
* *

Jusqu'à présent je n'ai voulu mettre en relief que des intermédiaires morphologiques. Peut-on, dans l'état actuel de la science, se faire une opinion rationnelle et précise sur l'origine paléontologique du groupe humain ? Ce qui revient à dire, en d'autres termes : Quels rapports généalogiques peut-on établir entre la branche des Hominiens, les autres branches et le tronc de l'arbre des Primates ? Les réponses à cette nouvelle question ne manquent pas. Tout ce qui précède permet de prévoir qu'elles ne sauraient être que très timides ou très incomplètes.

Plusieurs naturalistes ont donné dans ces derniers temps, des « arbres généalogiques » des Primates vivants et fossiles, d'après leurs relations morphologiques et chronologiques. Je citerai particulièrement les essais de Gregory, de Keith, de Pilgrim, de Sera, de Bonarelli (1). La comparaison de leurs graphiques est bien faite pour augmenter, si possible, notre réserve, car il y a, entre ces divers graphiques, des différences considérables, parfois capi-

---

(1) Gregory (W. K.), Studies on the Evolution of the Primates (*Bull. Amer. Museum nat. History*, XXXV, 1916). — Keith (A.), The antiquity of Man. Londres, 1915. — Pilgrim (E.), New Siwalik Primates and their bearing on the questions of the evolution of Man and the Anthropoidea (*Records of Geolog. Survey of India*, XLV, 1915 . — Sera (G. L.), La testimonianza dei fossili di Antropomorfi per la questione dell'origine dell'Uomo (*Atti della Soc. ital. di Scienze naturali*, LVI, 1917). — Bonarelli (G.), Alcuni problemi d'Antropologia sistematica (*An. de la Soc. cientif. Argentina*, LXXXV, 1918).

tales. Le groupe des Hominiens s'y présente avec des rapports si divers que le plus sage est de conclure que ce groupe est encore « en l'air », que nous ne connaissons pas exactement le point d'insertion de la branche humaine sur les branches ou les tiges voisines. Autant d'auteurs, autant d'hypothèses.

Avec Schwalbe, Osborn, Klaatsch, Friedenthal, etc., Gregory veut rattacher étroitement les Hommes aux Anthropomorphes, l'ensemble formant une branche commune, distincte depuis longtemps de la branche voisine des Singes à queue (fig. 239, H). On

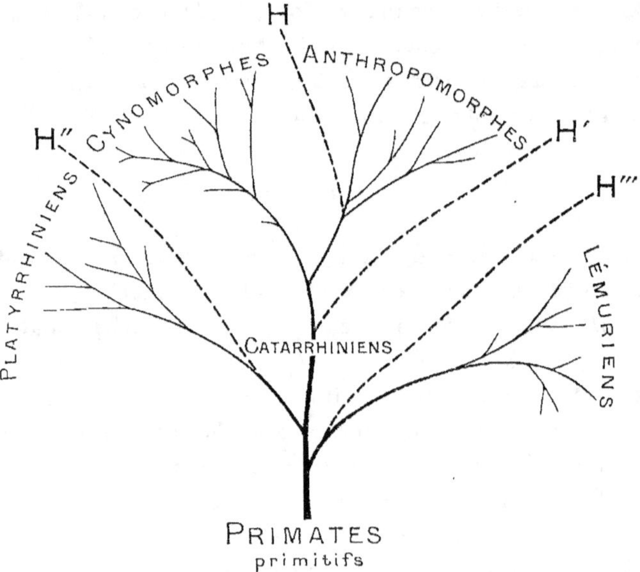

Fig. 239. — Diagramme figurant les diverses hypothèses emises sur les rapports généalogiques des Hominiens avec les autres groupes de Primates. — Voir l'explication dans le texte.

sait que Darwin, Hæckel ont considéré le groupe humain comme représentant une branche autonome, détachée de bonne heure de la branche maîtresse des Catarrhiniens (fig. 239, H'). Carl Vogt, Ameghino, Sera préfèrent le souder à la branche plus ancienne des Platyrrhiniens (H"). Cope voulait descendre encore plus bas, jusqu'aux plus anciens des Primates, les Lémuriens (H'''), et l'anatomiste Wood-Jones (1) n'hésite pas à considérer le curieux Tarsier comme l'animal actuel le plus voisin de l'Homme.

____

(1) Wood-Jones (F.), The problem of Man's Ancestry. Londres, 1918.

Chacune de ces hypothèses a été soutenue par de bons arguments, parce que ces arguments s'appuient sur des traits morphologiques généralisés, plus ou moins communs, et qui font de l'ensemble des Primates une grande unité. Suivant qu'on donne la prééminence à tel ou tel de ces caractères, on est conduit à faire tel ou tel rapprochement.

La morphologie, la physiologie, y compris la psychologie physiologique, sont évidemment en faveur de la première hypothèse, à laquelle les données récentes de la biochimie apportent un renfort sérieux. Mais il y a lieu de distinguer.

Les vues de l'anthropologiste allemand Klaatsch, sur de prétendues et étroites affinités des divers types d'Hommes quaternaires avec certains genres d'Anthropomorphes actuels, et qui l'ont conduit à imaginer un groupe « Orang-Homme d'Aurignac » à côté d'un groupe « Gorille-Homme de Néanderthal », ne reposent sur aucun argument sérieux. Elles ne sont qu'une variante, affublée d'une sorte d'appareil scientifique, de la façon dont le grand public résume ses préoccupations sur la question de nos origines quand il demande si « l'Homme descend du Singe ».

Autrement scientifiques sont les vues d'Osborn, de Gregory, etc., qui, tout en rattachant le groupe des Hominiens au groupe des Anthropomorphes pour en former un seul bloc, séparent nettement la branche humaine de la branche voisine des grands Singes et ne leur conservent qu'une origine commune fort lointaine (datant du Miocène), à partir de laquelle ils auraient divergé. C'est aussi à peu près l'opinion de Keith. Elle est la plus facile à défendre et nous avons vu qu'au poids des arguments anatomiques en sa faveur vient s'ajouter l'argument biochimique, dont la valeur ne paraît pas niable (1).

Elle soulève pourtant de graves objections et je serais porté, pour ma part, à la concilier avec la deuxième hypothèse, celle d'une

---

(1) Il faudrait savoir si des phénomènes de convergence des caractères biochimiques, analogues aux phénomènes de convergence d'ordre morphologique, peuvent être admis ; si une évolution morphologique semblable dans deux groupes différents ne peut s'accompagner, au point de vue physiologique, d'une évolution semblable des phénomènes relevant de la biochimie ; en d'autres termes, si les ressemblances morphologiques résultant d'un phénomène de convergence n'entraînent pas avec elles, sous l'influence des mêmes facteurs, des ressemblances dans la constitution moléculaire des substances protéiques. L'avenir de la biochimie, si plein de promesses, nous l'apprendra certainement.

origine plus ancienne, à partir de la grande souche catarrhinienne. Il suffirait, pour cela, d'admettre que la forme anthropoïde conduisant à l'Homme se fût séparée de très bonne heure des formes voisines conduisant aux Anthropomorphes actuels ; que son point d'insertion, sur la branche maîtresse et ancestrale des Catarrhiniens, fût indépendant des points d'insertion des autres formes ayant donné par évolution les types fossiles ou actuels des Singes anthropomorphes.

Les zoologistes spécialisés dans l'anatomie comparée des Primates ont observé depuis longtemps que beaucoup de caractères humains ne peuvent s'expliquer par une descendance directe du seul stock des grands Singes. « Il faudrait fondre ensemble, a dit depuis longtemps Carl Vogt (1), les caractères anthropoïdes des trois Anthropomorphes *et même de plusieurs autres Singes*, pour former un composé duquel l'Homme pourrait descendre. » C'est ce que paraît confirmer la paléontologie.

L'étude de l'*Homo Neanderthalensis*, particulièrement du squelette de ses membres, nous montre que, par beaucoup de caractères ostéologiques, il est plus facile de rapprocher cet Homme fossile des Singes inférieurs que des diverses formes d'Anthropomorphes actuels. On pourrait donc, sans rencontrer de trop grandes difficultés, placer l'insertion de la branche humaine sur celle des Catarrhiniens cynomorphes, à un niveau inférieur au point de départ de celle des Anthropomorphes.

Il serait peut-être plus prudent, sans aller jusqu'aux Lémuriens, comme le voulait Cope, de descendre encore plus bas, jusqu'au tronc commun des Singes. La paléontologie nous apprend, en effet, que les divers types de Singes actuels sont très anciens et que l'indépendance de chacun des groupes gravitant autour de ces types a été acquise de très bonne heure (2). Il ne saurait en être différemment du groupe humain, dont les formes ancestrales devaient, dès le stade catarrhinien, et peut-être même dès le stade platyrrhinien,

---

(1) *Congrès internat. d'Anthrop. et d'Archéol. préhistor.*, 2ᵉ session, Paris, 1867, p. 442.

(2) Ne voyons-nous pas, dès l'Éocène inférieur, de tout petits Primates, *Anaptomorphus*, par exemple, offrir les principaux caractères du Tarsier actuel, si curieux par le développement de sa boîte cérébrale, le raccourcissement de sa queue, le mélange qu'il présente de traits lémuriens et de traits simiens, et même par beaucoup de traits humains ? (Voir Wood-Jones, *loc. cit.*)

présenter certains traits d'organisation différents de ceux des types voisins, le développement progressif de ces formes devant aboutir à un stade anthropoïde tout spécial, précurseur lui-même des étapes préhumaine et humaine. Les découvertes récentes du Fayoum confirment ces vues dans une certaine mesure, puisque le *Propliopithecus* paraît présenter un mélange de caractères à la fois très archaïques et spécialisés dans le sens d'une évolution supérieure.

La Paléontologie et la Paléogéographie zoologique nous apprennent encore que si nos très lointains ancêtres ont dû passer par un stade platyrrhinien, au moins au point de vue de la formule dentaire, on ne saurait soutenir aujourd'hui, avec Ameghino, que la branche humaine ne représente qu'un développement exceptionnel de quelques éléments de celle des Platyrrhiniens (1). Ceux-ci ont été confinés, dès l'Éocène supérieur ou dès l'Oligocène, dans l'Amérique du Sud ; ils s'y sont développés et diversifiés, mais leur évolution progressive paraît s'y être arrêtée de bonne heure.

Ces premières conclusions ne sont pas de simples vues de l'esprit, mais des hypothèses scientifiques, ayant l'avantage de reposer sur des observations paléontologiques ou de se trouver d'accord avec ces observations.

Il ne faut pourtant pas s'illusionner. Nous sommes encore loin de connaître les principaux termes de la lignée humaine d'une façon précise, à partir des formes inférieures originelles. Il nous est actuellement tout à fait impossible d'établir une série progressive, basée sur des documents matériels, comme on l'a déjà fait pour de nombreux Mammifères, les Chevaux, les Éléphants, les Ours, etc.

Il est très probable que nos plus lointains ancêtres se sont distingués de bonne heure de la tourbe des autres Primates par

---

(1) Au cours de l'impression de ce livre, j'ai reçu un mémoire de M. Sera intitulé : *I caratteri della facia e il polifiletismo dei Primati* (1918). L'habile anthropologiste italien reprend l'hypothèse d'Ameghino, dont il adopte les principales idées, et il expose des vues très personnelles sur l'ensemble des Primates, en se basant principalement sur l'étude comparative de certains caractères faciaux. Il divise les Primates en six groupes fondamentaux et chacune de ces branches du grand tronc primordial comprend à la fois des formes simiennes et une forme humaine. Il y aurait donc autant de types humains que de grands types simiens. Ce polyphylétisme outré constitue un système nouveau qui heurte singulièrement les idées reçues. C'est tout ce que j'en peux dire pour le moment.

quelques caractères pour ainsi dire fondamentaux, marquant déjà des tendances vers la supériorité humaine, et au moyen desquels nous les reconnaîtrons. Mais la filiation ne pourra être établie et suivie avec certitude que de proche en proche. La solution du problème de nos origines et surtout la détermination précise des divers éléments de notre lignée exigent de nouvelles découvertes de fossiles, de nombreux fossiles !

Quoi qu'il en coûte à notre amour-propre, il faut donc convenir que nous sommes encore trop ignorants pour répondre clairement à la « question suprême » d'Huxley, pour résoudre d'une façon complète le problème angoissant de nos origines.

Et cette ignorance, je ne saurais me lasser de le répéter, tient aux immenses lacunes de notre matériel paléontologique, de ces lacunes que déplorait Darwin, qui faisaient dire à mon vieux maître Gaudry que la Paléontologie est à la fois grandeur et misère, et qui ne peuvent se combler que très lentement. Les découvertes de ces dernières années nous donnent pourtant le droit d'espérer beaucoup d'un avenir plus ou moins prochain.

Il faut reconnaître, en effet, que la science a fait de réels progrès depuis les dernières acquisitions de la Paléontologie humaine. A côté de tout ce que nous ne savons pas encore, il y a ce que nous avons appris, ce que nous savons vraiment.

Le type humain n'est plus aussi isolé. Nous savons qu'il y a eu plusieurs espèces et, probablement, plusieurs genres d'Hominiens, et que ces vieux Hominiens étaient morphologiquement très inférieurs aux Hommes actuels ; qu'ils présentaient de nombreux caractères, par lesquels ils s'éloignaient moins que nous des autres Primates, et notamment de leurs représentants les plus élevés, les Singes anthropomorphes. Nous possédons dans nos musées les restes matériels de ces intermédiaires morphologiques. Avant ces découvertes, de telles formes intermédiaires n'étaient qu'imaginaires ou théoriques.

Nous savons qu'il y a eu une *branche* humaine et que cette branche a été beaucoup plus touffue qu'on ne le supposait : elle nous apparaît aujourd'hui sous le même aspect que les autres branches des Primates ou d'autres groupes de Mammifères. Son évolution, telle que nous commençons à l'entrevoir, ressemble tout à fait à l'évolution de ces groupes. La science paléontologique est *une*, qu'elle s'occupe des Hommes ou qu'elle s'occupe des animaux.

Voilà ce que nous savons aujourd'hui, de science certaine. C'est peu par rapport à ce qui nous reste à apprendre. C'est beaucoup par rapport à ce que nous ignorions naguère ou que nous savions très mal.

* *
*

L'insuffisance de notre documentation paléontologique a encore pour conséquence la difficulté de savoir exactement dans quels pays les Hominiens ont pris naissance. La première idée qui est venue tout naturellement à l'esprit des anthropologistes, c'est que l'habitat actuel des races dites primitives devait être considéré comme le lieu d'origine de ces races, d'où une singulière multiplication des « centres de création » ou « d'apparition ». C'était la solution commode, proposée tout naturellement par les polygénistes tels qu'Agassiz. Mais de Quatrefages a fait observer avec raison que ce cosmopolitisme *initial* est en contradiction avec les données générales de la géographie zoologique. Elle est également contraire à notre compréhension actuelle des conditions et des causes de migrations de l'ensemble des Mammifères, telles que nous la révèle la Paléontologie (1).

On a ensuite invoqué tour à tour les contrées boréales, le Massif central de l'Asie, les régions intertropicales, l'Afrique, l'Amérique du Sud, le continent antarctique, l'Australie. Ces propositions ne sont, pour la plupart, que des conjectures. Il est probable que ce nouveau problème est aussi beaucoup plus difficile et plus complexe que nous ne le supposons; que les ancêtres immédiats des Hominiens, ou les premiers de ces Hominiens, se sont souvent déplacés au cours de leur longue évolution correspondant aux âges géologiques dont ils ont dû, comme les autres Mammifères, suivre et subir les vicissitudes. La principale donnée qui paraisse bien établie par la Paléontologie, c'est qu'à partir des stades tout à faits pri-

____

(1) Giuffrida-Ruggeri (*Rivista italiana di Sociologia*, XIX, 1915 et *Rivista ital. di Paleontologia*, XXIV, 1918) a rajeuni en l'améliorant cette première conception. A son avis, il y a lieu d'admettre autant de berceaux que d'espèces élémentaires : blancs, Jaunes, Noirs, sans qu'il soit besoin d'imaginer autant de régions géographiques très éloignées les unes des autres. Il admet d'ailleurs, à la base, un « phylum » unique de représentants ancestraux.

mitifs, stades lémuriens et platyrrhiniens, l'évolution du groupe comprenant en puissance le rameau humain ne s'est poursuivie ni dans l'Amérique du Nord, d'où tous Primates semblent avoir disparu depuis l'Éocène supérieur, ni dans l'Amérique du Sud, où la branche des Platyrrhiniens a régné exclusivement. C'est donc dans l'Ancien Continent qu'il faut chercher notre « berceau ». L'Humanité est un produit du Vieux Monde.

L'état actuel de nos connaissances permet-il de préciser davantage ?

Le rôle de l'Asie, et particulièrement de l'Asie méridionale, a dû être considérable. Les fossiles des Siwalik nous montrent qu'il y a eu là, vers le Miocène supérieur et le Pliocène inférieur, un mouvement de vie tout à fait extraordinaire, notamment chez les Primates supérieurs.

En présence du nombre et de la diversité des formes de grands Singes fossiles déjà décrites, on a le sentiment que l'Asie était, à ce moment, le laboratoire où devait s'élaborer la différenciation des ancêtres des Hominiens.

Le paléontologiste américain Matthew, dans un mémoire très suggestif (1), a donné les raisons qui lui font croire que le centre de dispersion de l'Humanité doit être placé, plus au Nord, vers le grand Plateau central asiatique. Il insiste sur cette remarque, déjà souvent formulée, que les races humaines actuelles considérées comme les plus primitives se trouvent dans les régions les plus éloignées de ce centre : Australiens, Andamans, Veddahs, Négritos et Négrilles africains, Boschimans, Fuégiens de l'extrême Sud Américain, Esquimaux de l'extrême Nord. La théorie se heurte à une difficulté tenant à la fraîcheur, sinon à la rigueur probable du climat de l'Asie centrale à cette époque. Mais l'hypothèse, souvent émise, que les premiers Hommes furent d'abord adaptés à un climat tropical ne saurait être que partiellement vraie. Il est plus rationnel de considérer la perte des poils dans le genre humain comme produit par l'usage des vêtements que de l'attribuer à de simples changements de climat.

L'hypothèse de Matthew concorde avec celle que de Quatrefages a exposée depuis longtemps et soutenue avec talent, en s'appuyant

---

(1) Matthew (W. D.), Climate and evolution (*Annals of the New-York Acad. of Sc.*, XXIV, 1915).

à la fois sur l'étude des populations humaines actuelles et sur la distribution corrélative des trois grands types linguistiques : langues monosyllabiques, langues agglutinatives, langues à flexion (1). Mais les spéculations de Quatrefages portent sur des faits anthropologiques bien rapprochés de nous, sur une situation probablement fort différente de la situation originelle. De sorte que si nous pouvons admettre que l'Asie a dû jouer un grand rôle dans la diffusion et la distribution de groupes humains fort anciens, nous sommes beaucoup moins autorisés à déclarer qu'elle a été le théâtre de la transformation du stade anthropoïde préhumain en le stade humain. Nous n'avons pas le droit d'exclure, à cet égard, le continent africain, encore si plein de mystères, et peut-être aussi quelque terre aujourd'hui effondrée sous les eaux d'un océan.

*
* *

L'Anthropologie préhistorique est encore trop pauvre en documents ostéologiques pour qu'elle puisse reconstituer les généalogies et les migrations des êtres humains qui ont peuplé les divers continents à partir du centre d'élaboration et d'irradiation des premiers Hominiens. Les rares squelettes ou fragments de squelettes que nous possédons de nos plus lointains ancêtres ont été exhumés du sol de l'Europe occidentale. Or, cette région, je ne saurais trop le répéter, n'est qu'un cap avancé de l'Eurasie, une sorte de cul-de-sac où sont venus déferler les flots successifs de nombreuses marées humaines, et nullement un centre continental où nous puissions voir le théâtre d'une évolution continue, pas plus pour les Hommes que pour les autres Mammifères.

L'antiquité si considérable de la mâchoire d'Heidelberg nous oblige à admettre une antiquité plus fabuleuse encore pour les premiers représentants des Hominiens, et cette vue s'accorde avec les observations géologiques nous portant à croire que certains gisements de pierres taillées de l'Inde remontent peut-être à l'ère tertiaire. Il est impossible de rattacher l'Homme d'Heidelberg à l'un des grands types humains dont il diffère complètement, à en juger,

---

(1) Introduction à l'étude des races humaines, p. 131.

du moins, par sa mâchoire, le seul débris que nous en possédions. Il faut nécessairement en faire une espèce spéciale, et probablement un genre spécial, dont nous ne connaissons, jusqu'à présent, ni les tenants ni les aboutissants, mais qui est encore très simien.

Une suite innombrable de siècles sépare cet Homme d'Heidelberg de celui de Néanderthal, car la Géologie et la Paléontologie nous apprennent que les périodes archéologiques nommées par les pré-historiens Préchelléenne, Chelléenne, Acheuléenne, correspondent à une longue série de phénomènes physiques et biologiques et, par suite, à une durée immense.

La dispersion des instruments amygdaloïdes ne s'est pas faite seulement dans la direction de l'Europe ; elle s'est faite aussi dans toute l'Afrique, en Australie, en Amérique et cela suppose un passé d'une durée prodigieuse, à la condition toutefois d'admettre pour ces industries primitives une seule origine, plutôt que des productions spontanées et indépendantes pour chaque continent, ce qui est possible, mais peu probable. Peut-être cette origine est-elle plutôt africaine qu'asiatique, car il semble bien que l'industrie de notre plus vieux Paléolithique européen soit venue d'Afrique par les ponts terrestres reliant alors ce continent à l'Europe.

Quoi qu'il en soit, nous ne connaissons rien ou presque rien du corps des Hommes qui ont vécu chez nous pendant les longues époques séparant le dépôt des sables de Mauer des dépôts de remplissage des cavernes d'où nous exhumons les squelettes de l'Homme moustiérien.

C'est, par contre, en pleine connaissance de cause que nous pouvons affirmer que l'*Homo Neanderthalensis*, leur successeur dans l'Europe occidentale, est encore un isolé, quand on le compare aux divers représentants de l'Humanité actuelle. Peut-être descend-il de l'Homme d'Heidelberg ; peut-être représente-t-il un type nouveau, tout à fait différent de ceux de la faune chaude, et qui nous serait venu du Nord avec les glaciers et la faune froide qui l'accompagnent. C'est, en tous cas, une espèce particulière, la floraison terminale d'un rameau aujourd'hui flétri, desséché, de la branche des Hominiens.

Nous commençons à soupçonner l'existence d'autres rameaux

contemporains. Les Négroïdes de Grimaldi sont d'un âge géologique sensiblement égal à celui de la plupart de nos squelettes moustiériens et ces Négroïdes, de contrées plus chaudes, rentrent déjà dans le grand groupe des formes actuelles. L'origine de celles-ci doit se perdre dans un passé encore plus lointain, comme paraît le montrer la découverte de Piltdown et peut-être aussi quelques autres trouvailles, que nous avons négligées de parti pris parce qu'elles n'offrent pas un état civil suffisamment en règle.

Toujours est-il qu'il nous faut arriver au Pléistocène supérieur, à l'Age du Renne, relativement beaucoup plus près de nous, pour constater d'une manière positive, indiscutable, la présence, sur notre sol, de formes humaines, supérieures à tous égards et se laissant maintenant comparer facilement aux types actuels des diverses parties du globe. Et il est intéressant d'observer que si ces Hommes, groupés autour du type dit de Cro-Magnon, sont déjà des Blancs, ils offrent parfois de nombreuses ressemblances, d'une part avec les Jaunes, d'autre part avec les Noirs.

La différenciation des types humains était donc déjà très avancée avant la fin des temps quaternaires. Les documents recueillis par l'Anthropologie préhistorique nous permettent, très imparfaitement d'ailleurs, de suivre les progrès de cette différenciation, sous de multiples influences, d'abord d'ordre physique, géographique, puis d'ordre politique, et de la voir aboutir à l'extraordinaire bariolage des groupements ethniques correspondant aux temps préhistoriques, protohistoriques et actuels.

Si réduite et si fragmentaire qu'elle soit, notre documentation européenne peut passer pour riche à côté de celle des autres grands compartiments de la surface terrestre. Et aucun essai de synthèse, même rudimentaire, ne saurait être tenté avant que l'Asie et l'Afrique nous aient révélé une partie des secrets qu'elles détiennent.

De la Paléontologie humaine asiatique, nous ne savons presque rien, en dehors de quelques données archéologiques, d'ailleurs très intéressantes. Mais tout est à faire dans ce continent au point de vue qui nous intéresse spécialement. Si nous pouvions, par quelque artifice magique, le débarrasser de son immense manteau de terrains superficiels, que d'observations capitales nous serions appelés à enregistrer ! D'après les derniers travaux des géologues, la puissante formation continentale de la « terre jaune », ou lœss, n'est pas simplement le produit d'une action éolienne récente. Elle représente, comme le Pampéen de l'Amérique du Sud, un complexe de couches d'origines diverses, et dont les premières, remontant au delà des temps quaternaires, recèlent en abondance les restes de faunes mammalogiques variées (1). Il y a tout lieu d'espérer que ces faunes comprenaient des êtres humains ou préhumains dont la science pourra, un jour ou l'autre, faire l'étude.

De l'Afrique nous n'avons, en dehors du squelette fort douteux d'Odolway, que les fragments de Boskop, comme documents ostéologiques humains pouvant être attribués à une période géologique antérieure à la période actuelle. Mais n'est-il pas curieux d'observer que nous sommes déjà ici en présence d'un type africain ?

La même remarque peut se faire à propos du crâne de Talgai qui se reconnaît, par tous ses caractères, comme celui d'un pré-Australien.

Enfin les crânes les plus anciens des deux Amériques, quels que soient d'ailleurs leurs degrés d'antiquité, ont déjà les principaux traits des crânes des Américains ou plutôt des Amérindiens.

De ces documents, si peu nombreux, si épars, si éloignés les uns des autres, il semble pourtant résulter un fait du plus haut intérêt, c'est que la différenciation et la mise en place, au point de vue géographique, des principaux types humains remontent partout très loin dans le passé. De ce nouveau point de vue, l'Humanité nous apparaît encore prodigieusement vieille ; son développement est lié à une série formidable d'événements dont nous ne sommes pas encore à même de suivre ou de rétablir la succession complète, ni au point de vue géologique, ni au point de vue anthropologique.

*
* *

Nos connaissances sur l'évolution physique des Hominiens sont donc encore très rudimentaires. Il faut distinguer avec soin cette

---

(1) ANDERSON (J.-G.), Preliminary description of a bone-deposit at Chow-Kou-Tien in Fang-Shan Hsien, Chili Province (*Geografiska Annaler*, 1919).

évolution physique de l'évolution morale ou intellectuelle. L'étude de celle-ci est un peu plus avancée, à cause de l'immense quantité de faits révélés en tous pays par l'archéologie préhistorique. Ici encore, nous ne pouvons tenter cependant que des synthèses partielles, régionales. Comme l'a dit J. de Morgan (1), « le malheur vient que la plupart [des pays] où se sont développées les premières civilisations offrent de telles conditions que les recherches y sont particulièrement difficiles ».

Dans l'Europe occidentale, particulièrement favorisée à cet égard, il est possible de retracer un tableau d'ensemble, assez fidèle, du moins quant aux premiers plans, c'est-à-dire quant aux âges préhistoriques les plus près de nous. C'est ainsi qu'au delà des temps correspondant à l'histoire ancienne des historiens, laquelle n'est en réalité qu'une histoire ultra-moderne pour le préhistorien et à plus forte raison pour le paléontologiste, nous connaissons assez bien les mœurs des Hommes néolithiques et des Hommes de l'âge du Renne.

Leur développement intellectuel et moral, leur culture se laissent facilement comparer à l'état de certaines populations qui vivent encore, ou qui vivaient naguère, dans des conditions de sauvagerie plus ou moins grande. Les parallélismes peuvent se poursuivre jusque dans un grand nombre de détails relatifs aussi bien à la vie psychique et morale qu'à la vie matérielle. Toute une série de faits ethnographiques nous révèlent sensiblement la même mentalité et le même niveau de développement intellectuel. L'Humanité de l'âge du Renne de nos pays est déjà une Humanité supérieure, essentiellement semblable à l'Humanité actuelle, douée de la même intelligence, du même génie inventif, des mêmes sentiments.

Nos Hommes moustiériens, beaucoup plus anciens, vivaient dans un état plus primitif, à tous égards. Mais il est encore possible de les rapprocher, sinon au point de vue physique, du moins au point de vue moral, de quelques populations particulièrement attardées de certaines régions du globe et menant une vie singulièrement voisine de celle que devait mener l'*Homo Neanderthalensis*. Celui-ci est déjà un Homme, malgré l'infériorité morphologique de son cerveau, et nullement un pré-Homme, car avec son squelette, gisent pêle-mêle les instruments de pierre qu'il savait fabriquer, les char-

(1) Les premières civilisations, p. 39.

bons et les cendres des foyers qu'il savait allumer et alimenter. Ses moyens d'action sont déjà ceux de certains sauvages actuels. Et si les naturalistes, abandonnant leurs méthodes générales, donnaient la prééminence aux caractères intellectuels pour classer les êtres qu'ils étudient, il n'y aurait pas lieu de séparer, à titre spécifique, l'*Homo Neanderthalensis* des Hommes actuels, tandis, nous l'avons vu, qu'on ne peut lui refuser cette distinction d'après ses caractères physiques.

Nous savons bien peu de chose de l'ethnographie des populations qui ont occupé si longuement notre sol et une grande partie de la surface terrestre aux époques acheuléenne et chelléenne. Nous pouvons affirmer toutefois qu'elles aussi étaient composées de vrais Hommes dans toute l'acception du mot, au moral comme au physique, car ces Hommes savaient, avec des matériaux choisis, fabriquer des outils, de beaux outils; un sentiment esthétique accompagnait déjà chez eux le génie de l'invention. Ils savaient faire du feu, l'acte humain par excellence, celui qui est à la base de tous les progrès futurs, qui contient en puissance toutes les civilisations, celui dont la découverte « constitue le fait de génie le mieux caractérisé dont l'Humanité puisse se vanter » (1).

Certes, l'invention des premiers instruments, la production du feu sont les résultats de phénomènes intellectuels aussi merveilleux que les plus grandes inventions modernes qu'elles ont permis d'accomplir. Et à cet égard, on ne peut se refuser d'admettre la loi de constance intellectuelle de Rémy de Gourmont, ni, jusqu'à un certain point, la doctrine de « l'unité psychique » de certains anthropologistes philosophes.

Quant à l'*Homo Heidelbergensis*, il n'était peut-être qu'un Préhomme, un précurseur. Nous n'avons pas le droit d'affirmer, bien que cela soit possible, qu'il parlait un langage articulé, qu'il savait allumer du feu et tailler des pierres, qu'il réalisait déjà l'*Homo faber* de Bergson (2).

Il serait très important, pour fixer le point capital de l'évolution

---

(1) RÉMY DE GOURMONT, Promenades philosophiques, 2° série, 1908, p. 11.

(2) « Si nous pouvions nous dépouiller de tout orgueil, si, pour définir notre espèce, nous nous en tenions strictement à ce que l'histoire et la préhistoire nous présentent comme la caractéristique constante de l'Homme et de l'intelligence, nous ne dirions peut-être pas *Homo sapiens*, mais *Homo faber* » (H. BERGSON, L'évolution créatrice, 22° éd., 1920, p. 151).

de l'Humanité, de pouvoir saisir le moment où l'Anthropoïde préhumain, arrivant d'un seul coup à la dignité humaine, à laquelle son évolution physique et cérébrale l'avait préparé, a su, d'une part, allumer et entretenir le feu et, d'autre part, a su passer de l'acte consistant à se servir d'un caillou brut à la fabrication d'un instrument.

Sur l'invention du feu, nous n'avons que des notions très vagues. Les plus vieux gisements archéologiques des cavernes, certaines couches dans lesquelles on ne trouve que l'industrie acheuléenne et même chelléenne renferment déjà des morceaux de charbon et des cendres. Mais nous ne sommes pas sûrs que certains gisements, plus anciens encore, que les Préhistoriens attribuent également à leur Chelléen et à leur Préchelléen, nous apportent les mêmes témoignages. Quant à l'invention des premiers outils, elle constitue un problème dont la solution scientifique se fera peut-être attendre encore longtemps, pour les raisons que j'ai exposées à propos de la séduisante théorie des éolithes.

*
* *

Telles sont, à mon sens, les principales conclusions qu'on peut tirer actuellement de nos connaissances en Paléontologie humaine. Un jour viendra où des matériaux beaucoup plus nombreux, recueillis un peu partout, rendront l'histoire des premiers Hommes un peu moins obscure et moins discontinue. Dès aujourd'hui il est permis de proclamer que le groupe des Hominiens est plus touffu, plus diversifié qu'on ne l'avait supposé et que ce groupe a obéi, dans son évolution, aux lois biologiques qui régissent tous les êtres, des plus humbles aux plus puissants.

Déjà quelques écrivains avaient su dégager, de la masse des raisons historiques, certaines causes d'un caractère général, indépendantes des facteurs plus artificiels et dominant ces derniers. Ils avaient entrevu le lien qui existe entre l'histoire humaine et l'histoire naturelle, les relations étroites qui règnent entre les lois des empires et celles des êtres organisés. « Il y a, disait notamment Edgar Quinet, des points communs entre les révolutions du globe et les révolutions du genre humain, comme si elles appartenaient, les

unes et les autres, à un même plan qui se déploie d'âge en âge...
Toutes les lois élémentaires de la Paléontologie se retrouvent et
peuvent se vérifier sur de vastes proportions dans l'histoire des
sociétés humaines. Les mots changent, le principe reste le même
dans la nature fossile et dans le monde de l'Humanité » (1).

En nous montrant que l'Humanité est toujours allée en progres-
sant depuis les quelques milliers d'années dont l'Histoire s'occupe,
celle-ci nous avait appris que cette évolution progressive s'est
accomplie d'une manière discontinue, en ce sens qu'elle n'est pas
l'œuvre de la totalité des Hommes agissant simultanément ou sur
les mêmes points, mais celle de groupes divers et successifs, agissant
en différents pays. Nous savions également, par elle, que les groupements purement ethniques ont, comme les groupes plus naturels,
une durée limitée ; qu'ils naissent, s'accroissent et meurent, et que
souvent, pour ne pas dire toujours, leur chute fatale suit de très
près leur apogée. De telles disparitions n'entraînent pas l'arrêt du
mouvement progressif de la collectivité humaine. Ce mouvement
est repris par d'autres groupes restés dans l'ombre jusque-là et
qui, s'appropriant les résultats acquis par leurs prédécesseurs, se
développent eux-mêmes plus ou moins rapidement et enrichissent
à leur tour le trésor intellectuel commun avant de succomber de
la même manière. On peut représenter le perfectionnement général de l'Humanité, dans les temps historiques, comme la somme
des progrès partiels accomplis par la répétition de cette sorte de
cycle.

Ce phénomène de relais, dans le temps et dans l'espace, par
lequel s'affirme, une fois de plus, la grande solidarité humaine, et
qui est une notion banale en histoire, n'est pas particulier à celle-
ci. La Paléontologie humaine nous apprend qu'il s'est exercé de la
même manière dans les temps préhistoriques et même dans les
temps géologiques. Il n'est qu'un aspect particulier du mécanisme
évolutif que nous révèle la Paléontologie générale dans son
travail de reconstitution généalogique d'un groupe d'animaux
quelconques.

Il y a progrès évident, en effet, du Paléolithique inférieur au
Paléolithique supérieur, de celui-ci au Néolithique, du Néolithique

----

(1) Edgar Quinet, La Création, t. II, p. 227.

aux âges métalliques et de ces derniers aux temps historiques. Mais ce progrès est l'œuvre additionnée de populations très différentes les unes des autres et de contrées diverses.

Le phénomène de continuité du perfectionnement graduel de l'Humanité, depuis l'utilisation du premier silex et du premier foyer, ne saurait donc être représenté par une ligne droite, ascensionnelle, mais par une succession de lignes brisées, dont les divers éléments s'articulent à la manière des ramifications de certains végétaux. Cette continuité n'est ainsi que la résultante apparente de progrès partiels et discontinus qui se prolongent en la branche terminale, la plus élevée. Celle-ci, dans l'exemple qui nous occupe, est formée d'une succession d'éléments divers, dont chacun a servi de substratum au progrès, à un moment donné, mais dont aucun ne saurait se flatter d'en avoir eu le privilège exclusif. A toutes les époques et dans tous les groupes de créatures, il y a eu des êtres en avance et des êtres en retard. Ceux-ci succombent sous la poussée des premiers, en attendant que les nouveaux maîtres de l'heure subissent le même sort. Quels exemples plus frappants de ces phénomènes nous révèlent les grands faits préhistoriques : les successions brusques de l'âge du Renne au Moustiérien, du Néolithique à l'âge du Renne, etc ?

Dans cette longue suite de changements, de transformations, dont le résultat intégral est de faire monter toujours plus haut la branche terminale du système ramifié, beaucoup des éléments de ce système ont disparu pour ne plus reparaître. Il y a eu extinction de certains groupes : tel celui de l'*Homo Neanderthalensis*. Leur place a été prise par d'autres groupes dont le développement, resté jusque-là à l'état latent, a pris tout à coup un grand essor.

Cela est vrai, non seulement des représentants successifs du genre *Homo*, mais aussi des précurseurs rattachant généalogiquement les Hominiens au grand tronc des Primates. Les ramifications de celui-ci se sont effectuées de la même manière, par divisions en branches, en rameaux, en ramuscules, dont les uns ont simplement végété avant de mourir, dont les autres ont donné des produits supérieurs et se sont flétris à leur tour pour être remplacés par de nouvelles pousses montées plus haut encore, mais dont la vigueur n'a eu ou n'aura, elle aussi, qu'un temps.

L'Homme, malgré ses attributs supérieurs, rentre donc dans le cadre de l'organisation générale, et ne représente pas une exception parmi les êtres vivants. En remontant de l'histoire à la préhistoire et de celle-ci aux temps géologiques, nous le voyons toujours assujetti aux lois qui régissent l'évolution de tous les êtres. Et c'est ainsi que la Paléontologie humaine et la Paléontologie générale se montrent seules capables de nous faire bien comprendre la vraie place de l'Homme dans la Nature. Sa prééminence réelle, d'ordre purement intellectuel, acquise graduellement, au cours d'une lente et laborieuse évolution, lui permet aujourd'hui de soulever un coin du voile lui cachant à la fois l'humilité de ses origines et la gloire de son ascension.

LISTE DES FIGURES

Pages

Pages.

INDEX ALPHABÉTIQUE

Les noms d'auteurs sont imprimés en CAPITALES; les noms latins en *italiques* ; les autres sont en caractéres ordinaires.

A

Abbeville, 10.
ABBO, 184, 268.
ABBOTT (C.), 401-404.
Aboukir (Algérie), 376.
Abris sous roches, 41.
Abydos, 376.
Accadiens, 348.
Achéens, 348.
Acheuléen, 49, 53, 140, 141, 456, 460, 461
ACY (D'), 37, 139, 140.
Adapis, 80.
Afrique, 374-395, 453, 456, 457 ; — méridionale, 382 ; mineure, 376 ; moyenne, 381 ; orientale, 382, 391.
AGASSIZ, 453.
Age du Renne, 45-55, 247-260, 457, 459, 463.
Ages de la Pierre : en Europe, 139-141, 176, 177, 248-260, 327-336 ; en Asie, 354-361; en Australie, 368 ; en Afrique 375-386 ; en Amérique du Nord, 399-403 ; en Amérique du Sud, 415-423.
Ages des Métaux, 4, 51, 328-330, 346, 347.
AGRICOLA, 3.
AIX, 6.
ALBERT 1er, PRINCE DE MONACO, 25, 184, 255, 268, 283.
ALCALDE DEL RIO, 255.
ALDROVANDE, 4.
Algérie, 377.
Algonkiens, 297.
Ali-Bacha (grotte d'—), 389.
Alluvions anciennes, 36 ; — de Chelles, 37.
Alpera, 312.
Altamira, 255, 258-260, 312.
AMBROSETTI, 426.
AMEGHINO (C.), 420, 421, 426.
AMEGHINO (F.), 27, 81, 124, 240, 412-420, 423, 426-434, 443, 448, 451.
Américanisme, 395.
Amérindiens, 396, 458.
Amérique, 330, 395-434 ; — centrale, 396 ; — du Nord, 397-410, 434, 454, 456, 458 ; — du Sud, 410-434, 453, 454, 458.
Amiens, 12.

Amour, 358.
Anaptomorphus homunculus, 79, 82, 450.
Andamans, 166, 229, 454.
ANDERSON (J. G.), 458.
ANDREWS (C. W.), 82.
ANDREWS (E.), 60.
Annamites, 226.
Anomalies, 436, 439.
Antarctique (continent), 453.
Antelias (grotte d' —, Phénicie), 362.
ANTHONY (R.), 232, 235.
Anthropodus, 84, 90.
Anthropoidea, 70.
Anthropomorphes (Singes), 65, 70, 71, 208, 211, 213-217, 224, 229, 235, 236, 436, 439, 442, 443, 448-450.
Anthropopithecus, 72, 117.
Anthropops, 81, 427.
Antiquité, 1.
Aphontova-Gora (Sibérie), 356, 357.
Arabie, 356, 387.
ARBOIS DE JUBAINVILLE (H. d'), 348.
ARCELIN (A.), 60, 127, 132, 261, 354, 375.
Archæolemur, 109.
Archéen, 35.
Archéenne (ère —), 28.
ARCHIBALD, 370.
Arctopithèques, 70.
Arcy-sur-Cure (mandibule d'—), 179.
ARDU-ONNIS (E.), 342.
Arezzo (Toscane), 143.
Argentine (République —), 414, 416, 423-433.
ARGENVILLE (d'—), 7.
ARISTOTE, 16, 435.
Arizona, 396.
ARNE (F. J.), 354, 355.
ARNON, 380.
Arrecifes (crâne et squelette d'—), 428, 429.
Art boschiman, 308.
Art paléolithique, 252-260.
Art rupestre : d'Australie, 369 ; d'Afrique, 386-389.
Aruntas, 365.
Aryennes (langues), 350.
Asie, 354-363, 453-457 ; — antérieure, 354 ; — centrale, 356 ; — méridionale, 359.

C

TABLE DES MATIÈRES